普通高等教育“十二五”规划教材

石油和化工机械特色专业系列教材

机械振动学

主　编　许福东　徐小兵　易先中

参　编　梅　超　李　宁

主　审　周志宏

机 械 工 业 出 版 社

本书根据高等学校力学基础课程教学指导委员会制订的“振动力学课程教学基本要求”，详细介绍了各种机械振动现象的机理、机械振动力学的基本理论、应用研究与方法，并对相关教学内容进行了重新编排和调整，注重理论联系实际，重点引入了专题应用内容，着重强调在石油机械中的应用。本书内容丰富，概念清晰，论述系统性强。全书共分7章，主要包括绪论、机械振动运动学、单自由度系统振动、两自由度系统振动、多自由度系统振动、弹性体振动和机械振动系统的计算机仿真及其应用以及附录。

本书力求结构紧凑，语句简明，通俗易懂，着重突现石油机械中的应用特色，便于教学和自学。

本书可作为高等院校，特别是石油院校机械类等学科高年级本科生和相关专业的硕士研究生的教材以及少学时教学的教材，也可供有关工程技术人员参考。

图书在版编目（CIP）数据

机械振动学/许福东，徐小兵，易先中主编．—北京：机械工业出版社，2015.4（2023.8重印）
普通高等教育“十二五”规划教材
ISBN 978-7-111-49163-7

Ⅰ.①机…　Ⅱ.①许…②徐…③易…　Ⅲ.①机械振动—高等学校—教材　Ⅳ.①TH113.1

中国版本图书馆CIP数据核字（2015）第005542号

机械工业出版社（北京市百万庄大街22号　邮政编码100037）
策划编辑：余　皞　责任编辑：余　皞　丁昕祯　李　乐
版式设计：霍永明　责任校对：刘秀芝
封面设计：张　静　责任印制：单爱军
北京虎彩文化传播有限公司印刷
2023年8月第1版第5次印刷
184mm×260mm・13.75印张・331千字
标准书号：ISBN 978-7-111-49163-7
定价：39.80元

电话服务　　　　　　　　　　网络服务
客服电话：010-88361066　　机　工　官　网：www.cmpbook.com
　　　　　010-88379833　　机　工　官　博：weibo.com/cmp1952
　　　　　010-68326294　　金　　书　　网：www.golden-book.com
封底无防伪标均为盗版　　机工教育服务网：www.cmpedu.com

石油和化工机械特色专业教材编委会

序

随着我国经济的高速发展，人们对油气资源的需求量在不断上升，政府及石油化工部门对石油和化工机械的重视程度日益提高。“石油和化工机械”是指从石油钻探开始直到加工成化工成品的一系列过程中所用到的机器与装备的总称，是涉及机械、材料、能源动力、矿业等诸多学科的综合性专业。与其他机械设备不同，石油和化工机械的工作环境相对特殊，设计制造成本相对更高，因此具有“高投入、高风险、高技术”的显著特点。为降低风险同时减少成本，石油和化工机械需要更多设计研发和维护使用领域的专门人才，因此，对相关领域人才的培养显得尤为重要。但是，“石油和化工机械”相关专业的发展与相关教材建设没有与时俱进，无法满足高等教育培养人才的需要。因此，组织编写、出版一套“石油和化工机械”特色专业系列教材是大势所趋。

由于“石油和化工机械”涉及范围广，专业覆盖面积大，不同专业的培养目标、培养要求、主干学科、主要课程、主要实践性教学环节等均有不同的侧重点。根据当前“石油和化工机械”的发展现状与实际需求，本着“由浅入深，通俗易懂，针对性强”的教育思想，长江大学机械工程学院进行了大量的调研工作，聘请了机械工程和石油与天然气工程及其相关领域一批学术造诣深、实践经验丰富的教授、专家，组织成立了“石油和化工机械特色专业教材编写委员会”，并于2013年5月在湖北荆州组织召开了石油化工机械相关专业特色教材建设研讨会，就石油和化工机械相关专业本科教育的课程体系、课程教学内容、教材建设等问题反复进行了研讨，在总结归纳以往教学改革、教材编写经验的基础上，以推动“石油和化工机械”特色专业教学改革和教材建设为宗旨，进行总体设计，制定编写原则和编写规划，决定出版“石油和化工机械特色专业”系列教材，以尽快满足全国众多院校的教学需要，以后再根据专业方向的需要逐步修正、增补。

本系列特色教材的设计原则是，重实践经验，重科学发展，内容全面，涵盖范围广，体现人才培养要求。本着“质量优先，共同把关”的原则，编委会组织专家分别对教材编写的各个环节进行把关和认真仔细的评审。教材初稿完成后又组织专家进行研讨，经反复推敲定稿后才最终进入出版流程。

高等院校是培养石油化工相关专业人才的基地。我相信，本系列特色教材的出版，将对我国石油和化工机械相关专业本科教育的发展和高级石油化工专业人才的培养起到积极的推进作用，同时，也为石油和化工领域众多实际工作者提供技术和学习资料。当然，“石油和化工机械”涉及领域较广，学科交叉和技术日新月异，本套系列特色教材定会存有缺点与不足，难免挂一漏万，诚恳地希望得到有关专家、学者的关心与支持，希望广大读者在使用过程中多提宝贵意见。

“如切如磋，如琢如磨”，我国高等院校石油和化工机械特色专业有着巨大的机遇和发展前景，在此我们希望各高校的石油和化工特色专业越办越好，相互取长补短，为我国石油化工行业输送更多的优秀人才。让我们一起努力，为我国石油和化工机械教育事业的发展做出贡献。

2015年1月于长江大学

前　言

机械振动学是固体力学的重要基础分支之一，是一门为设计高品质机械工程实际结构或机器提供必要的振动理论基础和计算方法的专业技术基础课。本书根据高等学校力学基础课程教学指导委员会制订的“振动力学课程教学基本要求”编写而成，可满足普通工科高等学校机械振动学的基本教学要求。

当前，我国的高等教育已从精英教育转变为大众教育。为适应新的形势，本书在突现基本概念、原理和方法的前提下，结合了石油机械专业特色，注重实际机械工程应用。针对学生的学习由基础课过渡到专业技术基础课的特点，和对实际石油机械工程问题不是很了解的情况，本书着重培养学生建立机械振动力学模型的能力。

本书由长江大学机械工程学院从事工程力学教学和石油机械装备研究的相关教师，在多年讲授机械振动学的基础上精心编写而成。由许福东教授、徐小兵教授、易先中教授担任主编。其中第0、1、2、6章和附录部分由许福东教授执笔，第3章由许福东教授和梅超讲师共同执笔，第4章由易先中教授和李宁讲师共同执笔，第5章由徐小兵教授执笔。全书由许福东、徐小兵、易先中三位教授统稿整理，并由周志宏教授主审。参加部分工作的研究生有胡成峰、李银银、龚小霞、覃江、张宇航、杨亚等同学。

本书的内容安排为教师教学留有较大的选择余地。本书适用于总学时为40学时左右的机械振动学课程。如果不讲述书中带“*”的内容，学时可以压缩，能满足一些机械类专业32学时左右的教学要求。

感谢长江大学机械工程学院冯定、陈平中与王长建等领导同志在教材的编写、出版中提供的支持与帮助。

由于水平所限，书中疏漏与不足之处在所难免，敬请读者批评指正。

编　者

目　录

0 绪 论

0.1 机械振动

机械振动作为一种物理现象，在石油机械工程领域和日常生活中，是非常普遍的。例如，行驶的石油载重车辆的颠动；海洋石油钻采中船舶装备的振动；文艺活动中，乐器琴弦的振动；桥梁、石油钻机的晃动；石油机械制造中机床与刀具的振动等。本书所指机械振动就是特指石油机械振动。

所谓机械振动是指物体（或物体系）在平衡位置附近作往复或周期性的运动，简称振动。

石油机械工程中有大量的振动问题存在，需要人们去研究，特别是现代石油设备和机器结构正向大功率、高速度、高精度、轻型化、大型化等方向发展，振动问题也就越来越突出。因此，掌握机械振动规律就显得十分重要了，也只有掌握了机械振动规律和特征后，才能在石油机械工程领域中有效地利用机械振动有益的方面和限制机械振动有害的方面。

众所周知，机械振动在日常生活与石油机械工程中常带来危害。例如，石油钻机振动引起噪声污染；精密仪器设备的振动影响其功能；机床的振动降低机械加工的精度和光洁度，加剧构件的疲劳和磨损，缩短其使用寿命；石油机械振动还要消耗大量能量，降低机器工作效率；石油机械振动有时会使结构发生大变形而破坏，甚至造成灾难性的事故；有些桥梁就是由于振动而坍毁；海洋轮船的振动恶化了承载的条件；地震、暴雨、台风等造成巨大的经济损失等。然而，机械振动也可以用来为人类服务。例如，利用钟摆振动原理制造钟表；利用石油泥浆振动筛筛分重晶石。工程实际中数以千计的振动机器和振动仪器可以完成许多不同的工艺过程，如：给料、上料、输送、石油钻井液筛分、布料、烘干、冷却、脱水、选分、破碎、粉磨、光饰、落砂、成型、整形、振捣、夯土、压路、摊铺、石油钻探、装载、振仓、犁土、振动沉桩、清理、捆绑、采油、切削、检桩、检测、石油地质勘探、石油测试、采油设备诊断等。这些机器和仪器还包括振动给料机、振动输送机、振动整形机、振动筛选机、振动脱水机、振动干燥机、振动冷却机、振动破碎机、振动球磨机、振动光饰机、振动压路机、振动摊铺机、振动夯土机、振动沉拔桩机、振动造型机、振动采油机、振动筛分机、液压冲击机、振动落砂机、振动离心脱水机、海浪发电机以及各种形式的振捣器和激振器等。它们极大地改善了人们的劳动条件，甚至成百倍地提高了人们的劳动生产率。可见研究和掌握机械振动规律有着十分重要的意义，可以使工程技术人员能更好地利用机械振动有益的一面，而减少有害的一面。可以预计，随着生产实践和科学研究的不断进展，人们对机械振动过程的认识将越来越深化，机械振动的利用将会更加广泛，我们会更多地利用机械振动规律造福人类。广大工程技术人员要努力掌握机械振动的规律，并用它来更好地为社会主义建设服务。

从工程研究角度看，机械振动是研究机械结构或设备的动态问题。动态问题是现代科学和现代工程中非常突出的问题，动态问题区别于静态问题并揭示了静态无法说明的规律和特征。机械振动成为研究动态问题的重要基础。

0.2　机械振动学内容与振动系统模型

机械振动学内容大致分为四个方面：

（1）振动运动学　研究振动物体运动的几何性质与振动规律。

（2）振动分析　已知物体系统特性、激励与干扰条件，分析计算物体系统的机械振动响应。

（3）振动预测　已知物体系统特性和物体所许可的响应条件，预测激励与干扰问题。

（4）振动特性测定或系统识别　已知激励、干扰条件以及响应条件，修正或确定物体系统的特性，这类问题有时称为振动设计。本书主要介绍机械振动分析与振动仿真应用方面的基础知识。

实际石油机械振动的物体系统模型往往是很复杂的。这些模型是将实际事物抽象化而得到的表达。石油机械振动系统模型按系统的不同性质可分为：离散振动系统模型与连续振动系统模型、线性振动系统模型与非线性振动系统模型、确定性振动系统模型与概率性振动系统模型等。按产生机械振动的原因可分为：自由振动系统模型、受迫振动系统模型和自激振动系统模型等。按机械振动的规律可分为：简谐振动系统模型、非简谐振动系统模型。按机械振动系统的自由度数目可分为：单自由度振动系统模型、多自由度振动系统模型。按机械振动位移的特征可分为：扭转振动系统模型、纵向振动系统模型和横向振动系统模型。按驱动装置的型式可分为：惯性式振动系统、弹性连杆式振动系统和电磁式振动系统等。

0.2.1　离散振动系统与连续振动系统

离散振动系统是由集中参数元件组成的，基本的集中参数元件有三种：质量、弹簧与阻尼。

1）质量（包括转动惯量）模型只具有惯性。

2）弹簧模型只具有弹性，其本身质量大多可以略去不计。

3）阻尼模型既不具有弹性，也不具有惯性。它是消耗能量的元件，在相对运动中产生阻力。

离散振动系统的运动在数学上用常微分方程来描述。

连续振动系统是由弹性体元件组成的。典型的弹性体元件有杆、梁、轴、弦、板等。弹性体的惯性、弹性与阻尼是连续分布的，故亦称为分布参数振动系统。

连续振动系统的运动在数学上多用偏微分方程来描述。

0.2.2　线性振动系统与非线性振动系统

如果一个石油机械振动系统的质量不随运动参数（如坐标、速度、加速度等）而变化，系统的惯性力、阻尼力、弹性恢复力分别与加速度、速度、位移呈线性关系，能用常系数线性微分方程描述的振动系统统称为线性振动系统。凡是不能简化为线性振动系统的振动都称为非线性振动系统。非线性振动系统需要用非线性微分方程来描述。

0.2.3 确定性振动系统与概率性振动系统

确定性振动系统的特性可用时间的确定函数来描述。例如，正弦函数、余弦函数等。概率性振动系统的特性不能用时间的确定函数来描述，只具有概率统计规律性。

确定性振动系统的运动用确定的微分方程来描述，而概率性振动系统则需要用如期望、方差等统计规律来描述。

一个实际石油机械振动系统究竟应该采用哪一种简化模型，应该根据具体情况进行具体分析。而分析简化模型的正确与否，必须经过科学实验或生产实践的检验。

0.2.4 单自由度机械振动系统与多自由度机械振动系统

单自由度机械振动系统是指在石油机械振动过程中任何瞬时的几何位置只需要一个独立坐标来描述的振动系统。确定一个石油机械振动系统空间几何位置所需要的独立坐标的个数，称为石油机械振动系统的自由度。

多自由度石油机械振动系统是在机械振动过程中任何瞬时的几何位置需要有多个独立坐标来描述的振动系统。后面章节以此分类展开讨论。

0.3 激励与响应

一个实际的石油机械振动系统，在外界振动激励的作用下，会呈现一定的机械振动响应。这种激励就是系统的输入，响应就是输出，二者由系统的机械振动特性联系（图0.1）。

图0.1 系统激励与响应的关系

系统激励可分为两大类：

（1）确定性激励 可以用时间的确定函数如正弦或余弦规律来描述的激励属于确定性激励。还有脉冲函数、阶跃函数、周期函数、简谐函数等都是典型的确定性函数。

（2）随机性激励 随机性激励不能用时间的确定函数来描述，但它们具有一定的概率统计性，如均值、方差等的规律性，因而可以用随机过程来描述。

机械振动系统响应同样可以分为两大类：

（1）确定性响应 机械振动系统的响应是时间的确定函数，这样的机械振动响应称为确定性响应。确定性响应现分类如下：

1）按存在时间分为瞬态响应和稳态响应。

2）按是否有周期性可分为简谐响应、周期响应、非周期响应等。简谐振动的响应用时间的正弦或余弦函数来描述；周期振动的响应用时间的周期函数来描述；非周期振动的响应可以认为是用若干脉冲响应的叠加来描述的。

（2）随机性响应（略）

0.4　机械振动问题及其解决方法

0.4.1　机械振动问题

不论是确定性的还是概率性的石油机械振动问题，都是在激励、响应以及系统特性的三者当中，已知二者来求第三者。

所谓机械振动分析是在激励条件与系统特性已知的情形下，求系统的机械振动响应。

所谓机械振动特性测定或系统识别是在激励与响应均为已知的情形下，来确定系统的特性。

所谓振动综合或振动设计是在一定的激励条件下，如何来设计系统的特性，使得机械振动系统的响应满足指定的条件。

所谓机械振动预测是在机械振动系统特性和响应已知的情形下，求激励，即判别系统的特性。

实际的石油机械振动问题是很复杂的。将实际问题抽象成为机械振动力学模型，实质上就是一个系统识别的问题，进而针对机械振动系统模型列式求解的过程。实际上，这就是机械振动分析的过程。机械振动分析的结果还必须用于改进设计或者排除故障，而这就是机械振动设计。

0.4.2　机械振动问题的解决方法

石油机械振动问题的解决方法大致上分为理论分析方法与实验研究方法，并且二者是相辅相成的。在大量生产实践和科学实验基础上建立起来的理论，反过来能对实践起一定的指导作用。而从理论分析得到的每一个结论都必须通过实验的验证，并经受生产实践的检验，才能确定其是否正确。在机械振动问题的理论分析中大量地应用了数学工具，特别是计算机与计算技术的日益发展以及计算机仿真技术的应用，为解决复杂石油机械振动问题提供了有力的工具。

本书主要分 6 章介绍机械振动学基本内容。第 1 章为机械振动运动学，它是机械振动的运动学基础之一；第 2 章为单自由度系统振动，它是机械振动学全书的基础知识；第 3 章为两自由度系统振动，它是机械振动学研究多自由度系统振动的基础；第 4 章为多自由度系统振动，它强调了影响系数法对机械振动方程的建立和机械振动模态分析法的应用；第 5 章为弹性体振动，主要介绍杆的纵振、梁的横振、弦的横振和薄板的振动等；第 6 章是机械振动系统的计算机仿真及其应用，在介绍仿真技术的基础上，重点介绍应用实例。全书在介绍石油机械振动理论的基础上，还提供了大量例题和习题，以便读者学习、参考和使用。

1 机械振动运动学

1.1 概述

1.1.1 机械振动的概念

机械振动可解释为：机械或结构物在静平衡位置附近的一种反复运动或者说机械动力系统随时间变化而作的来回振荡运动。机械振动包含石油机械振动。

振动现象在日常生活中和石油机械领域处处都有发生。例如：①心脏的搏动；②耳膜、音叉（图 1.1a）和声带的振动等；③石油载重汽车、火车、飞机及桥梁（图 1.1b）等机械设备的振动；④家用电器、钟表的振动、⑤地震；⑥石油钻机的振动、泥浆振动筛的运动和振动采油机的振动以及水力振荡器等。

a)

b)

图 1.1 音叉和桥的振动
a）音叉 b）桥梁

在许多情况下，石油机械振动是有害的。它影响机器设备的工作性能和寿命，产生不利于工作的噪声和有损于机械或结构物的动载荷，严重时会使零部件失效甚至破坏而造成事故。轻的影响乘坐的舒适性、降低机器及仪表的精度。重的则危害人体健康、引起机械设备及土木结构的破坏。因此，对于大多数石油机械、设备和结构物，应将其机械振动控制在允许的范围内。

事物都是一分为二的。机械振动也有有利的一面。对于利用振动原理工作的机器设备，则应使它能产生所希望的振动，选择其应有的效能。

利用机械振动实例如下：例如，石油机械中的钻井液固控系统的振动筛、冲击凿岩机、顿钻等；又如，琴弦振动；振动沉桩、振动拔桩以及振动捣固等；还有振动检测；振动压路机、振动给料机和振动成型机等。

实际的石油机械或结构物可以简化为一个力学模型。如图 1.2 所示，一个不发生形变的物体放在一个忽略了质量的弹簧上，组成一个“弹簧-质量”系统。如图 1.2f 所示。

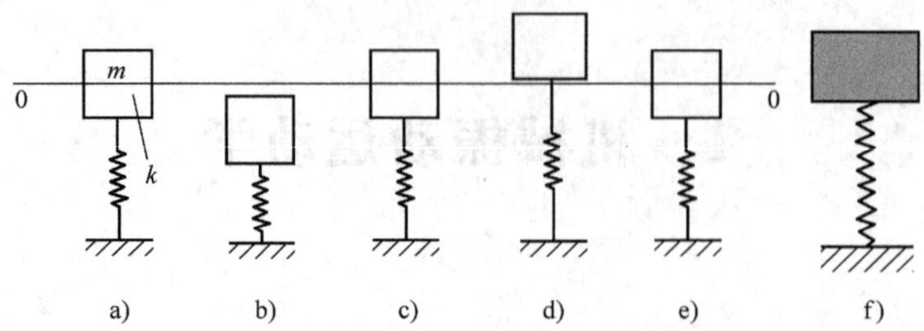

图 1.2　弹簧-质量系统

物体静止时，物体处于图 1.2a 所示的平衡位置 0-0，此时物体的重力与弹簧支持它的弹性恢复力互相平衡，即它们的合力 $Q=0$，物体的速度 $v=0$，加速度 $a=0$；当物体受到向下的冲击作用后即向下运动，弹簧被进一步压缩，弹性恢复力逐渐加大，使物体作减速运动。当物体的速度减小到零后，物体即运动到如图 1.2b 所示的最低位置，此时 $v=0$，而弹簧的弹性恢复力大于物体的重力，故合力 Q 的方向向上，使物体产生向上的加速度 a，物体即开始向上运动；当物体返回到如图 1.2c 所示的平衡位置时，其所受合力 Q 又为零，但其速度 v 却不为零，由于惯性作用，物体继续向上运动；随着物体向上运动，弹簧逐渐伸长，弹性恢复力逐渐变小，物体重力大于弹性恢复力，合力 Q 方向向下，故物体再次作减速运动。当物体向上的速度减少到零时，物体即运动到如图 1.2d 所示的最高位置。此后，物体即开始向下运动，返回平衡位置；当物体返回到如图 1.2e 所示的平衡位置时，其所受合力 Q 又为零，但其速度 v 仍不为零。由于惯性作用，物体继续向下运动。这样，物体即在平衡位置附近作来回往复运动。

1）一次振动——物体从平衡位置开始向下运动，然后向上运动，经过平衡位置再继续向上运动，然后又向下运动回到平衡位置（从图 1.2a 到图 1.2e）。

机械振动是指机械系统的某些物理量（位移、速度、加速度），在某一数值附近随时间 t 的变化关系。石油机械振动也有这些特点。

2）周期振动——物体在相等的时间间隔内作往复运动。

3）周期——往复一次所需的时间间隔（T）。

周期振动（图 1.3）可用时间的周期函数表达为

$$x(t)=x(t+nT) \tag{1.1}$$

式中，$n=1, 2, \cdots$。

4）频率——周期的倒数，其表达式为

$$f=\frac{1}{T}(1/s\text{ 或 Hz}) \tag{1.2}$$

5）非周期振动（图 1.4）不可用时间的周期函数表达。

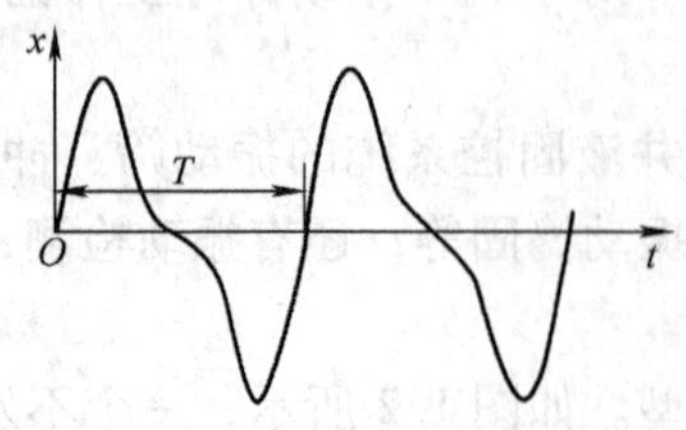

图 1.3　周期振动

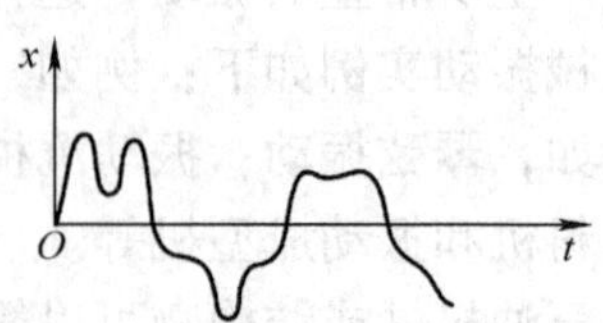

图 1.4　非周期振动

1.1.2　机械振动的分类

对于一个复杂的问题，人们往往用分类的办法将其区别对待。这里着重讨论石油机械振动，有必要对振动加以分类。

（1）按产生振动的原因分类

1）自由振动——当系统的平衡被破坏，只靠其弹性恢复力来维持的振动。

2）受迫振动——在外界激振力的持续作用下，系统被迫产生的振动。

3）自激振动——由于系统具有非振荡性能源和反馈特性，从而引起一种稳定的周期振动。

（2）按振动的规律分类

1）简谐振动——能用一项正弦或余弦函数表达其运动规律的周期振动。

2）非简谐振动——不能用正弦或余弦函数来表达其运动规律的周期振动。

3）随机振动——不能用简单函数或这些简单函数的组合来表达其运动规律，而只能用统计的方法来研究的非周期振动。

（3）按振动系统的结构参数的特性分类

1）线性振动——系统的惯性力、阻尼力、弹性恢复力分别与速度、加速度、位移呈线性关系，能用常系数线性微分方程描述的振动。

2）非线性振动——系统的阻尼力或弹性恢复力具有非线性性质，只能用非线性微分方程描述的振动。

（4）按振动系统的自由度数目分类

1）单自由度系统振动——确定系统在振动过程中任何瞬时的几何位置只需要一个独立坐标的振动。

2）多自由度系统振动——确定系统在振动过程中任何瞬时的几何位置需要多个独立坐标的振动。

（5）按振动位移的特征分类

1）扭转振动——振动体上的质点只作绕轴线的振动。

2）纵向振动——振动体上的质点只作沿轴线方向的振动。

3）横向振动——振动体上的质点只作垂直轴线方向的振动。

振动还可以按其他的分类方法分为：周期振动、非周期振动；稳态振动、瞬态振动；确定性振动与不确定性振动等。

1.2　简谐振动及其表示方法

1.2.1　简谐振动及其特征

如图 1.5 所示，简谐振动是指机械系统（包括石油机械）的某些物理量（如位移、速度、加速度）按时间的正弦（或余弦）函数规律变化的振动。

简谐振动的位移函数 x 的数学表达式是

$$x = A\sin\left(\frac{2\pi}{T}t + \varphi\right) \tag{1.3}$$

式中，A 为位移振幅，表示物体离开平衡位置的最大位移；T 为振动周期，若用 $t+T$，$t+2T$，…，$t+nT$ 等代替上式中的 t，则所得的 x 值不变，即 $x(t)=x(t+nT)(n=0, 1, 2, \cdots)$。故每隔时间 T，运动就完全重复一次，即 T 是振动周期。

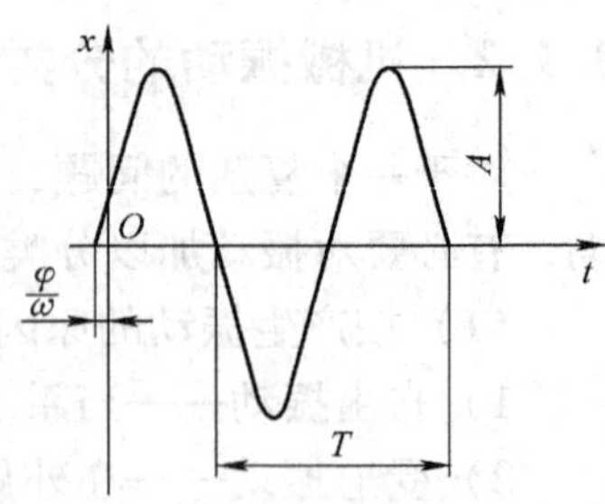

图 1.5 简谐振动

若有圆频率 ω，即

$$\omega=\frac{2\pi}{T}=2\pi f$$

则有

$$x=A\sin(\omega t+\varphi) \tag{1.4}$$

式中，$\omega t+\varphi$ 为相位角，它是决定机械振动物体在 t 时刻运动状态的重要物理量；φ 为初相位，即 $t=0$ 时的相位，表示振动物体的初始位置。

简谐振动的速度 v 和加速度 a 分别为

$$v=\dot{x}=A\omega\cos(\omega t+\varphi)=A\omega\sin\left(\omega t+\varphi+\frac{\pi}{2}\right) \tag{1.5}$$

$$a=\ddot{x}=-A\omega^2\sin(\omega t+\varphi)=A\omega^2\sin(\omega t+\varphi+\pi) \tag{1.6}$$

比较式（1.4）、式（1.5）和式（1.6），可以看出，简谐振动的运动学特征如下：

1）只要位移是简谐函数，则速度和加速度也是简谐函数，而且与位移具有相同的频率。

2）速度的相位比位移的相位超前 $\pi/2$，加速度比位移超前 π。

3）加速度 $\ddot{x}=-\omega^2 x$，这表明简谐振动的加速度与位移恒成正比而反向，即加速度始终指向平衡位置。

1.2.2 简谐振动的矢量表示法和复数表示法

（1）矢量表示法　简谐振动可以用旋转矢量在垂直方向坐标轴上的投影来表示。

如图 1.6 所示，从始点 O 作矢量 $\overrightarrow{OP}$，其模为 A，以等角速度 ω 旋转，矢量的起始位置与水平轴的夹角为 φ。在任一瞬时，矢量与水平轴的夹角则为 $\omega t+\varphi$。

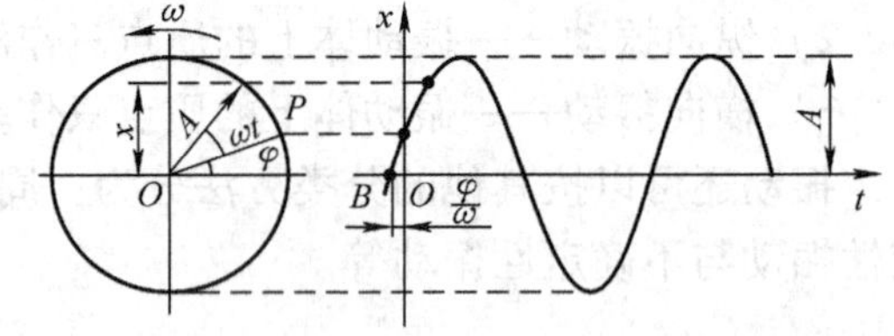

图 1.6 简谐振动的矢量表示法

这一旋转矢量在垂直方向轴上的投影即为式（1.4），即

$$x=A\sin(\omega t+\varphi)$$

由此可见，旋转矢量在垂直方向轴上的投影，可用于表示简谐振动。而这一旋转矢量的模，就是简谐振动的振幅；旋转矢量的角速度就是简谐振动的圆频率；旋转矢量与水平轴的夹角就是简谐振动的相位角；而简谐振动的初相位角，则是 $t=0$ 时旋转矢量与水平轴的夹角。

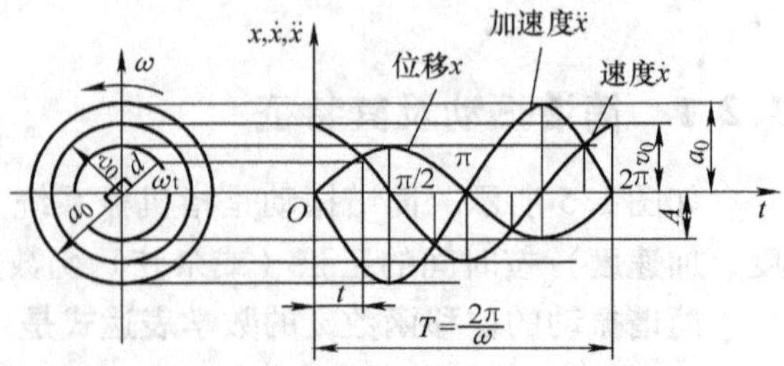

图 1.7 简谐振动的位移、速度和加速度矢量

简谐振动的速度和加速度也可用旋转矢量来表示，如图 1.7 所示。因为速度和加速度

也是时间 t 的正弦（或余弦）函数，其圆频率仍为 ω，并分别具有以下的最大值：

$$v_0 = \omega A, \ a_0 = \omega^2 A$$

故可用等速旋转的两个矢量 $\boldsymbol{v}_0$ 和 $\boldsymbol{a}_0$ 来表示。但速度矢量超前于位移矢量 90°，加速度矢量则超前于位移矢量 180°。

相位差是指两物理量达到最大值（或最小值）时在时间上的差异。若两个物理量同时达到最大值或最小值，则相位差 $\varphi = 0$（同相）。若两个物理量中的一个达到最大值时，另一个正好达到最小值，则相位差 $\varphi = \pi$，称为反相。

（2）复数表示法　复数可以用复数平面上的一个矢量来表示。

如图 1.8 所示，长度为 A 的矢量$\overrightarrow{OP}$在实数轴和虚数轴上的投影分别为 $A\cos\theta$ 及 $A\sin\theta$，故矢量$\overrightarrow{OP}$就代表了下列复数：

$$z = A(\cos\theta + \mathrm{i}\sin\theta)$$

而$\overrightarrow{OP}$的长度就代表了这一复数的模 A，$\overrightarrow{OP}$与实数轴的夹角就是这一复数的复角 θ。

若使$\overrightarrow{OP}$绕 O 点以等角速度 ω 在复平面内逆时针旋转，就成为一个复数旋转矢量（图 1.9）。它在任一瞬间的复角为 $\theta = \omega t$。因此，这一旋转矢量的复数表达式即为

$$z = A(\cos\omega t + \mathrm{i}\sin\omega t)$$

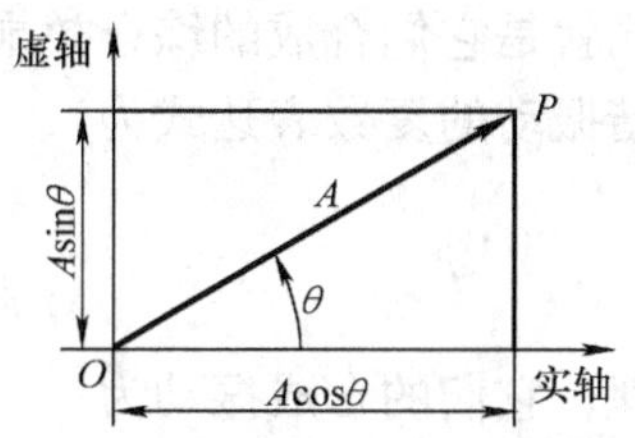

图 1.8　复数的矢量表示法

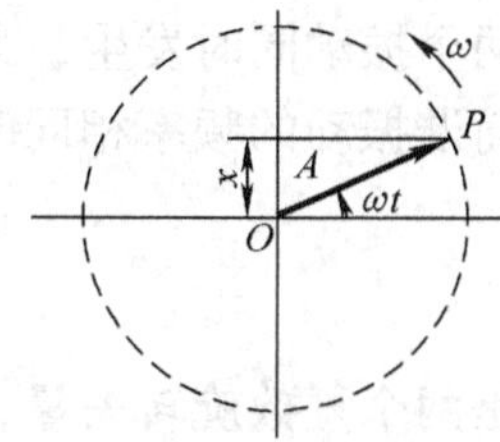

图 1.9　复数旋转矢量

根据欧拉公式：

$$\mathrm{e}^{\mathrm{i}\theta} = \cos\theta + \mathrm{i}\sin\theta$$

则前面式子可改写成

$$z = A\mathrm{e}^{\mathrm{i}\omega t}$$

如前面所描述，任一简谐振动都可用一个旋转矢量在直角坐标垂直轴上的投影来表示。所以，同样可用一个复数旋转矢量在复平面的虚轴上的投影来表示一个简谐振动。故可以用复数表示简谐振动。即

$$x = A\sin\omega t = \mathrm{Im}z = \mathrm{Im}[A\mathrm{e}^{\mathrm{i}\omega t}]$$

式中，符号 $\mathrm{Im}z$ 表示取复数 z 的虚数部分。

为了书写上的方便，今后对复数 $A\mathrm{e}^{\mathrm{i}\omega t}$ 不作特别说明时，即表示取虚数部分，这样可省略符号 Im。

简谐振动的复数表达式是

$$x = A\mathrm{e}^{\mathrm{i}\omega t} \tag{1.7}$$

或

$$x = A\mathrm{e}^{\mathrm{i}(\omega t + \varphi)} = \bar{A}\mathrm{e}^{\mathrm{i}\omega t}; \ \bar{A} = A\mathrm{e}^{\mathrm{i}\varphi} \tag{1.8}$$

简谐振动的速度 $\dot{x}$ 和加速度 $\ddot{x}$ 也可用复数表示：

$$\dot{x} = \mathrm{i}\omega A\mathrm{e}^{\mathrm{i}\omega t} = A\omega\mathrm{e}^{\mathrm{i}(\omega t + \frac{\pi}{2})} \tag{1.9}$$

$$\ddot{x} = -\omega^2 A e^{i\omega t} = A\omega^2 e^{i(\omega t+\pi)} \tag{1.10}$$

从上式可以看出，对复数$Ae^{i\omega t}$每求导一次，则相当于在它前面乘上一个 $i\omega$，而每乘上一个 i，就相当于把这个复数旋转矢量逆时针旋转 π/2，如图 1.10 所示。

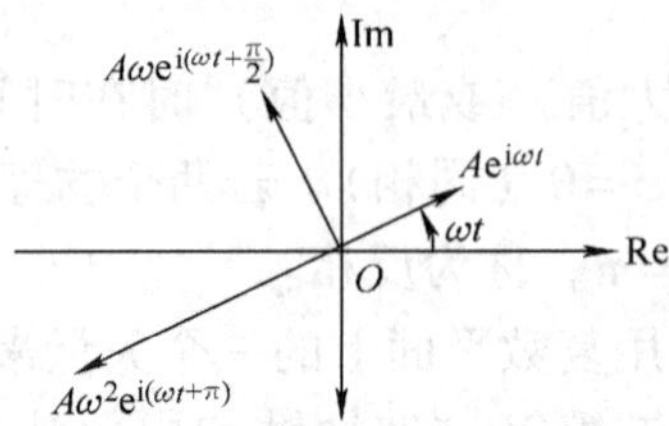

图 1.10　简谐振动的位移、速度、加速度在复平面上的相互关系

1.2.3　简谐振动的合成

在实际的石油机械振动系统中，往往会同时遇到几个简谐振动叠加的情形，所以有必要研究简谐振动的合成。

（1）研究同方向上两个简谐振动的合成　同方向上的简谐振动即两个振动方向在同一直线上。这两个振动同时发生，最终表现出的振动形式就是它们合成的综合效果。

当两个简谐振动的频率相同时，可以设这两个简谐振动的复数表达式为

$$\begin{cases} \boldsymbol{x}_1 = A_1 e^{i\omega t} \\ \boldsymbol{x}_2 = A_2 e^{i(\omega t+\varphi)} \end{cases}$$

上式就是两个复数旋转矢量，根据矢量相加的原理，它们的合成振动为

$$\begin{aligned} \boldsymbol{x} &= \boldsymbol{x}_1 + \boldsymbol{x}_2 \\ &= A_1 e^{i\omega t} + A_2 e^{i(\omega t+\varphi)} \\ &= [(A_1 + A_2\cos\varphi) + iA_2\sin\varphi] e^{i\omega t} \end{aligned}$$

又设复数

$$Ae^{i\alpha} = [(A_1 + A_2\cos\varphi) + iA_2\sin\varphi]$$

则

$$x = Ae^{i\alpha} e^{i\omega t} = Ae^{i(\omega t+\alpha)}$$

式中，合成振动振幅

$$A = \sqrt{(A_1 + A_2\cos\varphi)^2 + (A_2\sin\varphi)^2} \tag{1.11a}$$

合成振动初相位

$$\alpha = \arctan\frac{A_2\sin\varphi}{A_1 + A_2\cos\varphi} \tag{1.11b}$$

由此可见：两个简谐振动的合成振动仍然是一个简谐振动，其频率与原来分振动的频率相同。其振幅决定于分振动的振幅及相位差，当两个分振动同相时，相位差 $\varphi=0$，则合成振动振幅等于两个振动的振幅和；当两个分振动反相时，相位差 $\varphi=\pi$，则合成振动振幅等于两个分振动的振幅差。

当两个简谐振动的频率不同时，问题就比较复杂，因为这时两个分振动的相位差本身也成了时间的函数。

设 $t=0$ 时，两个分振动的相位差为 θ。则在时间为 t 时，两个分振动的相位差可用下式表示：

$$\varphi=(\omega_1-\omega_2)t+\theta=\Delta\omega t+\theta$$

式中，ω_1，ω_2 分别为两个分振动的频率；$\Delta\omega=\omega_1-\omega_2$，为两个分振动的频率差。

这时，仍可应用前面的推导结果，但必须把 φ 看成是一个变量。

$$\begin{aligned}A&=\sqrt{(A_1+A_2\cos\varphi)^2+(A_2\sin\varphi)^2}\\&=\sqrt{A_1^2+A_2^2+2A_1A_2\cos(\Delta\omega t+\theta)}\end{aligned}\tag{1.12}$$

以上可见：合成振动的振幅 A 是时间 t 的周期函数，并将以 $\Delta\omega$ 作为频率，在 $|A_1-A_2|\leqslant A\leqslant|A_1+A_2|$ 的范围内变动。

若两个分振动的振幅相差较大，则合成振动的振幅中总是由振幅大的一个分振动占主导地位，而振幅小的分振动只能使前者产生一些畸变。

若两个分振动的振幅相差不大，那么合成振幅按一定频率时而增大、时而减小的现象就十分明显。振幅的这种变化的现象称为“拍”，振幅从一个最小值通过最大值再到下一个最小值的时间是拍的周期 T 拍（见图 1.11），其倒数就称为拍频，拍频就等于两个分振动的频率之差。

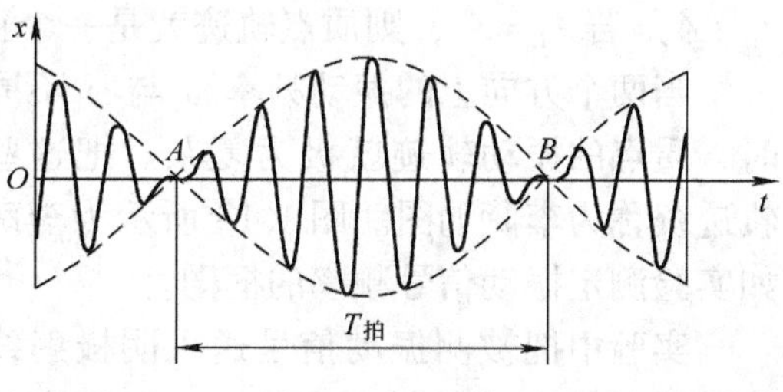

图 1.11 拍

只有两个分振动的频率之比是有理数时，合成振动才可能是周期振动，它的周期就是两个分振动周期的最小公倍数。如果两个分振动的频率比是无理数，那么它们的周期就不可能找到最小公倍数，合成振动就不会是周期性运动。

（2）研究互相垂直方向上两个简谐振动的合成 当一个质点在同一平面上互相垂直的两个方向同时产生简谐振动时，要研究该质点的综合运动形式，就要将这两个简谐振动合成起来。

假设该质点在 x 和 y 这两个互相垂直的方向上作简谐振动，并用下式表示：

$$\left.\begin{aligned}x&=A_1\sin(\omega t+\varphi_1)\\y&=A_2\sin(\omega t+\varphi_2)\end{aligned}\right\}\tag{1.13}$$

将上式展开，并进行消去参数 t 的运算，得出 x 和 y 的函数关系如下：

$$\frac{x^2}{A_1^2}+\frac{y^2}{A_2^2}-2\frac{xy}{A_1A_2}\cos(\varphi_1-\varphi_2)=\sin^2(\varphi_1-\varphi_2)\tag{1.14}$$

上式一般表示一个斜椭圆，但随着相角的差与振幅的不同，也可以退化为直线或正圆，如图 1.12 所示。

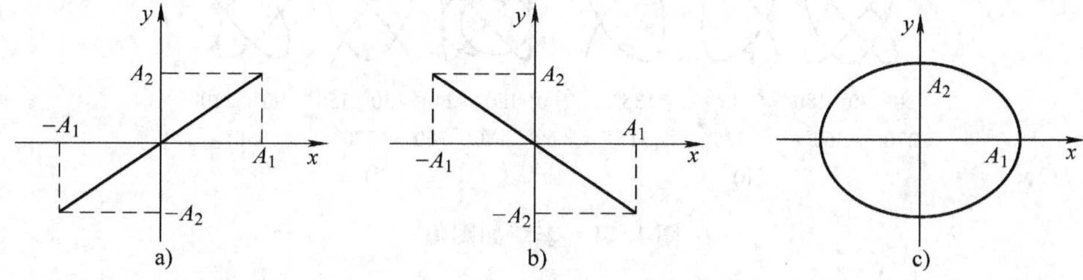

图 1.12 简谐振动的合成

实际例如：

1）当 $\varphi_1-\varphi_2=0$ 时，式（1.14）变成

$$\frac{x^2}{A_1^2}+\frac{y^2}{A_2^2}-2\frac{xy}{A_1A_2}=0$$

即

$$\frac{x}{y}=\frac{A_1}{A_2}$$

2）当 $\varphi_1-\varphi_2=\pi$ 时，式（1.14）变成

$$\frac{x}{y}=-\frac{A_1}{A_2}$$

3）当 $\varphi_1-\varphi_2=\pi/2$ 时，式（1.14）变成

$$\frac{x^2}{A_1^2}+\frac{y^2}{A_2^2}=1$$

4）若 $A_1=A_2$，则质点轨迹就是一个正圆。

当两个方向上的振动频率 ω_1 与 ω_2 不同时，质点的振动轨迹就极为复杂。把这些轨迹统称为李萨如图。图 1.13 所示为李萨如实验测定振动信号频率的框图。

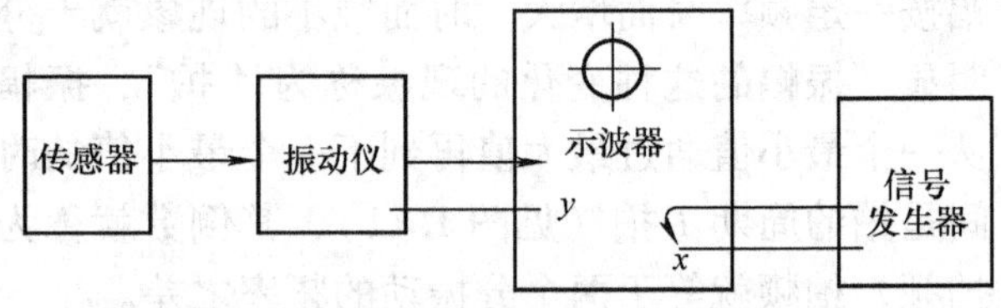

图 1.13　李萨如图形示例

实验中把被测振动信号送入阴极射线示波器的垂直偏转轴 y，而把已知频率的比较电压信号送入水平偏转轴 x。当振动信号频率 $f_{振}$ 与比较电压信号频率 $f_{较}$ 有

$$mf_{振}=nf_{较}$$

其中 m 与 n 是正整数，则荧光屏上显示出稳定不动的图形。这种图形为李萨如图。它的形状由 m 与 n 值、两者之间的相位差及幅值的大小来确定，如图 1.14 所示。

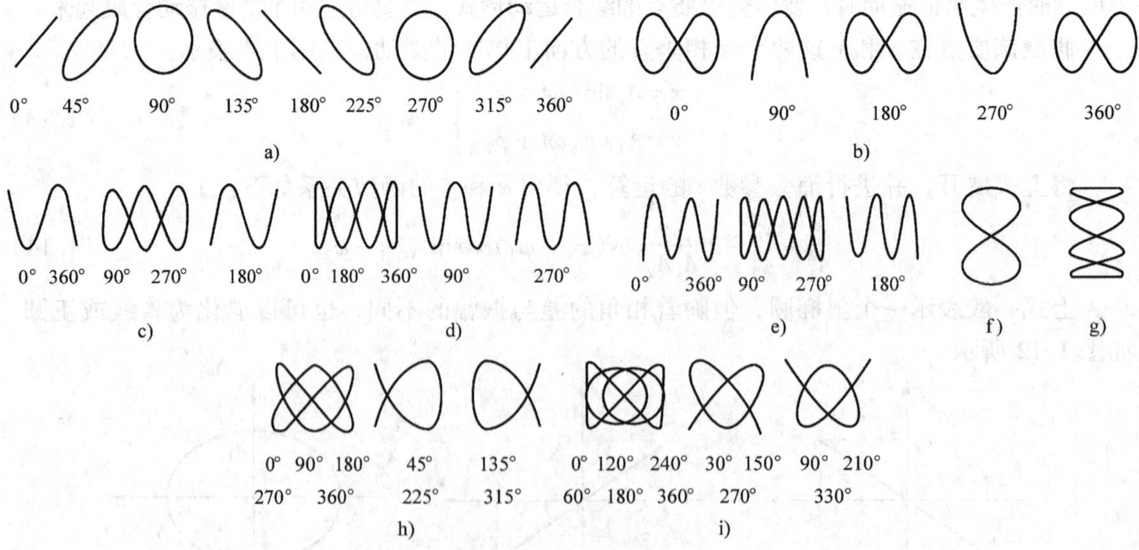

图 1.14　李萨如图集

a）$f_y=f_x$　b）$f_y=2f_x$　c）$f_y=3f_x$　d）$f_y=4f_x$　e）$f_y=5f_x$　f）$f_y=\frac{1}{2}f_x$　g）$f_y=\frac{1}{4}f_x$　h）$f_y=\frac{3}{2}f_x$　i）$f_y=\frac{4}{3}f_x$

如图 1.14 所示，和同方向简谐振动合成一样，只有当 ω_1 和 ω_2 的比例是有理数时，所得到的李萨如图才是封闭的。在振动试验中可以利用李萨如图来判断 x，y 方向的频率比，即根据李萨如图与水平线及垂直线切点的个数之比，来判断两个方向上分振动的频率比。在图 1.15a 中，水平方向有 2 个切点，垂直方向有 3 个切点，故两个方向上分振动的频率比就是切点数的反比。即水平方向与垂直方向的频率比是 3∶2。而在图 1.15b 中，水平方向的频率是垂直方向频率的 1/2。因此，若一个方向上的频率已知，则另一个方向上的频率就可根据李萨如图推算出来。

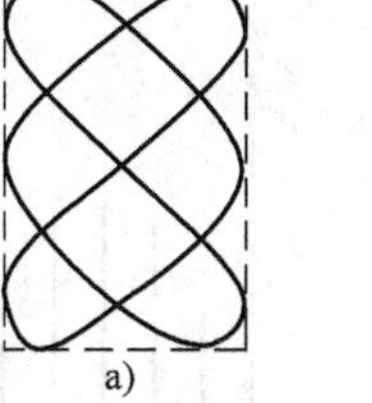

a)

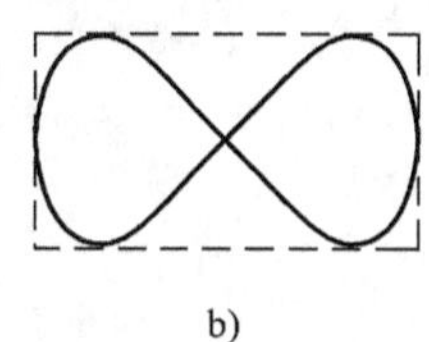

b)

图 1.15　李萨如图

1.3　非简谐周期振动的谐波分析

在研究石油机械振动时，常会遇到某些参量的变化具有周期性，但又不是简单的简谐运动，即是一种非简谐的周期运动，其振幅、速度和加速度都不一定是简谐的。此外，在激振时，激振力也往往不是简谐的，有时就要用脉冲方波或三角波来激振。对于这些非简谐的周期运动，常常需要将它分解成一系列简谐振动的叠加，这就需要应用傅里叶级数的理论。

谐波分析就是把一个周期函数展开成一个傅里叶级数，亦即展开成一系列简谐函数之和。

假设有一个周期振动函数 $F(t)$，它的周期为 T，展开成傅里叶级数为

$$\begin{aligned} F(t) &= \frac{a_0}{2} + a_1\cos\omega_1 t + a_2\cos 2\omega_1 t + \cdots + b_1\sin\omega_1 t + b_2\sin 2\omega_1 t + \cdots \\ &= \frac{a_0}{2} + \sum_{n=1}^{\infty}(a_n\cos n\omega_1 t + b_n\sin n\omega_1 t) \end{aligned} \tag{1.15}$$

式中，$\omega_1 = \frac{2\pi}{T}$，称为基频；且

$$a_0 = \frac{\omega_1}{\pi}\int_0^T F(t)\,\mathrm{d}t$$

$$a_n = \frac{\omega_1}{\pi}\int_0^T F(t)\cos n\omega_1 t\,\mathrm{d}t$$

$$b_n = \frac{\omega_1}{\pi}\int_0^T F(t)\sin n\omega_1 t\,\mathrm{d}t$$

两个频率相同的简谐振动可以合成为一个简谐振动，即

$$a_n\cos n\omega_1 t + b_n\sin n\omega_1 t = A_n\sin(n\omega_1 t + \varphi_n)$$

式中，$A_n = \sqrt{a_n^2 + b_n^2}$，$\varphi_n = \arctan\frac{a_n}{b_n}$

则式（1.15）可写成

$$F(t) = \frac{a_0}{2} + \sum_{n=1}^{\infty} A_n\sin(n\omega_1 t + \varphi_n) \tag{1.16}$$

上式中，第一项是常数，对振动没有影响；第二项 $A_1\sin(\omega_1 t + \varphi_1)$ 的频率与非简谐周期振动的原频率 ω_1 相同，称为基本和谐；频率等于原函数频率两倍的第三项 $A_2\sin(2\omega_1 t + \varphi_2)$ 称为

第二和谐；…；频率等于原函数频率 n 倍的第 $n+1$ 项 $A_n\sin(n\omega_1 t+\varphi_n)$ 称为第 n 和谐。

为了使谐波分析形象化，可以把 A_n 和 φ_n 与 ω 之间的变化关系用图形来表示，如图 1.16 所示。

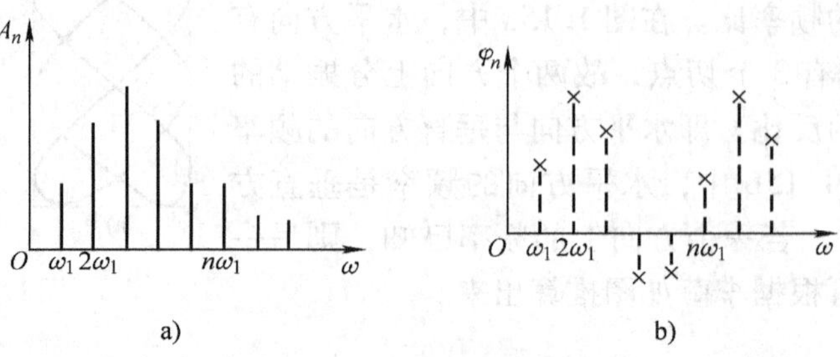

图 1.16　离散频谱图

周期振动的频谱均为离散频谱。频谱图上每一根竖线代表一个谐波分量。

【例 1-1】　某一个非简谐周期振动：

$$F(t)=a\sin\omega t+\frac{a}{2}\sin 2\omega t$$

可以分解为 $a\sin\omega t$ 及 $\frac{a}{2}\sin 2\omega t$ 两个简谐振动的叠加，其时间历程如图 1.17a 所示，图 1.17b 所示为这一周期振动只有两个谐波分量，故其频谱图上只有两条竖线。

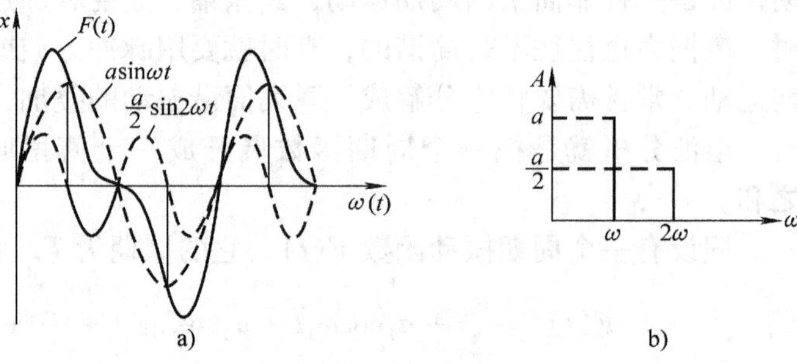

图 1.17　非简谐周期振动及频谱图

三角波与脉冲方波是振动研究中常遇到的周期波形，现分别对它们进行如下实例的谐波分析。

【例 1-2】　已知一个三角波（见图 1.18）的函数表达式为

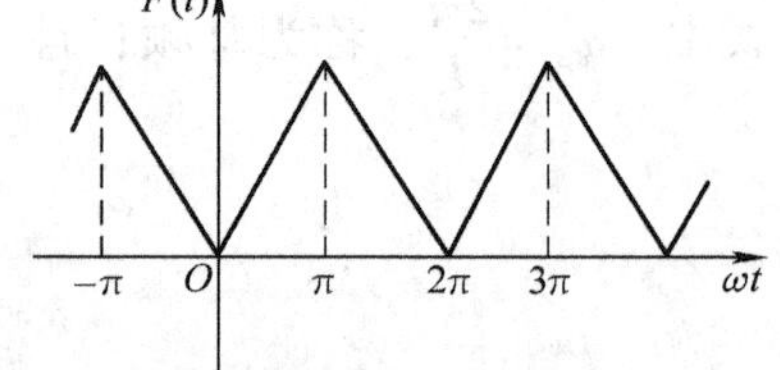

图 1.18　三角波

$$F(t)=\begin{cases}\omega t & 0\leqslant\omega t\leqslant\pi\\ 2\pi-\omega t & \pi\leqslant\omega t\leqslant 2\pi\end{cases}$$

试将 $F(t)$ 在［0，2π］区间展开为傅里叶级数。

【解】　因为

$$a_0=\frac{\omega}{\pi}\left[\int_0^{\pi/\omega}\omega t\mathrm{d}t+\int_{\pi/\omega}^{2\pi/\omega}(2\pi-\omega t)\mathrm{d}t\right]=\pi$$

$$\begin{aligned}a_n&=\frac{\omega}{\pi}\left[\int_0^{\pi/\omega}\omega t\cos n\omega t\mathrm{d}t+\int_{\pi/\omega}^{2\pi/\omega}(2\pi-\omega t)\cos n\omega t\mathrm{d}t\right]\\&=\frac{\omega^2}{\pi}\frac{1}{(n\omega)^2}(2\cos n\pi-2)\end{aligned}$$

$$\begin{aligned}b_n&=\frac{\omega}{\pi}\left[\int_0^{\pi/\omega}\omega t\sin n\omega t\mathrm{d}t+\int_{\pi/\omega}^{2\pi/\omega}(2\pi-\omega t)\sin n\omega t\mathrm{d}t\right]\\&=0\end{aligned}$$

当 n 是奇数时，$\cos n\pi=-1$，则

$$a_n = -\frac{4}{n^2\pi}$$

当 n 是偶数时，$\cos n\pi = +1$，则

$$a_n = 0$$

所以

$$F(t) = \frac{\pi}{2} - \frac{4}{\pi}\left(\frac{\cos\omega t}{1^2} + \frac{\cos 3\omega t}{3^2} + \frac{\cos 5\omega t}{5^2} + \cdots\right)$$

【例 1-3】 已知一个脉冲方波（见图 1.19）的函数表达式为

$$F(t) = \begin{cases} F & 0 \leqslant \omega t \leqslant \pi \\ -F & \pi \leqslant \omega t \leqslant 2\pi \end{cases}$$

试将 $F(t)$ 在 $[0, 2\pi]$ 区间展开为傅里叶级数。

【解】 因为

$$a_0 = \frac{\omega}{\pi}\left\{\int_0^{\pi/\omega} F\mathrm{d}t + \int_{\pi/\omega}^{2\pi/\omega}(-F)\mathrm{d}t\right\} = 0$$

$$a_n = \frac{\omega}{\pi}\left\{\int_0^{\pi/\omega} F\cos n\omega t\mathrm{d}t - \int_{\pi/\omega}^{2\pi/\omega} F\cos n\omega t\mathrm{d}t\right\} = 0$$

$$b_n = \frac{\omega}{\pi}\left\{\int_0^{\pi/\omega} F\sin n\omega t\mathrm{d}t - \int_{\pi/\omega}^{2\pi/\omega} F\sin n\omega t\mathrm{d}t\right\}$$

$$= \frac{2F}{n\pi}(1 - \cos n\pi)$$

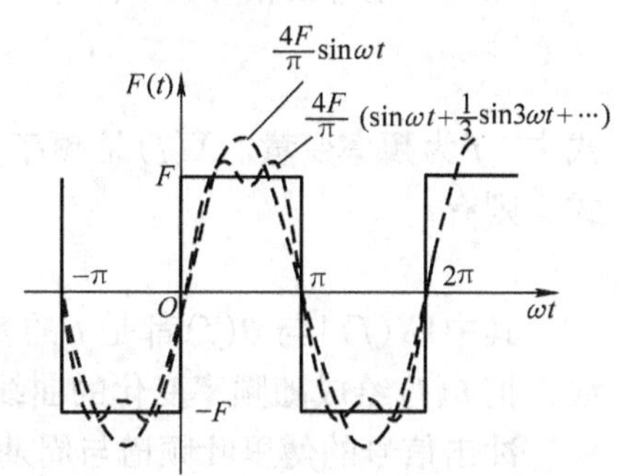

图 1.19 脉冲方波及其谐波

当 n 是奇数时，

$$b_n = -\frac{4F}{n\pi}$$

当 n 是偶数时，

$$b_n = 0$$

所以

$$F(t) = \frac{4F}{\pi}\left(\sin\omega t + \frac{1}{3}\sin 3\omega t + \frac{1}{5}\sin 5\omega t + \cdots\right)$$

若在上式中只取一次谐波 $\frac{4F}{\pi}\sin\omega t$ 与方波波形进行比较，两者有些接近，但仍然差别较大。若取一次谐波与二次谐波叠加，再与方波波形进行比较，就比只取一次谐波接近多了。所以只要叠加的谐波次数取得较多，傅里叶级数与原来的周期函数就十分接近了。

傅里叶级数虽是无穷级数，但在实际工程问题中，n 不必取得很大。可根据分析精度的要求适当选取 n 值，一般认为取到 $n=5$ 就已经相当准确了。

1.4 非周期振动的频谱分析

所谓非周期振动即描述石油机械振动随时间变化的曲线是非周期的（见图 1.20）。

在机械工程实际中，最常见的非周期振动是冲击与暂态振动。例如，飞机着陆、地震、爆炸、石油载重车辆或海洋石油船舶之间的碰撞、落锤与砧基的碰撞等，它们的共同特点是过程突然发生，持续时间短暂，能量却很大。

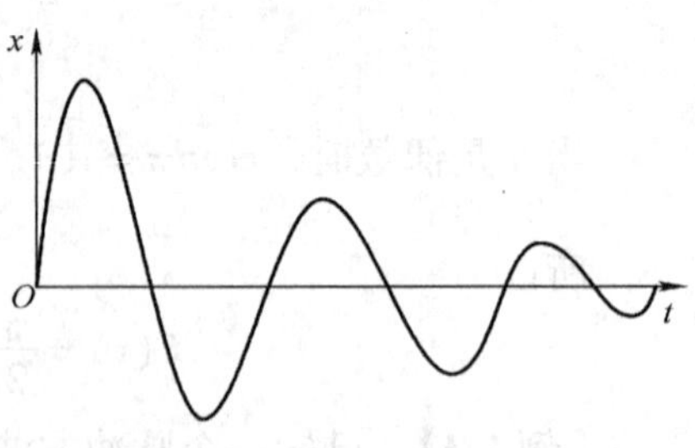

图 1.20 非周期振动波

在研究冲击作用于机械动力系统所产生的影响时，仅仅有冲击随时间变化的曲线还是远远不够的。为了进一步分析，频谱分析法仍是十分有效的方法。非周期振动的频谱分析法与周期振动的频谱分析法基本思路类似，不同之点是周期振动的频谱分析法是基于傅里叶级数展开，而非周期振动的频谱分析法则基于傅里叶积分法——统称为傅里叶变换，它是把一个时间域的振动信号转变到频率域的函数。

傅里叶积分：

如果一个冲击信号为 $x(t)$，$0\leqslant t\leqslant \pi$，$\tau$ 为持续时间，则它的傅里叶积分（频谱）有

$$X(f) = \int_{-\infty}^{+\infty} x(t)\mathrm{e}^{-\mathrm{j}2\pi ft}\mathrm{d}t \tag{1.17}$$

式中，f 为频率变量。$X(f)$ 是频率 f 的复函数，把 $X(f)$ 转化成模 $|X(f)|$ 与相位角 $\theta(f)$ 的形式，则有

$$X(f) = |X(f)|\mathrm{e}^{\mathrm{j}\theta(f)} \tag{1.18}$$

其中 $|X(f)|$ 与 $\theta(f)$ 都是 f 的实函数。把 $|X(f)|$ 绘成随频率变化的曲线，称为幅频谱曲线，把 $\theta(f)$ 绘成随频率变化的曲线，称为相频谱曲线。

冲击信号的傅里叶频谱与周期振动的傅里叶频谱在物理概念上的区别是：冲击信号的傅里叶频谱是冲击信号的谱密度函数，它是单位频率上的振动量大小（有效值）。冲击信号的傅里叶频谱是离散的直线条，而且它只在等间隔频率处出现。冲击信号在某频率上的频谱密度值越大，那么它在此频率上的能量也越大。

下面列举几种典型冲击函数频谱图。

【例 1-4】 矩形冲击信号（见图 1.21），它的数学表示式为

$$x(t) = \begin{cases} A & 0\leqslant t\leqslant \tau \\ 0 & t>\tau,\ t<0 \end{cases}$$

【解】 它的频谱函数 $X(f)$ 为

$$X(f) = \int_{-\infty}^{+\infty} x(t)\mathrm{e}^{-\mathrm{j}2\pi ft}\mathrm{d}t = \int_{0}^{\tau} x(t)\mathrm{e}^{-\mathrm{j}2\pi ft}\mathrm{d}t$$

$$= \frac{A}{2\pi f}[\sin 2\pi f\tau - \mathrm{j}(1-\cos 2\pi f\tau)]$$

$$|X(f)| = \frac{A}{\pi f}|\sin \pi f\tau|$$

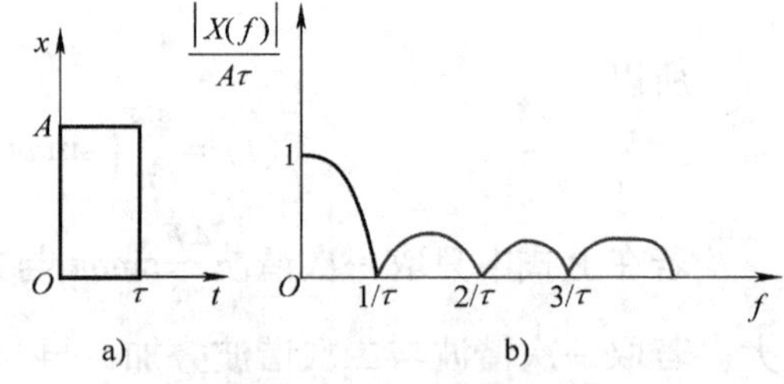

图 1.21 冲击信号与频谱图

a）冲击信号 b）频谱图

【例 1-5】 半正弦冲击信号（图 1.22）的数学表示式为

$$x(t) = \begin{cases} A\sin\dfrac{\pi t}{\tau} & 0\leqslant t\leqslant \tau \\ 0 & t<0,\ t>\tau \end{cases}$$

【解】 它的频谱函数 $X(f)$ 为

$$X(f) = \int_{0}^{\tau} A\sin\frac{\pi t}{\tau}\mathrm{e}^{-\mathrm{j}2\pi ft}\mathrm{d}t$$

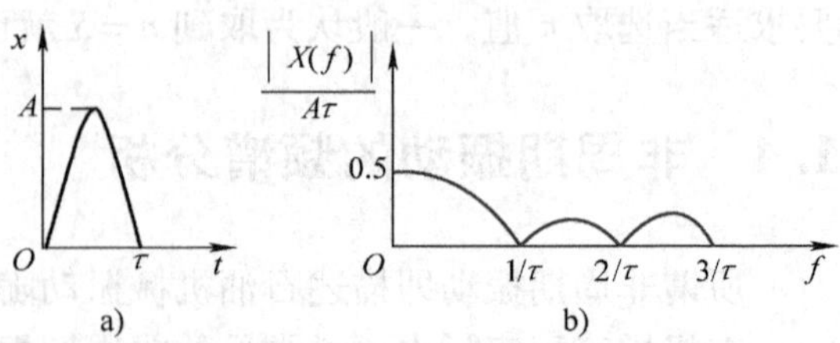

图 1.22 半正弦冲击信号与频谱图

a）冲击信号 b）频谱图

分部积分两次可得

$$X(f)=\frac{A\tau}{\pi(1-4f^2\tau^2)}[(\cos 2\pi f\tau+1)-\mathrm{i}\sin 2\pi f\tau]$$

$$|X(f)|=\frac{2A\tau}{\pi}\left|\frac{\sin\pi f\tau}{1-4f^2\tau^2}\right|$$

在振动测量中，频谱分析法的用途有：

1） 知道被测量的振动信号的频谱含量。

2） 选择测量方法和仪器的依据。

3） 分析机械动力系统振动特性的有效工具。

4） 根据系统的振动信号的频谱，可判断振动的各种来源及系统的动力学特征。

5） 帮助我们确定隔振系统的有关参数及对隔振效果进行检查分析。

*1.5 随机振动的统计分析法

在未来任何一给定时刻其瞬时值不能预先确定的振动，或不能用一个确定的时间函数来描述的机械振动（包括石油机械振动）为随机振动。

常见的随机振动现象，如在公路上行驶的石油载重车辆，空中飞翔的飞机、火箭、喷气发动机，海洋石油船舶等所产生的振动。

随机振动研究的基本内容包括：分析振源特性；系统在随机振动作用下的响应；随机振动隔离；随机振动的模拟试验等。

由于随机振动自身的特点，只能用数理统计的方法去研究随机振动，分析它的某些统计性质，而不是计较个别样本函数本身。描述随机振动基本特性的主要统计参数有：均值与均方值、概率密度函数、相关函数及功率谱密度函数等。

随机振动在时刻 t 的均值是指所有样本函数在时刻 t 瞬时值的平均。

$$\overline{x(t)}=\int_{-\infty}^{+\infty}x(t)p(x,t)\mathrm{d}x=E[x(t)] \tag{1.19}$$

式中，$p(x, t)$就是随机振动在时刻 t 瞬时值的概率密度函数。

随机振动的均方值的定义是所有样本函数在时刻 t 的瞬时值平方的平均。

$$\overline{x^2(t)}=\int_{-\infty}^{+\infty}x^2(t)p(x,t)\mathrm{d}x=E[x^2(t)] \tag{1.20}$$

随机振动的自相关函数是对随机振动每一样本函数在时刻 t_1 的瞬时值 $x(t_1)$与时刻 t_2 的瞬时值 $x(t_2)$的乘积取集合（总体）平均。

$$\begin{aligned}R_x(t_1;t_2)&=E[x(t_1)x(t_2)]\\&=\lim_{N\to\infty}\frac{1}{N}\sum_{k=1}^{N}x_k(t_1)x_k(t_2)\end{aligned} \tag{1.21}$$

随机振动的互相关函数是描述一对振动在不同时刻瞬时值之间的依赖关系。

$$\begin{aligned}R_{xy}(t_1;t_2)&=E[x(t_1)y(t_2)]\\&=\iint_{-\infty}^{+\infty}x(t_1)y(t_2)p(x(t_1);x(t_2)\mathrm{d}x(t_1)\mathrm{d}x(t_2))\end{aligned} \tag{1.22}$$

双边自功率谱密度函数就是它的自相关函数的傅里叶变换。

$$S_x(\omega) = \frac{1}{2\pi}\int_{-\infty}^{+\infty} R_x(\tau)\mathrm{e}^{-\mathrm{i}\omega\tau}\mathrm{d}\tau \qquad (-\infty < \omega < +\infty) \tag{1.23}$$

或者

$$S_x(f) = \frac{1}{2\pi}\int_{-\infty}^{+\infty} R_x(\tau)\mathrm{e}^{-\mathrm{i}f\tau}\mathrm{d}\tau \qquad (-\infty < f < +\infty) \tag{1.24}$$

一对平稳随机振动的互相关函数 $R_{xy}(\tau)$ 和 $R_{yx}(\tau)$ 的傅里叶变换。

$$S_{xy}(\omega) = \frac{1}{2\pi}\int_{-\infty}^{+\infty} R_{xy}(\tau)\mathrm{e}^{-\mathrm{i}\omega\tau}\mathrm{d}\tau \qquad (-\infty < \omega < +\infty) \tag{1.25}$$

$$S_{yx}(\omega) = \frac{1}{2\pi}\int_{-\infty}^{+\infty} R_{yx}(\tau)\mathrm{e}^{-\mathrm{i}\omega\tau}\mathrm{d}\tau \qquad (-\infty < \omega < +\infty) \tag{1.26}$$

功率谱密度函数实质是描写随机振动的能量随频率的分布情况。

习　题

1-1　已知某机器振动规律为 $x = 0.5\sin\omega t + 0.3\cos\omega t$，单位为 cm，$\omega = 10\pi$ (rad/s)，问此振动是否为简谐振动？振幅多大？最大速度和最大加速度分别为多大？并用旋转矢量表示出它们之间的关系。

1-2　设有两简谐振动，分别由 $3\mathrm{e}^{\mathrm{i}(5\pi t)}$ 和 $5\mathrm{e}^{\mathrm{i}\left(5\pi t + \frac{\pi}{2}\right)}$ 表示。试用复数旋转矢量合成，并写出在实轴和虚轴的投影。

1-3　试对图 1.23 所示半正弦波的周期函数进行谐波分析，并画出其频谱图。

$$F(x) = \begin{cases} \sin x & 0 < x < \pi \\ 0 & \pi < x < 2\pi \end{cases}$$

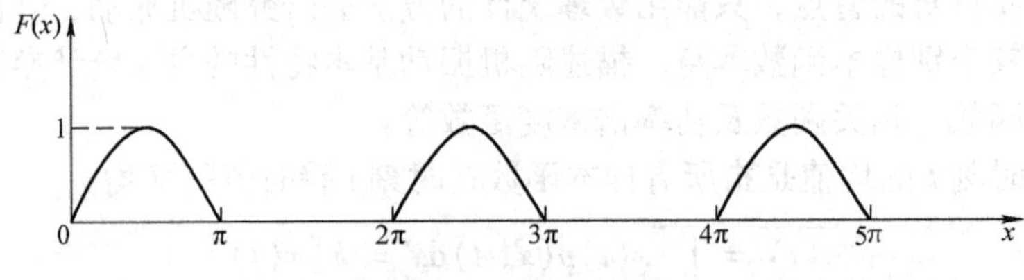

图 1.23　题 1-3 图

1-4　通过简谐函数的复数表示，求下列简谐函数之和。

(1) $x_1 = 2\sin\left(\omega t + \frac{\pi}{3}\right)$，$x_2 = 3\sin\left(\omega t + \frac{2\pi}{3}\right)$

(2) $x_1 = 5\sin 10\pi t$，$x_2 = 4\cos\left(10\pi t + \frac{\pi}{4}\right)$

(3) $x_1 = 4\sin(2\pi t + 30°)$，$x_2 = 5\sin(2\pi t + 60°)$，$x_3 = 3\cos(2\pi t + 45°)$，$x_4 = 7\cos(2\pi t + 38°)$，$x_5 = 2\cos(2\pi t + 72°)$

1-5　设 $x(t)$，$f(t)$ 为同频简谐函数，并且满足 $a\ddot{x} + b\dot{x} + cx = f(t)$。试计算下列问题：

(1) 已知 $a = 1.5$，$b = 6$，$c = 25$，$x(t) = 10\sin(12\pi + 37°)$，求 $f(t)$；

(2) 已知 $a = 3$，$b = 7$，$c = 30$，$f(t) = 25\sin(7\pi + 64°)$，求 $x(t)$。

1-6　简述同向异频简谐振动在不同频率和幅值下合成的不同特点。

1-7　利用“振动计算实用工具”，通过变换频率和相位总结垂直方向振动合成的特点。

2 单自由度系统振动

2.1 概述

单自由度系统的振动理论是振动理论的理论基础。尽管实际的石油机械振动系统都是弹性体，然而要掌握多自由度机械振动的基本规律，就必须先掌握单自由度系统的机械振动理论。本章提到的机械振动就是特指石油机械振动。

例如图 2.1 石油机械加工中的：悬臂锤的镗杆（图 2.1a）；外圆磨床的砂轮主轴（图 2.1b）；安装在地上的床身（图 2.1c）等。若忽略这些机械零部件中的镗杆、主轴和转轴的质量，只考虑它们的弹性。忽略那些支承在弹性元件上的镗刀头、砂轮、床身等惯性元件的弹性，只考虑它们的惯性。把它们看成是只有惯性而无弹性的集中质点。于是，实际的石油机械振动系统就近似地简化为单自由度线性振动系统的动力学模型（图 2.1d）。

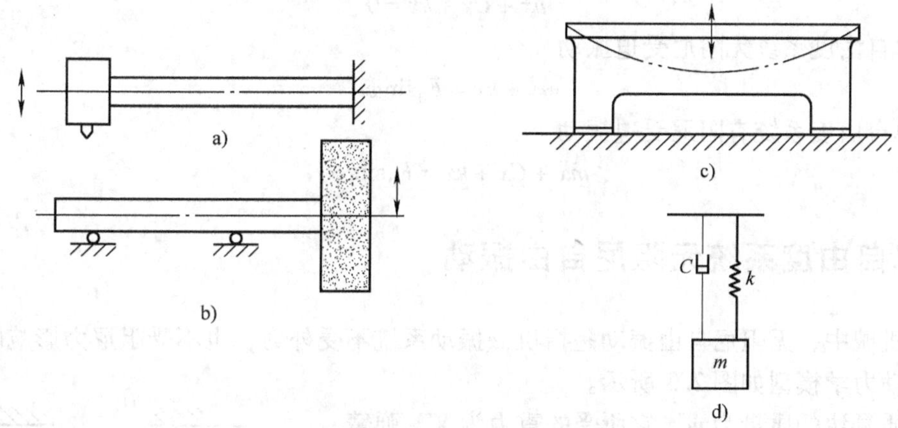

图 2.1 单自由度振动系统

在一定条件下，石油机械工程中许多具体的机械振动系统可以简化为单自由度机械振动系统。在石油机械实际的机械振动系统中必然存在着各种阻尼，故模型中用一个阻尼器来表达。阻尼器是由油缸、活塞和油液所组成，如图 2.1d 中的阻尼器。

单自由度振动系统是指用一个独立参量便可确定系统几何位置的机械振动系统。最简单的单自由度振动系统是一个弹簧连接一个质量的系统。

所有的单自由度机械振动系统经过简化，都可以抽象成单振子，即将机械系统中全部起作用的质量都认为集中到质点上，这个质点的质量 m 称为当量质量，所有的弹性都集中到弹簧中，这个弹簧刚度 k 称为当量弹簧刚度。在以后讨论中，质量就是指当量质量，刚度就是指当量弹簧刚度。

在单自由度机械振动系统中，振动质量 m、弹簧刚度 k、阻尼系数 C 是机械振动系统的三个基本要素。有时在机械振动系统中还作用有一个持续作用的激振力 F。

应用牛顿第二定律，作用于一个质点上所有力的合力等于该质点的质量和该合力方向的加速度的乘积。

如图 2.2a 所示，取所有与坐标 x 方向一致的力、速度和加速度为正，则

$$m\ddot{x}=F_0\sin\omega t-C\dot{x}-kx$$

如图 2.2b 所示，动静法（达朗贝尔原理）分析得知，作用在振动体上的外力与假想加在此振动体上的惯性力组成平衡力系。

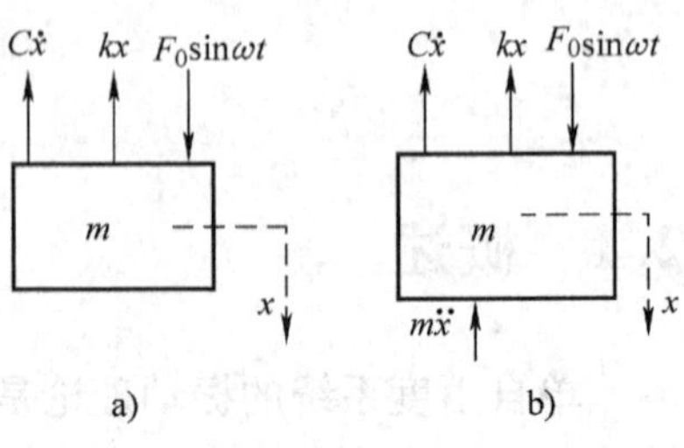

图 2.2 振动体受力情况

这样可得：

$$m\ddot{x}+C\dot{x}+kx=F_0\sin\omega t \tag{2.1}$$

该式就是单自由度线性振动系统的运动微分方程的普遍式。它可以分为以下几种不同的情况：

1）单自由度系统无阻尼自由振动

$$m\ddot{x}+kx=0$$

2）单自由度系统有阻尼自由振动

$$m\ddot{x}+C\dot{x}+kx=0$$

3）单自由度系统无阻尼受迫振动

$$m\ddot{x}+kx=F_0\sin\omega t$$

4）单自由度系统有阻尼受迫振动

$$m\ddot{x}+C\dot{x}+kx=F_0\sin\omega t$$

2.2 单自由度系统无阻尼自由振动

石油机械中，无阻尼自由振动是指机械振动系统不受外力，也不受阻尼力影响时所作的振动。其动力学模型如图 2.3 所示。

假设质量块的质量为 m，它所受的重力为 W，弹簧刚度为 k。弹簧未受力时的原长为 l，挂上质量块后，弹簧的静伸长量为 λ_j。此时系统处于静平衡状态，平衡位置为 O-O，由静平衡条件得

$$k\lambda_j=W \tag{2.2}$$

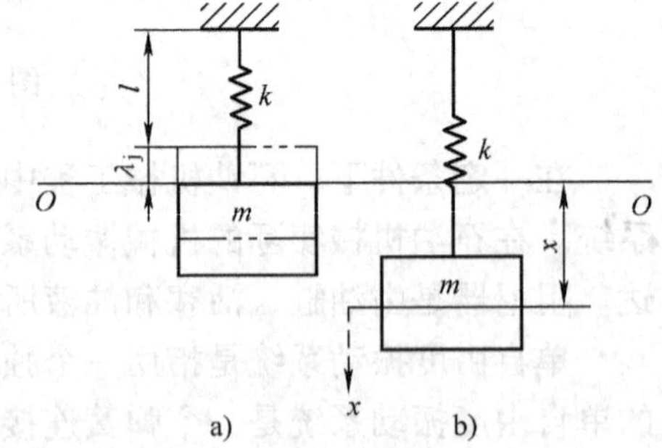

图 2.3 单自由度系统无阻尼自由振动动力学模型

当机械振动系统受到外界某种初始干扰时，机械振动系统的静平衡状态就受到破坏，在弹性恢复力作用下，使机械振动系统产生自由振动。若取静平衡位置为坐标原点，以 x 表示质量块的垂直位移，并作为机械振动系统的广义坐标，取向下为正。则当质量块离开平衡位置 x 时，质量块所受的作用力，即重力 W 和弹性力 $k(\lambda_j+x)$，使质量块产生加速运动。所以

$$m\ddot{x}=W-k(\lambda_j+x)=-kx$$

即

$$m\ddot{x}+kx=0 \tag{2.3}$$

式（2.3）即为单自由度系统无阻尼自由振动的运动微分方程。

现求解微分方程（2.3），先将式（2.3）改写成

$$\ddot{x}+\frac{k}{m}x=0$$

令

$$\omega_n^2=\frac{k}{m} \tag{2.4}$$

则

$$\ddot{x}+\omega_n^2 x=0 \tag{2.5}$$

式（2.5）是一个齐次二阶常系数线性微分方程。

假设 $x=e^{st}$ 是上述方程的解，代入式（2.5）得

$$(s^2+\omega_n^2)e^{st}=0$$

有

$$s^2+\omega_n^2=0$$

所以

$$s=\pm i\omega_n$$

故方程（2.5）的通解为

$$\begin{aligned}x&=C_1e^{i\omega_n t}+C_2e^{-i\omega_n t}\\&=C_1(\cos\omega_n t+i\sin\omega_n t)+C_2(\cos\omega_n t-i\sin\omega_n t)\\&=b_1\cos\omega_n t+b_2\sin\omega_n t\end{aligned} \tag{2.6}$$

式中，$b_1=C_1+C_2$，$b_2=i(C_1-C_2)$

式（2.6）表明，单自由度系统无阻尼自由振动包含两个频率相同的简谐振动，而这两个相同频率的简谐振动，合成后仍是一个简谐振动，即

$$x=A\sin(\omega_n t+\varphi) \tag{2.7}$$

式中，$A=\sqrt{b_1^2+b_2^2}$，$\varphi=\arctan\dfrac{b_1}{b_2}$

其中，A 和 φ 是两个待定常数，取决于机械振动系统的初始条件。设振动系统的初始条件为

$$当\ t=0\ 时，x=x_0，\dot{x}=\dot{x}_0$$

代入式（2.7），得

$$x_0=A\sin\varphi，\dot{x}_0=A\omega_n\cos\varphi$$

解得

$$A=\sqrt{x_0^2+\frac{\dot{x}_0^2}{\omega_n^2}} \tag{2.8}$$

$$\varphi=\arctan\frac{x_0\omega_n}{\dot{x}_0} \tag{2.9}$$

2.2.1　振动特性的讨论

（1）振动的类型　石油机械中，无阻尼自由振动是简谐振动。其振动特性只决定于机

械振动系统的弹性和质量块的惯性。

（2）系统的频率和周期

1）机械振动系统振动的圆频率

$$\omega_n = \sqrt{\frac{k}{m}} \tag{2.10}$$

2）机械振动系统的振动频率

$$f_n = \frac{\omega_n}{2\pi} = \frac{1}{2\pi}\sqrt{\frac{k}{m}} = \frac{1}{T} \tag{2.11}$$

3）机械振动系统的振动周期

$$T = \frac{1}{f_n} = 2\pi\sqrt{\frac{k}{m}} \tag{2.12}$$

由此可见，机械振动系统的圆频率 ω_n 和频率 f_n 只与机械系统本身的物理性质（弹性和惯性）有关。圆频率单位为 rad/s，频率单位为 Hz。因此，当机械振动系统的结构确定之后，机械系统的振动频率就固定不变，而不管运动的初始条件如何，也和振幅的大小无关。

线性系统自由振动等时性可以用于判断刚度相同的两个机械系统，质量大的机械系统固有频率低，质量小的机械系统固有频率高。质量相同的两个机械系统，刚度小的机械系统固有频率低，刚度大的机械系统固有频率高。它反映了振动系统的动力学特性。

换句话说，机械振动系统质量增大和刚度减小都会使机械系统的固有频率下降；反之，要提高机械振动系统的固有频率，应减小机械振动系统质量和增大机械振动系统刚度。这一性质在定性研究机械振动，特别是希望调整机械振动系统的固有频率时是极重要的。

（3）机械振动系统的振幅和初相位　运动微分方程中，A 是机械振动系统质量块相对于振动中心点的最大位移，称为振幅。φ 则是初相位，它决定了质点运动的起始位置，如图 2.4所示。

振幅 A 和初相位 φ 是两个待定系数，它的大小取决于初始条件 ω_n，x_0，$\dot{x}_0$ 的数值。振幅和初相位都决定于初始条件，这是自由振动的共同特性。

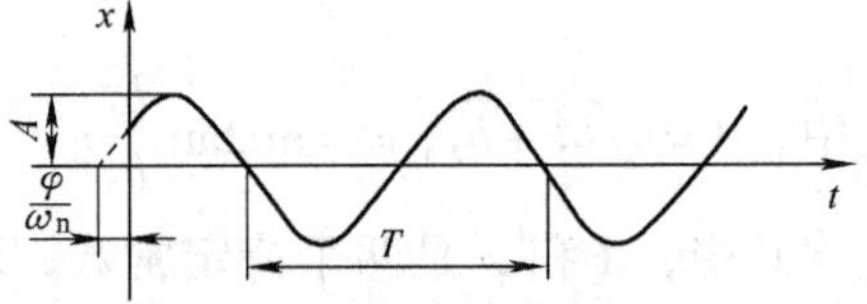

图 2.4　单自由度振动系统的振幅和初相位

（4）常力对振动特性的影响　常力作用只改变机械振动系统的平衡位置，而不影响机械振动系统的运动规律、固有频率、振幅和初相位。

因此，在分析机械振动时，只要以平衡位置作为坐标原点，就可以不考虑常力。

【例 2-1】　如图 2.5 所示，一质量块（物块）m 安放在长度为 l 的无重弹性简支梁的中点，其静挠度为 2mm。若将此物块在梁未变形时无初速释放，试求此机械系统的振动规律。

【解】　此无重弹性简支梁相当于一弹簧，其静挠度相当于弹簧的静伸长，则梁的刚度为

$$k = \frac{mg}{\delta_{st}}$$

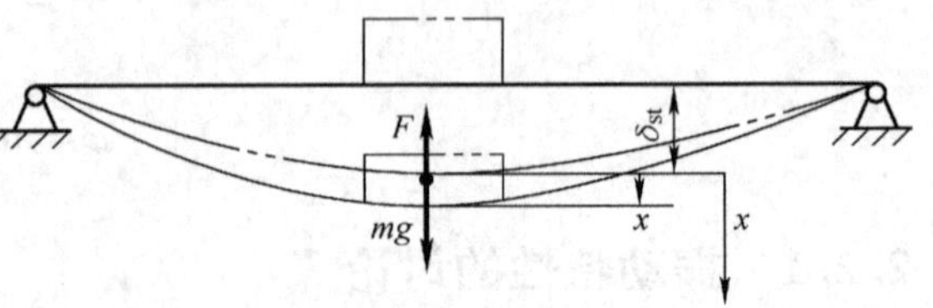

图 2.5　简支梁

物块在梁上振动时，所受的力有重力 mg 和弹性力 F，若取其平衡位置为坐标原点，x 轴方向铅直向下，可列出运动微分方程为

$$m\frac{\mathrm{d}^2x}{\mathrm{d}t^2}=mg-k(\delta_{\mathrm{st}}+x)=-kx$$

设 $\omega_0^2=\dfrac{k}{m}$，则上式可改写为 $$\frac{\mathrm{d}^2x}{\mathrm{d}t^2}+\omega_0^2x=0$$

上述振动微分方程的解为 $$x=A\sin(\omega_0t+\theta)$$

其中固有频率 $$\omega_0=\sqrt{\frac{k}{m}}=\sqrt{\frac{g}{\delta_{\mathrm{st}}}}=70\mathrm{rad/s}$$

在初瞬时 $t=0$，物块位于未变形的梁上，其坐标 $x_0=-\delta_{\mathrm{st}}=-2\mathrm{mm}$，物块初速度 $v_0=0$，则振幅为

$$A=\sqrt{x_0^2+\frac{v_0^2}{\omega_0^2}}=2\mathrm{mm}$$

初相角 $$\theta=\arctan\frac{\omega_0x_0}{v_0}=\arctan(-\infty)=-\frac{\pi}{2}$$

最后得此机械系统的自由振动规律为

$$x=-2\cos(70t)\mathrm{mm}(t\text{ 以 s 计})$$

【例 2-2】 试确定图 2.6 中各个机械振动系统的固有频率。

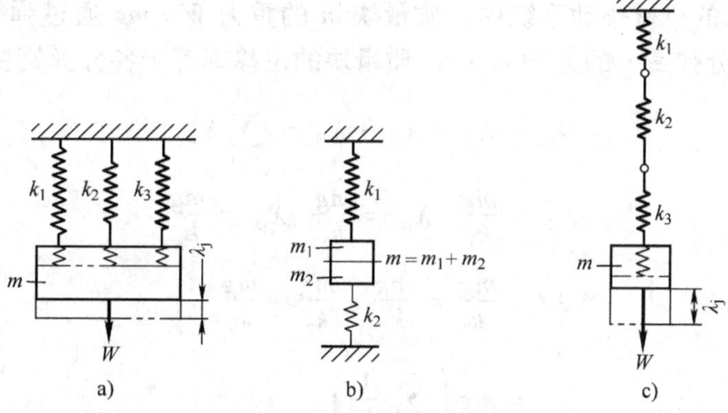

图 2.6 几个弹簧-质量系统

【解】 在图 2.6a 所示的机械振动系统中，质量块 m 作铅直方向位移（平动）时，引起各分弹簧的等量伸长。假设弹簧的静伸长为 λ_{j}，则该机械振动系统静平衡时，质量块的重力 $W=mg$ 与各分弹簧的弹性力之间存在下列关系：

$$W=mg=k_1\lambda_{\mathrm{j}}+k_2\lambda_{\mathrm{j}}+k_3\lambda_{\mathrm{j}}=\left(\sum_{i=1}^{3}k_i\right)\lambda_{\mathrm{j}}$$

所以机械振动系统的总弹簧刚度为

$$k=\frac{mg}{\lambda_{\mathrm{j}}}=\sum_{i=1}^{3}k_i \tag{2.13}$$

因此，并联机械振动系统的固有圆频率为

$$\omega_{\mathrm{n}}=\sqrt{\frac{k}{m}}=\sqrt{\frac{k_1+k_2+k_3}{m}}$$

当弹簧并联时，其总弹簧刚度等于各弹簧刚度和，这一结论可以推广之。

在图 2.6b 所示的机械振动系统中，若将质量块 m 看成是由两个分质量块 m_1 和 m_2 所组

成，即
$$m = m_1 + m_2$$
两个分质量块分别与弹簧 k_1 和 k_2 连接，这两个分机械振动系统的固有圆频率为
$$\omega_{n1} = \sqrt{\frac{k_1}{m_1}},\ \omega_{n2} = \sqrt{\frac{k_2}{m_2}}$$
由于这两个质量块是牢固连接在一起的，所以它们的固有频率必然相等，且等于整个机械振动系统的固有频率 ω_n，即
$$\omega_{n1} = \omega_{n2} = \omega_n$$
$$\frac{k_1}{m_1} = \frac{k_2}{m_2} = \frac{k}{m}$$
$$m_1 = \frac{k_1 m}{k},\ m_2 = \frac{k_2 m}{k}$$
$$k = k_1 + k_2$$
所以整个机械振动系统的固有圆频率为
$$\omega_n = \sqrt{\frac{k}{m}} = \sqrt{\frac{k_1 + k_2}{m}} \tag{2.14}$$
在图 2.6c 所示的机械振动系统中，质量块 m 的重力 $W = mg$ 通过弹簧传至固定点。在平衡时，作用在各分弹簧上的力均为 mg。质量块的位移则等于各分弹簧变形的总和，即
$$\lambda_j = \lambda_{j1} + \lambda_{j2} + \lambda_{j3} = \sum_{i=1}^{3} \lambda_{ji}$$
$$\lambda_{j1} = \frac{mg}{k_1},\ \lambda_{j2} = \frac{mg}{k_2},\ \lambda_{j3} = \frac{mg}{k_3}$$
$$\lambda_j = \frac{mg}{k} = \frac{mg}{k_1} + \frac{mg}{k_2} + \frac{mg}{k_3}$$
$$= mg\left(\sum_{i=1}^{3} \frac{1}{k_i}\right)$$
即
$$\frac{1}{k} = \sum_{i=1}^{3} \frac{1}{k_i}$$
因此
$$k = \frac{1}{\frac{1}{k_1} + \frac{1}{k_2} + \frac{1}{k_3}} = \frac{k_1 k_2 k_3}{k_2 k_3 + k_1 k_2 + k_1 k_3} \tag{2.15}$$
所以该机械振动系统的固有圆频率为
$$\omega_n = \sqrt{\frac{k}{m}} = \sqrt{\frac{k_1 k_2 k_3}{(k_2 k_3 + k_1 k_2 + k_1 k_3)m}}$$
由本例可以看出：机械振动系统中的弹性环节往往可由多个弹簧组成。其组成方式可以是并联，也可以是串联，或串并联同时存在。为了计算其固有频率，就需要根据各分弹簧刚度来确定机械振动系统总的弹簧刚度。总结一下，得出以下规则：并联弹簧的总等效弹簧刚度等于各分弹簧刚度之和；串联弹簧的总等效弹簧刚度的倒数等于各分弹簧刚度倒数之和。这一结论可以推广之。

2.2.2 扭转振动

实际上，在石油机械中常碰到另一种需要用角位移 θ 作为广义坐标来表达其机械振动状态的扭转振动系统和多体系统。这些机械系统在形式上虽然不同，但它们的运动微分方程却具有相同的形式。

刚体转动微分方程的表达式为

$$\sum M = I\ddot{\theta} \tag{2.16}$$

式中，M 为施加于转动物体上的力矩；I 为转动物体对于转动轴的转动惯量；$\ddot{\theta}$ 为角加速度。

如图 2.7 所示，扭杆一端固定，圆盘相对固定端扭转一个角度 θ。圆盘对于中心轴的转动惯量为 I㊀，轴的扭转刚度为 k_θ，轴的长度为 l，直径为 d。

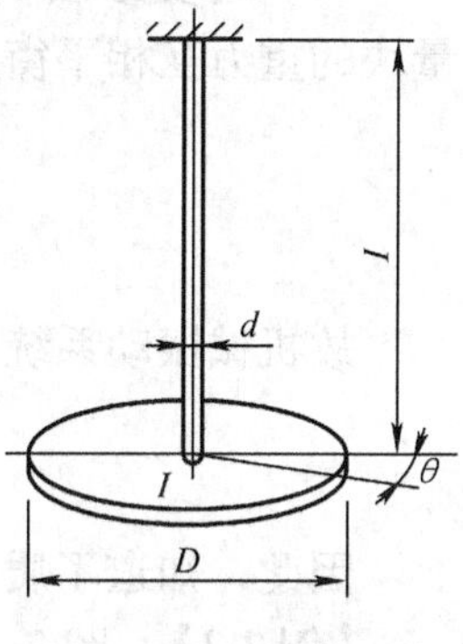

当扭振机械系统受到某种干扰后，即作扭转自由振动。现取 θ 为振动系统的广义坐标，并以逆时针转动为正。当扭转振动时，圆盘上受一个由圆轴作用的、与 θ 方向相反的弹性恢复力矩 $-k_\theta\theta$。

可建立上述机械振动系统圆盘扭转的运动微分方程为

$$I\ddot{\theta} = -k_\theta\theta$$

$$I\ddot{\theta} + k_\theta\theta = 0 \tag{2.17}$$

图 2.7 扭转振动系统

令

$$\omega_n^2 = \frac{k_\theta}{I} \tag{2.18}$$

则

$$\ddot{\theta} + \omega_n^2\theta = 0 \tag{2.19}$$

由此可见，扭转自由振动的微分方程，与无阻尼自由振动微分方程的标准形式一致。其通解为

$$\theta = A\sin(\omega t + \varphi) \tag{2.20}$$

所以，单自由度机械扭转系统的自由振动也是一个简谐振动。简谐振动圆频率、固有频率及周期分别为

$$\omega_n = \sqrt{\frac{k_\theta}{I}} \tag{2.21}$$

$$f = \frac{1}{2\pi}\sqrt{\frac{k_\theta}{I}} \tag{2.22}$$

$$T = 2\pi\sqrt{\frac{k_\theta}{I}} \tag{2.23}$$

简谐振动振幅 A 和初相位 φ 取决于扭转振动系统的初始条件。当 $t=0$ 时，$\theta=\theta_0$，$\dot{\theta}=\dot{\theta}_0$，得到振幅 A 和初相位 φ 的表达式分别为

㊀ 转动惯量的符号也可用 J 表示。——作者注

$$A=\sqrt{\theta_0^2+\frac{\dot{\theta}_0^2}{\omega_n^2}} \tag{2.24}$$

$$\varphi=\arctan\frac{\theta_0\omega_n}{\dot{\theta}_0} \tag{2.25}$$

2.2.3 计算机械振动系统固有频率的其他方法

在石油机械振动研究中，确定机械振动系统的固有频率是很重要的。除用建立振动系统微分方程的方法外，还有几种常用的方法，即静变形法、能量法和瑞利法。

（1）静变形法　在机械振动系统中，当质量块处于静平衡状态时，弹簧的弹性力与质量块的重力互相平衡，即有以下关系式：

$$k\lambda_j=mg$$

$$k=\frac{mg}{\lambda_j}$$

故机械振动系统的固有频率为

$$f_n=\frac{1}{2\pi}\sqrt{\frac{k}{m}}=\frac{1}{2\pi}\sqrt{\frac{g}{\lambda_j}} \tag{2.26}$$

因此，知道了质量块处的弹簧静变形 λ_j，就可以计算确定出机械振动系统的固有频率。

【例 2-3】　图 2.8 所示为一悬臂梁，长度为 l，抗弯刚度为 EI。其自由端有一集中质量 m。梁本身重量不计。试求这一机械振动系统的固有频率。

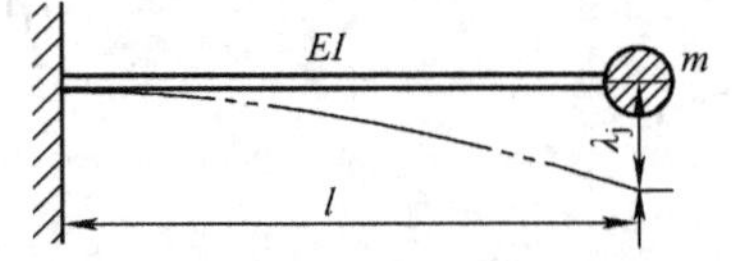

图 2.8　自由端有集中质量的悬臂梁

【解】　由材料力学可知，悬臂梁在自由端由集中力 mg 所引起的静挠度为

$$\lambda_j=\frac{mgl^3}{3EI}$$

由式（2.26）得

$$f_n=\frac{1}{2\pi}\sqrt{\frac{3EI}{ml^3}}$$

这即是机械振动系统的固有频率。

（2）能量法　在石油机械无阻尼自由振动系统中，由于没有能量的损失，这样的机械系统称为保守系统。能量法是从机械能守恒定律出发的，对于计算较复杂系统的固有频率往往更方便。

对图 2.9 所示的无阻尼自由振动系统，当系统作自由振动时，物块的运动为简谐振动，它的运动规律可以写为

$$x=A\sin(\omega_n t+\varphi)$$

速度为　$$v=\frac{dx}{dt}=\omega_n A\cos(\omega_n t+\varphi)$$

在瞬时 t，物块的动能为　$T=\frac{1}{2}mv^2=\frac{1}{2}m\omega_n^2A^2\cos^2(\omega_n t+\varphi)$

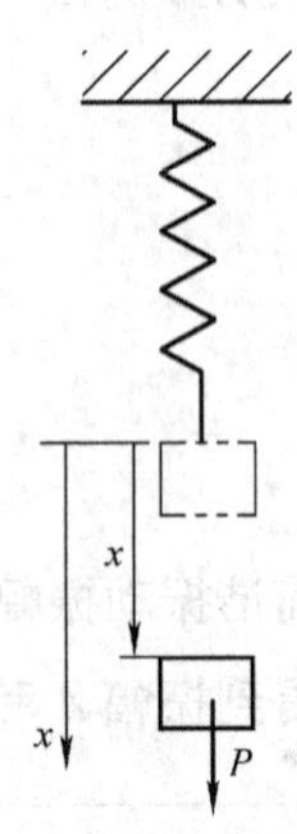

图 2.9　单自由度振动系统

而系统的势能 V 为弹簧势能与重力势能的和，若选平衡位置为零势能点，有

$$V=\frac{1}{2}k[(x+\delta_{st})^2-\delta^2_{st}]-Px$$

注意到 $k\delta_{st}=P$，则

$$V=\frac{1}{2}kx^2=\frac{1}{2}kA^2\sin^2(\omega_n t+\varphi)$$

代入系统的能量方程，可得

$$\frac{1}{2}m\omega_n^2A^2\cos^2\omega_n t+\frac{1}{2}kA^2\sin^2\omega_n t=E$$

1）当 $t=0$ 时，

$$V=0,\ T_{max}=\frac{1}{2}m\omega_n^2A^2=E \tag{2.27}$$

2）当 $t=\pi/2\omega_n$ 时，

$$T=0,\ V_{max}=\frac{1}{2}kA^2=E \tag{2.28}$$

由机械能守恒定律，有

$$T_{max}=V_{max} \tag{2.29}$$

即

$$\frac{1}{2}m\omega_n^2A^2=\frac{1}{2}kA^2$$

根据上式即可算出机械振动系统的固有频率为

$$\omega_n=\sqrt{\frac{k}{m}}$$

【例 2-4】 如图 2.10 所示，两个相同的塔轮互相啮合的齿轮半径皆为 R；半径为 r 的鼓轮上绕有细绳，轮Ⅰ连一铅直弹簧，轮Ⅱ挂一重物。塔轮对轴的转动惯量皆为Ⅰ，弹簧刚度为 k，重物质量为 m。求此机械振动系统的固有频率。

【解】 以机械振动系统平衡时重物的位置为原点，取 x 轴如图所示。重物于任意坐标 x 处，速度为 $\dot{x}$，两塔轮的角速度皆为 $\omega=\dot{x}/r$。系统动能为

$$T=\frac{1}{2}m\dot{x}^2+2\times\frac{1}{2}I\left(\frac{\dot{x}}{r}\right)^2$$

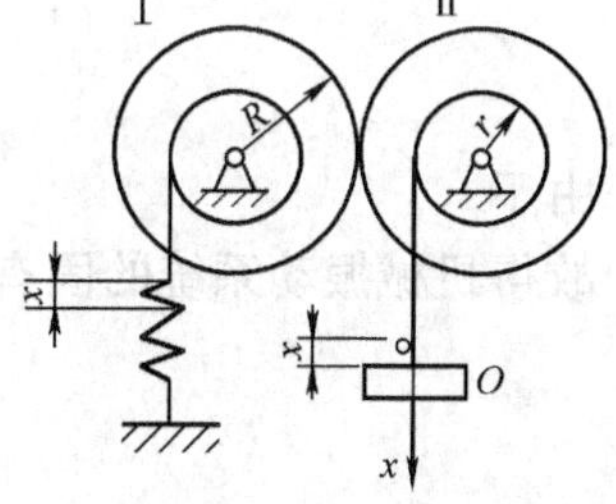

图 2.10 塔轮机构

机械振动系统平衡处弹簧虽有拉长，但从平衡位置起计算弹性变形，可以不再计入重力。由几何关系，当重物位于 x 处，弹簧由平衡位置计算的变形量是 x，则振动系统的势能为

$$V=\frac{1}{2}kx^2$$

由机械能守恒定律，有

$$T+V=\frac{1}{2}m\dot{x}^2+\frac{I}{r^2}\dot{x}^2+\frac{1}{2}kx^2=常数$$

两端对时间取一阶导数，得

$$\left(m+\frac{2I}{r^2}\right)\ddot{x}\dot{x}+kx\dot{x}=0$$

进一步地，有

$$\left(m+\frac{2I}{r^2}\right)\ddot{x}+kx=0$$

则得此机械振动系统的固有频率为

$$\omega_n=\sqrt{\frac{kr^2}{mr^2+2I}} \tag{2.30}$$

【例 2-5】　图 2.11 所示为一测振仪简图，物块质量为 m，由刚度系数为 k_1 的弹簧支持，上面连于直角杠杆 AOB 的 A 点，B 点用刚度系数为 k_2 的水平弹簧连于仪器壳体上。C 为笔尖，D 为滚圆，上面裹以纸带，仪器工作时笔尖 C 可在纸带上指出振动曲线，设杠杆对其转轴 O 的转动惯量为 I_0。试求该机械系统的固有频率。

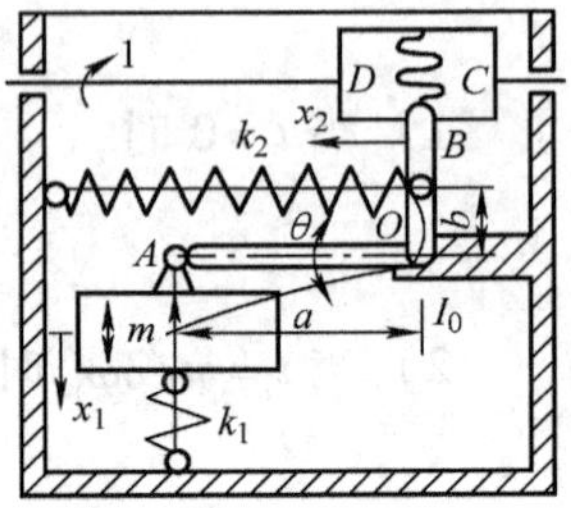

图 2.11　测振仪

【解】　这是一个单自由度机械振动系统。设杠杆作微振动的摆角为 θ，由于是简谐振动，故 $\theta=A\sin\omega_n t$，则物块（或 A 点）和 B 点的振动位移和速度分别为

$$x_1=a\theta,\ x_2=b\theta$$

$$\dot{x}_1=a\dot{\theta}=aA\omega_n\cos\omega_n t,\ \dot{x}_2=b\dot{\theta}=bA\omega_n\cos\omega_n t$$

该机械系统的动能与势能分别为

$$T=\frac{1}{2}m\dot{x}_1^2+\frac{1}{2}I_0\dot{\theta}^2=\frac{1}{2}\dot{\theta}^2(ma^2+I_0)$$

$$V=\frac{1}{2}k_1x_1^2+\frac{1}{2}k_2x_2^2=\frac{1}{2}\theta^2(k_1a^2+k_2b^2)$$

因此

$$T_{max}=\frac{1}{2}\omega_n^2A^2(ma^2+I_0)$$

$$V_{max}=\frac{1}{2}A^2(k_1a^2+k_2b^2)$$

由于

$$T_{max}=V_{max}$$

故得机械振动系统的固有频率为

$$\omega_n=\sqrt{\frac{k_1a^2+k_2b^2}{ma^2+I_0}}$$

【例 2-6】　图 2.12 所示为测量低频振幅用的传感器的元件——无定向摆。已知 $a=3.54\text{cm}$，$l=4\text{cm}$，$mg=0.856\text{N}$，$k=0.3\text{N/cm}$，且整个振动系统对转动轴 O 的转动惯量 $I_0=17.6\times10^{-2}\text{N}\cdot\text{cm}\cdot\text{s}^2$，试求该机械振动系统的固有频率。

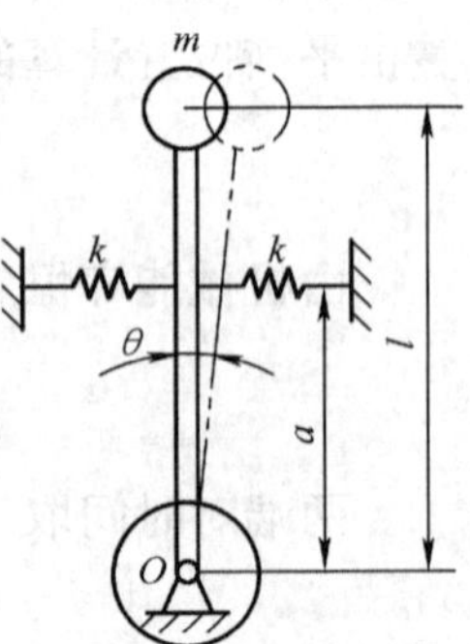

图 2.12　无定向摆

【解】　取摇杆偏离静平衡位置的角位移 θ 为广义坐标，并设

$$\theta=A\sin(\omega_n t+\varphi)$$

则

$$\dot{\theta}=A\omega_n\cos(\omega_n t+\varphi)$$

故

$$\theta_{max}=A$$

$$\dot{\theta}_{max}=A\omega_n$$

对简谐振动来说，摇杆经过平衡位置时速度最大，故此时机械振动系统动能最大，而势能为零。即

$$T_{\max}=\frac{1}{2}I_0\dot{\theta}_{\max}^2=\frac{1}{2}I_0A^2\omega_n^2$$

当摇杆摆到最大角位移处时，速度为零，故此时振动系统动能为零，而势能最大，它包括以下两个部分：

1）弹簧变形后储存的弹性势能：

$$V_{1\max}=2\times\frac{1}{2}ka^2\theta_{\max}^2=ka^2A^2$$

2）质量块 m 的重心下降 Δ 后的重力势能：

$$V_{2\max}=-mg\Delta=-mgl(1-\cos\theta_{\max})$$

$$\approx-\frac{1}{2}mglA^2$$

所以
$$V_{\max}=V_{1\max}+V_{2\max}=ka^2A^2-\frac{1}{2}mglA^2$$

因为
$$T_{\max}=V_{\max}$$

所以
$$\frac{1}{2}I_0A^2\omega_n^2=ka^2A^2-\frac{1}{2}mglA^2$$

由此得

$$\omega_n=\sqrt{\frac{2a^2k-mgl}{I_0}}$$

$$f_n=\frac{1}{2\pi}\sqrt{\frac{2a^2k-mgl}{I_0}}$$

$$=\left(\frac{1}{2\pi}\sqrt{\frac{2\times0.3\times3.54^2-0.856\times4}{17.6\times10^{-2}}}\right)\text{Hz}=0.77\text{Hz}$$

【例 2-7】 图 2-13 所示为一质量为 m、半径为 r 的圆柱体，在一半径为 R 的圆弧槽上作无滑动的滚动。求圆柱体在平衡位置附近作微小振动的固有频率。

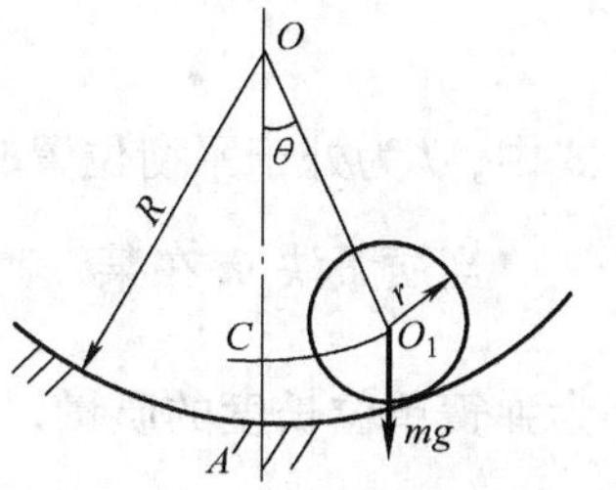

【解】 设在振动过程中，圆柱体中心与圆槽中心的连线 OO_1 与铅直线 OA 的夹角为 θ。圆柱体中心 O_1 的线速度 $v_{O_1}=(R-r)\dot{\theta}$。作纯滚动时，其角速度 $\omega=(R-r)\dot{\theta}/r$，因此振动系统的动能为

$$T=\frac{1}{2}mv_{O_1}^2+\frac{1}{2}I_{O_1}\omega^2=\frac{3m}{4}(R-r)^2\dot{\theta}^2$$

图 2.13 圆柱体在圆槽中振动

振动系统的势能，取最低平衡位置为零势能点，则振动系统势能为

$$V=mg(R-r)(1-\cos\theta)=2mg(R-r)\sin^2\frac{\theta}{2}$$

作微振动时，可认为
$$\sin\frac{\theta}{2}\approx\frac{\theta}{2}$$

则

$$V=\frac{1}{2}mg(R-r)\theta^2$$

设系统作自由振动，有 $\theta=A\sin(\omega_0 t+\beta)$

则振动系统的最大动能 $$T_{\max}=\frac{3m}{4}(R-r)^2\omega_0^2A^2$$

振动系统的最大势能 $$V_{\max}=\frac{1}{2}mg(R-r)A^2$$

由机械能守恒定律，有 $T_{\max}=V_{\max}$，故得振动系统的固有频率

$$\omega_0=\sqrt{\frac{2g}{3(R-r)}}$$

(3) 瑞利法　在有些石油机械工程问题的机械振动系统中，弹簧本身的质量占机械振动系统总质量有一定的比例，而不能被忽略。此时若忽略弹簧的质量，就将会导致计算出来的机械振动系统固有频率偏高。瑞利法把一个分布质量系统简化为一个单自由度系统，考虑弹簧质量对机械系统振动频率的影响，从而得到相当准确的固有频率值。考虑弹簧本身的质量，以确定其对振动频率的影响。

在应用瑞利法时，必须先假定一个机械振动系统的振动形式。假定的振动形式越接近实际的振动形式，计算出来的固有频率近似值就越接近准确值。实践证明，以机械振动系统的静态变形曲线作为假定的振动形式，所求得的固有频率的近似值与准确值相比较，误差是很小的。

现以图 2.14 所示的弹簧-质量振动系统为例来说明瑞利法的应用。在应用瑞利法时，必须先假设一个振动系统的振动形式。假设弹簧在振动过程中的变形（各截面的瞬时位移）与弹簧在受轴向静载荷作用下的变形相同。这样做是足够精确的。

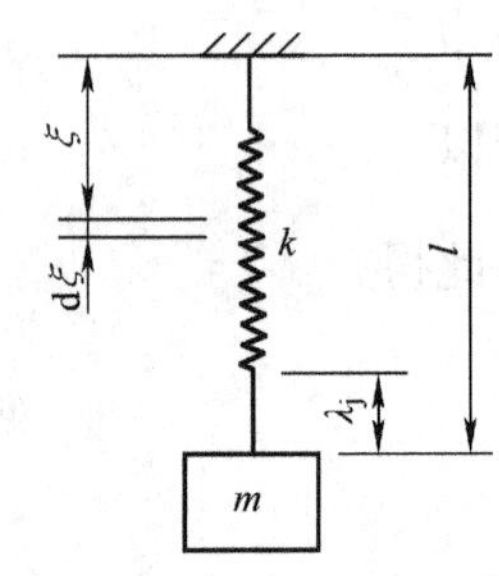

图 2.14　弹簧-质量系统

为此，可以假设弹簧轴向长度为 l，上距固定端距离为 ξ 处的位移 x_ξ 为

$$x_\xi=\frac{\xi x}{l}$$

式中，l 为处于平衡位置时弹簧的长度；x 为弹簧在连接质量块一端的位移。

当质量块 m 在某一瞬时的速度为 $\dot{x}$ 时，弹簧在 ξ 处的微段 $\mathrm{d}\xi$ 的相应速度应为$\frac{\xi\dot{x}}{l}$。设 ρ 为弹簧单位长度的质量，则弹簧微段 $\mathrm{d}\xi$ 的动能为$\frac{1}{2}\rho\left(\frac{\xi\dot{x}}{l}\right)^2\mathrm{d}\xi$。

整个弹簧的动能为

$$T=\frac{1}{2}\rho\int_0^l\left(\frac{\xi\dot{x}_{\max}}{l}\right)^2\mathrm{d}\xi=\frac{\dot{x}_{\max}^2}{2}\left(\frac{\rho l}{3}\right)\tag{2.31}$$

显然，机械振动系统的最大动能应该是质量块 m 的最大动能与弹簧的最大动能之和，即

$$\begin{aligned}T_{\max}&=\frac{1}{2}m\dot{x}_{\max}^2+\frac{1}{2}\dot{x}_{\max}^2\left(\frac{\rho l}{3}\right)\\&=\frac{1}{2}\dot{x}_{\max}^2\left(m+\frac{\rho l}{3}\right)\end{aligned}\tag{2.32}$$

机械振动系统的最大势能仍与忽略弹簧质量时一样为

$$V_{\max}=\frac{kx_{\max}^2}{2}$$

由 $T_{\max}=V_{\max}$ 可得

$$\frac{1}{2}\dot{x}_{\max}^2\left(m+\frac{\rho l}{3}\right)=\frac{k}{2}x_{\max}^2 \tag{2.33}$$

对于简谐振动，$x=A\sin(\omega_n t+\varphi)$，$x_{\max}=A$，$\dot{x}_{\max}=\omega_n A$，代入上式得

$$\frac{\omega_n^2A^2}{2}\left(m+\frac{\rho l}{3}\right)=\frac{kA^2}{2}$$

由此可得机械振动系统固有频率的计算公式为

$$\omega_n=\sqrt{\frac{k}{m+\frac{\rho l}{3}}} \tag{2.34}$$

一般将式（2.34）中的 $\frac{\rho l}{3}$ 称为“弹簧的等效”，用 m_s 表示。

【例 2-8】 如图 2.15 所示的等截面简支梁上有一集中质量 m，将梁本身的重量 W 考虑在内，试计算此机械振动系统的固有频率。

【解】 假设梁在振动时挠度曲线与梁中间有集中静载荷 mg 作用下的静挠度曲线一致。

由材料力学知识可知，梁上物体左侧距 A 点为 ξ 处的静挠度为

$$y_1=\frac{mgb\xi}{6EIl}\left[a(l+b)-\xi^2\right]$$

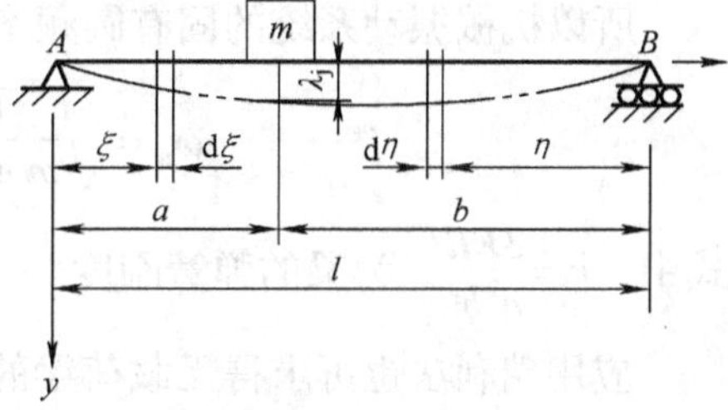

图 2.15　承受集中质量的等截面梁

梁上物体右侧距 B 点为 η 处的静挠度为

$$y_2=\frac{mga\eta}{6EIl}\left[a(l+b)-\eta^2\right]$$

在物体 m 处梁的静挠度为

$$y_m=\frac{mga^2b^2}{3EIl}$$

假设物体 m 在振动状态下的最大速度为 $\dot{y}_m$，则在物体左右两侧梁的所有点的最大速度 $\dot{y}_1$，$\dot{y}_2$ 与振动位移 y_1，y_2 之间存在以下关系：

$$\frac{\dot{y}_1}{y_1}=\frac{\dot{y}_2}{y_2}=\frac{\dot{y}_m}{y_m}=\omega_n$$

所以梁的左右两部分的最大速度分别为

$$\dot{y}_1=\dot{y}_m\frac{y_1}{y_m}=\dot{y}_m\frac{\xi}{2a^2b}\left[a(l+b)-\xi^2\right]$$

$$\dot{y}_2=\dot{y}_m\frac{y_2}{y_m}=\dot{y}_m\frac{\eta}{2ab^2}\left[b(l+b)-\eta^2\right]$$

从而，有梁的左右两部分的最大动能分别为

$$T_{s1}=\frac{w\dot{y}_m^2}{2g}\int_0^a\frac{\xi^2}{4a^4b^2}[a(l+b)-\xi^2]\mathrm{d}\xi$$

$$=\dot{y}_m^2\frac{wa}{2g}\left(\frac{l^2}{3b^2}+\frac{23a^2}{105b^2}-\frac{8al}{15b^2}\right)=\frac{\alpha wa}{2g}\dot{y}_m^2$$

$$T_{s2}=\frac{w\dot{y}_m^2}{2g}\int_0^b\frac{\eta^2}{4a^2b^4}[b(l+a)-\eta^2]\mathrm{d}\eta$$

$$=\dot{y}_m^2\frac{wa}{2g}\left(\frac{(l+a)^2}{12a^2}+\frac{b^2}{28a^2}-\frac{b(l+a)}{10a^2}\right)=\frac{\beta wb}{2g}\dot{y}_m^2$$

式中，w 为梁的单位长度的重量。

梁的全部动能为

$$T_s=T_{s1}+T_{s2}=\frac{\alpha wa+\beta wb}{2g}\dot{y}_m^2 \tag{2.35}$$

由$\frac{1}{2}m_s\dot{y}^2{}_{\max}=T_s$，可算出梁的等效质量为

$$m_s=\frac{\alpha wa+\beta wb}{g}$$

所以机械振动系统的固有圆频率为

$$\omega_n=\sqrt{\frac{k}{m+m_s}}=\sqrt{\frac{3EIlg}{(mg+\alpha aw+\beta bw)a^2b^2}} \tag{2.36}$$

式中，$k=\frac{3EIl}{a^2b^2}$，为梁的弹簧刚度。

应用瑞利法也可求得无载荷梁的固有频率，而且数值相当准确。因为无载荷梁的变形曲线是对称的，所以首先需将载荷移到梁的中间，然后再令载荷为零（$m=0$），即可计算出无载荷梁的固有圆频率为

$$\omega_n=\frac{2\pi}{0.632}\sqrt{\frac{EIg}{wl^4}}$$

固有圆频率的精确值为

$$\omega_n=\frac{2\pi}{0.637}\sqrt{\frac{EIg}{wl^4}}$$

所以，近似值与理论精确值之差小于1%，满足工程实际精度要求（小于5%）。

【例 2-9】 如图 2.16 所示的等直截面悬臂梁，质量为 m_f，长度为 l，抗弯刚度为 EI。梁的自由端上具有集中质量 m。试求振动系统的固有频率。

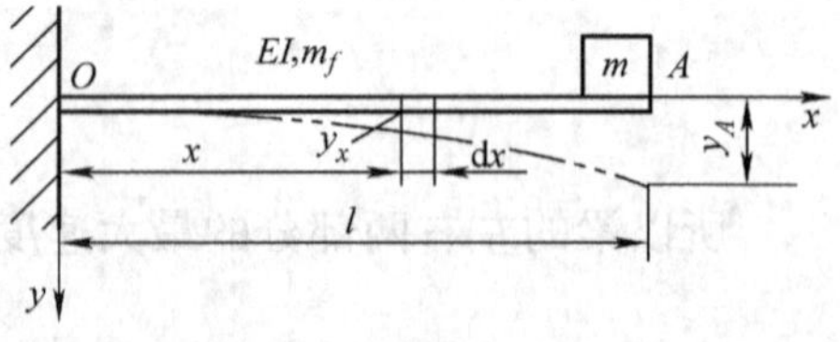

图 2.16 悬臂梁自由端受集中质量作用

【解】 由材料力学知识得，无质量悬臂梁自由端在横向力 F 作用下的 x 截面处挠度$\overline{y}_x$和自由端挠度$\overline{y}_A$分别为

$$\overline{y}_x=\frac{3lx^2-x^3}{6EI}F,\ \overline{y}_A=\frac{l^3}{3EI}F$$

两式消去 F，得

$$\overline{y_x} = \frac{3lx^2 - x^3}{2l^3}\overline{y_A}$$

现对质量均匀分布的振动系统采用瑞利法，假设有质量悬臂梁上任一截面 x 处的振动位移 y_x 和无质量梁的振动位移相仿，即有

$$\frac{y_x}{y_A} = \frac{\overline{y_x}}{\overline{y_A}},\ \frac{\dot{y}_x}{\dot{y}_A} = \frac{\overline{y_x}}{\overline{y_A}}$$

上式中坐标自静变形平衡位置起算，向下为正，可得 y_x 与 $\dot{y}_x$：

$$y_x = \frac{3lx^2 - x^3}{2l^3}y_A,\ \dot{y}_x = \frac{3lx^2 - x^3}{2l^3}\dot{y}_A$$

于是可以求出振动系统总动能为

$$T = \frac{1}{2}m\dot{y}_A^2 + \int_0^l \frac{1}{2}\left(\frac{m_f}{l}\mathrm{d}x\right)\dot{y}_x^2 = \frac{1}{2}\left(m + \frac{33}{140}m_f\right)\dot{y}_A^2$$

振动系统的势能 V 为

$$V = \frac{1}{2}k\, y_A^2 = \frac{3EI}{2l^3}y_A^2$$

振动微分方程为

$$\left(m + \frac{33}{140}m_f\right)\ddot{y}_A + \frac{3EI}{l^3}y_A = 0$$

振动系统的固有频率 ω 为

$$\omega = \sqrt{\frac{3EI}{\left(m + \frac{33}{140}m_f\right)l^3}}$$

2.3 单自由度系统有阻尼自由振动

2.3.1 阻尼的作用与分类

实际上，石油机械中，一切自由振动都是会衰减的，振动的振幅随时间的增加不断地减小，直到振动停止。这是因为实际机械振动系统在振动过程中，还要受到各种振动的阻力的影响。这些阻力的存在需要不断消耗机械振动系统的能量，从而使振动受到遏制，振幅不断地减小。在机械振动中，这些阻力统称为阻尼。

阻尼大致可分为下列三种：

（1）结构阻尼　所谓结构阻尼，即材料在变形过程中，由内部晶体之间的摩擦所产生的阻尼，其阻力大小决定于材料的性质。

（2）干摩擦阻尼　所谓干摩擦阻尼，即两个干燥表面互相压紧并作相对运动时所产生的阻尼。

$$F = \mu N$$

式中，μ 为摩擦时两接触面之间的摩擦因数；N 为摩擦时两接触面之间的法向压力。

（3）黏滞阻尼　所谓黏滞阻尼，即物体以中等速度在流体运动时所产生的阻尼。其阻

力与速度的一次方成正比。即

$$F_G = C\dot{x}$$

式中，C 为黏性阻尼系数，它取决于运动物体的形状、尺寸及润滑剂介质的黏性，单位为 N · s/cm。通常机械振动系统阻尼按黏滞阻尼来处理。

但当物体以较大速度在流体中运动时（如速度在 3m/s 以上），阻力将与速度的平方成正比，即

$$F = b\dot{x}^2$$

式中，b 为常数。

在实际的石油机械振动系统中，阻尼往往不止一种。但由于黏滞阻尼在数学处理上最为方便，分析振动问题时可使求解大为简化，所以通常都假设机械振动系统为黏滞阻尼（黏性阻尼）。这种假设对阻尼较小的振动系统是接近真实情况的。在遇到非黏性阻尼时，则可用等效黏性阻尼的办法来作近似计算。等效黏性阻尼的具体计算方法见 2.5 节。

2.3.2　系统的动力学模型和运动微分方程

单自由度有阻尼自由振动系统的动力学模型如图 2.17 所示，与无阻尼自由振动系统相比，只是多了一个油液阻尼器。当质量块 m 静止时，阻尼器不起作用。当质量块运动时，阻尼器就产生阻力 $C\dot{x}$，其方向与质量块的速度方向相反。

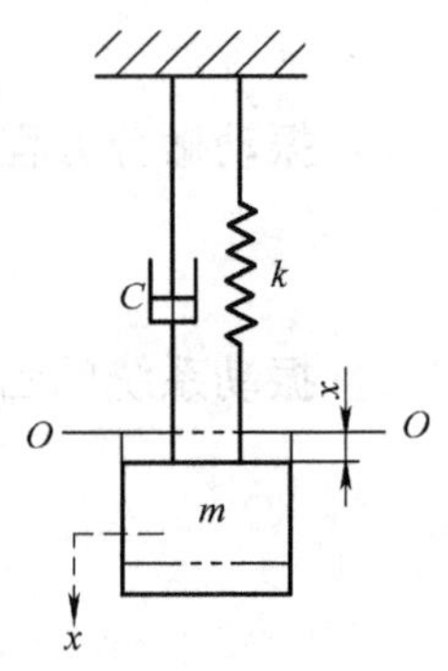

图 2.17　单自由度有阻尼振动系统

当质量块离开静平衡位置 O-O 的距离为 x 时，作用于质量块上的力有弹性恢复力 kx 及阻尼力 $C\dot{x}$。现取静平衡位置 O-O 为坐标原点，质量块振动位移 x 为广义坐标，且向下为正。在振动过程中作用在物块上的力有：①弹性恢复力 kx；②黏性阻尼力 $C\dot{x}$。根据牛顿定律可得物块的运动微分方程为

$$m\ddot{x} = -C\dot{x} - kx$$

即

$$m\ddot{x} + C\dot{x} + kx = 0 \tag{2.37}$$

令

$$\left.\begin{aligned}\omega_n^2 &= \frac{k}{m}\\ \alpha &= \frac{C}{2m}\end{aligned}\right\} \tag{2.38}$$

则式（2.37）可改写成

$$\ddot{x} + 2\alpha\dot{x} + \omega_n^2 x = 0 \tag{2.39}$$

上式为单自由度系统有阻尼自由振动的运动微分方程。

设其解为

$$x = e^{st}$$

代入式（2.39）可求得振动微分方程的特征方程为

$$s^2 + 2\alpha s + \omega_n^2 = 0 \tag{2.40}$$

这一方程的两个根为

$$\left.\begin{aligned}s_1 &= -\alpha + \sqrt{\alpha^2 - \omega_n^2}\\ s_2 &= -\alpha - \sqrt{\alpha^2 - \omega_n^2}\end{aligned}\right\} \tag{2.41}$$

故振动微分方程的通解为

$$\begin{aligned} x &= C_1 e^{s_1 t} + C_2 e^{s_2 t} \\ &= e^{-\alpha t}\left(C_1 e^{\sqrt{\alpha^2-\omega_n^2}\cdot t} + C_2 e^{-\sqrt{\alpha^2-\omega_n^2}\cdot t}\right) \end{aligned} \tag{2.42}$$

上式为单自由度有阻尼自由振动的运动方程的解，解的性质取决于根式$\sqrt{\alpha^2-\omega_n^2}$。为了下面讨论的方便，先引进一个无量纲的量$\xi$，称为相对阻尼系数，或阻尼比，且

$$\xi = \frac{\alpha}{\omega_n} \tag{2.43}$$

现在分别按$\alpha<\omega_n$，$\alpha>\omega_n$和$\alpha=\omega_n$三种情况来讨论单自由度有阻尼自由振动的运动性质。

(1) 临界阻尼状态　当$\alpha=\omega_n$，或$\xi=1$时，称为临界阻尼状态。此时特征方程的根为两相等实根，即

$$s_1 = s_2 = -\alpha$$

得微分方程的通解为

$$x = (C_1 + C_2 t)e^{-\alpha t} \tag{2.44}$$

式中，等式右边第一项$C_1 e^{-\alpha t}$也是一条下降的指数曲线。第二项则可应用麦克劳林级数展开成以下形式：

$$C_2 t e^{-\alpha t} = \frac{C_2}{\dfrac{e^{\alpha t}}{t}} = \frac{C_2}{\dfrac{1}{t} + \alpha + \dfrac{\alpha^2 t}{2!} + \dfrac{\alpha^3 t^2}{3!} + \cdots + \dfrac{\alpha^n t^{n-1}}{n!}}$$

从上式可看出，当时间t增长时，第二项$C_2 t e^{-\alpha t}$也趋近于零。

式（2.44）所表示的运动已不具有振动的特点。物体的运动是一个随时间的增长而逐渐回到平衡位置的非周期运动。这是系统从振动过渡到不振动的临界情况。此时的黏性阻尼系数C_0为临界黏性阻尼系数。

因为$\alpha=\omega_n$，即

$$\frac{C_0}{2m} = \sqrt{\frac{k}{m}}$$

所以

$$C_0 = 2m\sqrt{\frac{k}{m}} = 2\sqrt{km} \tag{2.45}$$

可见，临界阻尼系数C_0的值只决定于系统本身的物理性质。

又

$$\xi = \frac{\alpha}{\omega_n} = \frac{\dfrac{C}{2m}}{\omega_n} = \frac{C}{C_0} \tag{2.46}$$

所以相对阻尼系数ξ也就是振动系统的实际阻尼系数与临界阻尼系数的比值。

(2) 强阻尼状态　当$\alpha>\omega_n$，或$\xi>1$时，称为强阻尼状态。此时，$\sqrt{\alpha^2-\omega_n^2}>0$，是实根。但$\sqrt{\alpha^2-\omega_n^2}<\alpha$，通解中两个指数函数的指数$s_1$及$s_2$均为负值，所以$e^{s_1 t}$和$e^{s_2 t}$是两条下降的指数曲线。

图2.18所示为$C_1>0$和$C_2<0$的情况。但不管C_1和C_2的值是多少，运动只是蠕变地返回到平衡位置。因此这种运动已不具有振动的性质。这是因为当$\alpha>\omega_n$时，阻尼已极为

巨大的缘故。随着 ξ 的增大，s_1 和 s_2 为指数的数值变小。当 $\xi \to +\infty$ 时，$s_1 \to 0$，$s_2 \to -\infty$。实际上并不需要很长的时间运动就会停止。

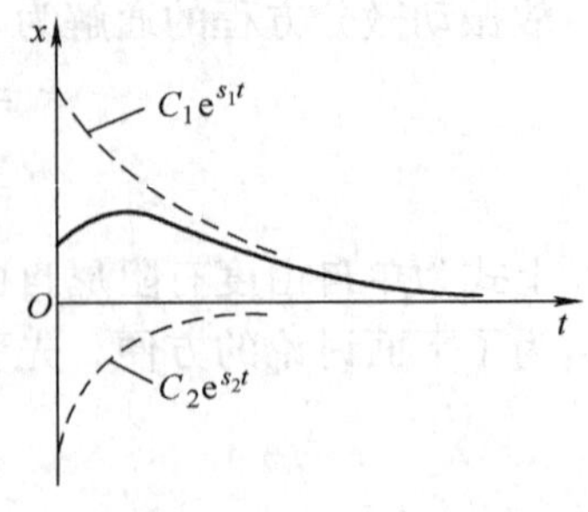

图 2.18　蠕变地返回平衡位置的运动

(3) 弱阻尼状态　当 $\alpha < \omega_n$，或 $\xi < 1$ 时，称为弱阻尼系数。此时特征方程（2.40）有一对共轭复根，即

$$s_1 = -\alpha + i\sqrt{\omega_n^2 - \alpha^2}$$

$$s_2 = -\alpha - i\sqrt{\omega_n^2 - \alpha^2}$$

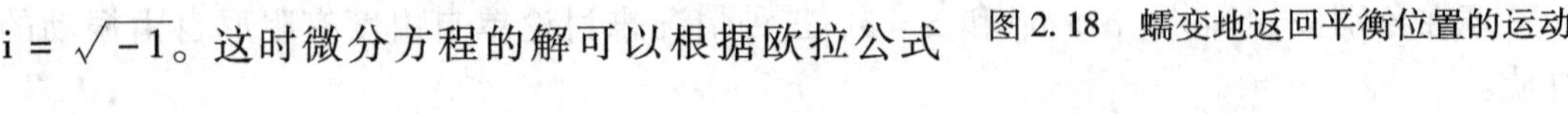

其中 $i = \sqrt{-1}$。这时微分方程的解可以根据欧拉公式写成

$$x = A e^{-\alpha t} \sin(\sqrt{\omega_n^2 - \alpha^2} t + \varphi)$$

令

$$\omega_d = \sqrt{\omega_n^2 - \alpha^2}$$

则

$$x = A e^{-\alpha t} \sin(\omega_d t + \varphi) \tag{2.47}$$

式中，ω_d 为有阻尼固有圆频率，或衰减振动的圆频率。

其中 A 和 φ 是待定常数，由运动的初始条件决定。设在初瞬时 $t = 0$ 时，$x = x_0$，$\dot{x} = \dot{x}_0$，则有阻尼自由振动中的振幅和初相位分别为

$$A = \sqrt{x_0^2 + \left(\frac{\dot{x}_0 + \alpha x_0}{\omega_d}\right)^2} \tag{2.48}$$

$$\varphi = \arctan \frac{x_0 \omega_d}{\dot{x}_0 + \alpha x_0} \tag{2.49}$$

式（2.47）为小阻尼情况下的自由振动表达式，这种振动的振幅是随时间不断衰减的。

2.3.3　衰减振动特性的讨论

(1) 有阻尼自由振动的固有频率及周期　如前所述，只有在弱阻尼状态下的振动系统才作衰减振动，才存在频率和周期。

固有圆频率

$$\omega_d = \sqrt{\omega_n^2 - \alpha^2} \tag{2.50a}$$

固有频率

$$f_d = \frac{\sqrt{\omega_n^2 - \alpha^2}}{2\pi} \tag{2.50b}$$

周期

$$T_d = \frac{2\pi}{\sqrt{\omega_n^2 - \alpha^2}} = \frac{2\pi}{\omega_n} \cdot \frac{1}{\sqrt{1 - \left(\frac{\alpha}{\omega_n}\right)^2}} = T \cdot \frac{1}{\sqrt{1 - \left(\frac{\alpha}{\omega_n}\right)^2}} \tag{2.51}$$

其中，无阻尼自由振动的周期 $T = \frac{\omega_n}{2\pi}$。

由上式可以看出，由于阻尼的存在，振动系统的固有频率下降。但在石油机械工程实际问题中，α 都比 ω_n 小得多，对机械振动系统的固有频率和周期的影响很小。因此在小阻尼情况下，可近似认为有阻尼自由振动的频率和周期与无阻尼自由振动的频率和周期相等。

(2) 有阻尼自由振动的运动规律　如前所述，在机械振动系统存在阻尼的情况下，其自由振动不再是简谐振动。根据阻尼的大小，又可分为下列三种情况：

1）在临界阻尼状态下，振动系统的运动已不具有振动的特点，而是一个逐渐回到平衡位置的非周期运动。

2）在弱阻尼状态下，振动系统对于初始条件的响应由 $x=Ae^{-\alpha t}\sin(\omega_{d}t+\varphi)$ 表示。而此式包含两个因素，一个是下降的指数曲线，一个是正弦曲线。故振动系统的振动已不再是等幅的简谐振动，而是振幅被限制在曲线 $\pm Ae^{-\alpha t}$ 之内的，且随时间而不断衰减的振动。运动图线如图 2.19 所示。

3）在强阻尼状态下，振动系统的运动不是振动，也是一个逐渐回到平衡位置的非周期运动。以上三种情况下振动系统的运动图线如图 2.20 所示。

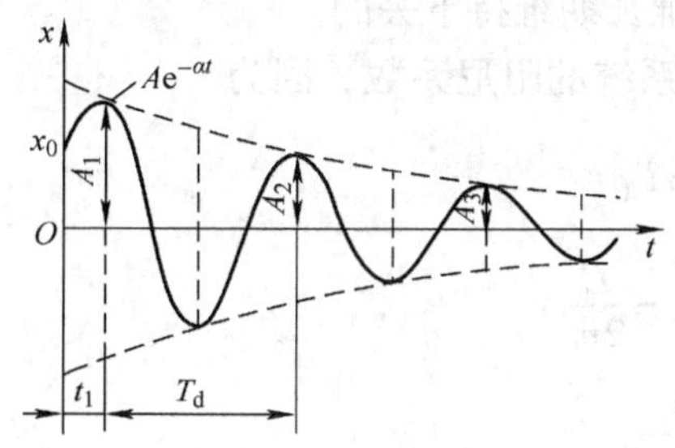

图 2.19　衰减振动

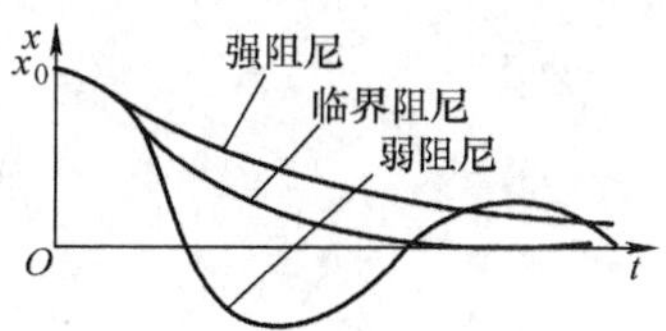

图 2.20　似简谐运动和非周期运动

（3）有阻尼自由振动的振幅　只有机械系统作衰减振动时才存在振幅，而且振幅是随着时间不断衰减的，其顺次各个振幅是

$$
\begin{aligned}
t&=t_1, & A_1&=Ae^{-\alpha t_1}\\
t&=t_1+T_{d}, & A_2&=Ae^{-\alpha(t_1+T_{d})}\\
t&=t_1+2T_{d}, & A_3&=Ae^{-\alpha(t_1+2T_{d})}\\
&\vdots & &\vdots\\
t&=t_i+T_{d}, & A_{i+1}&=Ae^{-\alpha(t_i+T_{d})}
\end{aligned}
$$

两个相邻振幅之比为

$$\eta=\frac{A_i}{A_{i+1}}=e^{\alpha T_{d}} \tag{2.52}$$

式中，η 为减幅系数；α 为衰减系数。

在工程上通常取上式的自然对数，以避免取指数值的不便。

$$\delta=\ln\frac{A_i}{A_{i+1}}=\ln e^{\alpha T_{d}}=\alpha T_{d} \tag{2.53}$$

式中，δ 为对数减幅或对数衰减率。

因为

$$T_{d}=\frac{2\pi}{\sqrt{\omega_{n}^{2}-\alpha^{2}}}$$

则得

$$\delta=\frac{2\pi\alpha}{\sqrt{\omega_{n}^{2}-\alpha}}=\frac{2\pi\xi}{\sqrt{1-\xi^{2}}}\approx 2\pi\xi \tag{2.54}$$

η 及 δ 均表示每隔一个周期 T_{d}，振幅 A 衰减的快慢程度。η 及 δ 越大，则振幅衰减越快。

由式（2.52）还可以看出，任意两个相邻振幅之比为常数，衰减振动的振幅是按几何级数减小的，很快趋近于零。其公比就是衰减率 $e^{\alpha T_d}$。

机械振动系统在小阻尼的情况下，阻尼对振动的振幅影响较大，其振幅按几何级数衰减，且衰减非常快。例如，当阻尼比

$$\xi = \frac{\alpha}{\omega_n} = 0.05A$$

时，可以计算出　$A_{i+1} = 0.7301A_i$

即经过一次振动，振幅就要减少原来的27%。经过十个周期后，振幅就减少到原来振幅的4.3%。因此只要有阻尼存在，自由振动是很难长期维持下去的。

根据对数衰减率，可以应用实测法来求得振动系统的阻尼系数，因为

$$\delta = \ln\frac{A_i}{A_{i+1}} = \alpha T_d$$

所以

$$\alpha = \frac{1}{T_d}\ln\frac{A_i}{A_{i+1}},\ \alpha = \frac{C}{2m}$$

即

$$\frac{C}{2m} = \frac{1}{T_d}\ln\frac{A_i}{A_{i+1}}$$

故

$$C = \frac{2m}{T_d}\ln\frac{A_i}{A_{i+1}} \tag{2.55}$$

因此只要实测得出衰减振动周期 T_d 及相邻两次振幅 A_i 和 A_{i+1}，即可根据式（2.55）计算出振动系统的阻尼系数 C。

【例2-10】　一弹簧质量阻尼机械振动系统，其物块质量 $m=0.05\text{kg}$，弹簧刚度系数 $k=2000\text{N/m}$。系统发生自由振动，测得其相邻两个振幅之比 $\frac{A_i}{A_{i+1}}=\frac{100}{98}$。求机械振动系统的临界阻尼系数和阻尼系数各为多少？

【解】　首先求出对数衰减率

$$\delta = \ln\frac{A_i}{A_{i+1}} = \ln\frac{100}{98} = 0.0202$$

阻尼比为

$$\xi = \frac{\delta}{2\pi} = 0.003215$$

振动系统的临界阻尼系数为

$$C_c = 2\sqrt{mk} = 2\sqrt{0.05\times 2000\text{N/m}} = 20\text{N}\cdot\text{s/m}$$

阻尼系数

$$C = \xi C_c = 0.0643\text{N}\cdot\text{s/m}$$

2.4　单自由度系统受迫振动

受迫振动即在外界激振力的持续作用下，机械振动系统（包括石油机械）被迫产生的振动。

例如：①在石油机械加工中切削沿轴向开槽的工件时，刀在每一转中都要受到沟槽的冲击；周期冲击力就是激振力。②石油机械机床冷加工中，压力机周期性的冲击力会通过地基传到机床上来。③交流电通过电磁铁产生交变的电磁力引起振动系统的振动等。

这些都是生产制造中常遇到的激振因素，这些因素周期性地不断地给机械振动系统以扰动，而不是像自由振动那样只在机械振动开始时瞬时给系统扰动。

作用在机械振动系统上的周期激振力，根据它们随时间变化的规律可以归纳为三类：①简谐激振力；②非简谐周期激振力；③随时间任意变化的激振力。

对机械振动系统的激振则有两种不同的情况：①位移干扰；②力干扰。

响应是外界激振所引起的机械系统的振动状态。机械振动系统的响应一般以位移形式来表达。

2.4.1　简谐激振力引起的受迫振动

（1）系统的动力学模型及运动微分方程　单自由度有阻尼受迫振动系统的动力学模型如图 2.21 所示。

在此机械振动系统上除了有弹性恢复力 kx 及阻尼力 $C\dot{x}$ 作用外，还始终作用着一个简谐激振力。

$$F = F_0\sin\omega t$$

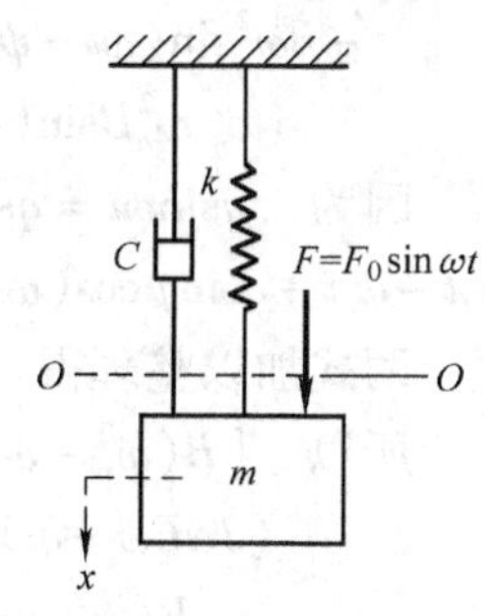

图 2.21　单自由度有阻尼受迫振动系统动力学模型

若以静平衡位置 O-O 为坐标原点，取质量块 m 的振动位移 x 为广义坐标，且向下为正，则可按牛顿运动定律直接写出该机械振动系统的运动微分方程为

$$m\ddot{x} + C\dot{x} + kx = F_0\sin\omega t \tag{2.56}$$

令

$$\omega_n^2 = \frac{k}{m},\ \alpha = \frac{C}{2m},\ q = \frac{F_0}{m}$$

上式可改写成以下形式：

$$\ddot{x} + 2\alpha\dot{x} + \omega_n^2 x = q\sin\omega t \tag{2.57}$$

这是一个非齐次二阶常系数线性微分方程，其通解由两部分组成，即

$$x(t) = x_1(t) + x_2(t)$$

其中，$x_1(t)$是对应于方程（2.57）中右端为零的齐次方程的通解，$x_2(t)$为其特解。在弱阻尼状态下，这一通解为

$$x_1(t) = Ae^{-\alpha t}\sin(\omega_d t + \varphi)$$

$x_2(t)$是方程（2.57）的一个特解，并有如下形式：

$$x_2(t) = B\sin(\omega t - \psi)$$

所以方程（2.57）的通解为

$$x(t) = Ae^{-\alpha t}\sin(\omega_d t + \varphi) + B\sin(\omega t - \psi) \tag{2.58}$$

上式中，等式右边第一项表示频率为固有频率的有阻尼自由振动（即衰减振动），第二项表示频率为激振力频率的有阻尼的受迫振动。在实际振动时，运动是衰减振动和受迫振动的叠加，形成振动的暂态过程，这一过程中的振动称为瞬态振动。如图 2.22 所示，自由振动很快就衰减下去了，而受迫振动则持续下去，形成振动的稳态过程，这一过程中的机械振动称为稳态振动。

一般着重研究机械振动的稳态过程，即持续的稳态振动。因此这里只分析式（2.58）中的第二项，即

$$x = B\sin(\omega t-\psi) \tag{2.59}$$

式中，B 为受迫振动的振幅；ω 为受迫振动的圆频率；ψ 为振动体位移 x 与激振力 F 之间的相位差。其中 B 和 ψ 是两个待定常数，可用下法求得。分别对式（2.59）求一阶及二阶导数得

$$\dot{x} = B\omega\cos(\omega t-\psi)$$

$$\ddot{x} = -B\omega^2\sin(\omega t-\psi)$$

将以上两式代入式（2.57）得

$$-B\omega^2\sin(\omega t-\psi)+2\alpha B\omega\cos(\omega t-\psi)+\omega_n^2 B\sin(\omega t-\psi) = q\sin\omega t$$

因为　$q\sin\omega t = q\sin[(\omega t-\psi)+\psi] = q\cos\psi\sin(\omega t-\psi)+q\sin\psi\cos(\omega t-\psi)$

两式加以整理得

所以　$[B(\omega_n^2-\omega^2)-q\cos\psi]\sin(\omega t-\psi)+(2\alpha B\omega-q\sin\psi)\cos(\omega t-\psi)=0$

$$\left.\begin{aligned} B(\omega_n^2-\omega^2)-q\cos\psi &= 0 \\ 2\alpha B\omega-q\sin\psi &= 0 \end{aligned}\right\} \tag{2.60}$$

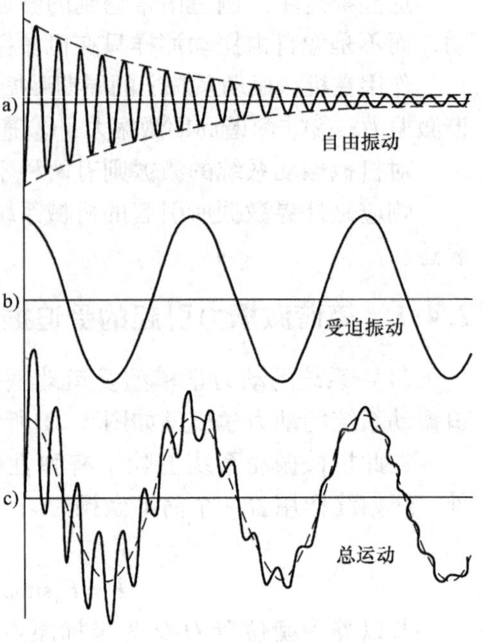

图 2.22　瞬态振动

解上列联立方程，将两式平方相加得

$$B^2(\omega_n^2-\omega^2)^2+4\alpha^2B^2\omega^2 = q^2$$

有

$$B = \frac{q}{\sqrt{(\omega_n^2-\omega^2)^2+4\alpha^2\omega^2}} \tag{2.61}$$

又

$$\tan\psi = \frac{2\alpha\omega}{\omega_n^2-\omega^2} \tag{2.62}$$

令

$$B_0 = \frac{q}{\omega_n^2} = \frac{F_0}{k}，称为静变位$$

$$\lambda = \frac{\omega}{\omega_n}，称为频率比$$

$$\xi = \frac{\alpha}{\omega_n} = \frac{C}{C_0}，称为阻尼比$$

则式（2.61）及式（2.62）可改写成下列表达式：

$$B = \frac{B_0}{\sqrt{(1-\lambda^2)^2+(2\xi\lambda)^2}} \tag{2.63}$$

$$\psi = \arctan\frac{2\xi\lambda}{1-\lambda^2} \tag{2.64}$$

（2）振动特性的讨论

1）受迫振动的运动规律。如上所述，当作用在机械系统上的干扰力是简谐激振力 $F=F_0\sin\omega t$ 时，则机械振动系统的响应为

$$x = B\sin(\omega t-\psi) = \frac{B_0}{\sqrt{(1-\lambda^2)^2+(2\xi\lambda)^2}}\sin(\omega t-\psi) \tag{2.65}$$

只要有激振力存在，这一机械振动就不会被阻尼衰减。

2）受迫振动的频率。受迫振动的频率与激振力的频率 ω 相同。

3）受迫振动的振幅。受迫振动的振幅大小，在石油机械工程实际问题中具有重要意义。如果振幅超过允许的限度，机器构件中会产生过大的交变应力，而导致疲劳破坏，或者会影响机器及仪表的精度。为此，必须搞清楚影响振幅的多种因素。

① 初始条件的影响：自由振动的振幅与初始条件有关，而受迫振动的振幅与初始条件无关。

② 激振力幅 F_0 的影响：受迫振动的振幅 B 与静变位 B_0 成正比。而静变位 B_0 表示在与激振力幅值 F_0 相等的静力作用下机械振动系统产生变位。所以振幅 B 与激振力幅 F_0 呈线性关系，F_0 越大，B 越大。

③ 激振力频率 ω 及振动系统固有频率 ω_n 的影响：为了说明 ω 及 ω_n 对振幅 B 的影响，这里以振幅比 B/B_0 为纵坐标，以频率比 ω/ω_n 为横坐标，以阻尼比 ξ 为参变量，作幅频响应曲线，如图 2.23 所示。

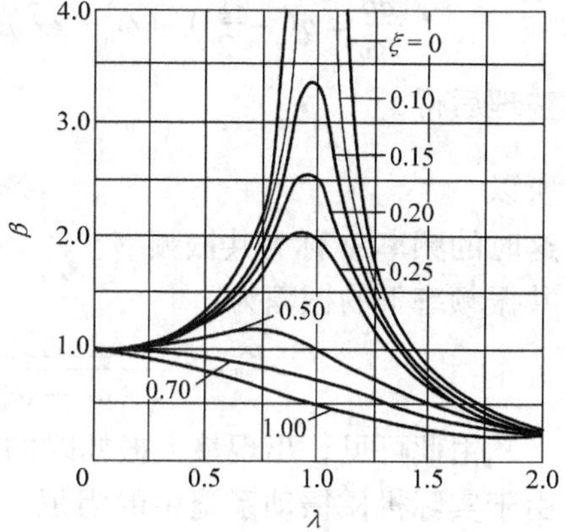

图 2.23 幅频响应曲线

以上所述表明了机械振动系统位移对频率的响应特性。

$$\beta = \frac{B}{B_0} = \frac{1}{\sqrt{(1-\lambda^2)^2 + (2\xi\lambda)^2}} \tag{2.66}$$

式中，β 为振幅的放大因子。

从图 2.33 和式（2.66）可以看出：

a）当 $\omega \neq 0$，或 $\lambda << 1$ 或 $B = B_0$ 时，此时的振幅相当于把激振力幅 F_0 当作静载荷加于振动系统上使机械振动系统产生静变位。阻尼对振幅的影响甚微。这说明，激振力变化缓慢时，其动力影响不大，故受迫振动的振幅和静变位无多大的差别。可忽略振动系统的阻尼当作无阻尼受迫振动处理。

b）随着 ω 的增大，B 也迅速增大。当 $\omega \to \omega_n$（即 $\lambda \to 1$）时，振幅 B 将显著增大，并达到最大值，这种现象称为“共振”。在共振区附近，振动系统的阻尼对振幅有明显的影响，即阻尼增大，振幅显著下降。阻尼越小，共振就表现得越激烈，共振时的振幅 B_n 可由式（2.67）求出。因为共振时 $\lambda = 1$，所以有

$$B_n = \frac{B_0}{2\xi} = \frac{q}{2\alpha\omega_n} \tag{2.67}$$

c）当 ω 继续增加到 $\lambda > 1$ 后，振幅便迅速下降。当 $\lambda \gg 1$ 时，$\beta \to 0$，即振幅越来越小，最后振动趋于消失。这是因为当激振力变化太快时，机械振动系统由于本身的惯性来不及跟上迅速变化的激振力，故振动系统不再振动。

d）当 $\lambda > 2$ 时，$\beta < 1$，即机械系统振动的振幅将小于静变位。这正是隔振设计的理论基础。有些机器（如汽轮机、离心机等）高速旋转时其振动反而很小，就是上述道理。

④ 阻尼的影响：阻尼增大可以有效地降低共振的振幅。阻尼是对振幅限制的因素。当阻尼为零时，共振振幅 B_n 趋于无穷大。增大阻尼将使 B_n 相应减小。当 $\xi > 0.5$ 时，将使 $B_n < B$。这说明：阻尼增大不能使受迫振动停下来，但可使振动系统的振幅减小。如果阻尼足够大时，就可使共振现象不再出现，并将受迫振动维持在一个不大的振幅范围。

由图 2.23 还可以看出，阻尼仅在共振区域附近对降低共振振幅的作用很大。在共振区以外，阻尼对降低振幅的作用很小。此外，阻尼增大时不但使共振振幅降低，而且使最高振幅的位置有向左移动倾向。

最大振幅 B_{max} 的求法：用求驻点的办法，将式（2.61）中的 B 对 ω 求偏导并令其等于零，即可求出得到共振时的 ω 和 B_{max}。

$$\frac{\partial B}{\partial \omega}=q\left(-\frac{1}{2}\right)\left[(\omega_n^2-\omega^2)^2+4\alpha^2\omega^2\right]^{-\frac{3}{2}}\cdot\left[2(\omega_n^2-\omega^2)(-2\omega)+8\alpha^2\omega\right]=0$$

整理后得

$$\omega^2-\omega_n^2+2\alpha^2=0 \tag{2.68}$$

所以

$$\omega=\sqrt{\omega_n^2-2\alpha^2}=\omega_n\sqrt{1-2\xi^2}$$

这时的频率 ω 称为共振频率。

共振频率下的振幅为

$$B_{max}=\frac{q}{\sqrt{(\omega^2-\omega_n^2+2\alpha^2)^2+4\alpha^2(\omega_n^2-2\alpha^2)}}=\frac{q}{2\alpha\sqrt{\omega_n^2-\alpha^2}} \tag{2.69}$$

由此可见，出现最大振幅时的 ω 略小于 ω_n，具体数值取决于机械振动系统阻尼的大小。由于实际机械振动系统中的阻尼一般很小，所以可近似地认为出现共振时的 ω 就等于 ω_n，可将 $\lambda=1$ 时出现的共振振幅 B_n 看作是机械振动系统的最大振幅 B_{max}。

受迫振动的振幅 B 与静变位 B_0 之比值称为振幅放大因子，用 β 来表示。当振幅为最大振幅值时，放大因子的数值 β 也最大，即

$$\beta_{max}=\frac{B_{max}}{B_0}=\frac{\omega_n^2}{2\alpha\sqrt{\omega^2-\omega_n^2}}=\frac{1}{2\xi\sqrt{1-\xi^2}} \tag{2.70}$$

假设　$\alpha=0.05\omega_n$，则

$$\omega=\sqrt{\omega_n^2-2(0.05\omega_n)^2}=0.9975\omega_n$$

所以，由式（2.70）有

$$\beta_{max}=10.0125$$

上式说明，共振振幅比静变位放大了十多倍。为了避免共振，一般规定在固有频率 ω_n 前后各 20% ~30% 的区域作为禁区，并使激振力的频率避免在这一频率区域范围内出现。

⑤ 受迫振动的相位差：由前面式（2.64）得知，受迫振动的位移对激振力的相位差 ψ 与频率比 λ 及阻尼比 ξ 有关。以 ψ 为纵坐标、频率比 λ 为横坐标、阻尼比 ξ 为参变量，绘制出了相频响应曲线。如图 2.24 所示。

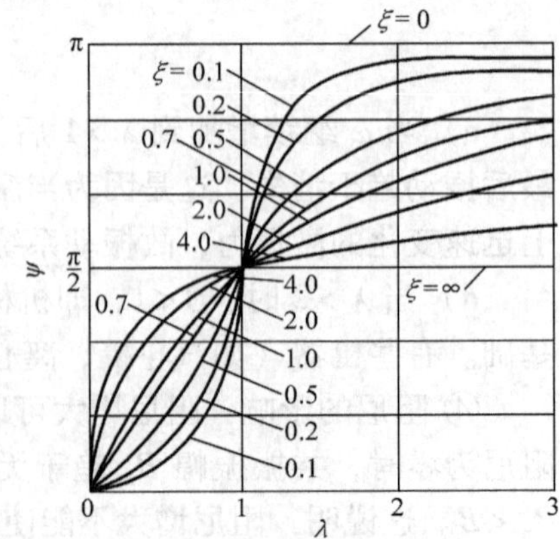

图 2.24　相频响应曲线

从图 2.24 可以看出：ψ 始终是正值，受迫振动的位移总是滞后于激振力；无论阻尼比 ξ 为何值，当 $\lambda=1$ 时，$\psi=90°$，也就是当 $\omega=\omega_n$ 时，机械振动系统的位移对激振力的相位差总为 90°。若 $\xi\neq0$，则当 $\lambda<1$ 时，ψ 在 0° 到 90°之间变化；当 $\lambda>1$ 时，ψ 在 90°到 180°之间变化。它是一单调上升的曲线。若 $\xi=0$，即机械振动系统无阻尼存在时，相位差 ψ 在 $\lambda=1$ 处有一个突变，即 $\lambda<1$ 时，$\psi=0°$；$\lambda>1$ 时，$\psi=180°$。阻尼值不同的曲线都交于这一点。即在 $\omega<\omega_n$ 时，受迫振动的位移相位与激振力相位同相；在 $\omega>\omega_n$ 时，受迫振动的位移相位与激振力相

位反相。若机械振动系统有阻尼存在，这种相位突然变化的规律逐渐平缓。因此，当机械振动系统阻尼很小时，并当越过共振区之后，随着频率 ω 的增加，相位差趋近 180°，这时激振力与位移反相。可以利用上述相位差突然出现的反相现象，作为判断出现机械振动系统共振的一种标志。

【例 2-11】　在刚度系数 $k=107\text{N/cm}$ 的弹簧上悬挂着一个重 $mg=454\text{N}$ 的物体。在物体上作用着一个简谐激振力 $F_0\sin\omega t$，其力幅 $F_0=36.4\text{N}$，系统的阻尼系数 $C=1.176\text{N/cm}$，试计算该机械振动系统的共振频率、共振振幅及共振时的振幅放大因子。

【解】　机械振动系统固有频率为

$$\omega_n=\sqrt{\frac{kg}{mg}}=\sqrt{\frac{107\times980}{454}}\text{rad/s}=15.2\text{rad/s}$$

所以机械振动系统的共振频率为

$$\omega=\omega_n=15.2\text{rad/s}$$

机械振动系统的共振振幅为

$$B_n=\frac{q}{2\alpha\omega_n}=\frac{\dfrac{F_0}{m}}{2\omega_n\cdot\dfrac{C}{2m}}=\frac{F_0}{C\omega_n}=\frac{36.4}{1.176\times15.2}\text{cm}=2.04\text{cm}$$

所以共振时的振幅放大因子为

$$\beta=\frac{B_n}{B_0}=\frac{kB_n}{F_0}=\frac{107\times2.04}{36.4}=6$$

在掌握单自由度系统受迫振动的特性之后，就可以用机械振动试验来获得单自由度振动系统的一些极有价值的参数。例如：振动系统的质量 m、弹簧刚度 k、阻尼比 ξ 以及固有圆频率 ω_n 等。具体方法如下：

对机械振动系统施加力幅为 F_0、频率为 ω 的激振力，并保持力幅 F_0 不变，逐步改变频率 ω，测得对应于不同 ω 的振幅 B 和相位差 ψ，并可绘出幅频响应曲线和相频响应曲线。在激振试验中出现共振时的频率 ω 就近似等于机械振动系统的固有频率 ω_n。在幅频响应曲线上，频率为 ω_n 的虚线两侧，曲线可近似地认为是对称的，如图 2.25 所示。

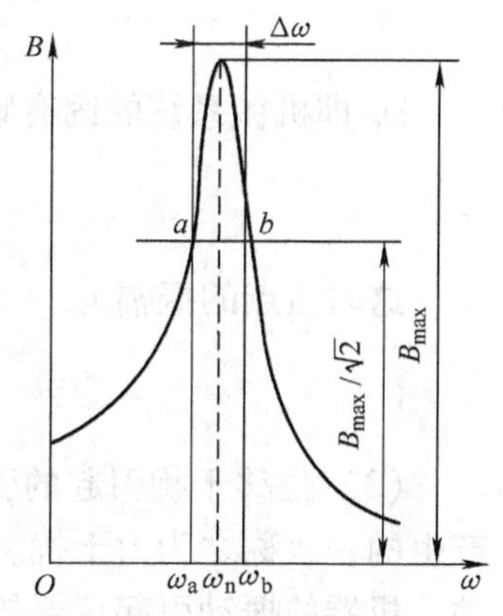

图 2.25　幅频响应曲线

如图 2.25 所示，$\omega=\omega_n$ 处的曲线高度显然就是共振振幅 B_n。在高度为 $B_n/\sqrt{2}$ 处作平行于横坐标的直线和幅频曲线相交于 a，b 两点，读出 a，b 两点对应的激振频率 ω_a，ω_b。则机械振动系统的阻尼比 ξ 可用下式计算：

$$\xi=\frac{\omega_b-\omega_a}{2\omega_n} \tag{2.71}$$

由于 $\xi<<1$，故这个式子只是小阻尼情况下的近似表达式，但大多数工程实例中都可以实用。

计算出 ξ 后，可利用式（2.67）来进一步计算系统的弹簧刚度 k，因为

$$B_n = \frac{B_0}{2\xi} = \frac{F_0}{2k\xi}$$

所以

$$k = \frac{F_0}{2B_n\xi} \tag{2.72}$$

确定 ω_n 和 k 以后，就可直接计算出机械系统的质量 m：

$$m = \frac{k}{\omega_n^2} \tag{2.73}$$

【例 2-12】 图 2.26 所示为一无重刚杆。其一端铰支，距铰支端 l 处有一质量为 m 的质点，距 $2l$ 处有一阻尼器，其阻尼系数为 C，距 $3l$ 处有一刚度系数为 k 的弹簧，并作用一简谐激振力 $F = F_0\sin\omega t$。刚杆在水平位置平衡，试列出机械系统的振动微分方程，并求机械振动系统的固有频率 ω_0，以及当激振力频率 ω 等于 ω_0 时质点的振幅。

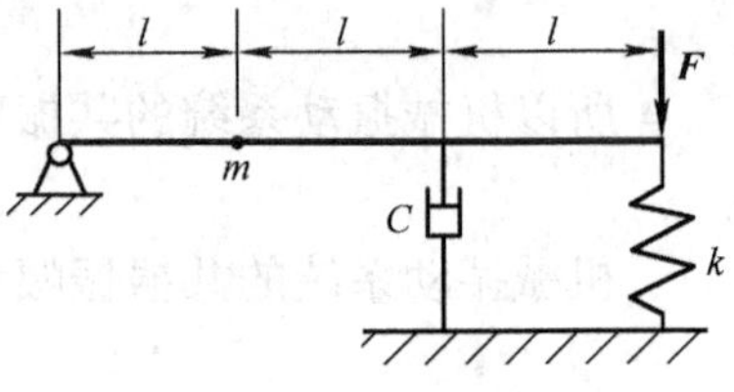

图 2.26　无重刚杆

【解】 设刚杆在振动时摆角为 θ，由刚体定轴转动微分方程可建立系统的机械振动微分方程为

$$ml^2\ddot{\theta} = -4Cl^2\dot{\theta} - 9kl^2\theta + 3F_0 l\sin\omega t$$

整理后得

$$\ddot{\theta} + \frac{4C}{m}\dot{\theta} + \frac{9k}{m}\theta = \frac{3F_0}{ml}\sin\omega t$$

令

$$\omega_0 = \sqrt{\frac{9k}{m}},\ \delta = \frac{2C}{m},\ h = \frac{3F_0}{ml}$$

ω_0 即机械系统的固有频率，当 $\omega = \omega_0$ 时，其摆角 θ 的振幅为

$$b = \frac{h}{2\delta\omega_0} = \frac{3F_0}{4C\omega_0 l} = \frac{F_0}{4Cl}\sqrt{\frac{m}{k}}$$

这时质点的振幅为

$$B = lb = \frac{F_0}{4C}\sqrt{\frac{m}{k}}$$

(3) 位移干扰引起的受迫振动　以上受迫振动，是由外界激振力作用于机械振动系统产生的，故称之为力干扰。位移干扰就是支承点的运动。例如：①地基的振动引起机器的振动，机器的振动引起仪器的振动；②石油载重汽车驶过不平的路面而产生的机械振动；③地震引起房屋的振动等。

位移干扰的单自由度受迫振动系统的动力学模型如图 2.27 所示。设支承点作简谐运动的规律为

$$x_s = a\sin\omega t$$

如果取质量块 m 的位移 x 为广义坐标，向下为正，则当质量块离开静平衡位置的距离为 x 时，弹簧的变形应为 $x - x_s$，质量块与支承的相对速度则为 $\dot{x} - \dot{x}_s$。从而在质量块上作用有弹性恢复力 $k(x - x_s)$ 和阻尼力 $C(\dot{x} - \dot{x}_s)$。按牛顿运动定律列出机械系统的运动微分方程：

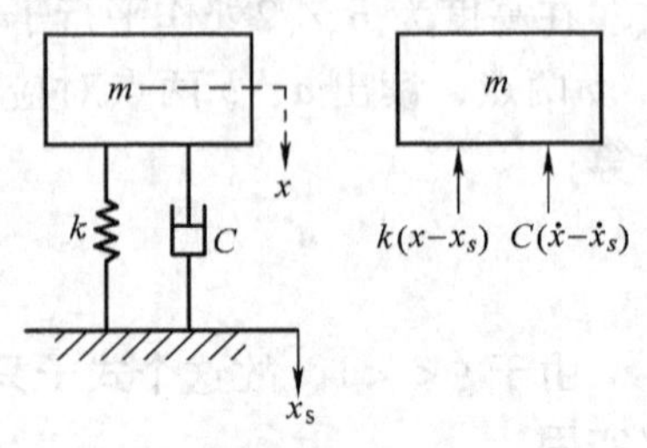

图 2.27　位移干扰的单自由度受迫振动系统的动力学模型

$$m\ddot{x} = -k(x - x_s) - C(\dot{x} - \dot{x}_s)$$

或

$$m\ddot{x} + C\dot{x} + kx = kx_s + C\dot{x}_s \tag{2.74}$$

从式（2.74）可知，支承点运动时，相当于在振动系统上作用了两个激振力，一个是经过弹簧传递过来的 kx_s 力，另一个是经过阻尼器传递过来的 $C\dot{x}_s$ 力。kx_s 力与 x_s 力同相，$C\dot{x}_s$ 力与 $\dot{x}_s$ 的相位要比位移 kx_s 的相位超前 π/2，所以 $C\dot{x}_s$ 力比 kx_s 力超前90°。

这里用复数法解微分方程（2.74）：

设

$$x_s = a\mathrm{e}^{\mathrm{i}\omega t}$$

$$x = B\mathrm{e}^{\mathrm{i}(\omega t - \psi)}$$

则有

$$\dot{x}_s = \mathrm{i}a\omega\mathrm{e}^{\mathrm{i}\omega t}$$

$$\dot{x} = \mathrm{i}B\omega\mathrm{e}^{\mathrm{i}(\omega t - \psi)}$$

$$\ddot{x} = -B\omega^2\mathrm{e}^{\mathrm{i}(\omega t - \psi)}$$

将以上各式分别代入式（2.74）得

$$-mB\omega^2\mathrm{e}^{\mathrm{i}(\omega t - \psi)} + \mathrm{i}CB\omega\mathrm{e}^{\mathrm{i}(\omega t - \psi)} + kB\mathrm{e}^{\mathrm{i}(\omega t - \psi)} = ka\mathrm{e}^{\mathrm{i}\omega t} + \mathrm{i}Ca\omega\mathrm{e}^{\mathrm{i}\omega t}$$

所以

$$B\mathrm{e}^{-\mathrm{i}\psi} = \frac{a(k + \mathrm{i}C\omega)}{(k - m\omega^2) + \mathrm{i}C\omega} = a\frac{[k(k - m\omega^2) + C^2\omega^2] - \mathrm{i}mC\omega^3}{(k - m\omega^2)^2 + C^2\omega^2}$$

由于振动系统的振幅 B 就是复数矢量 $B\mathrm{e}^{-\mathrm{i}\psi}$ 的模，所以有

$$B = a\sqrt{\frac{k^2 + C^2\omega^2}{(k - m\omega^2)^2 + C^2\omega^2}} = a\sqrt{\frac{1 + (2\xi\lambda)^2}{(1 - \lambda^2)^2 + (2\xi\lambda)^2}} \tag{2.75}$$

相位差 ψ 就是复数矢量 $B\mathrm{e}^{-\mathrm{i}\psi}$ 的幅角，这样有

$$\tan\psi = \frac{mC\omega^2}{k(k - m\omega^2) + C^2\omega^2} = \frac{2\xi\lambda^2}{1 - \lambda^2 + (2\xi\lambda)^2} \tag{2.76}$$

因此，振幅放大因子 β 为

$$\beta = \frac{B}{a} = \sqrt{\frac{1 + (2\xi\lambda)^2}{(1 - \lambda^2)^2 + (2\xi\lambda)^2}} \tag{2.77}$$

如果以 λ 为横坐标、β 为纵坐标，ξ 为参变量，就可根据式（2.77）作出如图2.28所示的幅频特性曲线。它与简谐激振力作用下的幅频响应曲线类似。①在 $\lambda = \sqrt{2}$ 处，机械振动系统的振幅 B 均等于支承运动的振幅 a。②当 $\lambda > \sqrt{2}$ 时，振幅 B 就小于支承运动的振幅 a，阻尼大的机械振动系统比阻尼小的机械振动系统的振幅反而要稍大些，从而降低隔振效果。③当 $\lambda >> \sqrt{2}$ 时，受迫振动的振幅 B 逐渐趋向于零。这一特性在研究隔振时是非常有用的。

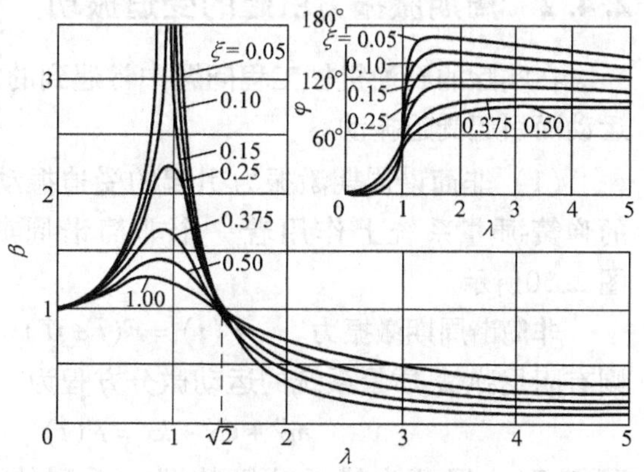

图2.28　位移干扰时的幅频特性曲线

【例 2-13】　图 2.29 所示为一辆石油载重卡车在波形路面行走的力学模型。路面的波形可以用公式 $y_1=d\sin\frac{2\pi}{l}x$ 表示，其中幅度 $d=25\text{mm}$，波长 $l=5\text{m}$。卡车的质量为 $m=3000\text{kg}$，弹簧刚度系数为 $k=294\text{kN/m}$。忽略阻尼，求卡车以速度 $v=45\text{km/h}$ 匀速前进时，车体的垂直振幅为多少？卡车的临界速度为多少？

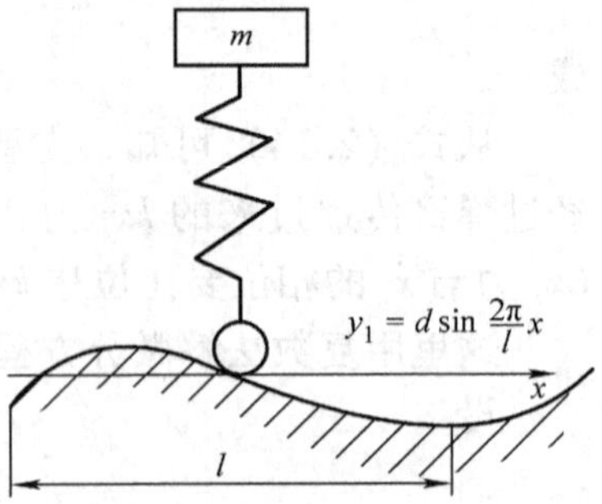

图 2.29　石油载重卡车路面行走

【解】　因卡车匀速行驶，则行驶位移为 $x=vt$

若以卡车起始位置为坐标原点，则路面波形方程可以写为

$$y_1=d\sin\frac{2\pi}{l}x=d\sin\frac{2\pi v}{l}t$$

令 $\omega=\dfrac{2\pi v}{l}$，则　　$y_1=d\sin\omega t$

其中：ω 相当于位移激振频率，将速度 $v=45\text{km/h}=12.5\text{m/s}$ 代入，求得

$$\omega=\frac{2\pi v}{l}=\frac{2\pi\times12.5}{5}\text{rad/s}=5\pi\text{rad/s}$$

振动系统的固有频率为　$\omega_n=\sqrt{\dfrac{k}{m}}=9.9\text{rad/s}$

激振频率与固有频率的比为　$\lambda=\dfrac{\omega}{\omega_n}=\dfrac{5\pi}{9.9}=1.59$

位移传递率　$\eta'=\dfrac{b}{d}=\sqrt{\dfrac{1}{(1-\lambda^2)^2}}=0.65$

因此振幅　$b=\eta' d=(0.65\times25)\text{mm}=16.3\text{mm}$

当 $\omega=\omega_n$ 时发生共振，有　$\omega=\dfrac{2\pi v_c}{l}=\omega_n$

解得临界速度　$v_c=\dfrac{l\omega_n}{2\pi}=\dfrac{5\times9.9}{2\pi}\text{m/s}=7.88\text{m/s}=28.4\text{km/h}$

2.4.2　周期激振力引起的受迫振动

在实际的石油机械工程问题中常遇到的是机械振动系统受到非简谐的周期激振力或支承运动而引起受迫振动。

（1）非简谐周期激振力引起的受迫振动　设在一个有阻尼的弹簧-质量系统上作用着一个非简谐周期激振力 $F(t)$，如图 2.30所示。

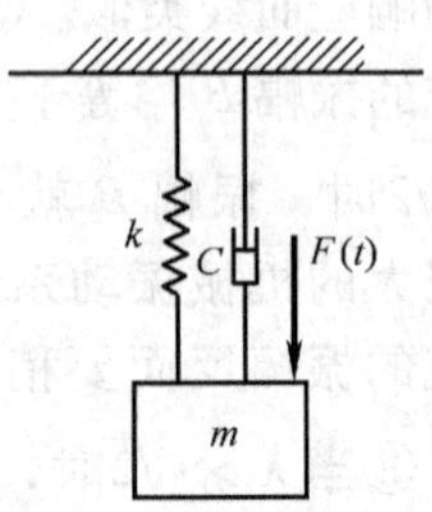

图 2.30　作用有周期激振力的有阻尼弹簧-质量系统

非简谐周期激振力　$F(t)=F(t\pm jT)$　　$(j=1,2,3,\cdots,n)$

则有阻尼弹簧-质量系统的运动微分方程为

$$m\ddot{x}+C\dot{x}+kx=F(t)\tag{2.78}$$

可将 $F(t)$ 展开为傅里叶级数即一系列的不同频率的简谐激振力。

$$F(t) = \frac{a_0}{2} + \sum_{j=1}^{n} (a_j \cos j\omega t + b_j \sin j\omega t) \tag{2.79}$$

$$m\ddot{x} + C\dot{x} + kx = \frac{a_0}{2} + \sum_{j=1}^{n} (a_j \cos j\omega t + b_j \sin j\omega t) \tag{2.80}$$

上式右边第一项$\frac{a_0}{2}$表示一个常力，代表 $F(t)$的平均值。当取静平衡位置为坐标原点时，这一项就不出现在微分方程中。

上列微分方程的通解也由两部分组成：一部分是对应于式（2.80）右端为零的齐次方程的通解，它表示一个衰减振动；另一部分则是式（2.80）的一个特解，它表示一个受迫振动。若只考虑稳态振动，则可将第一部分略去。

因为线性系统存在叠加原理，可以对式（2.80）右边的每一项分别单独地求方程的特解，然后将所有特解进行叠加，就可得到机械振动系统在非简谐周期激振力作用下的稳态响应。

由前所述，单自由度系统在简谐激振力作用下受迫振动的稳态响应为

$$x = B\sin(\omega t - \psi) = \frac{F_0}{k\sqrt{(1-\lambda^2)^2 + (2\xi\lambda)^2}}\sin(\omega t - \psi)$$

上式应用叠加原理就可直接写出机械振动系统的稳态响应：

$$x(t) = \sum_{j=1}^{n} \frac{a_j \cos(j\omega t - \psi_j) + b_j \sin(j\omega t - \psi_j)}{k\sqrt{(1-\lambda^2)^2 + (2\xi\lambda)^2}} \tag{2.81}$$

当机械振动系统阻尼较小，ξ 可忽略不计时，有 $\psi_j = 0$。式（2.81）简化为

$$x(t) = \sum_{j=1}^{n} \frac{a_j \cos j\omega t + b_j \sin j\omega t}{k(1-\lambda_j^2)} \tag{2.82}$$

式中，$\lambda_j = \frac{j\omega}{\omega_n}$，为第 j 个谐波的频率比。

（2）非简谐的周期性支承运动引起的受迫振动　设一个有阻尼的弹簧-质量系统在周期性支承运动作用下产生受迫振动，如图 2.31 所示，其支承运动的规律为

$$x_s(t) = \sum_{j=1}^{n} (a_j \cos j\omega t + b_j \sin j\omega t)$$

由前所述，单自由度系统在支承运动 $x_s = a\sin\omega t$ 作用下的稳态响应为

$$x = B\sin(\omega t - \psi) = \sqrt{\frac{1 + (2\xi\lambda)^2}{(1-\lambda^2)^2 + (2\xi\lambda)^2}}\, a\sin(\omega t - \psi)$$

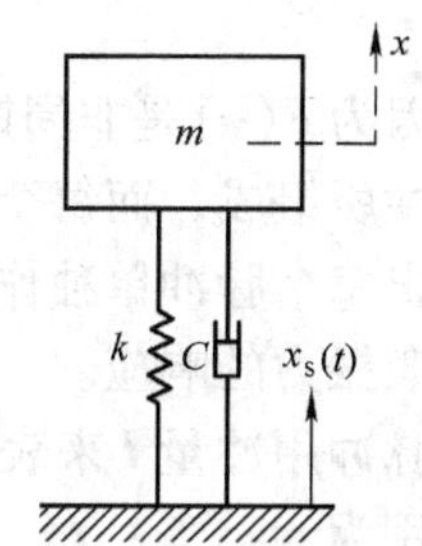

图 2.31　周期性支承运动作用下的有阻尼弹簧-质量系统

应用叠加原理，直接写出振动系统的稳态响应为

$$x(t) = \sum_{j=1}^{n} \sqrt{\frac{1 + (2\xi\lambda_j)^2}{(1-\lambda_j^2)^2 + (2\xi\lambda_j)^2}}\left[a_j \cos(j\omega t - \psi_j) + b_j \sin(j\omega t - \psi_j)\right] \tag{2.83}$$

如果忽略阻尼，就有 $\xi = 0$，$\psi_j = 0$，上式简化为

$$x(t) = \sum_{j=1}^{n} \frac{a_j \cos j\omega t + b_j \sin j\omega t}{1 - \lambda_j^2} \tag{2.84}$$

2.4.3 任意激振力引起的受迫振动

在石油机械工程实际问题中，机械振动系统所受的干扰力可能是非周期性的。这种随时间任意变化的激振力无法用傅里叶级数展开。对于这类干扰力作用下的振动，常用的研究方法是 Duhamel 积分法，即将这些干扰力分解成一系列脉冲的作用，先分别求出振动系统对每个脉冲的响应，然后将它们叠加起来就得到振动系统的响应。

在任意激振力的作用下，机械振动系统通常只有瞬态振动。在激振力作用停止后，机械振动系统即按固有频率继续作自由振动。机械振动系统对任意激振力的响应是由机械振动系统在任意激振力下所产生的瞬态振动，以及激振作用停止后的自由振动组成。

下面先分析机械振动系统对脉冲的响应。

(1) 脉冲响应　如图 2.32 所示，在一个有阻尼的弹簧-质量系统上，作用一个任意激振力 $F(\tau)$，其变化曲线如图 2.33 所示，其中 $0 \leqslant \tau \leqslant t$。

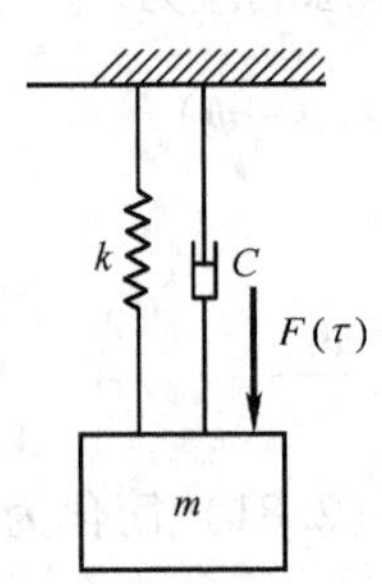

图 2.32　作用有任意激振力的有阻尼的弹簧-质量系统

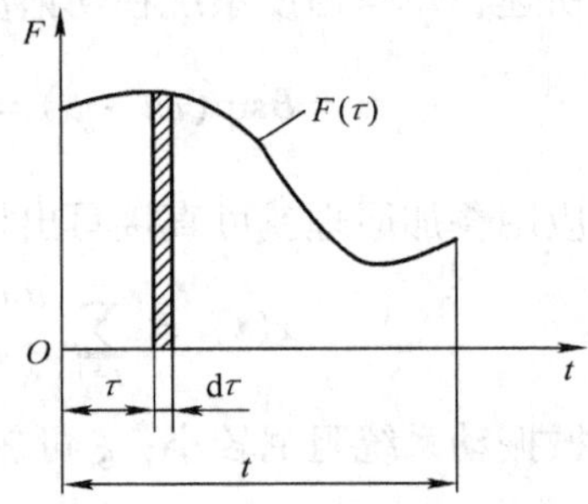

图 2.33　任意激振力

则机械振动系统的运动微分方程为

$$m\ddot{x} + C\dot{x} + kx = F(\tau) \tag{2.85}$$

因为 $F(\tau)$ 是非周期性的，所以，用这样的办法，即把任意激振力 $F(\tau)$ 看成是由无限多个脉冲所组成，而每个脉冲的宽度均为无限小，各脉冲的大小和作用时间则由 $F(\tau)$ 决定。先求出每个脉冲单独作用时振动系统所产生的响应，然后叠加起来，可求出机械振动系统对任意激振力的响应。

脉冲用冲量 I 来表示。若在 $t=0$ 时的极短的时间间隔 $\mathrm{d}\tau$ 内，系统 m 上受到一个冲量 I 的作用为

$$I = F(\tau)\,\mathrm{d}\tau$$

质量 m 将产生一个初速度 $\dot{x}_0$。由于 $\mathrm{d}\tau$ 时间很短，系统还来不及产生位移。因此，系统将在下列初始条件下作自由振动：

$$\left.\begin{aligned} x_0 &= 0 \\ \dot{x}_0 &= \frac{I}{m} = \frac{F}{m}\mathrm{d}\tau \end{aligned}\right\} \tag{2.86}$$

由前面所知，有阻尼自由振动响应为

$$x = A\mathrm{e}^{-\alpha t}\sin(\omega_{\mathrm{d}}t + \varphi) = \sqrt{x_0^2 + \left(\frac{\dot{x}_0 + \alpha x_0}{\omega_{\mathrm{d}}}\right)^2}\,\mathrm{e}^{-\alpha t}\sin(\omega_{\mathrm{d}}t + \varphi)$$

机械振动系统对式（2.86）所表示的初始条件的响应可写成

$$dx=\frac{\dot{x}_0}{\omega_d}e^{-\alpha t}\sin\omega_d t=\frac{Fd\tau}{m\omega_d}e^{-\xi\omega_n t}\sin\omega_d t=Ih(t) \tag{2.87}$$

式中

$$h(t)=\frac{1}{m\omega_d}e^{-\xi\omega_n t}\sin\omega_d t \tag{2.88}$$

如果脉冲的冲量 $I=1$，这样的脉冲称为单位脉冲，记作 $\delta(t)$，又称 δ 函数，它在数学上定义为

$$\delta(t)=\begin{cases}\infty & t=0\\ 0 & t\neq 0\end{cases} \tag{2.89}$$

$$\int_{-\infty}^{+\infty}\delta(t)\,dt=1 \tag{2.90}$$

由式（2.87）可知，振动系统对单位脉冲 $\delta(t)$ 的响应为

$$dx=h(t) \tag{2.91}$$

式中，$h(t)$ 称为单位脉冲响应。若单位脉冲作用在 $t=\tau$ 时，则相当于把图 2.33 的坐标原点向右移动 τ。式（2.91）可改写成

$$dx=h(t-\tau)=\frac{1}{m\omega_d}e^{-\xi\omega_n(t-\tau)}\sin\omega_d(t-\tau) \tag{2.92}$$

（2）任意激振力的响应　知道机械振动系统对单位脉冲的响应后，就可以确定振动系统对任意激振力 $F(\tau)$ 的响应。

由前所知，将任意激振力 $F(\tau)$ 看成是一系列脉冲的作用，如果在 $t=\tau$ 时，振动系统受冲量 $I=Fd\tau$ 的脉冲的作用，根据式（2.87）和式（2.92）计算振动系统在时刻 t 的响应为

$$dx=Fd\tau h(t-\tau) \tag{2.93}$$

在激振力 $F(\tau)$ 由 $\tau=0$ 到 $t=\tau$ 的连续作用下，振动系统的响应是时刻 t 以前所有脉冲作用的结果，于是通过对上式积分求得

$$\begin{aligned}x&=\int_0^t dx=\int_0^t F(\tau)\,d\tau h(t-\tau)\\&=\frac{1}{m\omega_d}\int_0^t Fe^{-\xi\omega_n(t-\tau)}\sin\omega_d(t-\tau)\,d\tau\end{aligned} \tag{2.94}$$

上式积分即称为 Duhamel 积分，或称为卷积。

式（2.94）就是式（2.85）所表示的系统振动微分方程的全解，它包括有任意激振力作用下的瞬态振动和激振力作用停止后的自由振动。

如果振动系统阻尼忽略不计，则 $\xi=0$，$\omega_d=\omega_n$。此时式（2.94）可简化为

$$x=\frac{1}{m\omega_n}\int_0^t F\sin\omega_n(t-\tau)\,d\tau \tag{2.95}$$

【例 2-14】　一弹簧-质量系统受到一个常力 F_0 的突然作用，这一个力和时间的关系如图 2.34a 所示。试求振动系统的响应。

【解】　设振动系统无阻尼，则根据式（2.95）即可算出振动系统的响应为

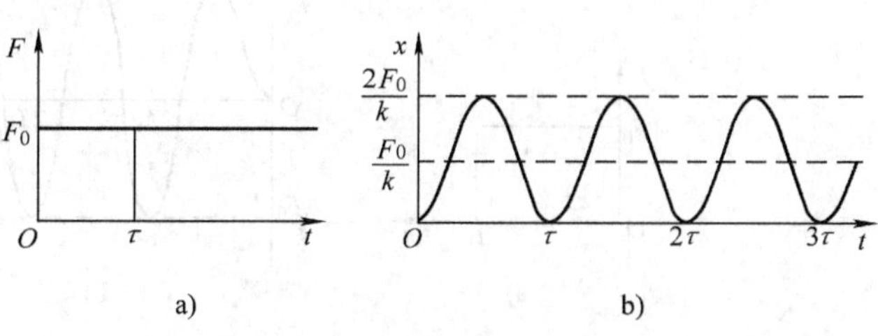

图 2.34　作用于弹簧-质量系统上的常力和系统的响应

$$x = \frac{F_0}{m\omega_n}\int_0^t \sin\omega_n(t-\tau)\,d\tau = \frac{F_0}{k}(1-\cos\omega_n t) = B_0\beta \tag{2.96}$$

式中，$B_0=\frac{F_0}{k}$，为振动系统的静变位；$\beta=1-\cos\omega_n t$，为位移响应的放大因子。

显然，$\beta_{max}=2$，即振动系统受常力 F_0 突然作用时，其位移响应的峰值等于 F_0 为静载荷时振动系统静位移值的两倍，如图 2.34b 所示。

如果振动系统有阻尼，由式（2.88）可得，振动系统对单位脉冲的响应为

$$h(t)=\frac{1}{m\omega_d}e^{-\xi\omega_n t}\sin\omega_d t=\frac{1}{m\omega_n\sqrt{1-\xi^2}}e^{-\xi\omega_n t}\sin\sqrt{1-\xi^2}\,\omega_n t$$

代入式（2.94）得

$$x=\frac{F_0}{m\omega_n\sqrt{1-\xi^2}}\int_0^t e^{-\xi\omega_n(t-\tau)}\sin\sqrt{1-\xi^2}\,\omega_n(t-\tau)\,d\tau$$

运用分部积分法后，整理可得振动系统的响应表达式为

$$\begin{aligned}x&=\frac{F_0}{k}\left[1-e^{-\xi\omega_n t}\left(\cos\sqrt{1-\xi^2}\,\omega_n t+\frac{\xi}{\sqrt{1-\xi^2}}\sin\sqrt{1-\xi^2}\,\omega_n t\right)\right]\\&=\frac{F_0}{k}\left[1-\frac{e^{-\xi\omega_n t}}{\sqrt{1-\xi^2}}\cos\left(\sqrt{1-\xi^2}\,\omega_n t-\psi\right)\right]=B_0\beta\end{aligned} \tag{2.97}$$

式中，$B_0=\frac{F_0}{k}$；$\psi=\arctan\frac{\xi}{\sqrt{1-\xi^2}}$；$\beta=1-\frac{e^{-\xi\omega_n t}}{\sqrt{1-\xi^2}}\cos\left(\sqrt{1-\xi^2}\,\omega_n t-\psi\right)$。

以 β 为纵坐标、$\omega_n t$ 为横坐标，ξ 为参变量，其函数关系表示在图 2.35 中，可以看出，当振动系统存在阻尼时，振动系统对突然作用的常力 F_0 的位移响应要逐渐衰减，而且阻尼越大，则衰减越迅速，最后都稳定在静变位 B_0 上。振动过程中的最大位移与阻尼系数有关，阻尼越小，最大位移越大，但峰值均小于无阻尼时的峰值 $2\frac{F_0}{k}$。

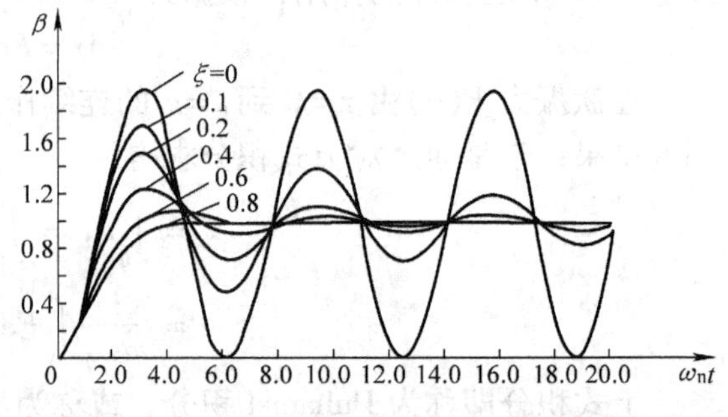

图 2.35　系统的位移响应与阻尼的关系

【例 2-15】　如图 2.36a 所示，一无阻尼弹簧-质量系统受到矩形脉冲的作用。这一矩形脉冲可用 $F(\tau)=F_0$，$0\leqslant\tau\leqslant t_1$ 表示，试求这一振动系统的响应。

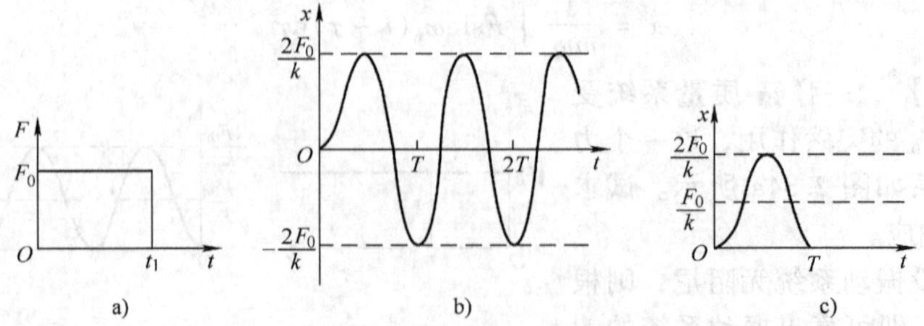

图 2.36　作用于弹簧-质量系统上的矩形脉冲和系统的响应

【解】 在$0\leqslant\tau\leqslant t_1$阶段，相当于振动系统在$t=0$时受到突加常力$F_0$的作用。此时振动系统的响应就是式（2.96），即

$$x=\frac{F_0}{k}(1-\cos\omega_n t)$$

在$t\geqslant t_1$阶段，振动系统的响应也可根据Duhamel积分式（2.95）求出：

$$\begin{aligned}x&=\frac{F_0}{m\omega_n}\int_0^{t_1}\sin\omega_n(t-\tau)\mathrm{d}\tau=-\frac{F_0}{k}\int_0^{t_1}\sin\omega_n(t-\tau)\mathrm{d}\omega_n(t-\tau)\\&=\frac{F_0}{k}[\cos\omega_n(t-t_1)-\cos\omega_n t]\\&=A\cos(\omega_n t-\psi)\end{aligned}\tag{2.98}$$

式中，$\psi=\arctan\left(\frac{\sin\omega_n t_1}{\cos\omega_n t_1-1}\right)$；$A=\frac{F_0}{k}\sqrt{(\cos\omega_n t_1-1)^2+\sin\omega_n t_1}=\frac{2F_0}{k}\sin\frac{\pi t_1}{T}$，其中，$T=\frac{2\pi}{\omega_n}$，为振动系统自由振动的周期。

进一步可知，当常力F_0去除后，系统自由振动的振幅A随着矩形脉冲作用时间和振动系统固有周期之比值$\frac{t_1}{T}$的改变而改变。

当$\frac{t_1}{T}=\frac{1}{2}$时，系统自由振动的振幅$A=\frac{2F_0}{k}$，即振动系统对于作用时间$t_1=\frac{T}{2}$的矩形脉冲的响应，在$t>t_1$时是以振幅等于$\frac{2F_0}{k}$作简谐运动，如图2.36b所示。

当$\frac{t_1}{T}=1$时，$A=0$，即常力F_0去除后，振动系统就停止不动，不再作自由振动，此时振动系统的响应如图2.36c所示。

*2.5 单自由度系统振动应用专题

2.5.1 等效黏性阻尼

实际的石油机械振动系统中存在的阻尼是非常复杂的，只有在特定情况下，阻尼力才表现为与运动速度呈线性关系。当阻尼力与运动速度呈非线性关系时，需要求解非线性振动方程，数学上将会遇到很多困难，所以在石油机械工程问题分析中，将非线性阻尼力线性化，求得线性振动解。应用能量原理，将非线性阻尼力进行线性化，求出等效黏性阻尼。

在通常情况下，工程上都假设机械振动系统的阻尼为黏性阻尼（线性阻尼），而在遇到非黏性阻尼时，则用一个等效黏性阻尼近似计算。所谓等效黏性阻尼是指和非黏性阻尼在振动的一个周期中消耗相等能量的黏性阻尼。

在受迫振动中，激振力不断对振动系统做功。简谐激振力$F=F_0\sin\omega t$在一个振动周期所做的功是

$$W_p = \int_0^T F\dot{x}\mathrm{d}t = \int_0^{\frac{2\pi}{\omega}} F_0 B\omega\sin\omega t\cos(\omega t - \psi)\mathrm{d}t$$
$$= F_0 B\int_0^{2\pi} \sin\omega t\cos(\omega t - \psi)\mathrm{d}(\omega t)$$
$$= \pi F_0 B\sin\psi \tag{2.99}$$

黏性阻尼力 $F_c = C\dot{x}$ 在一个周期内所消耗的能量或所做的功是

$$W_c = \int_0^T F_c\dot{x}\mathrm{d}t = \int_0^{\frac{2\pi}{\omega}} CB^2\omega^2\cos^2(\omega t - \psi)\mathrm{d}t = \pi CB^2\omega \tag{2.100}$$

由此可见，输入的能量 W_p 随振幅 B 呈线性增大，而消耗的能量 W_c 却按振幅的平方而增大，如图 2.37 所示。输入和输出的能量相等时，振动系统作稳态振动。计算受迫振动的稳态振幅 B：

令
$$W_p = W_c$$
则
$$B = \frac{F_0\sin\psi}{C\omega} \tag{2.101}$$

系统共振（$\omega = \omega_n$）时，$\psi = \frac{\pi}{2}$

$$B_n = \frac{F_0}{C\omega_n} = \frac{F_0/m\omega_n^2}{C\omega_n/m\omega_n^2} = \frac{q/\omega_n^2}{2\alpha/\omega_n} = \frac{B_0}{2\xi}$$

由此可见，用能量关系求得的机械振动系统共振振幅计算公式与前面用另一种方法得到的式（2.67）是一致的。

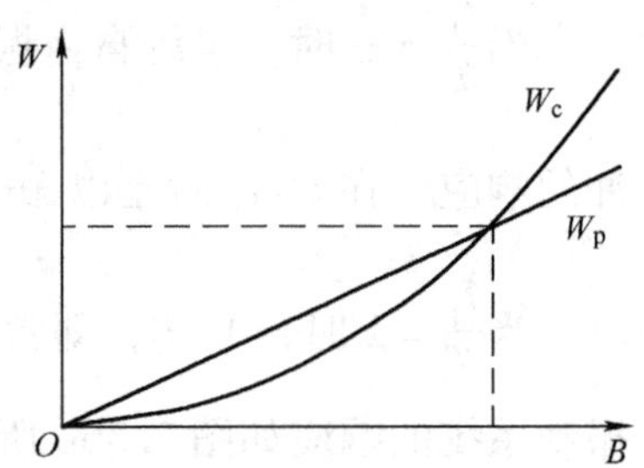

图 2.37　振动系统的能量变化情况

由能量消耗等效的办法，可以计算出非黏性阻尼的等效黏性阻尼系数。

设 W_e 为非黏性阻尼力在一个周期内所做的功；C_e 为非黏性阻尼的等效阻尼系数；W_c 为等效阻尼力在一个周期内所做的功。并设机械振动系统在以等效黏性阻尼代替原来的非黏性阻尼作简谐振动。即

$$W_c = \pi C_e B^2\omega$$
而
$$W_c = W_e$$
故
$$W_e = \pi C_e B^2\omega$$
所以
$$C_e = \frac{W_e}{\pi\omega B^2} \tag{2.102}$$

因此，只要计算出非黏性阻尼力在振动的一个周期内所做的功，就可以计算出这种非黏性阻尼的等效黏性阻尼系数。

下面来计算几种典型的非黏性阻尼的等效黏性阻尼系数。

（1）干摩擦阻尼　干摩擦阻尼又称为库伦阻尼，其阻尼力 F 与相对运动速度无关，保持为常力，但方向始终与运动方向相反。在振动一个周期内阻尼力所做的功为

$$W_e = 4FB$$

代入式（2.102）即得干摩擦阻尼的等效黏性阻尼系数：

$$C_e = \frac{4F}{\pi\omega B} \tag{2.103}$$

（2）流体阻尼　当物体在流体介质中高速运动（3～15m/s）时，所遇到的阻尼力与物体运动速度的二次方成正比，即 $F = b\dot{x}^2$，流体阻尼力在一个振动周期内所做的功是

$$\begin{aligned} W_e &= 4\int_0^{T/4} F\dot{x}\mathrm{d}t = 4\int_0^{T/4} b\dot{x}^3\mathrm{d}t \\ &= 4\int_{\frac{\psi}{\omega}}^{\frac{\pi}{2\omega}+\frac{\psi}{\omega}} bB^3\omega^3\cos^3(\omega t-\psi)\mathrm{d}t \\ &= \frac{8}{3}bB^3\omega^2 \end{aligned}$$

代入式（2.102）得流体阻尼的等效黏性阻尼系数：

$$C_e = \frac{8b}{3\pi}\omega B \tag{2.104}$$

式中，b 为常数。

（3）结构阻尼　结构阻尼是由于结构材料本身内摩擦引起的阻尼，这种材料在产生交变应变时，单位体积所消耗的能量可滞后回线由图 2.38 中所包围的阴影面积来表示。结构材料在振动过程中，每一个周期也形成一次滞后回线，因而也消耗系统能量。

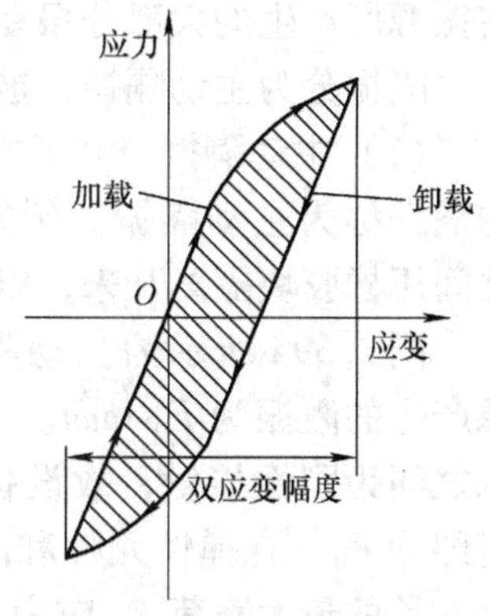

图 2.38　结构材料的滞后回线

石油机械生产实践表明，在一个振动周期内结构阻尼所消耗的能量与振动频率无关，而与振幅的二次方成正比，即

$$W_e = aB^2$$

式中，a 为常数，随材料的不同而变化。

代入式（2.102）即得结构阻尼的等效黏性阻尼系数：

$$C_e = \frac{a}{\pi\omega} \tag{2.105}$$

（4）多阻尼系统　在振动系统中存在几种性质不同的阻尼时，也可以把它们折算成等效黏性阻尼。

设振动系统中同时起作用的几种性质不同的阻尼在一个周期中所消耗的能量（或功）分别为 W_1，W_2，W_3，…，则系统阻尼在一周期中所消耗的总能量为

$$W_e = W_1 + W_2 + W_3 + \cdots = \sum W_i$$

代入式（2.102）即

$$C_e = \frac{\sum W_i}{\pi\omega B^2} \tag{2.106}$$

计算出振动系统的等效黏性阻尼系数后，就可以将非黏性阻尼系统受迫振动的微分方程写成与黏性阻尼系统受迫振动微分方程相同的形式，即

$$m\ddot{x} + C_e\dot{x} + kx = F_0\sin\omega t \tag{2.107}$$

其特解仍为

$$x = B\sin(\omega t - \psi)$$

其振幅和相位差分别为

$$B=\frac{F_0}{k}\cdot\frac{1}{\sqrt{\left[1-\left(\frac{\omega}{\omega_n}\right)^2\right]^2+\left(\frac{C_e\omega}{k}\right)^2}} \tag{2.108}$$

$$\tan\psi=\frac{C_e\omega}{m(\omega_n^2-\omega^2)} \tag{2.109}$$

2.5.2 振动的隔离

石油机器设备所产生的振动，一方面会影响机器本身的精度和使用寿命，甚至引起零部件的损坏；另一方面也会给周围的机器设备造成破坏与损失。对这些不可避免的振动进行研究才能有效地进行振动的隔离。

隔振就是在振源与要防振的物块或设备之间安放具有弹性元件和阻尼元件等隔振装置，使振源所产生的大部分振动由隔振装置来吸收，以减小振幅对设备的干扰和对地基的损坏。

隔振分为主动隔振、被动隔振两类。

（1）主动隔振　对于本身是振源的设备，将它们与地基隔离开来，防止振动传递开去的隔振称为主动隔振。例如，把电动机与基础之间用橡胶块隔离开来，以减弱振动的传开。

图 2.39a 所示为主动隔振的简化模型。振源产生的激振为 $F_0\sin\omega t$。未隔振时，设备与支承之间为刚性接触，故设备传给地基的最大载荷即为 F_0，有弹性元件和阻尼元件隔振时，传给支承的最大载荷 F_T 应为通过弹簧传到支承上的最大载荷 $F_{k\max}$ 与通过阻尼元件传到支承上的最大载荷 $F_{c\max}$ 的合力。即

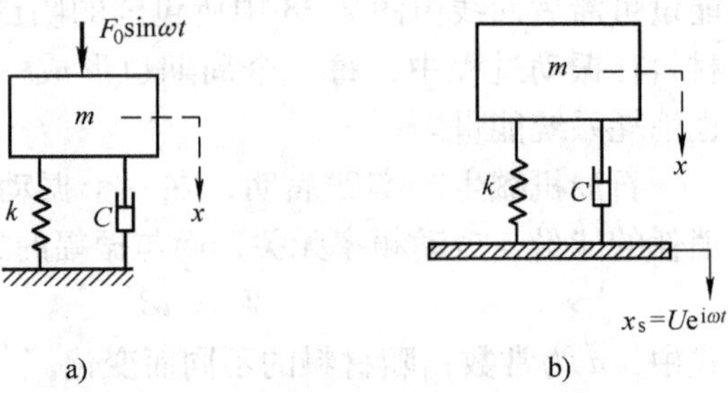

图 2.39　单自由度隔振系统的动力学模型
a）主动隔振　b）被动隔振

$$F_T=F_{k\max}+F_{c\max}$$

因为

$$F_k=kx,\ F_c=C\dot{x}$$

而

$$x=B\sin(\omega t-\varphi),\ \dot{x}=B\omega\cos(\omega t-\varphi)$$

故

$$F_{k\max}=kB,\ F_{c\max}=CB\omega$$

单自由度系统受迫振动为简谐振动，振动位移与速度之间的相位差为 90°。F_k 力与 F_c 力之间相位差也是 90°。它们的最大合力应为

$$F_T=\sqrt{F_{k\max}^2+F_{c\max}^2}=kB\sqrt{1+(2\xi\lambda)^2} \tag{2.110}$$

由前面式（2.63）知，单自由度系统受迫振动的振幅计算公式为

$$B=\frac{F_0}{k\sqrt{(1-\lambda^2)^2+(2\xi\lambda)^2}}$$

上式代入式（2.110）得

$$F_T=\frac{F_0\sqrt{1+(2\xi\lambda)^2}}{\sqrt{(1-\lambda^2)^2+(2\xi\lambda)^2}} \tag{2.111}$$

主动隔振的隔振效果用隔振系数 η 表示。η 为设备振动隔振后传给支承的载荷 F_T 与隔振时设备振动传给支承的载荷 F_0 的比值。

$$\eta=\frac{F_T}{F_0}=\frac{\sqrt{1+(2\xi\lambda)^2}}{\sqrt{(1-\lambda^2)^2+(2\xi\lambda)^2}} \tag{2.112}$$

由此可见，只有当 $\eta<1$ 时，隔振才有意义，才能达到隔振的目的。

（2）被动隔振　将需要防振的设备与振源隔开称为被动隔振。例如，在精密仪器的底下垫上橡皮。又如，将放置在汽车上的测量仪器用橡皮绳吊起来等。

图 2.39b 所示为被动隔振的简化模型。振源（支承）作简谐振动 $x_s=Ue^{i\omega t}$。假设设备的振动位移为 x，则设备与支承之间的相对位移为 $x-x_s$，相对速度为 $\dot{x}-\dot{x}_s$，且

$$x=Be^{i(\omega t-\psi)}$$

式中，ψ 为设备位移与支承位移的相位差。

由于作用在设备上的弹性恢复力与阻尼力分别为 $k(x-x_s)$，$C(\dot{x}-\dot{x}_s)$，图 2.39b 中所示被动隔振设备的运动微分方程为

$$m\ddot{x}=-C(\dot{x}-\dot{x}_s)-k(x-x_s)$$

即

$$m\ddot{x}+C\dot{x}+kx=kx_s+C\dot{x}_s$$

因为

$$\omega_n^2=\frac{k}{m},\ \alpha=\frac{C}{2m}$$

所以前式可写成为

$$\ddot{x}+2\alpha\dot{x}+\omega_n^2x=\omega_n^2x_s+2\alpha\dot{x}_s=U(\omega_n^2e^{i\omega t}+2i\alpha\omega e^{i\omega t})$$

将 $x=Be^{i(\omega t-\psi)}$ 及 $\dot{x}$，$\ddot{x}$ 的代数式代入上式，经过整理运算可得出设备振幅 B 的计算公式：

$$B=\frac{U\sqrt{1+(2\xi\lambda)^2}}{\sqrt{(1-\lambda^2)^2+(2\xi\lambda)^2}} \tag{2.113}$$

被动隔振的隔振系数 η 用被隔设备的振幅 B 与振源的振幅 U 的值之比来表示。

$$\eta=\frac{B}{U}=\frac{\sqrt{1+(2\xi\lambda)^2}}{\sqrt{(1-\lambda^2)^2+(2\xi\lambda)^2}} \tag{2.114}$$

由此可见，当振源是简谐振动时，主动隔振与被动隔振的原理及隔振系数均相同，并且对隔振元件的要求与主动隔振是一样的。

（3）幅频响应曲线　以频率比 λ 为横坐标、隔振系数 η 为纵坐标，阻尼比 ξ 为参变量，由式（2.114）作出如图 2.40 所示的 η-λ 曲线，即称为幅频响应曲线。

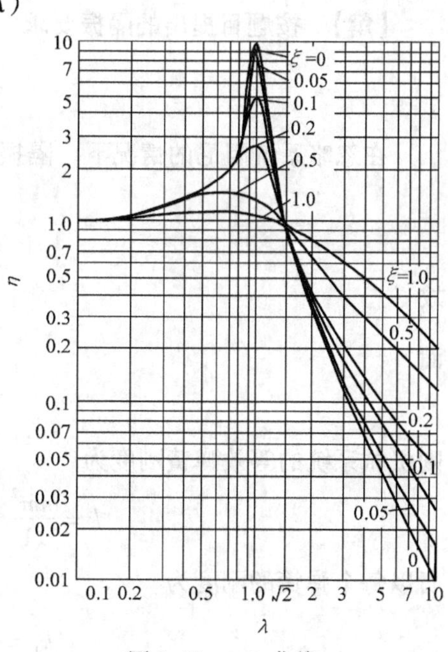

图 2.40　η-λ 曲线

从图 2.40 可以看出：①当 $\lambda<<1$，$\eta\approx1$ 时，隔振器的固有频率远大于激振频率，隔振效果不理想。②在 $\lambda<\sqrt{2}$ 的区域内，$\eta>1$，不仅没有隔振效果，而且将原来的振动放大，进一步当 $\lambda\approx1$ 时，振动系统

还要发生共振。③在 $\lambda>\sqrt{2}$的区域内，这时 $\eta<1$ 有隔振效果，一般称为隔振区，并且随着 λ 的增加，隔振效果增大。

如果以被隔振装置所隔离掉的振动的百分率来计算，则

$$\varepsilon=(1-\eta)\times100\% \tag{2.115}$$

当 $\lambda=2.5\sim5$ 时，$\varepsilon=81\%\sim90\%$。所以在实际上选取 $\lambda=2.5\sim5$ 之间值时，隔振效果已经足够了。

在放大区内增大阻尼可减小共振振幅；在隔振区内增大阻尼却使隔振效果降低。所以隔振装置阻尼的选择，应该综合考虑隔振区和放大区两方面的要求。

（4）具体隔振设计步骤　首先，要确定被振装置与设备的原始数据，如设备与装置的质量重心、转动惯量，以及激振源的大小、方向频率等。

其次，按 $\lambda=2.5\sim5$ 的要求，计算隔振系统的固有频率 ω_n。如果装置或设备上作用着几个振源，计算 λ 时，应取激振频率 ω 的最小值。对于多自由度系统，由于有多个固有频率，在计算 λ 时，应取振动系统的最高固有频率。这样保证了对于各个激振频率和固有频率都能满足隔振要求与效果。

然后，计算隔振装置的刚度($k=m\omega_n^2$)，确定隔振装置的阻尼。在确定隔振装置的参数后，要进行隔振效率的验算。如果不能满足隔振要求及效果，可适当增加装置或设备安装底座的重量，或改变隔振装置的参数。

最后，根据使用要求来选择隔振装置的类型，计算隔振装置的尺寸和进行结构零件设计。

【例 2-16】　有一台精密仪器在使用时要避免振动的干扰，选用了 8 个弹簧（每边 4 个并联）作隔振装置。已知地板振动为简谐运动规律，即 $x_s=0.1\sin\pi t$(cm)，仪器的质量 $m=800\text{N}\cdot\text{s}^2/\text{m}$。仪器的容许振幅$[B]=0.01$cm。试计算每个弹簧的刚度。

【解】　按题目提出的隔振要求，隔振系数应为

$$\eta=\frac{[B]}{U}=\frac{0.01}{0.1}=\frac{1}{10}$$

在忽略系统阻尼的情况下，隔振系数的计算公式为

$$\eta=\left|\frac{1}{1-\lambda^2}\right|=\frac{1}{10}$$

故

$$\lambda=\sqrt{11}$$

而

$$\lambda=\frac{\omega}{\omega_n}=\frac{\pi}{\sqrt{\dfrac{k}{m}}}$$

则机械系统的等效弹簧刚度为

$$k=\frac{m\pi^2}{11}=\frac{800\times3.14^2}{11}\text{N/m}=717\text{N/m}$$

所以每个弹簧的刚度为

$$k_1=\frac{k}{8}=\frac{717}{8}\text{N/m}=89.6\text{N/m}$$

2.5.3　轴的临界转速

在石油机械工程实践中常常发现，当转轴在某个转速或其附近运转时，振动会显著增大，会引起剧烈的振动，甚至导致轴承和转轴的破坏。这种现象就是由共振引起的。这个转速在数值上一般非常接近于轴横向弯曲振动的固有频率。这些引起剧烈振动的特定转速称为该转轴的临界转速，以 ω_k 和 n_k 来表示。

先分析图 2.41 所示的单盘转子。设圆盘的质量为 m，圆盘的几何中心在 S 点，而重心在 G 点，偏心距 $e = SG$，轴承中心连线则穿过圆盘平面的 O 点。当转子静止时，圆盘的几何中心 S 和 O 点重合。转子转动后，轴呈弓形变形，轴中心的挠度为 OS。此时转子有两种运动。一种是转子在轴线弯曲后的自身转动；另一种是弯曲了的轴和轴承中心连线所组成的平面的转动。上述两种运动的转速相等，均为 ω。

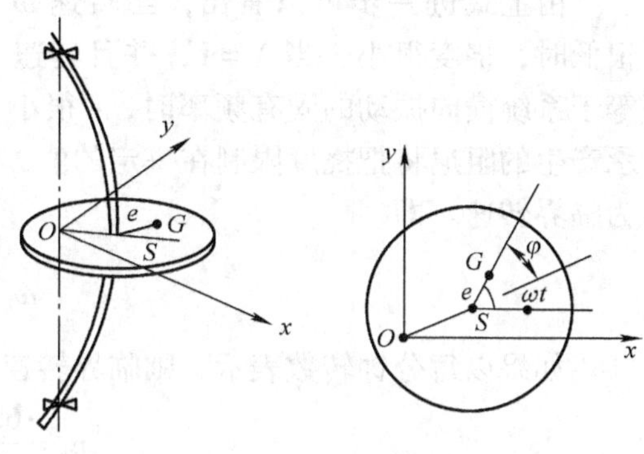

图 2.41　单盘转子

取 Oxy 坐标系如图 2.41 所示，设 (x, y) 表示圆盘几何中心 S 的位置，圆盘中重心的坐标为 $(x + e\cos\omega t)$ 与 $(y + e\sin\omega t)$。又设轴及其轴承的刚度在 x 和 y 方向上均为 k，系统的阻尼为黏性阻尼，其阻尼系数为 C，则在 x 和 y 方向的运动微分方程为

$$\left.\begin{aligned} m\frac{\mathrm{d}^2}{\mathrm{d}t^2}(x + e\cos\omega t) &= -kx - C\dot{x} \\ m\frac{\mathrm{d}^2}{\mathrm{d}t^2}(y + e\sin\omega t) &= -ky - C\dot{y} \end{aligned}\right\}$$

或

$$\left.\begin{aligned} m\ddot{x} + C\dot{x} + kx &= me\omega^2\cos\omega t \\ m\ddot{y} + C\dot{y} + ky &= me\omega^2\sin\omega t \end{aligned}\right\} \tag{2.116}$$

求解微分方程可得

$$\left.\begin{aligned} x &= \frac{me\omega^2\cos(\omega t - \varphi)}{\sqrt{(k - m\omega^2)^2 + (C\omega)^2}} = \frac{e\lambda^2\cos(\omega t - \varphi)}{\sqrt{(1 - \lambda^2)^2 + (2\xi\lambda)^2}} \\ y &= \frac{me\omega^2\sin(\omega t - \varphi)}{\sqrt{(k - m\omega^2)^2 + (C\omega)^2}} = \frac{e\lambda^2\sin(\omega t - \varphi)}{\sqrt{(1 - \lambda^2)^2 + (2\xi\lambda)^2}} \end{aligned}\right\} \tag{2.117}$$

求得轴中点的挠度为

$$OS = \sqrt{x^2 + y^2} = \frac{me\omega^2}{\sqrt{(k - m\omega^2)^2 + (C\omega)^2}} = \frac{e\lambda^2}{\sqrt{(1 - \lambda^2)^2 + (2\xi\lambda)^2}} \tag{2.118}$$

式（2.117）中的 φ 是线段 SG 比线段 OS 所超前的相位角，现计算如下：

$$\tan\varphi = \frac{C\omega}{k - m\omega^2} = \frac{2\xi\lambda}{1 - \lambda^2} \tag{2.119}$$

由此可见，相位角 φ 不仅与系统的阻尼值有关，而且还与转子的转速 ω 有关。图 2.42 表示了在三种不同转速情况下圆盘重心 G 和几何中心 S 之间的相对位置：当 $\lambda < 1$ 时，$\varphi < \frac{\pi}{2}$；当 $\lambda =$

1 时，$\varphi=\frac{\pi}{2}$；当 $\lambda>1$ 时，$\frac{\pi}{2}<\varphi<\pi$。如果忽略系统阻尼，则式（2.118）式可简化为

$$OS=\frac{e\lambda^2}{1-\lambda^2} \tag{2.120}$$

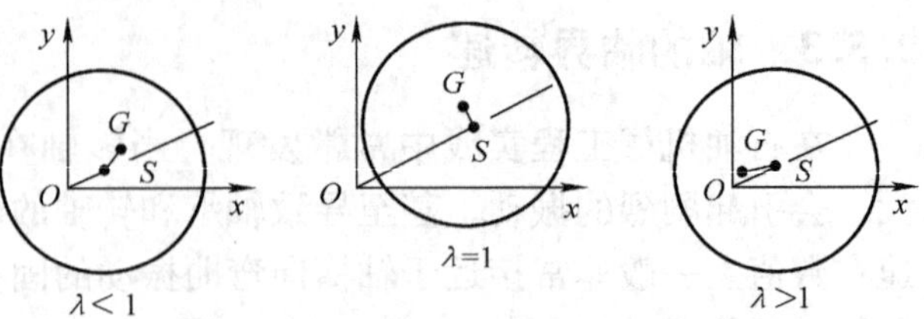

图 2.42　圆盘重心 G 和几何中心 S 间相对位置

由上式进一步可以看出，当转速 ω 很低时，挠度很小。当 $\lambda=1$，并且转速等于系统横向振动的固有频率时，e 很小，转子平衡得很好。挠度 OS 趋向无穷大。实际轴承产生的阻尼将把挠度限制在一定的值，轴的挠度将比较大引起破坏。所以，这时的转速称为临界转速。即

$$\omega_k=\omega_{\mathrm{n}}=\sqrt{\frac{k}{m}} \tag{2.121}$$

如果以每分钟转数表示，则临界转速可表示为

$$n_k=\frac{60\omega_k}{2\pi}\mathrm{rpm}(\mathrm{r/min}) \tag{2.122}$$

当 $\lambda>1$ 时，挠度 OS 为负值，这意味着挠度与偏心距反相。当 $\lambda\to\infty$时，$OS\approx-e$。此时，轴围绕重心旋转，重心 G 与 O 点重合，即所谓自动空心。此时转子运动平稳，没有振动。故在工程实际上有不少转轴是设计在临界转速以上工作的，此轴称为超临界轴或柔性轴。

【例 2-17】　蜗轮增压机转子质量为 $m=10\mathrm{kg}$，钢制轴长 $l=32\mathrm{cm}$，直径 $d=2\mathrm{cm}$，两端视为铰支。转子位于转轴中部。钢的弹性模量 $E=196\mathrm{GPa}$，质量密度 $\rho=7.8\mathrm{g/cm^3}$，略去阻尼。试求：①临界转速；②工作转速为 3000r/min，偏心距 $e=0.15\mathrm{mm}$ 时的挠度 y 以及轴承附加动反力。

【解】　该转轴系模型可简化为图 2.41 所示的模型，因此可得刚度 k 为

$$k=\frac{48EI}{l^3}=\frac{48\times196\times10^9\times\pi\times0.02^4}{0.32^3\times64}\mathrm{N/m}=2.255\times10^6\mathrm{N/m}$$

转轴质量 m_1 为

$$m_1=\frac{\pi}{4}d^2l\rho=0.784\mathrm{kg}$$

转轴等效于转子上的附加质量 m_e 为

$$m_e=\left(\frac{17}{35}\times0.784\right)\mathrm{kg}=0.381\mathrm{kg}$$

临界转速 ω^* 为　$$\omega^*=\sqrt{\frac{k}{m+m_e}}=466\mathrm{rad/s}$$

工作转速 ω 为　$$\omega=\left(\frac{2\pi}{60}\times3000\right)\mathrm{rad/s}=314.2\mathrm{rad/s}$$

横向振动的挠度为

$$y=\frac{e\lambda^2}{1-\lambda^2}=\frac{0.15\times0.4546}{1-0.4546}\mathrm{mm}$$
$$=0.0125\mathrm{mm}$$

施加到轴承的附加动反力 F 为

$$F=(M+m_e)(y+e)\omega^2=28.658\text{N}$$

习　题

2-1 请解释有阻尼衰减振动时的固有圆频率 ω_d 为什么总比自由振动时的固有圆频率 ω_n 小？

2-2 在欠阻尼自由振动中，把 ξ 改成 0.9 的时候，有人说曲线不过 x 轴，这种说法正确吗？请说明理由。

2-3 在单自由度自由振动时，给定自由振动时的固有圆频率 ω_n、阻尼系数 ξ、初始位移 x_0，以及初始速度 v_0，利用本计算工具，请计算有阻尼衰减振动时的固有圆频率 ω_d。

2-4 如图 2.43 所示，一小车（重 P）自高 h 处沿斜面滑下，与缓冲器相撞后，随同缓冲器一起作自由振动。弹簧常数为 k，斜面倾角为 α，小车与斜面之间的摩擦力忽略不计。试求小车的振动周期和振幅。

2-5 两个滑块在光滑的机体槽内滑动，如图 2.44 所示，机体在水平面内绕固定轴 O 以角速度 ω 转动。每个滑块质量为 m，各用弹簧常数为 k 的弹簧支承。试确定其固有频率。

2-6 如图 2.45 所示，具有与竖直线成一微小角 β 的旋转轴的重摆，假设球的重量集中于其质心 C 处，略去轴承中的摩擦阻力，试确定仅考虑球的重量 W 时，重摆微小振动的频率。

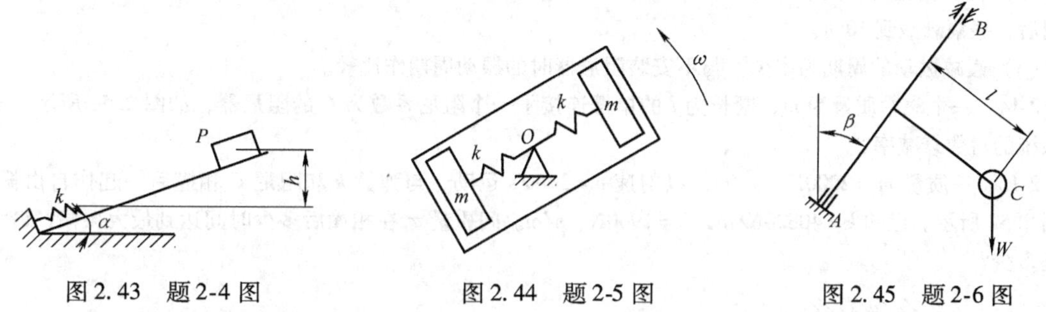

图 2.43 题 2-4 图　　图 2.44 题 2-5 图　　图 2.45 题 2-6 图

2-7 如图 2.46 所示，竖直杆的顶端带有质量 $m=1\text{kg}$ 时，测得振动频率为 1.5Hz。当带有质量 $m=2\text{kg}$ 时，测得振动频率为 0.75Hz。略去杆的质量，试求出使该系统成为不稳定平衡状态时顶端质量 m_s 为多少？

2-8 试确定图 2.47 所示系统的固有频率。圆盘质量为 m。

2-9 试确定图 2.48 所示系统的固有频率。滑轮质量为 M。

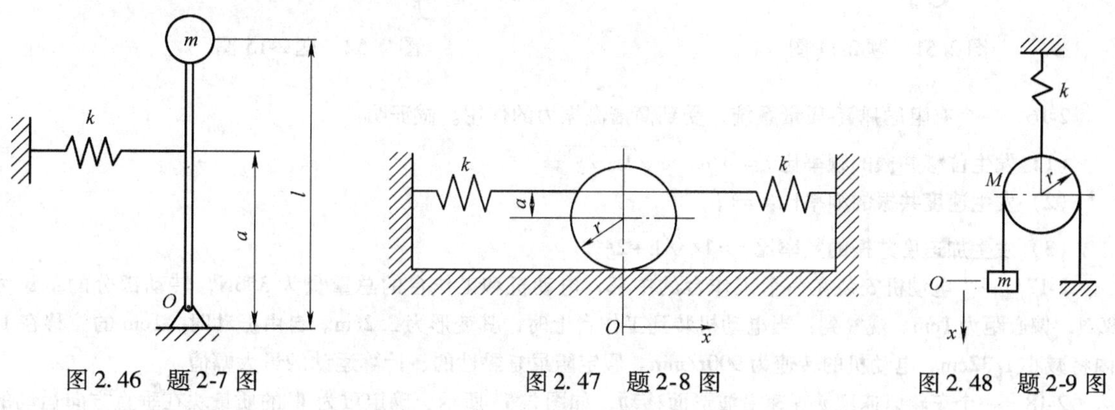

图 2.46 题 2-7 图　　图 2.47 题 2-8 图　　图 2.48 题 2-9 图

2-10 试确定图 2.49 所示系统的固有频率。

2-11 一个黏性阻尼单自由度系统，在振动时测出周期为 1.8s，相邻两振幅之比为 4.2 : 1。求此系统的无阻尼固有频率。

2-12　如图 2.50 所示，一个龙门起重机，要求其水平振动在 25s 内振幅衰减到最大振幅的 5%。起重机可简化成图 2.50 所示的系统。等效质量 $m=24500\text{N}\cdot\text{s}^2/\text{m}$，测得对数衰减 $\delta=0.10$，问起重机水平方向的刚度 k 至少应达何值?

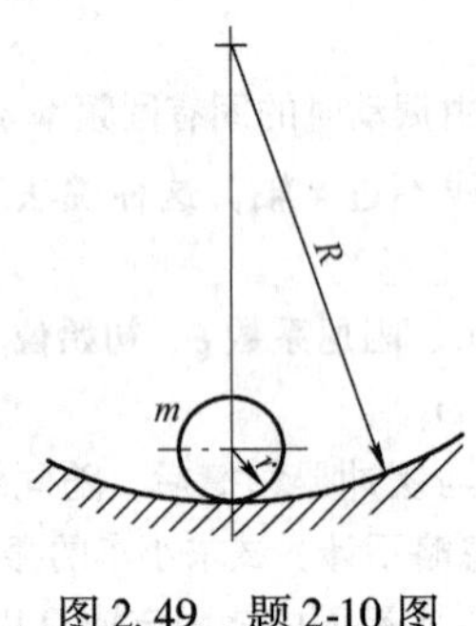

图 2.49　题 2-10 图

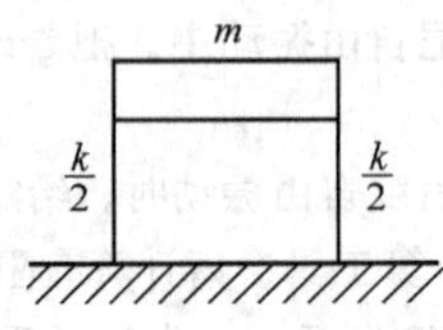

图 2.50　题 2-12 图

2-13　某洗衣机重 14700N，用四个弹簧对称支承，每个弹簧的弹簧常数为 $k=80360\text{N/m}$。

(1) 计算此系统的临界阻尼系数 C_c。

(2) 在系统上安装四个阻尼器，每一个阻尼系数为 $C=1646.4\text{N}\cdot\text{s/m}$。这时，系统自由振动经过多少时间后，振幅衰减到 10%。

(3) 衰减振动的周期为多少? 与不安装阻尼器时的振动周期作比较。

2-14　一个集中质量为 m、摆长为 l 的单摆连接了一个阻尼系数为 C 的阻尼器，如图 2.51 所示，试确定系统的对数衰减率 δ。

2-15　一质量 $m=2000\text{N}\cdot\text{s}^2/\text{m}$，以匀速 $v=3\text{cm/s}$ 运动，与弹簧 k 和阻尼 C 相撞后一起作自由振动，如图 2.52 所示。已知 $k=40820\text{N/m}$，$C=1960\text{N}\cdot\text{s/m}$。问质量 m 在相撞后多少时间达到最大振幅? 最大振幅是多少?

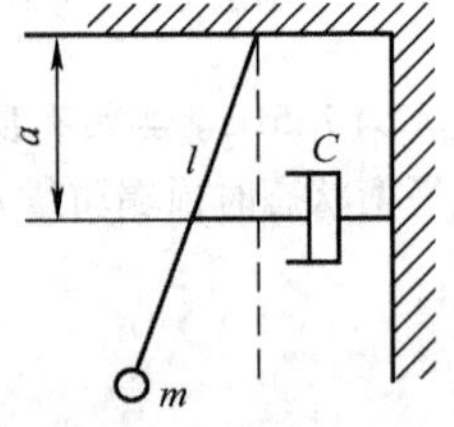

图 2.51　题 2-14 图

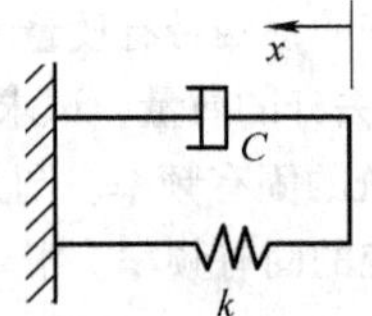

图 2.52　题 2-15 图

2-16　一个有阻尼弹簧-质量系统，受到简谐激振力的作用。试证明:

(1) 发生位移共振的频率比 $r=\omega/\omega_n=\sqrt{1-2\xi^2}$;

(2) 发生速度共振的频率比 $r=1$;

(3) 发生加速度共振的频率比 $r=1/\sqrt{1+2\xi^2}$。

2-17　一个电动机安装在一个工作台的中部，电动机和工作台的总重量为 356N，转动部分的重量为 89N，偏心距为 1cm。观察到：当电动机装到工作台上时，其变形为 3.2cm。自由振动时，1cm 的位移在 1s 内将减小 1/32cm。电动机的转速为 900r/min。假定阻尼是黏性的，计算运动的最大幅值。

2-18　一个车轮以速度 v 等速沿波形面移动，如图 2.53 所示，确定重为 W 的质量块在垂直方向运动的振幅。假定在 W 的作用下弹簧的静位移为 $\delta_{st}=9.7\text{cm}$，$v=18.2\text{m/s}$，波形面可表为 $y=a\sin\pi x/l$，$a=2.5\text{cm}$，$l=92\text{cm}$。

2-19　图2.54所示系统的上支承，作振幅为1.2cm、频率为系统无阻尼固有频率的简谐运动。假定$k=6958\mathrm{N/m}$，$C=262.6\mathrm{N\cdot s/m}$，质量块重量$W=89\mathrm{N}$，确定弹簧力和阻尼力的最大幅值。

2-20　在图2.55所示的弹簧-质量系统中，在两弹簧连接处作用一激振力$F\sin\omega t$，试求质量块m的振幅。

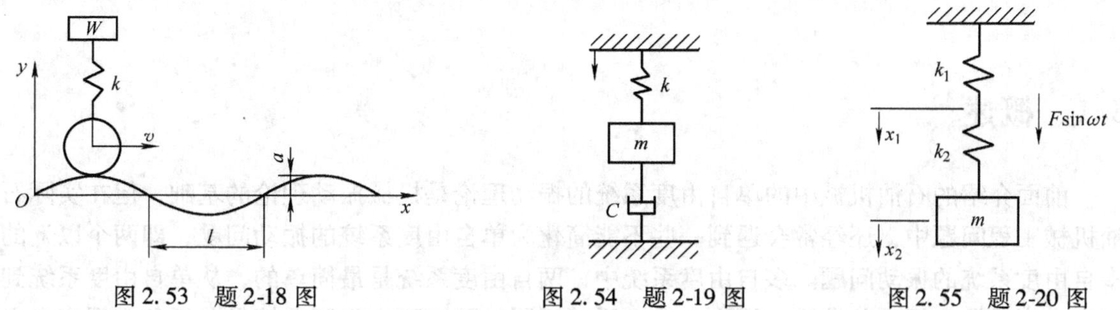

图2.53　题2-18图　　图2.54　题2-19图　　图2.55　题2-20图

2-21　一机器重4410N，支承在弹簧隔振器上，弹簧的静变形为0.5cm。机器有一偏心重，产生偏心激振力$F=2.54\dfrac{\omega^2}{g}N$，$\omega$为激振频率，$g$为重力加速度，不计阻尼。求：

（1）机器转速为1200r/min时，传入地基的力；

（2）机器的振幅。

2-22　如果加速度计的固有频率是所测试运动频率的4倍，那么该加速度计的读数误差是多少？

3　两自由度系统振动

3.1　概述

前面介绍的石油机械中的单自由度系统的振动理论是机械振动理论的基础，但在实际石油机械工程问题中，还经常会遇到一些不能简化为单自由度系统的振动问题，即两个以上的多自由度系统的振动问题。多自由度系统中，两自由度系统是最简单的，从单自由度系统到两自由度系统，振动的性质和研究方法有质的不同。研究两自由度系统是分析和掌握多自由度系统振动特性的基础，本章将着重讨论的两自由度系统的振动就是特指石油机械两个自由度振动。

所谓两自由度系统是指用两个独立坐标描述系统任意瞬时几何位置的振动系统。两自由度系统具有两个固有频率，并进行振动。很多石油机械生产实际中的许多问题都能简化为两自由度的振动系统。例如，石油载重卡车的车身相对重心的振动；图 3.1a 所示石油机械加工车床刀架系统，图 3.1b 所示石油机械加工车床两顶尖间的工件系统，图 3.1c 所示石油机械加工磨床主轴及砂轮架系统。只要将这些机械系统中的主要结合面看成弹簧（即只计弹性，忽略质量），将机械系统中的小刀架、工件、砂轮及砂轮架等视为集中质量，再忽略阻尼的存在，就可以把这些机械振动系统简化成图 3.1d 所示的两自由度振动系统的动力学模型。

以图 3.1c 所示的石油机械加工磨床磨头系统为例，由于砂轮主轴装在砂轮架内轴承上，可以视为刚性的，具有集中质量的砂轮主轴系统支承在弹性很好的轴承上，可以把它视为支承在砂轮架内的一个弹簧-质量系统。此外，砂轮架装在砂轮进刀拖板上，如果把进刀拖板看作是静止不动，而把进刀拖板与砂轮架的结合面当成弹簧，把砂轮架看作是集中的质量，则砂轮架系统可以视为是支承在进刀拖板上的另一个弹簧-质量系统。这样，磨床磨头系统就可以简化为图 3.1d 所示的支承在进刀拖板上的两自由度系统。

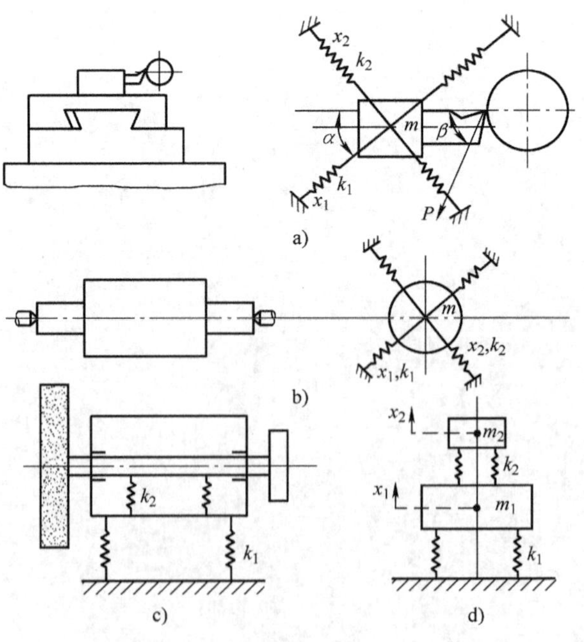

图 3.1　两自由度振动系统及其动力学模型

在这一机械振动系统的动力学模型中，m_1 是砂轮架的质量，k_1 是砂轮架支承在进刀拖板上的静刚度，m_2 是砂轮及其主轴系统的质量，k_2 是砂轮主轴支承在砂轮架轴承上的静刚度。取每个质量的静平衡位置作为坐标原点，铅垂位移 x_1 及 x_2 分别视为各质量的独立坐标。x_1 和 x_2 是确定磨床磨头系统运动的广义坐标。又如，要研究卡车车身在铅垂面内相对重心的摆动，可简化为两个自由度的模型。本章只探讨两自由度系统的振动规律。

3.2 两自由度系统的自由振动

3.2.1 系统的运动微分方程

现以图 3.2 所示的双弹簧-质量机械振动系统为例来进行分析与研究。

【例 3-1】 设弹簧的刚度分别为 k_1 和 k_2，其质量分别为 m_1 和 m_2。质量的位移分别用 x_1 和 x_2 来表述，并以静平衡位置为坐标原点，以向下为正方向。

【解】 在机械振动的任一瞬间 t，m_1 和 m_2 的位移分别为 x_1 及 x_2。在质量 m_1 上作用有弹性恢复力 k_1x_1 及 $k_2(x_2-x_1)$，在质量 m_2 上作用有弹性恢复力 $k_2(x_2-x_1)$。力的作用方向如图 3.2 所示。

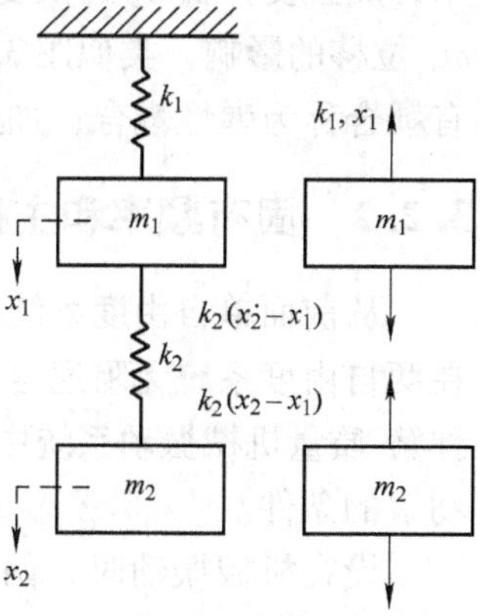

图 3.2 双弹簧-质量系统

应用牛顿运动定律，可建立该系统的机械振动微分方程为

$$\left.\begin{aligned} m_1\ddot{x}_1+k_1x_1-k_2(x_2-x_1)=0 \\ m_2\ddot{x}_2+k_2(x_2-x_1)=0 \end{aligned}\right\} \tag{3.1}$$

令

$$a=\frac{k_1+k_2}{m_1},\ b=\frac{k_2}{m_1},\ c=\frac{k_2}{m_2}$$

则式 (3.1) 可进一步改写成

$$\left.\begin{aligned} \ddot{x}_1+ax_1-bx_2=0 \\ \ddot{x}_2-cx_1+cx_2=0 \end{aligned}\right\} \tag{3.2}$$

上式为一个二阶常系数线性齐次微分方程组。

【例 3-2】 图 3.3 所示的两个自由度的振动系统，两物块质量各为 m_1 和 m_2，质量 m_1 与一端固定的刚度系数为 k_1 的弹簧连接，质量 m_2 用刚度系数为 k_2 的弹簧与 m_1 连接。物块可以在水平方向运动，摩擦等阻力都忽略不计。

【解】 现建立机械系统的振动微分方程。选取两物块的平衡位置 O_1，O_2分别为坐标原点，取两物块离平衡位置的位移 x_1 和 x_2 为机械系统的坐标。当机械振动系统发生运动时，两物块的运动微分方程可列出

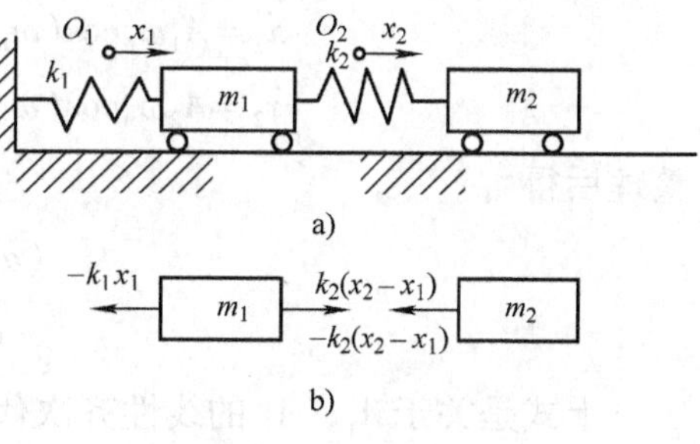

图 3.3 两自由度振动系统

$$\left.\begin{aligned} m_1\ddot{x}_1&=-k_1x_1+k_2(x_2-x_1) \\ m_2\ddot{x}_2&=-k_2(x_2-x_1) \end{aligned}\right\}$$

整理后得

$$\left.\begin{aligned} m_1\ddot{x}_1+(k_1+k_2)x_1-k_2x_2=0 \\ m_2\ddot{x}_2-k_2x_1+k_2x_2=0 \end{aligned}\right\} \tag{3.3}$$

式（3.3）是一个二阶线性齐次微分方程组。

令
$$b=\frac{k_1+k_2}{m_1},\ c=\frac{k_2}{m_1},\ d=\frac{k_2}{m_2}$$

方程组可改写为

$$\left.\begin{aligned}\ddot{x}_1+bx_1-cx_2=0\\ \ddot{x}_2-dx_1+dx_2=0\end{aligned}\right\}\tag{3.4}$$

上式为两自由度系统振动的微分方程。

如前面图3.2所示，双弹簧-质量机械振动系统中，第一个方程中包含 $-bx_2$ 项，第二个方程中则包含 $-cx_1$ 项，统称为“耦合项”。以上表明，质量 m_1 不仅受弹簧 k_1 的恢复力的作用，而且受弹簧 k_2 的恢复力的作用；m_2 只受一个弹簧 k_2 的恢复力的作用，还受到第一质点 m_1 位移的影响。类似图3.3所示，式（3.4）中的 $-cx_2$ 项和 $-dx_1$ 项也是耦合项。位移之间有耦合称为弹性耦合；加速度之间有耦合称为惯性耦合。

3.2.2 固有频率和主振型

从前面单自由度系统振动理论可知，机械系统的无阻尼自由振动是简谐振动。于是希望在两自由度系统无阻尼自由振动中寻找简谐振动的解。为此，根据微分方程理论，假设在双弹簧-质量机械振动系统中，方程组（3.2）有简谐振动解，于是用待定系数法来寻找简谐振动解的条件。

设在机械振动时，两个质量按同样的频率和相位角作简谐振动的方程组（3.2）的特解为

$$\left.\begin{aligned}x_1=A_1\sin(\omega_n t+\varphi)\\ x_2=A_2\sin(\omega_n t+\varphi)\end{aligned}\right\}\tag{3.5}$$

式中，A_1 与 A_2 是振幅；ω_n 为圆频率；φ 为初相位角。对式（3.5）分别取一阶、二阶导数可得

$$\left.\begin{aligned}\dot{x}_1=A_1\omega_n\cos(\omega_n t+\varphi),\ \ddot{x}_1=-A_1\omega_n^2\sin(\omega_n t+\varphi)\\ \ddot{x}_2=A_2\omega_n\cos(\omega_n t+\varphi),\ \ddot{x}_2=-A_2\omega_n^2\sin(\omega_n t+\varphi)\end{aligned}\right\}\tag{3.6}$$

整理后得

$$\left.\begin{aligned}(a-\omega_n^2)A_1-bA_2=0\\ -cA_1+(c-\omega_n^2)A_2=0\end{aligned}\right\}\tag{3.7}$$

上式是关于 A_1，A_2 的线性齐次代数方程组。要使 A_1，A_2 有非空解，则式（3.7）的系数行列式必须等于零，即

$$\begin{vmatrix}a-\omega_n^2 & -b\\ -c & c-\omega_n^2\end{vmatrix}=0$$

将上式展开，得

$$\omega_n^4-(a+c)\omega_n^2+c(a-b)=0\tag{3.8}$$

解方程，进一步可得如下的两个根：

$$\omega_{n1,2}^2=\frac{a+c}{2}\mp\sqrt{\left(\frac{a+c}{2}\right)^2-c(a-b)}$$
$$=\frac{a+c}{2}\mp\sqrt{\left(\frac{a-c}{2}\right)^2+bc} \tag{3.9}$$

由此可见，式（3.8）是决定系统频率的方程，并称为机械振动系统的特征方程。其特征值即频率 ω_n 只与参数 a、b、c 有关。而参数只取决于机械振动系统的质量 m_1、m_2 和刚度 k_1、k_2，以及机械振动系统本身的物理性质。两自由度振动系统有两个固有频率，且 ω_{n1} 小于 ω_{n2}，并把 ω_{n1} 称为第一阶固有频率，ω_{n2} 称为第二阶固有频率。由此得出结论：两自由度振动系统具有两个固有频率，这两个固有频率只与振动系统的质量和刚度等参数有关，而与振动的初始条件无关。

进一步理论证明，n 个自由度振动系统的频率方程是 ω_n^2 的 n 次代数方程，在无阻尼的情况下，它的 n 个根必定都是正实根，故频率的个数与振动系统的自由度数目相等。

将所求得的 ω_{n1} 和 ω_{n2} 代入式（3.7）可得

$$\left.\begin{aligned}\beta_1&=\frac{A_2^{(1)}}{A_1^{(1)}}=\frac{a-\omega_{n1}^2}{b}=\frac{c}{c-\omega_{n1}^2}\\ \beta_2&=\frac{A_2^{(2)}}{A_1^{(2)}}=\frac{a-\omega_{n2}^2}{b}=\frac{c}{c-\omega_{n2}^2}\end{aligned}\right\} \tag{3.10}$$

式中，$A_1^{(1)}$，$A_2^{(1)}$ 为对应于 ω_{n1} 的质点 m_1，m_2 的振幅；$A_1^{(2)}$，$A_2^{(2)}$ 为对应于 ω_{n2} 的质点 m_1，m_2 的振幅；β_1 为第一主振型，即对应于频率 ω_{n1} 的振幅比；β_2 为第二主振型，即对应于频率 ω_{n2} 的振幅比。

由此可见，对应于 ω_{n1} 和 ω_{n2}，振幅 A_1 与 A_2 之间有两个确定的比值，并称为振幅比。

将式（3.10）与式（3.5）对比可以看出，两个质量 m_1 与 m_2 任一瞬间位移的比值 x_2/x_1 是确定的，并等于振幅比。振动系统的其他点的位移都可以由 x_1 及 x_2 来决定。在振动过程中，振动系统各点位移的相对比值都可以由振幅比确定，即振幅比决定了整个机械振动系统的振动形态，并与振动系统的参数有关。为此，将振幅比称为机械振动系统的主振型，也可称为固有振型。

当机械振动系统以某一阶固有频率作主振动时，即称为机械振动系统的主振动。因此，相应的第一主振动为

$$\left.\begin{aligned}x_1^{(1)}&=A_1^{(1)}\sin(\omega_{n1}t+\varphi_1)\\ x_2^{(1)}&=A_2^{(1)}\sin(\omega_{n1}t+\varphi_1)=\beta_1A_1^{(1)}\sin(\omega_{n1}t+\varphi_1)\end{aligned}\right\} \tag{3.11}$$

相应的第二主振动为

$$\left.\begin{aligned}x_1^{(2)}&=A_1^{(2)}\sin(\omega_{n2}t+\varphi_2)\\ x_2^{(2)}&=A_2^{(2)}\sin(\omega_{n2}t+\varphi_2)=\beta_2A_1^{(2)}\sin(\omega_{n2}t+\varphi_2)\end{aligned}\right\} \tag{3.12}$$

上式所示的振动是由两个不同频率简谐振动的合成。

为了深入研究主振型的性质，可以将式（3.9）进一步改写，具体如下：

因为
$$\omega_{n1,2}^2=\frac{a+c}{2}\mp\sqrt{\left(\frac{a-c}{2}\right)^2+bc}$$

所以

$$a-\omega_{n1}^{2}=a-\left[\frac{a+c}{2}-\sqrt{\left(\frac{a-c}{2}\right)^{2}+bc}\right]=\frac{a-c}{2}+\sqrt{\left(\frac{a-c}{2}\right)^{2}+bc}$$

由于上式的等式右边恒大于零，因此 $a-\omega_{n1}^{2}>0$，由式（3.10）可知，$\beta_1>0$。

又由于

$$a-\omega_{n2}^{2}=a-\left[\frac{a+c}{2}+\sqrt{\left(\frac{a-c}{2}\right)^{2}+bc}\right]=\frac{a-c}{2}-\sqrt{\left(\frac{a-c}{2}\right)^{2}+bc}$$

由于上式右边恒小于零，故 $a-\omega_{n2}^{2}<0$，由式（3.10）得知，$\beta_2<0$。

由此可知，$\beta_1>0$ 表示 $A_1^{(1)}$ 和 $A_2^{(1)}$ 的符号相同，即第一主振动中两个质点的相位相同。两个质点就同时向同方向运动，同时经过平衡位置，又同时达到最大偏离位置。而 $\beta_2<0$，则表示第二主振动中两个质点的相位相反。当质量 m_1 到达最低位置时，质量 m_2 恰好到达最高位置。在整个第二主振动的任一瞬间的位置都不改变的点，称为"节点"，如图 3.4 所示。

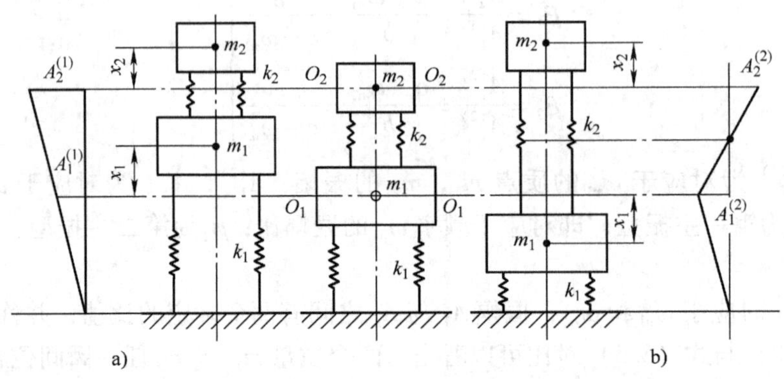

图 3.4　两自由度振动系统的主振动和主振型

上述振动理论推广到多自由度系统可以证明，多自由度系统的 i 阶主振型一般有 $i-1$ 个节点。这就是说，高一阶的主振型就比前一阶主振型多一个节点。阶次越高的主振动，节点数就越多，故其相应的振幅就越难增大。相反，低阶的主振动由于节点数少，故振动就容易激起。所以，在多自由度系统中，低频主振动比高频主振动危险。

【例 3-3】 均质细杆质量为 m，长为 l，由两个刚度系数皆为 k 的弹簧对称支承，如图 3.5 所示。试求此机械振动系统的固有频率和固有振型。

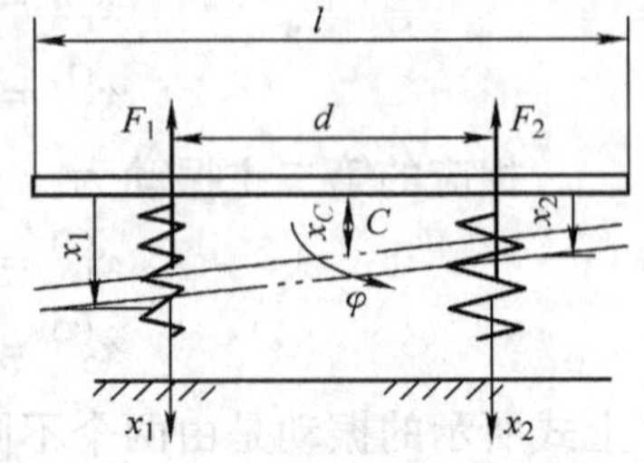

图 3.5　均质细杆振动系统

【解】 以平衡位置为原点，只考虑铅垂方向位移，分别以弹簧的两个支点的位移 x_1 和 x_2 为机械振动系统的两个坐标，如图 3.5 所示。由前面的分析可知，如以平衡位置为坐标原点，可以不计重力的影响。在任意位置处细杆受到的两个恢复力与位移 x_1，x_2 方向相反，大小为

$$F_1=kx_1,\qquad F_2=kx_2$$

此时，细杆的质心坐标为 $x_C = \frac{1}{2}(x_1 + x_2)$

细杆绕质心 C 的微小转角 $\varphi = \frac{1}{d}(x_1 - x_2)$

列出细杆的平面运动微分方程

$$m\ddot{x}_C = -F_1 - F_2 = -k(x_1 + x_2)$$

$$I_C\ddot{\varphi} = -F_1 \cdot \frac{d}{2} + F_2 \cdot \frac{d}{2} = -k \cdot \frac{d}{2}\varphi d$$

注意到 $I_C = \frac{ml^2}{12}$，以上两式可整理得

$$\left.\begin{aligned} \ddot{x}_1 + \ddot{x}_2 + bx_1 + bx_2 = 0 \\ \ddot{x}_1 - \ddot{x}_2 + Cx_1 - Cx_2 = 0 \end{aligned}\right\}$$

其中，$b = \frac{2k}{m}$，$C = \frac{6kd^2}{ml^2}$

设上述方程组的解为 $x_1 = A\sin\omega t$，$x_2 = B\sin\omega t$

将上式消去 $\sin\omega t$，得

$$\left.\begin{aligned} (b - \omega^2)(A + B) = 0 \\ (C - \omega^2)(A - B) = 0 \end{aligned}\right\}$$

若要 A，B 有非零解，必须有

$$\omega_1^2 = b = \frac{2k}{m},\ \omega_2^2 = C = \frac{6kd^2}{ml^2}$$

其中，ω_1，ω_2 就是此振动系统的两个固有频率。

当 $\omega_1^2 = b$ 时，为使上式中两个方程组都满足，应有 $A_1 = B_1$，这是对应于直杆上下平动的固有振型；当 $\omega_2^2 = C$ 时，为使上式中两个方程组都满足，应有 $A_2 = -B_2$，这是对应于质心不动而绕质心转动的固有振型。

3.2.3 系统对初始条件的响应

前面研究了单自由度系统的振动。其振幅与初相位取决于初始条件。单自由度系统主振动又是简谐振动。但两自由度系统在受到干扰后出现的自由振动究竟是什么形式呢？这也要取决于初始条件。

根据微分方程的理论，两阶主振动是微分方程组的两组特解。而它的通解则应由这两组特解相叠加组成的。从振动的实际考虑，两自由度系统受到任意的初干扰时，机械振动系统的各阶主振动都要激发。故出现的自由振动应是这些简谐振动的合成。

因此，在一般的初干扰下，机械振动系统的响应是

$$\left.\begin{aligned} x_1 = A_1^{(1)}\sin(\omega_{n1}t + \varphi_1) + A_1^{(2)}\sin(\omega_{n2}t + \varphi_2) \\ x_2 = \beta_1 A_1^{(1)}\sin(\omega_{n1}t + \varphi_1) + \beta_2 A_1^{(2)}\sin(\omega_{n2}t + \varphi_2) \end{aligned}\right\} \tag{3.13}$$

式中，$A_1^{(1)}$，$A_1^{(2)}$，φ_1，φ_2 的四个未知数是由振动的四个初始条件决定的。

假设初始条件为：$t = 0$ 时，$x_1 = x_{10}$，$x_2 = x_{20}$，$\dot{x}_1 = \dot{x}_{10}$，$\dot{x}_2 = \dot{x}_{20}$。经过整理，可以得出

$$\left.\begin{aligned}
A_1^{(1)} &= \frac{1}{\beta_2 - \beta_1}\sqrt{(\beta_2 x_{10} - x_{20})^2 + \left(\frac{\beta_1 \dot{x}_{10} - \dot{x}_{20}}{\omega_{n1}}\right)^2} \\
A_1^{(2)} &= \frac{1}{\beta_1 - \beta_2}\sqrt{(\beta_1 x_{10} - x_{20})^2 + \left(\frac{\beta_1 \dot{x}_{10} - \dot{x}_{20}}{\omega_{n2}}\right)^2} \\
\varphi_1 &= \arctan\frac{\omega_{n1}(\beta_2 \dot{x}_{10} - \dot{x}_{20})}{\beta_2 \dot{x}_{10} - \dot{x}_{20}} \\
\varphi_2 &= \arctan\frac{\omega_{n2}(\beta_1 \dot{x}_{10} - \dot{x}_{20})}{\beta_1 \dot{x}_{10} - \dot{x}_{20}}
\end{aligned}\right\} \tag{3.14}$$

上式就是机械振动系统在上述初始条件下的响应。

3.2.4 振动特性的讨论

（1）运动规律 由式（3.13）可以得出，两自由度系统无阻尼自由振动是由两个简谐振动合成的。但这两个分振动的频率 ω_{n1} 和 ω_{n2} 的比值却不一定是有理数，故合成振动不一定呈周期性。因此机械系统的自由振动一般是一种非周期的复杂运动。

机械振动中，各阶主振动所占的比例由初始条件决定。由于低阶振型易被激发，因此通常总是低阶主振动占优势。只有在特殊的初始条件下，机械系统才按一种主振型进行振动。

（2）频率和振型 两自由度系统有两个不同数值被称为主频率的固有频率，当机械振动系统按任意一个固有频率作自由振动时为主振动。机械振动系统作主振动时，任何瞬间的各点位移之间具有一相对比值，即具有确定的振动形态。这就是主振型。

（3）节点和节面 在两自由度系统或二阶以上主振型中存在着节点，在第一阶主振型中不存在节点。主振型的阶数越高，节点数也就越多。概括起来，第 i 阶主振型有 $i-1$ 个节点。

对于弹性体，节点已经不再是一个点，而是节线和节面。

（4）阻尼 如果机械振动系统存在阻尼，则阻尼影响多自由度系统和影响单自由度系统是相似的。由于在机械工程结构中阻尼较小，故可忽略不计。

【例 3-4】 已知 $m_1 = m$，$m_2 = 2m$，$k_1 = k_2 = k$，$k_3 = 2k$。试求图 3.6 所示机械振动系统的固有频率和主振型。已知初始条件为 $x_{10} = 1.2$，$x_{20} = \dot{x}_{10} = \dot{x}_{20} = 0$，试求机械振动系统的响应。

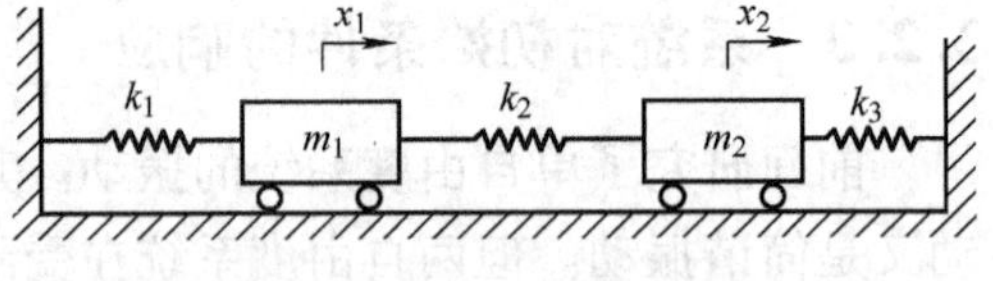

图 3.6 两自由度振动系统

【解】 该机械振动系统的运动微分方程为

$$\left.\begin{aligned}
m_1\ddot{x}_1 + (k_1 + k_2)x_1 - k_2 x_2 = 0 \\
m_2\ddot{x}_2 - k_2 x_1 + (k_2 + k_3)x_2 = 0
\end{aligned}\right\}$$

令

$$a = \frac{k_1 + k_2}{m_1}, \quad b = \frac{k_2}{m_1}, \quad c = \frac{k_2}{m_2}, \quad d = \frac{k_2 + k_3}{m_2}$$

则

$$\left.\begin{aligned}
\ddot{x}_1 + a x_1 - b x_2 = 0 \\
\ddot{x}_2 - c x_1 + d x_2 = 0
\end{aligned}\right\}$$

可解出

$$\omega_{n1,2}^2=\frac{a+d}{2}\mp\sqrt{\left(\frac{a-d}{2}\right)^2+bc}$$

$$\beta_1=\frac{a-\omega_{n1}^2}{b}$$

$$\beta_2=\frac{a-\omega_{n2}^2}{b}$$

因为　$a=\frac{2k}{m},\quad b=\frac{k}{m},\quad c=\frac{k}{2m},\quad d=\frac{3k}{2m}$

所以

$$\omega_{n1,2}^2=\left[\frac{1}{2}\left(2+\frac{3}{2}\right)\mp\sqrt{\frac{1}{4}\left(2-\frac{3}{2}\right)^2+\frac{1}{2}}\right]\frac{k}{m}$$

$$=\left(\frac{7}{4}\mp\frac{3}{4}\right)\frac{k}{m}$$

故　$\omega_{n1}=\sqrt{\frac{k}{m}},\quad \beta_1=\frac{a-\omega_{n1}^2}{b}=\frac{\frac{2k}{m}-\frac{k}{m}}{\frac{k}{m}}=1$

$$\omega_{n2}=1.581\sqrt{\frac{k}{m}},\quad \beta_2=\frac{a-\omega_{n2}^2}{b}=\frac{\frac{2k}{m}-\frac{5k}{2m}}{\frac{k}{m}}=-\frac{1}{2}$$

可作出如图 3.7 所示的主振型图。进一步可看出节点。

根据给定的初始条件，可得

$$A_1^{(1)}=\frac{1}{-\frac{1}{2}-1}\left(-\frac{1}{2}\times1.2\right)=0.4$$

$$A_1^{(2)}=\frac{1}{1-\left(-\frac{1}{2}\right)}(1\times1.2)=0.8$$

$$\varphi_1=\frac{\pi}{2},\quad \varphi_2=\frac{\pi}{2}$$

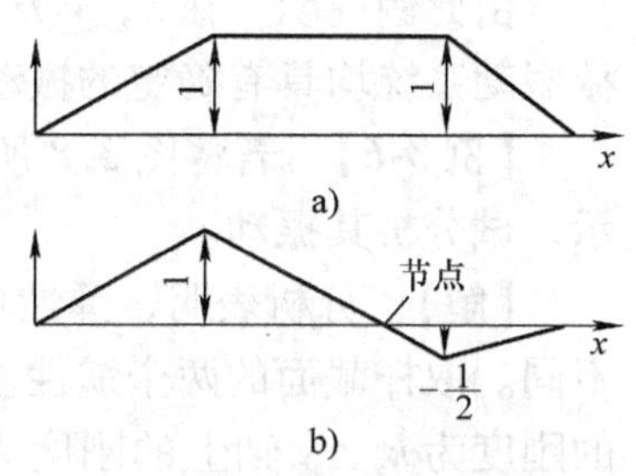

图 3.7　系统的主振型

故机械振动系统的响应为

$$\left.\begin{aligned}x_1&=0.4\cos\sqrt{\frac{k}{m}}t+0.8\cos1.581\sqrt{\frac{k}{m}}t\\x_2&=0.4\cos\sqrt{\frac{k}{m}}t-0.4\cos1.581\sqrt{\frac{k}{m}}t\end{aligned}\right\}$$

3.2.5　主振型的正交性

正如前面所述，两自由度系统有两个固有频率和两个相应的主振型。现在来分析研究这两个主振型之间的关系。为了便于分析与研究，先来讨论以下几个例子。

【例 3-5】　一个质量为 m 的小球，固定在垂直安装的具有细长圆截面的弹性杆的顶端，杆子下端固定在地面，如图 3.8 所示。杆子质量忽略不计。试分析其机械振动情况。

【解】 假设 O 点是平衡位置，小球能在水平面 xOy 上的小范围内运动，其任一瞬时的位置可以用矢量 $\boldsymbol{r}$ 来确定。小球的坐标可计算得出

$$\begin{cases} x = r\cos\langle \boldsymbol{r},\boldsymbol{i}\rangle \\ y = r\cos\langle \boldsymbol{r},\boldsymbol{j}\rangle \end{cases}$$

式中，$\boldsymbol{i}$，$\boldsymbol{j}$ 分别表示 x，y 轴上的单位矢量。

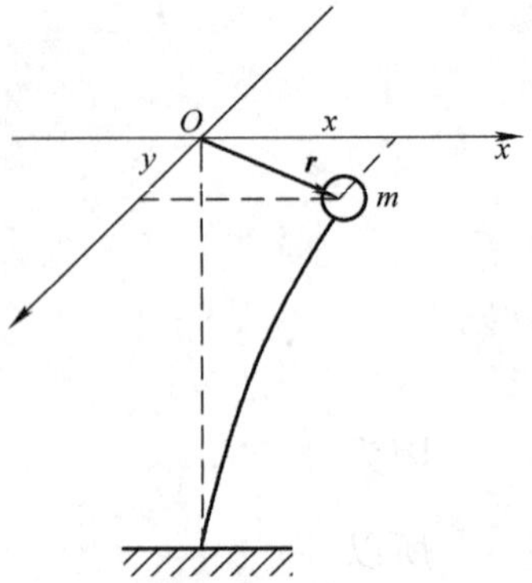

当小球偏离平衡位置 O 点后，要受到圆杆的弹性恢复力 $\boldsymbol{F}$ 的作用。因为圆杆在任何方向上的刚度 k 都相等，所以

$$\boldsymbol{F} = -k\boldsymbol{r}$$

图 3.8 顶端装有小球的弹性杆

将力 $\boldsymbol{F}$ 投影到 x、y 轴上可得出

$$\begin{cases} F\cos\langle \boldsymbol{r},\boldsymbol{i}\rangle = -kr\cos\langle \boldsymbol{r},\boldsymbol{i}\rangle = -kx \\ F\cos\langle \boldsymbol{r},\boldsymbol{j}\rangle = -kr\cos\langle \boldsymbol{r},\boldsymbol{j}\rangle = -ky \end{cases}$$

故，可建立机械振动系统的运动微分方程：

$$\left.\begin{aligned} m\ddot{x} = -kx \\ m\ddot{y} = -ky \end{aligned}\right\}$$

上式为两个彼此独立的单自由度系统的运动微分方程。在 x 方向和 y 方向两个自由度上没有耦合，而且由于两个方向上 k 相等，所以两个方向的机械振动频率相等。即

$$\omega_{nx} = \omega_{ny} = \sqrt{\frac{k}{m}}$$

上式表明两个方向的自由振动都是频率相等的简谐振动，其合成结果一般是个椭圆。

由此例说明，在 x，y 方向上机械振动系统均按固有频率作主振动。在 x 和 y 方向上机械振动系统均具有确定的振动形态。因此机械振动系统的两个主振型是互相垂直的。

【例 3-6】 若将图 3.8 所示机械振动系统中的弹性杆的截面改成矩形截面，如图 3.9 所示，试分析其振动。

【解】 分析表明，弹性杆截面为矩形，所以杆件在两个互相垂直的方向上抗弯刚度就不同。取杆截面的两个惯性主轴作为 x，y 坐标轴，x 轴上的刚度为 k_x，y 轴上的刚度为 k_y，因此机械振动系统的运动微分方程为

$$\left.\begin{aligned} m\ddot{x} = -k_x x \\ m\ddot{y} = -k_y y \end{aligned}\right\}$$

两个频率不等，且分别为

$$\omega_{nx} = \sqrt{\frac{k_x}{m}},\ \omega_{ny} = \sqrt{\frac{k_y}{m}}$$

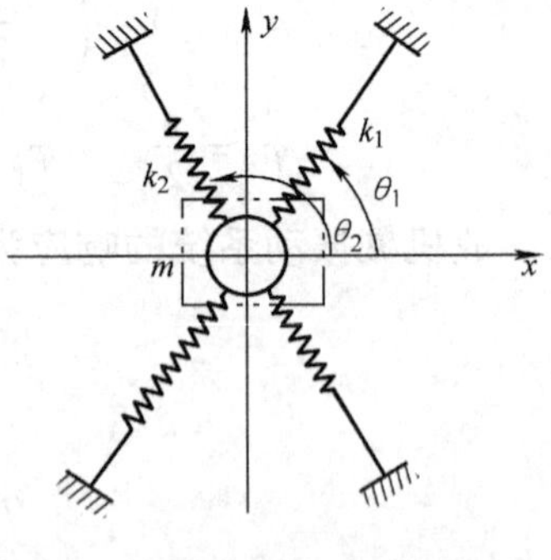

这样，在 x，y 两个方向上不同频率的简谐振动合成结果为不同频率的李萨如图。

图 3.9 支承在两根弹簧上的小球

在 x 和 y 方向，机械振动系统仍按固有频率 ω_{nx} 和 ω_{ny} 作主振动，并且机械振动系统的两个主振型仍互相垂直。主振型这种互相垂直的性质，叫作主振型的正交性。其几何意义就是两个主振型直线互相垂直。

3.3　两自由度系统的受迫振动

3.3.1　系统的运动微分方程

与单自由度系统一样，两自由度系统在受到持续的激振力作用时也会产生受迫振动，在一定条件下也会产生共振现象。

图 3.10 所示为两自由度无阻尼受迫振动系统的动力学模型。把简谐激振力作用的 k_1-m_1 弹簧-质量系统称为主系统。把不受激振力作用的 k_2-m_2 弹簧-质量系统称作副系统。

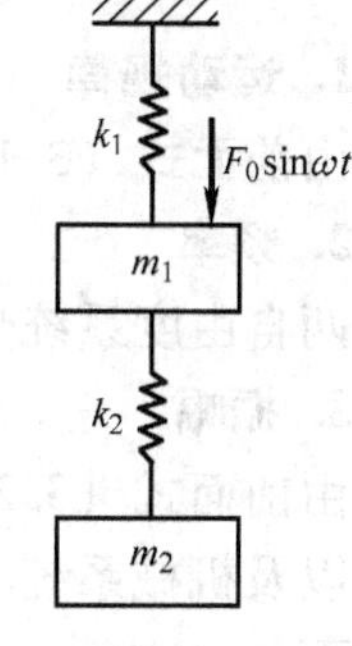

图 3.10　两自由度振动系统的动力学模型

该机械振动系统的运动微分方程为

$$\left.\begin{aligned}m_1\ddot{x}_1+k_1x_1-k_2(x_2-x_1)=F_0\sin\omega t\\ m_2\ddot{x}_2+k_2(x_2-x_1)=0\end{aligned}\right\}\tag{3.15}$$

令　$a=\dfrac{k_1+k_2}{m_1}$，　$b=\dfrac{k_2}{m_1}$，　$c=\dfrac{k_2}{m_2}$，　$F=\dfrac{F_0}{m_1}$

则式（3.15）可进一步改写成

$$\begin{aligned}\ddot{x}_1+ax_1-bx_2=F\sin\omega t\\ \ddot{x}_2-cx_1+cx_2=0\end{aligned}\tag{3.16}$$

式（3.16）为一个二阶线性常系数非齐次微分方程组，其通解由两部分组成：一是对应于齐次方程组的解；二是对应于上述非齐次方程组的一个特解。它是由激振力引起的受迫振动，也是机械振动系统的稳态振动。

这里只研究稳态振动，所以假设上列微分方程组有简谐振动的特解为

$$\left.\begin{aligned}x_1=B_1\sin\omega t\\ x_2=B_2\sin\omega t\end{aligned}\right\}\tag{3.17}$$

式中，B_1，B_2 分别是 m_1，m_2 的振幅，且是待定常数。对式（3.17）分别求一阶、二阶导数，得

$$\left.\begin{aligned}\dot{x}_1=B_1\omega\cos\omega t,\ \ddot{x}_1=-B_1\omega^2\sin\omega t\\ \dot{x}_2=B_2\omega\cos\omega t,\ \ddot{x}_2=-B_2\omega^2\sin\omega t\end{aligned}\right\}\tag{3.18}$$

继续将式（3.17）及式（3.18）代入式（3.16），可得

$$\left.\begin{aligned}(a-\omega^2)B_1-bB_2=F\\ -cB_1+(c-\omega^2)B_2=0\end{aligned}\right\}\tag{3.19}$$

式（3.19）为一个二元非齐次代数方程组，它的解具体求出步骤为

$$\Delta=\begin{vmatrix}a-\omega^2 & -b\\ -c & c-\omega^2\end{vmatrix}=(a-\omega^2)(c-\omega^2)-bc$$

$$\Delta_1=\begin{vmatrix}F & -b\\ 0 & c-\omega^2\end{vmatrix}=F(c-\omega^2)$$

$$\Delta_2=\begin{vmatrix}c-\omega^2 & F\\ -c & 0\end{vmatrix}=Fc$$

因此，

$$\left.\begin{aligned} B_1 &= \frac{\Delta_1}{\Delta} = \frac{F(c-\omega^2)}{(a-\omega^2)(c-\omega^2)-bc} \\ B_2 &= \frac{\Delta_2}{\Delta} = \frac{Fc}{(a-\omega^2)(c-\omega^2)-bc} \end{aligned}\right\} \tag{3.20}$$

由此可见，可求解方程组（3.16）的简谐振动特解。

3.3.2 振动特性的讨论

1. 运动规律

由前面式（3.17）可知，两自由度系统无阻尼受迫振动的运动规律是简谐振动。

2. 频率

两自由度系统受迫振动的频率与激振力的频率 ω 相等。

3. 振幅

由前面式（3.20）可知，两自由度系统受迫振动的振幅决定于激振力力幅、激振力频率，以及机械系统本身的物理性质。这里分别讨论如下：

（1）激振力幅值 F_0 的影响　因为 $F \propto F_0$，所以 F_0 与 B_1，B_2 呈线性关系。即 F_0 越大，振幅 B_1，B_2 越大。

（2）激振力频率 ω 的影响　为了说明 ω 对振幅的影响，以 B_1，B_2 为纵坐标，以 ω 为横坐标，将式（3.20）作曲线如图 3.11 所示，称为振幅频率响应曲线或幅频特性曲线。它表明了机械振动系统位移对频率的响应特性。

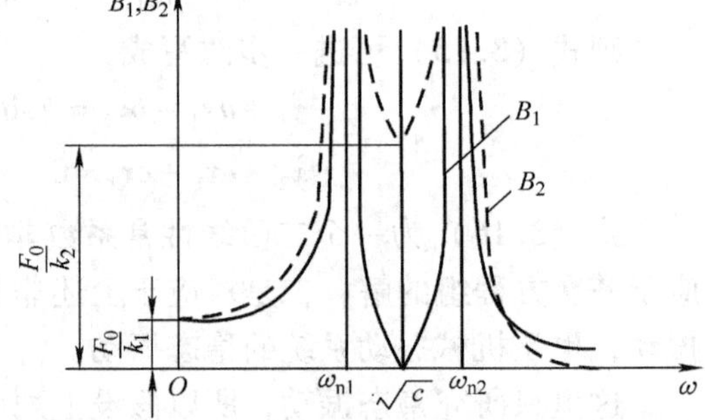

图 3.11　两自由度系统的幅频特性曲线

这里讨论如下：

1）当 $\omega = 0$ 时，$B_1 = B_2$，此时激振力的作用和静力的作用相当。

2）当 $\omega = \omega_{n1}$，或 $\omega = \omega_{n2}$，即激振力频率等于机械系统第一或第二阶固有频率时，机械振动系统出现共振现象，振幅 B_1，B_2 均急剧增加。进一步说，两自由度系统有两个共振区。

下面分析机械振动系统共振时的振型。

由前面式（3.20）得出质量 m_1 和 m_2 的振幅比为

$$\frac{B_2}{B_1} = \frac{c}{c-\omega^2} \tag{3.21}$$

这表明，在一定的激振频率下，两个质量的振幅比是确定值。当 $\omega = \omega_{n1}$ 时，两个质量的振幅比为

$$\left(\frac{B_2}{B_1}\right)_{\omega_{n1}} = \frac{c}{c-\omega_{n1}^2} \tag{3.22}$$

当 $\omega = \omega_{n2}$ 时，则有振幅比为

$$\left(\frac{B_2}{B_1}\right)_{\omega_{n2}} = \frac{c}{c-\omega_{n2}^2} \tag{3.23}$$

由此可见，机械振动系统以哪一阶固有频率共振，则此时的共振振型就是哪一阶主振型。这也是多自由度系统受迫振动的一个极其重要的特性。在石油机械工程实践中，常用共振法测定机械振动系统的固有频率，根据测出的振型来判定固有频率的阶次。

当 $\omega=\sqrt{c}$时，$x_2=B_2\sin\omega t=-\dfrac{F_0}{k_2}\sin\omega t$

故有

$$k_2x_2=-F_0\sin\omega t \tag{3.24}$$

这说明，副系统通过弹簧 k_2 传给主系统的力，正好与作用在主系统上的激振力相平衡。这样，主系统的受迫振动就被副系统吸收。主系统的质量 m_1 就如同不受激振力作用一样，保持静止。可以利用这种现象作为减小振动的措施。

当 $\omega\to\infty$时，B_1，$B_2\to 0$，即激振力的频率很高时，两个质量 m_1 和 m_2 都几乎不动。这时受迫振动进入了惯性区。

4. 相位

当机械振动系统是无阻尼时，观察振幅的正负变化就可以说明相位的变化。

下面将振幅计算式（3.20）的分母作如下变换：

$$(a-\omega^2)(c-\omega^2)-bc=\omega^4-(a+c)\omega^2+c(a-b) \tag{3.25}$$

根据机械振动系统的频率方程（3.8），可以知道频率方程的两个根 ω_{n1}^2，ω_{n2}^2必定满足下列代数关系式：

$$\left.\begin{aligned}\omega_{n1}^2+\omega_{n2}^2&=a+c\\ \omega_{n1}^2\cdot\omega_{n2}^2&=c(a-b)\end{aligned}\right\} \tag{3.26}$$

将式（3.26）代入式（3.25）得

$$(a-\omega^2)(c-\omega^2)-bc=\omega^4-(\omega_{n1}^2+\omega_{n2}^2)\omega^2+\omega_{n1}^2\cdot\omega_{n2}^2=(\omega^2-\omega_{n1}^2)(\omega^2-\omega_{n2}^2) \tag{3.27}$$

所以式（3.20）可进一步改写成

$$\left.\begin{aligned}B_1&=\frac{F(c-\omega^2)}{(\omega^2-\omega_{n1}^2)(\omega^2-\omega_{n2}^2)}\\ B_2&=\frac{Fc}{(\omega^2-\omega_{n1}^2)(\omega^2-\omega_{n2}^2)}\end{aligned}\right\} \tag{3.28}$$

从上式可以分析看出：

1）在$0\leqslant\omega\leqslant\omega_{n1}$阶段，$B_1$，$B_2$ 均为正值。质量 m_1，m_2 的位移和激振力是同相的，并且其位移也同相。

2）当 $\omega=\omega_{n1}$时，运动的相位对应于激振力要出现相位突跳的反相。

3）当 $\omega=\sqrt{c}$时，$B_1=0$，此后，B_1 又重新成为正值，但 B_2 却仍保持负值。即在$\sqrt{c}<\omega<\omega_{n2}$阶段，$B_1$ 与激振力同相，B_2 与激振力反相。两个质量之间的相位也相反。

4）当 $\omega>\omega_{n1}$ 以后，B_1 又改变为负值，而 B_2 却保持为正值。

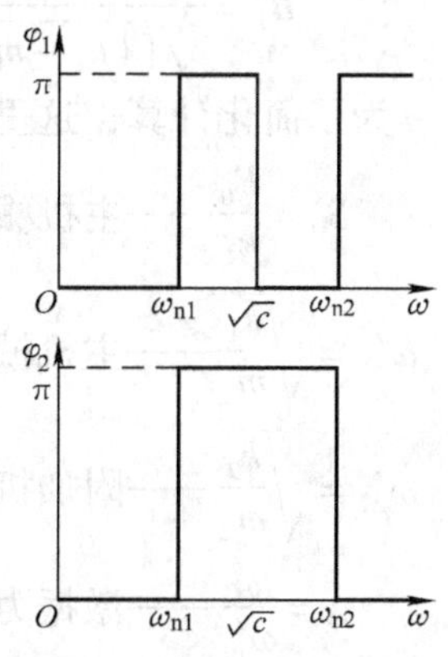

图 3.12　两自由度系统的相频特性曲线

根据前面分析，作出如图 3.12 所示的相频特性曲线。

＊3.4　两自由度系统振动应用专题——动力减振器

在交变力的作用下，石油机械结构物，特别是当固有频率接近激振频率时，将引起强烈的振动。如何消除振动？分析两自由度机械受迫振动系统的振动特性得知，适当地选择机械振动系统的参数，可以使主系统的受迫振动被副机械系统所吸收，原来的单自由度系统变为两自由度系统，从而使主机械系统不动。动力减振器就是应用该工作原理来设计的。动力减振器分为无阻尼动力减振器和有阻尼动力减振器。

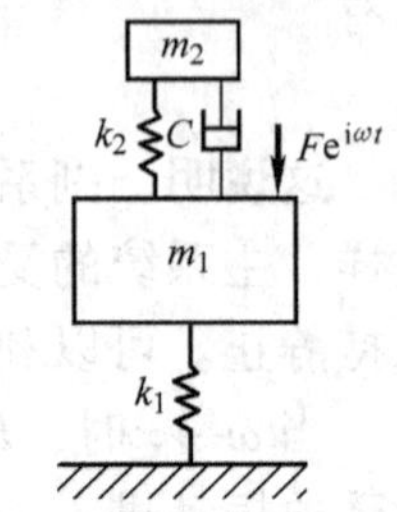

图 3.13　动力减振器的动力学模型

动力减振器是用弹性元件把辅助质量固定到机械振动系统上的一种减振装置，其动力学模型如图 3.13 所示。图中 m_1，k_1 分别为原机械振动系统（主系统）的质量（主质量）和弹簧刚度。m_2，k_2 分别为动力减振器（附加系统）的质量（辅助质量）和弹簧刚度，C 为动力减振器的阻尼。$F_0 e^{i\omega t}$ 为作用在主机械系统上的激振力。无阻尼动力减振器只用于激振频率基本固定的情况。

分析图 3.13 可以看出，在主机械系统上增加了附加机械系统后，即使原来的单自由度系统变为两自由度系统，增加了一个自由度数目。这个组合系统的运动微分方程为

$$\left.\begin{aligned} m_1\ddot{x}_1 - C(\dot{x}_2 - \dot{x}_1) + (k_1 + k_2)x_1 - k_2x_2 = F_0 e^{i\omega t} \\ m_2\ddot{x}_2 + C(\dot{x}_2 - \dot{x}_1) + k_2(x_2 - x_1) = 0 \end{aligned}\right\} \tag{3.29}$$

假设上列方程组的特解为

$$\left.\begin{aligned} x_1 = B_1 e^{i\omega t} \\ x_2 = B_2 e^{i\omega t} \end{aligned}\right\} \tag{3.30}$$

将式（3.30）及其一阶、二阶导数代入式（3.29）得

$$\left.\begin{aligned} (-m_1\omega^2 + k_1 + k_2 + iC\omega)B_1 - (k_2 + iC\omega)B_2 = F_0 \\ -(k_2 + iC\omega)B_1 + (-m_2\omega^2 + k_2 + iC\omega)B_2 = 0 \end{aligned}\right\} \tag{3.31}$$

求解上述方程组，得出主机械系统的振幅 B_1，并化成实数，形式如下：

$$B_1 = \frac{F_0\sqrt{(k_2 - m_2\omega^2) + (C\omega)^2}}{\sqrt{[(k_1 - m_1\omega^2)(k_2 - m_2\omega^2) - k_2m_2\omega^2]^2 + (C\omega)^2\ (k_1 - m_1\omega^2 - m_2\omega^2)^2}} \tag{3.32}$$

为了简化计算，这里引进下列符号：

$\delta_{st} = \dfrac{F_0}{k_1}$——主机械系统在激振力力幅 F_0 作用下产生的静变位；

$\omega'_{n1} = \sqrt{\dfrac{k_1}{m_1}}$——主机械系统的固有频率；

$\omega'_{n2} = \sqrt{\dfrac{k_2}{m_2}}$——附加机械系统的固有频率；

$\lambda = \dfrac{\omega}{\omega'_{n1}}$——激振力频率与主机械系统固有频率之比；

$\alpha = \dfrac{\omega'_{n2}}{\omega'_{n1}}$——减振器固有频率与主机械系统固有频率之比；

$\mu=\dfrac{m_2}{m_1}$——辅助质量与主质量之比；

$\xi=\dfrac{C}{2\sqrt{k_2 m_2}}$——减振器的阻尼比。

进一步把式（3.32）改写成下列无量纲形式：

$$\left(\frac{B_1}{\delta_{st}}\right)^2=\frac{(\alpha^2-\lambda^2)^2+4\xi^2\lambda^2}{[(1-\lambda^2)(\alpha^2-\lambda^2)-\mu\lambda^2\alpha^2]^2+4\xi^2\lambda^2(1-\lambda^2-\mu\lambda^2)^2} \tag{3.33}$$

3.4.1 无阻尼动力减振器

如果减振器没有阻尼元件，则 $\xi=0$，故式（3.33）简化为

$$\frac{B_1}{\delta_{st}}=\frac{\alpha^2-\lambda^2}{(1-\lambda^2)(\alpha^2-\lambda^2)-\mu\lambda^2\alpha^2} \tag{3.34}$$

上式分析得知，当 $\alpha=\lambda$ 或 $\omega=\omega'_{n2}$ 时，$B_1=0$。当减振器的固有频率 ω'_{n2} 等于激振频率 ω 时，辅助质量 m_2 通过弹性元件 k_2 作用于主质量 m_1 上的力，正好和激振力大小相等、方向相反，互相抵消，故主机械系统振幅为零，从而达到消振的目的。

当激振频率 ω 等于主系统固有频率 ω'_{n1}（即 $\lambda=1$）时，主机械系统产生共振。为了消除机械系统共振，应让减振器固有频率 ω'_{n2} 等于主机械系统固有频率 ω'_{n1}，即令 $\alpha=1$。如果再取质量比 $\mu=0.2$，就可作出主机械系统的幅频响应曲线，如图 3.14 所示。

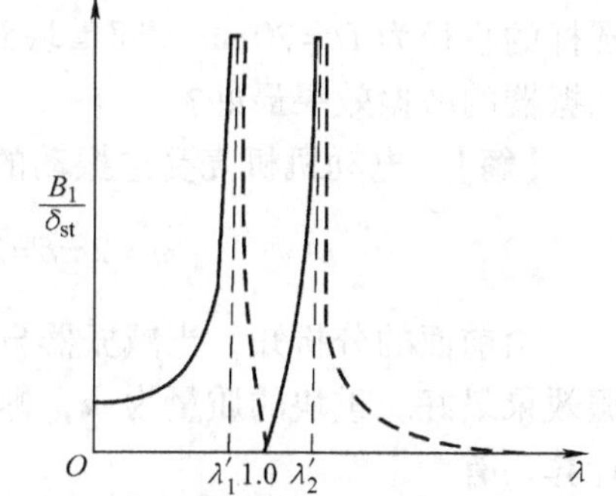

图 3.14 主机械系统的幅频响应曲线

由图 3.14 可以看到，主系统共振点的振幅已经消失，又出现了两个新的共振点 λ'_1 及 λ'_2。这两点的坐标值能从式（3.34）的分母等于零时求出：

$$(1-\lambda'^2)(\alpha^2-\lambda'^2)-\mu\lambda'^2\alpha^2=0$$

因为 $\alpha=1$，所以上式成为

$$(1-\lambda'^2)^2-\mu\lambda'^2=0$$

解方程有

$$\lambda'^2_{1,2}=1+\frac{\mu}{2}\mp\sqrt{\mu+\frac{\mu^2}{4}} \tag{3.35}$$

对于 $\alpha=1$，质量比为 μ 的系统，两个固有频率（主频率）为

$$\omega^2_{n1,2}=\frac{k_1}{m_1}\left(1+\frac{\mu}{2}\mp\sqrt{\mu+\frac{\mu^2}{4}}\right) \tag{3.36}$$

显而易见，当激振频率 ω 正好等于 ω_{n1} 或 ω_{n2} 时，会使系统产生新的共振。

由式（3.35）可作出 λ' 与 μ 的关系曲线，如图 3.15 所示。

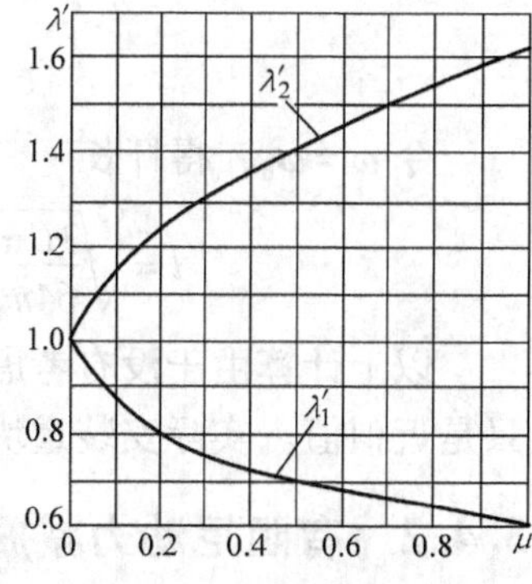

图 3.15 λ' 与 μ 的关系曲线

图 3.15 中，λ'_1 和 λ'_2 表示了机械振动系统的两个主频率 ω_{n1} 和 ω_{n2} 的相隔范围。为了消除主机械系统的振动，同时又不产生新的共振，使主机械系统能够安全地工作在远离新的共振点的频率范围内，控制附加减振器后两自由度系统的固有频率相距较远为好。但对于稳定

的定速运转机械（图 3.16），μ 值则还可以取得小些。若不慎重将会带来新的祸害。

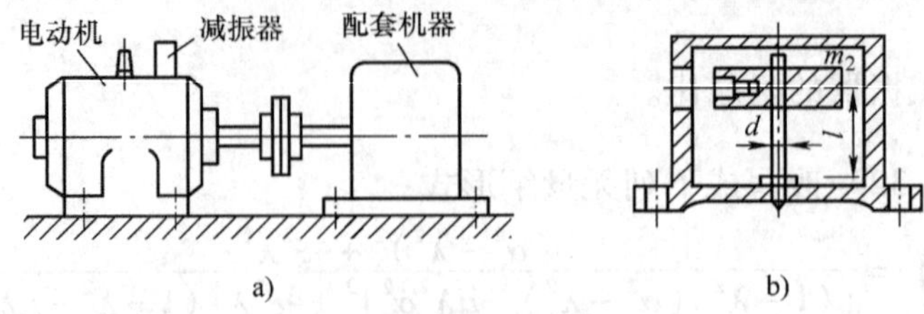

图 3.16　机械装置

【例 3-7】　一电动机的转速为 1500r/min，由于转子不平衡而使机壳发生较大的振动，为了减少机壳的振动，在机壳上安装了数个如图 3.17 所示的动力减振器，该减振器由一钢制圆截面弹性杆和两个安装在杆两端的重块组成。杆的中部固定在机壳上，重块到中点的距离 l 可用螺杆来调节。重块质量为 $m=5\text{kg}$，圆杆的直径为 $D=20\text{mm}$。问重块距中点的距离 l 应等于多少时，减振器的减振效果最好？

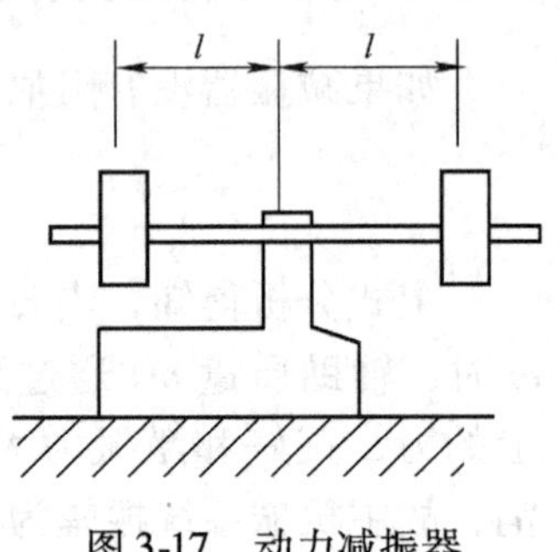

图 3-17　动力减振器

【解】　电动机机壳受迫振动的圆频率为

$$\omega=2\pi f=2\pi\frac{n}{60}=2\pi\times\frac{1500}{60}\text{rad/s}=50\pi\text{rad/s}$$

由前面的分析知，当减振器自身的固有频率 ω_n 与受迫振动频率 ω 相等时，减振器的减振效果最好。重块的质量为 m，螺杆的质量忽略不计，螺杆的刚度系数 k 可由材料力学公式计算，有

$$k=\frac{3EI}{l^3}$$

其中，$I=\frac{\pi D^4}{64}$是螺杆截面惯性矩；$E=2.1\times10^5\text{MPa}$ 是材料的弹性模量；l 为悬臂杆的杆长。

减振器自身的固有频率为

$$\omega_n=\sqrt{\frac{k}{m}}=\sqrt{\frac{3E\pi D^4}{64ml^3}}$$

令 $\omega=\omega_n$，得杆长

$$l=\sqrt[3]{\frac{3E\pi D^4}{64m\omega^2}}=\sqrt[3]{\frac{3\times2.1\times10^5\times\pi\times20^4\times1000}{64\times5\times50^2\times\pi^2}}\text{mm}=342\text{mm}$$

以上计算由于没有考虑螺杆的质量，也没有考虑电动机转速的波动情况，所以计算结果只是近似值。实际安装重块时，还要对其位置进行微调。

3.4.2　有阻尼动力减振器

无阻尼动力减振器是为了在某个给定的频率下消除主机械系统的振动而设计的，适用于激振频率不变或稍有变动的工作设备。但有些设备的激振频率在一个比较宽的范围内变动，要消除其振动，就产生了有阻尼的动力减振器。

当减振器有阻尼元件时，则根据式（3.33），以 ξ 为参变量，仍令 $\alpha=1$，$\mu=0.05$，则

作出主机械系统的幅频响应曲线，如图 3.18 所示。

分析图 3.18 可以看出：

1）无论阻尼的 ξ 为何值，幅频响应曲线均经过 P，Q 两点。当频率比位于 P 点和 Q 点相应的频率比 λ_1 和 λ_2 值时，主机械系统受迫振动的振幅与阻尼比 ξ 的大小无关，这一物理现象是设计有阻尼动力减振器的重要依据。其减振作用主要是阻尼元件在振动过程中吸收振动能量来达到减振的目的。

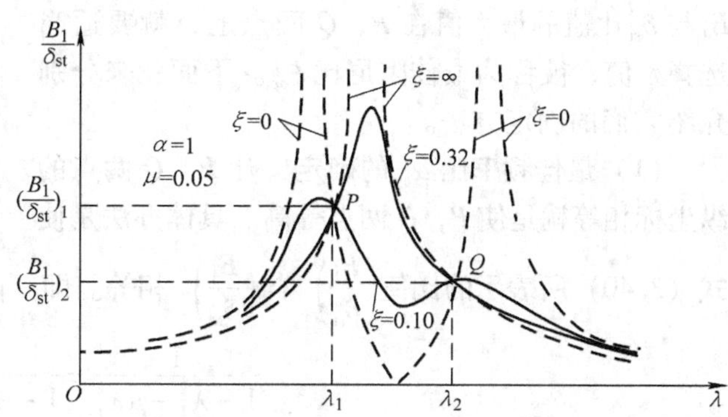

图 3.18 主机械系统的幅频响应曲线

2）如果令 B_1 与 δ_{st} 的比值在 $\xi=0$ 和 $\xi=\infty$ 时相等，计算出 P 点和 Q 点的横坐标值 λ_1 和 λ_2。

当 $\xi=\infty$ 时，由式（3.33）得

$$\frac{B_1}{\delta_{st}}=\frac{\pm 1}{1-\lambda^2-\mu\lambda^2} \tag{3.37}$$

令式（3.34）与式（3.37）相等得

$$\frac{\pm 1}{1-\lambda^2-\mu\lambda^2}=\frac{\alpha^2-\lambda^2}{(1-\lambda^2)(\alpha^2-\lambda^2)-\mu\lambda^2\alpha^2}$$

等号左边取正号，其解对减振没有意义。取负号，则上式可展开得

$$\lambda^4-2\lambda^2\frac{1+\alpha^2+\mu\alpha^2}{2+\mu}+\frac{2\alpha^2}{2+\mu}=0 \tag{3.38}$$

进一步解上列代数方程得

$$\lambda_{1,2}^2=\frac{1+\alpha^2+\mu\alpha^2}{2+\mu}\pm\sqrt{\left(\frac{1+\alpha^2+\mu\alpha^2}{2+\mu}\right)^2-\frac{2\alpha^2}{2+\mu}} \tag{3.39}$$

将求得的 λ_1 和 λ_2 值代入式（3.37），即可得 P，Q 两点的纵坐标值：

$$\left.\begin{aligned}\left(\frac{B_1}{\delta_{st}}\right)_1&=\frac{1}{1-\lambda_1^2-\mu\lambda_1^2}\\ \left(\frac{B_1}{\delta_{st}}\right)_2&=\frac{-1}{1-\lambda_2^2-\mu\lambda_2^2}\end{aligned}\right\} \tag{3.40}$$

这里进一步说明，Q 点的纵坐标值为负值，这是因为 P，Q 两点在共振点（$\lambda=1$）的两侧，两者的相位相反，所以这两点振幅的符号也相反。在图 3.18 中，在 $\lambda=1$ 右边的曲线，实际上应该画在横坐标轴的下方。

3）有趣的是，无论 ξ 值如何，所有的幅频响应曲线都要经过 P，Q 两点。故，B_1 与 δ_{st} 比值的最高点都不会低于 P，Q 两点的纵坐标。为了获得较好的减振效果，就应设法降低 P，Q 两点，并使 P，Q 两点的纵坐标相等，且成为曲线上的最高点。设计有阻尼动力减振器时，使主机械系统振幅 B_1 与静变位 δ_{st} 的比值减小，并限制在 P，Q 两点所对应的振幅以下，如图 3.19 所示。

继续研究表明，为了使 P，Q 两点等高，就要适当选择 α 值，称为最佳频率比 α_{op}；为了使 B_1 与 δ_{st} 比值的最大值在 P，Q 两点上，就要适当选择 ξ 值，被称为最佳阻尼比 ξ_{op}。下面就来分别介绍它们的确定方法。

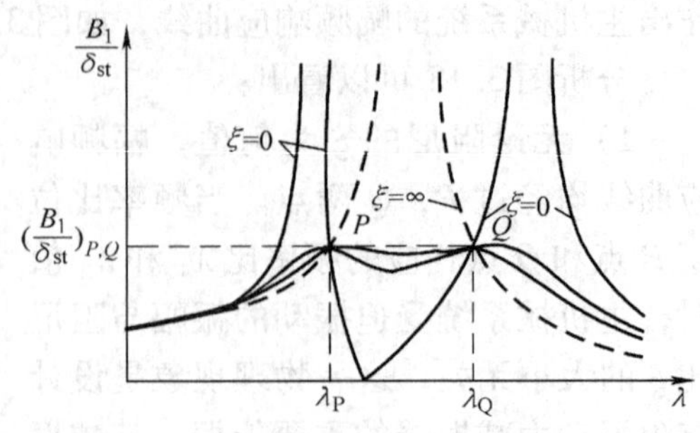

图 3.19　P，Q 两点等高的主系统幅频响应曲线

(1) 最佳频率比 α_{op} 的确定　让 P，Q 两点的纵坐标相等就是使 P，Q 两点等高。具体办法是使式（3.40）所表示的比值 $\left(\frac{B_1}{\delta_{st}}\right)_1$ 与 $\left(\frac{B_1}{\delta_{st}}\right)_2$ 相等。即

$$\frac{1}{1-\lambda_1^2-\mu\lambda_1^2}=\frac{-1}{1-\lambda_2^2-\mu\lambda_2^2}$$

因而解得

$$\lambda_1^2+\lambda_2^2=\frac{2}{1+\mu} \tag{3.41}$$

根据代数方程理论，由式（3.38）得知

$$\lambda_1^2+\lambda_2^2=\frac{2(1+\alpha^2+\mu\alpha^2)}{2+\mu} \tag{3.42}$$

联立式（3.41）及式（3.42），求解得

$$\frac{2}{1+\mu}=\frac{2(1+\alpha^2+\mu\alpha^2)}{2+\mu}$$

故有

$$\alpha_{op}=\frac{1}{1+\mu} \tag{3.43}$$

将 α_{op} 值代入式（3.39），得到 P，Q 两点的横坐标值：

$$\left.\begin{aligned}\lambda_P^2&=\frac{1}{1+\mu}\left(1-\sqrt{\frac{\mu}{2+\mu}}\right)\\ \lambda_Q^2&=\frac{1}{1+\mu}\left(1+\sqrt{\frac{\mu}{2+\mu}}\right)\end{aligned}\right\} \tag{3.44}$$

将式（3.44）代入式（3.37），即得到 P，Q 两点的纵坐标值：

$$\left(\frac{B_1}{\delta_{st}}\right)_P=\left(\frac{B_1}{\delta_{st}}\right)_Q=\pm\sqrt{1+\frac{2}{\mu}} \tag{3.45}$$

由此可见，要使质量比 μ 增大，才能降低 P，Q 两点的纵坐标。因此，增加减振器中的辅助质量 m_2，减振效果才好，主机械系统质量大小要综合考虑才能决定。

(2) 最佳阻尼比 ξ_{op} 的确定　根据式（3.33），令 $\frac{\partial B_1}{\partial\lambda}=0$，求出相应的 ξ 值，它是使 P，Q 点成为幅频响应曲线最高点时的最佳阻尼比。将 α_{op} 值代入其中，可分别求出使 P 点或 Q 点成为曲线最高点时的阻尼比：

$$\left.\begin{aligned}\xi_P^2&=\frac{\mu}{8(1+\mu)^3}\left(3-\sqrt{\frac{\mu}{2+\mu}}\right)\\ \xi_Q^2&=\frac{\mu}{8(1+\mu)^3}\left(3+\sqrt{\frac{\mu}{2+\mu}}\right)\end{aligned}\right\} \tag{3.46}$$

上式指明，P 点和 Q 点推导出来的阻尼比不一样，但它们彼此相差不多。所以，可取 ξ_P^2 与 ξ_Q^2 的平均值作为最佳阻尼比 ξ_{op}^2，则有

$$\xi_{op}=\sqrt{\frac{3\mu}{8\ (1+\mu)^3}} \tag{3.47}$$

确定减振器参数后，就把主机械系统变成了两自由度系统，确定其响应方程和曲线后，P 点和 Q 点就有最大值，且被控制在要求的数值以内。

(3) 具体设计步骤

1) 利用主机械系统的振动情况，测定振动频率 ω，计算主机械系统固有频率 ω'_{n1} 和振幅放大系数。然后由减振要求，并按式 (3.45) 计算出质量比 μ 的值。

$$\mu=\frac{2}{\left(\frac{B_1}{\delta_{st}}\right)^2-1}$$

2) 进一步测定主机械系统的静刚度 k_1，计算出主机械系统的当量质量 m_1，再由 m_1 与 μ 值，计算减振器质量 m_2，即

$$m_1=\frac{k_1}{\omega_{n1}'^2},\ m_2=\mu m_1$$

3) 由式 (3.43)，计算最佳频率比 α_{op}。再由 α_{op}，m_2，m_1 及 k_1 计算减振器弹簧刚度 k_2。

因为

$$\alpha_{op}^2=\frac{\omega_{n2}'^2}{\omega_{n1}'^2}=\frac{k_2m_1}{k_1m_2}$$

故有

$$k_2=\alpha_{op}^2\frac{k_1m_2}{m_1}$$

4) 由式 (3.47) 计算有阻尼动力减振器最佳阻尼比 ξ_{op}^2 及相应的阻尼系数 C_{op}，即

$$C_{op}=2m_2\omega'_{n2}\xi_{op} \tag{3.48}$$

最后，由 C_{op} 计算减振器中油的黏度。

习　题

3-1　如图 3.20 所示的起重机小车，其质量为 $m_1=2220\text{kg}$，在质心 A 处用绳悬挂一重物 B，其质量为 $m_2=2040\text{kg}$。绳长 $l=14\text{m}$，左侧弹簧是缓冲器，刚度系数 $k=852.6\text{kN/m}$。设绳和弹簧质量均忽略不计，当车连同重物 B 以匀速 $v_0=1\text{m/s}$ 碰上缓冲器后，求小车和重物的运动。

3-2　两个质量块 m_1 和 m_2 用一弹簧 k 相连，m_1 的上端用绳子拴住，放在一个与水平面成 α 角的光滑斜面上，如图 3.21 所示。若 $t=0$ 时突然割断绳子，两质量块将沿斜面下滑。试求瞬时 t，两质量块的位置。

3-3　已知：$\boldsymbol{m}=\begin{pmatrix}9&0\\0&11\end{pmatrix}$，$\boldsymbol{C}=\begin{pmatrix}1&-0.1\\-0.1&1\end{pmatrix}$，$\boldsymbol{k}=\begin{pmatrix}110&-50\\-50&90\end{pmatrix}$，$\boldsymbol{f}(t)=\begin{pmatrix}1\\2\end{pmatrix}$，激振力频率 $=3\text{rad/s}$，试求系统的稳态响应。

3-4　如图 3.22 所示，已知质量比 $\mu=0.1$，固有频率比 $\lambda=0.909$，放大系数 $\beta=1.55$，$\xi=0.1846$，$m_1=11$，$k_1=100$，根据程序求动力吸振器弹簧的刚度及其质量。

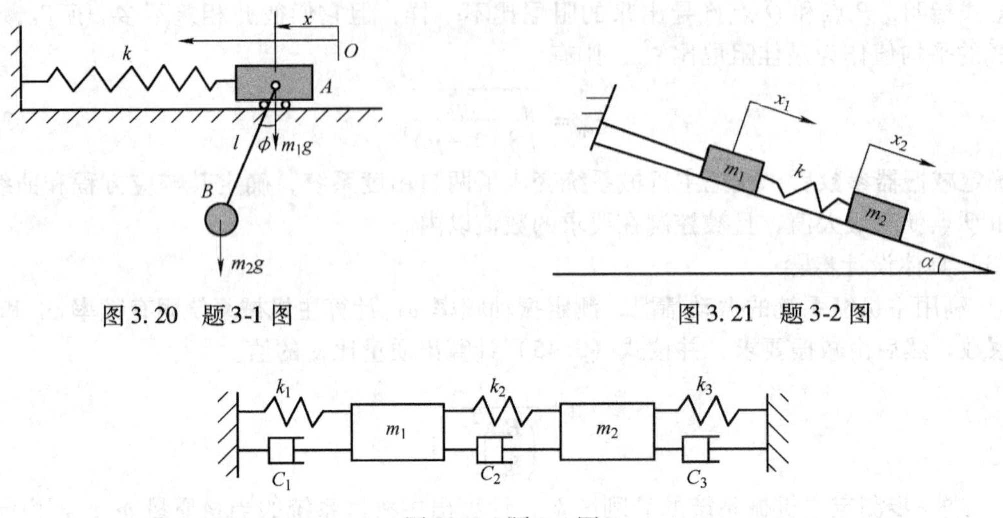

图 3.20　题 3-1 图　　　　图 3.21　题 3-2 图

图 3.22　题 3-4 图

3-5　如图 3.23 所示，一辆汽车重 17640N，拉着一个重 15092N 的拖车。若挂钩的弹簧常数为 171500N/m。试确定系统的固有频率和模态向量。

3-6　如图 3.24 所示，一个电动机带动一台液压泵。电动机转子的转动惯量为 I_1，液压泵的转动惯量为 I_2，它们通过两个轴的端部连接起来。试确定振动系统的运动微分方程、频率方程、固有频率和模态向量。

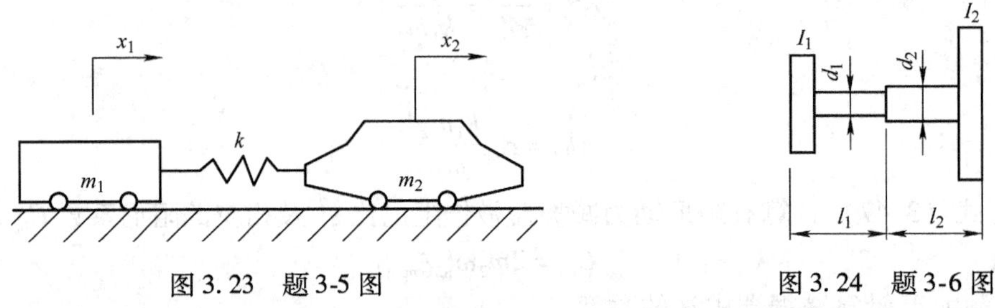

图 3.23　题 3-5 图　　　　图 3.24　题 3-6 图

3-7　试确定图 3.25 所示带传动系统的固有频率和特征向量。两带轮的转动惯量分别为 I_1 和 I_2，直径分别为 d_1 和 d_2。

3-8　试确定 3.26 所示系统图 3.25 的运动方程及频率方程，设静止时，钢绳 k_1 为水平，起重臂与铅垂线成 θ_0 角，机体可视为刚体。

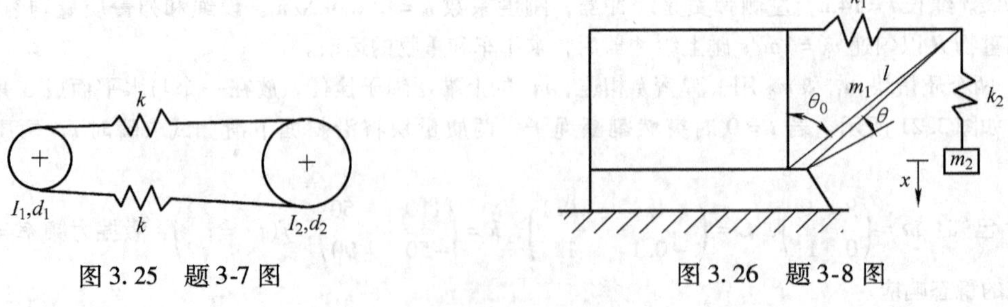

图 3.25　题 3-7 图　　　　图 3.26　题 3-8 图

3-9　求图 3.27 所示系统的固有频率，假设两圆盘直径相等。

3-10　试确定图 3.28 所示系统的固有频率，略去滑轮重量。

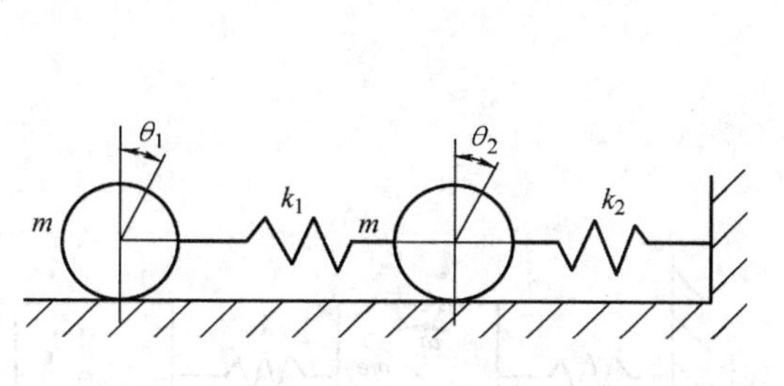

图 3.27 题 3-9 图

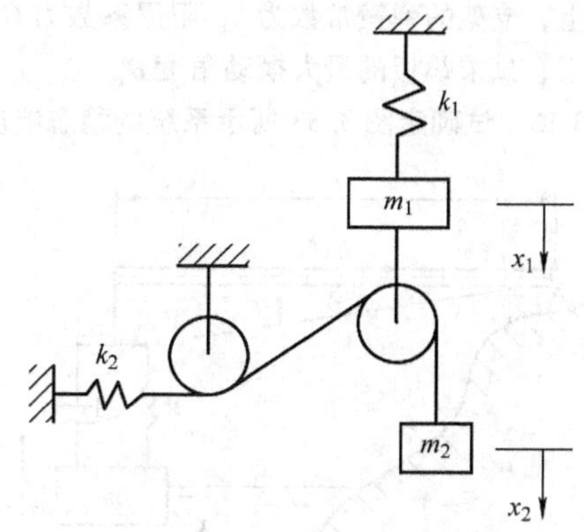

图 3.28 题 3-10 图

3-11 如图 3.29 所示，梁的弯曲截面矩 $I_1=10^5\text{cm}^4$，$E=210\text{GPa}$，$l=45\text{m}$。小车 m_2 重 11760N，另挂一重物 m_1，其重量为 49000N，钢丝绳弹簧常数 $k=343000\text{N/m}$，试确定系统的固有频率和振型比。

3-12 一重块 W_2 自高 h 处自由落下，然后与弹簧-质量系统 $k_2-\dfrac{W_1}{g}-k_1$ 一起作自由振动，如图 3.30 所示，试求其响应。已知 $W_1=W_2=W$，$k_1=k_2=k$，$h=100W/k$。

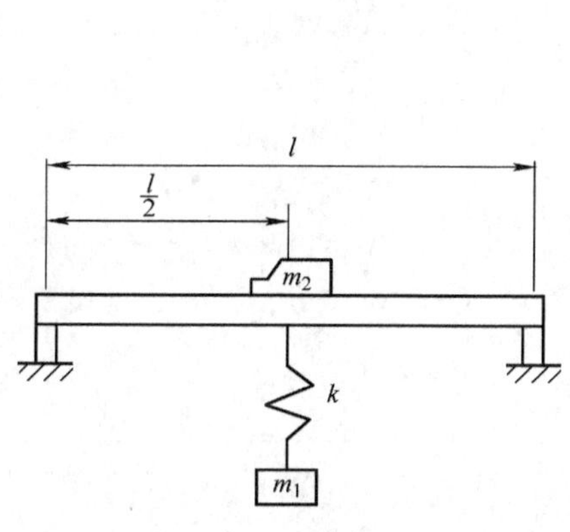

图 3.29 题 3-11 图

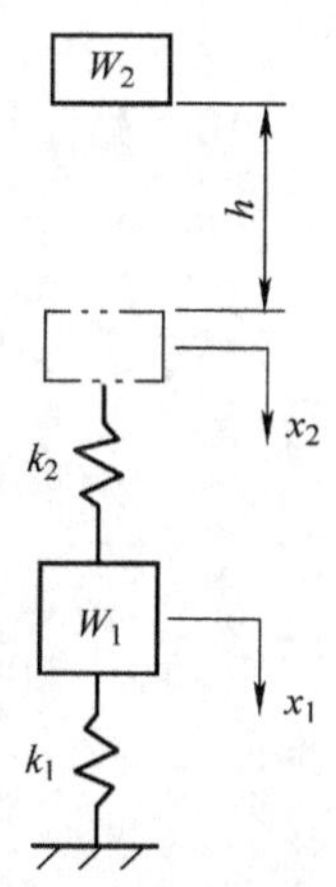

图 3.30 题 3-12 图

3-13 一卡车简化成 m_1-k-m_2 系统，如图 3.31 所示。停放在地上时受到后面以等速 v 驰来的另一辆车 m 的撞击。设撞击后，车辆 m 可视为不动，卡车车轮的质量忽略不计，地面视为光滑，试求撞击后卡车的响应。

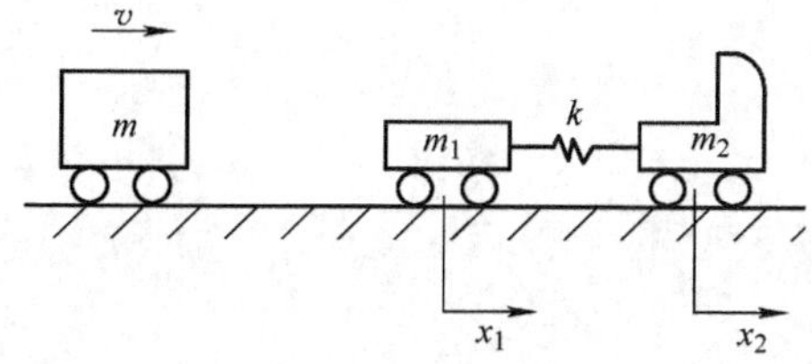

图 3.31 题 3-13 图

3-14 如图 3.32 所示，一刚性跳板，质量为 $3m$，长 l，左端以铰链支承于地面，右端通过支架支承于浮船上，支架的弹簧常数为 k，阻尼系数为 C，浮船质量为 m。如果水浪引起一 $F=F_0\sin\omega t$ 的激振力作用于浮船上，试求跳板的最大摆动角度 θ_{max}。

3-15　试确定图 3.33 所示系统的稳态响应。

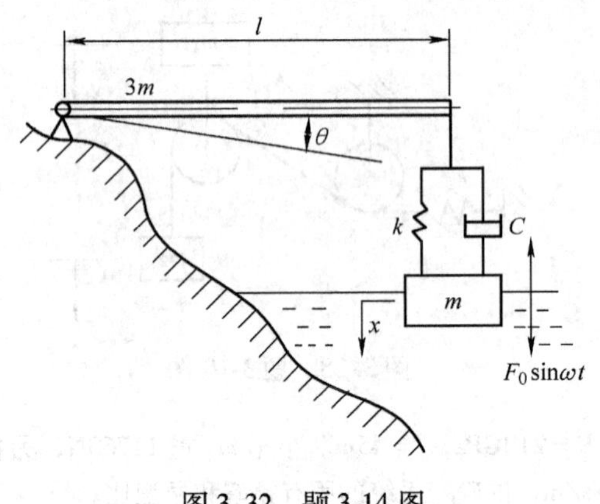

图 3.32　题 3-14 图

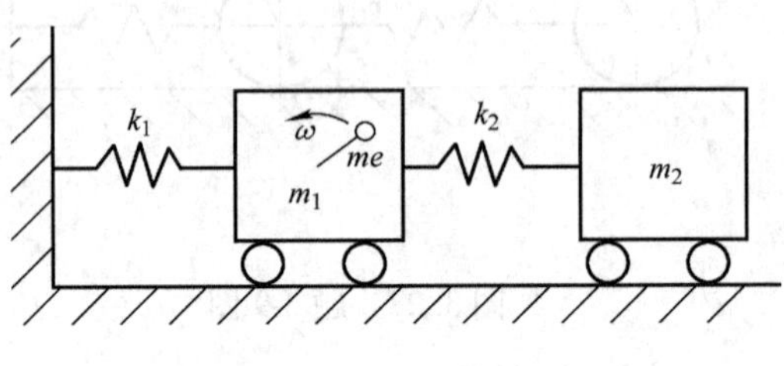

图 3.33　题 3-15 图

4 多自由度系统振动

4.1 多自由度系统运动方程的建立

石油机械工程中的机械振动问题，有一些可以简化成一个或两个自由度系统的振动问题，因此可以用前面几章介绍的方法，如牛顿运动定律、达朗贝尔原理等，进行分析计算。但是也有很多问题不能采用这种过于简化的力学模型来进行分析。一般来说，各种机器及其零部件的质量和刚度都具有分布的性质，因此理论上都是无限多自由度系统，即为弹性体。但由于石油机械中机器的结构比较复杂，若都按无限多自由度来处理，在数学上有很大的甚至目前还无法解决的困难。因此，只好将机械振动系统的结构用一些离散的结构来理想化。这样就把弹性体变成数目为有限个离散单元组成的有限多自由度系统。

如前所述，机械振动系统有多少个自由度就有多少个固有频率和主振型，也就有多少阶主振动，因此弹性体就有无穷多阶主振动。但有意义的只有前几阶，因为低阶主振动的节点少，比高阶主振动危险。因此把石油机械工程中机器结构看成有限多自由度，并只研究其前几阶主振动，一般已经足够了。若没有特别说明，这里所谓机械振动特指石油机械振动。

建立和求解多自由度系统机械振动的运动微分方程，常常应用分析力学的方法，即根据拉格朗日方程来建立机械系统的振动方程，并应用矩阵这一数学工具来进行分析计算。一些力学预备知识见附录 A。

4.1.1 拉格朗日法

采用拉格朗日方程来建立机械系统的振动方程，这种方法物理意义清晰明确，不容易出错，而且便于用矩阵计算程序辅助分析计算。

按拉格朗日法，机械系统的振动方程可通过动能 T、位能 V、能量散失函数 D 和广义干扰力 Q 来表示。即

$$\frac{\mathrm{d}}{\mathrm{d}t}\left(\frac{\partial T}{\partial \dot{q}_i}\right)-\frac{\partial T}{\partial q_i}+\frac{\partial V}{\partial q_i}+\frac{\partial D}{\partial \dot{q}_i}=Q_i \quad (i=1,\ 2,\ \cdots,\ n) \tag{4.1}$$

式中，q_i，$\dot{q}_i$ 分别为广义坐标和广义速度；T，V 分别为机械系统的动能和位能（或势能）；D 为能量散失函数；Q 为广义干扰力。

以上公式来源详见附录 A。

图 4.1 所示为三自由度的弹簧-质量系统，P_1，P_2，P_3 为分别作用于各质量上的干扰力。

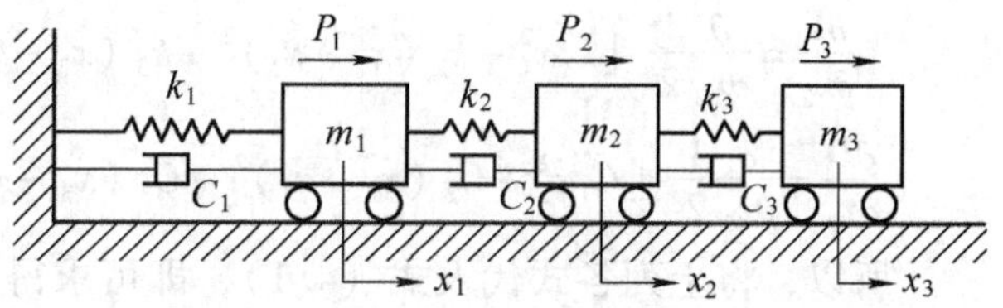

图 4.1 三自由度弹簧-质量系统

取各质量偏离其平衡位置的位移 x_1，x_2，x_3 为广义坐标，则广义速度为 $\dot{x}_1$，

$\dot{x}_2$，$\dot{x}_3$。机械系统的动能即质量 m_1，m_2，m_3 的动能之和，即

$$T=\frac{1}{2}(m_1\dot{x}_1^2+m_2\dot{x}_2^2+m_3\dot{x}_3^2) \tag{4.2}$$

机械系统的势能即为弹簧 1，2，3 的变形势能之和。而弹簧的势能可通过计算弹簧力的功来求得。当质量从平衡位置移动 x 距离后，弹簧的弹性恢复力 kx 对质量所做的功为

$$A_k=\int_0^x kx\mathrm{d}x=\frac{1}{2}kx^2$$

所以机械系统的势能为

$$V=\frac{1}{2}[k_1x_1^2+k_2(x_2-x_1)^2+k_3(x_3-x_2)^2] \tag{4.3}$$

机械系统的能量散失函数为机械系统在振动过程中克服阻尼 C_1，C_2，C_3 所做的功。因为阻尼力 $C\dot{x}$ 与振动速度 $\dot{x}$ 呈线性关系，所以在机械振动速度从 0 到 $\dot{x}$ 的整个过程中，阻尼力对振动质量所做的功为

$$A_c=\int_0^{\dot{x}} C\dot{x}\mathrm{d}x=\frac{1}{2}C\dot{x}^2$$

所以机械系统的能量散失函数为

$$D=\frac{1}{2}[C_1\dot{x}_1^2+C_2(\dot{x}_2-\dot{x}_1)^2+C_3(\dot{x}_3-\dot{x}_2)^2] \tag{4.4}$$

广义干扰力就是激振力，在这一机械系统中就是分别作用在各质量上的干扰力 P_1，P_2，P_3。故

$$\frac{\mathrm{d}}{\mathrm{d}t}\left(\frac{\partial T}{\partial\dot{x}_1}\right)=\frac{\mathrm{d}}{\mathrm{d}t}\frac{\partial}{\partial\dot{x}_1}\frac{1}{2}(m_1\dot{x}_1^2+m_2\dot{x}_2^2+m_3\dot{x}_3^2)=m_1\ddot{x}_1$$

$$\frac{\partial T}{\partial x_1}=\frac{\partial}{\partial x_1}\frac{1}{2}(m_1\dot{x}_1^2+m_2\dot{x}_2^2+m_3\dot{x}_3^2)=0$$

$$\frac{\partial V}{\partial x_1}=\frac{\partial}{\partial x_1}\frac{1}{2}[k_1x_1^2+k_2(x_2-x_1)^2+k_3(x_3-x_2)^2]=(k_1+k_2)x_1-k_2x_2$$

$$\frac{\partial D}{\partial\dot{x}_1}=\frac{\partial}{\partial\dot{x}_1}\frac{1}{2}[C_1\dot{x}_1^2+C_2(\dot{x}_2-\dot{x}_1)^2+C_3(\dot{x}_3-\dot{x}_2)^2]=(C_1+C_2)\dot{x}_1-C_2\dot{x}_2$$

将上列各式代入式（4.1），即可求得质量块 m_1 的振动方程为

$$m_1\ddot{x}_1+(C_1+C_2)\dot{x}_1-C_2\dot{x}_2+(k_1+k_2)x_1-k_2x_2=P_1 \tag{4.5}$$

又由于

$$\frac{\mathrm{d}}{\mathrm{d}t}\left(\frac{\partial T}{\partial\dot{x}_2}\right)=\frac{\mathrm{d}}{\mathrm{d}t}\frac{\partial}{\partial\dot{x}_2}\frac{1}{2}(m_1\dot{x}_1^2+m_2\dot{x}_2^2+m_3\dot{x}_3^2)=m_2\ddot{x}_2$$

$$\frac{\partial T}{\partial x_2}=0$$

$$\frac{\partial V}{\partial x_2}=\frac{\partial}{\partial x_2}\frac{1}{2}[k_1x_1^2+k_2(x_2-x_1)^2+k_3(x_3-x_2)^2]=-k_2x_1+(k_2+k_3)x_2-k_3x_3$$

$$\frac{\partial D}{\partial\dot{x}_2}=\frac{\partial}{\partial\dot{x}_2}\frac{1}{2}[C_1\dot{x}_1^2+C_2(\dot{x}_2-\dot{x}_1)^2+C_3(\dot{x}_3-\dot{x}_2)^2]=-C_2\dot{x}_1+(C_2+C_3)\dot{x}_2-C_3\dot{x}_3$$

所以，将上列各式代入式（4.1），即可求得质量块 m_2 的振动方程为

$$m_2\ddot{x}_2-C_2\dot{x}_1+(C_2+C_3)\dot{x}_2-C_3\dot{x}_3-k_2x_1+(k_2+k_3)x_2-k_3x_3=P_2 \tag{4.6}$$

又因为

$$\frac{\mathrm{d}}{\mathrm{d}t}\left(\frac{\partial T}{\partial \dot{x}_3}\right)=\frac{\mathrm{d}}{\mathrm{d}t}\frac{\partial}{\partial \dot{x}_3}\frac{1}{2}(m_1\dot{x}_1^2+m_2\dot{x}_2^2+m_3\dot{x}_3^2)=m_3\ddot{x}_3$$

$$\frac{\partial T}{\partial x_3}=0$$

$$\frac{\partial V}{\partial x_3}=\frac{\partial}{\partial x_3}\frac{1}{2}[k_1x_1^2+k_2(x_2-x_1)^2+k_3(x_3-x_2)^2]=k_3x_3-k_3x_2$$

$$\frac{\partial D}{\partial \dot{x}_3}=\frac{\partial}{\partial \dot{x}_3}\frac{1}{2}[C_1\dot{x}_1^2+C_2(\dot{x}_2-\dot{x}_1)^2+C_3(\dot{x}_3-\dot{x}_2)^2]=C_3\dot{x}_3-C_3\dot{x}_2$$

故，将上列各式代入式（4.1），即可求得质量块 m_3 的振动方程为

$$m_3\ddot{x}_3-C_3\dot{x}_2+C_3\dot{x}_3-k_3x_2+k_3x_3=P_3 \tag{4.7}$$

综上所述的计算结果，将式（4.5）~式（4.7）组成下列微分方程组，即得图 4.1 所示机械系统的运动微分方程：

$$\begin{cases}m_1\ddot{x}_1+(C_1+C_2)\dot{x}_1-C_2\dot{x}_2+(k_1+k_2)x_1-k_2x_2=P_1\\ m_2\ddot{x}_2-C_2\dot{x}_1+(C_2+C_3)\dot{x}_2-C_3\dot{x}_3-k_2x_1+(k_2+k_3)x_2-k_3x_3=P_2\\ m_3\ddot{x}_3-C_3\dot{x}_2+C_3\dot{x}_3-k_3x_2+k_3x_3=P_3\end{cases} \tag{4.8}$$

上式可用矩阵形式表达为

$$\boldsymbol{m\ddot{x}}+\boldsymbol{C\dot{x}}+\boldsymbol{kx}=\boldsymbol{P} \tag{4.9}$$

其中各列阵及系数矩阵分别为

位移列阵 $\boldsymbol{x}=\begin{pmatrix}x_1\\x_2\\x_3\end{pmatrix}$；速度列阵 $\boldsymbol{\dot{x}}=\begin{pmatrix}\dot{x}_1\\\dot{x}_2\\\dot{x}_3\end{pmatrix}$

加速度列阵 $\boldsymbol{\ddot{x}}=\begin{pmatrix}\ddot{x}_1\\\ddot{x}_2\\\ddot{x}_3\end{pmatrix}$；干扰力列阵 $\boldsymbol{P}=\begin{pmatrix}P_1\\P_2\\P_3\end{pmatrix}$

质量矩阵 $\boldsymbol{m}=\begin{pmatrix}m_1&0&0\\0&m_2&0\\0&0&m_3\end{pmatrix}$

阻尼矩阵 $\boldsymbol{C}=\begin{pmatrix}C_1+C_2&-C_2&0\\-C_2&C_2+C_3&-C_3\\0&-C_3&C_3\end{pmatrix}$

刚度矩阵 $\boldsymbol{k}=\begin{pmatrix}k_1+k_2&-k_2&0\\-k_2&k_2+k_3&-k_3\\0&-k_3&k_3\end{pmatrix}$

式（4.8）及式（4.9）都是机械系统的有阻尼受迫振动方程。若在上述机械系统中忽略阻尼，又无干扰力的作用，则机械系统的无阻尼自由振动方程可用矩阵直接写出：

$$\boldsymbol{m\ddot{x}}+\boldsymbol{kx}=\boldsymbol{0} \tag{4.10}$$

上式中的零列阵的阶数与自由度数相同，具体为

$$\mathbf{0} = \begin{pmatrix} 0 \\ 0 \\ \vdots \\ 0 \end{pmatrix}$$

若机械系统的自由度数为 n，则位移列阵 $\boldsymbol{x}$、速度列阵 $\dot{\boldsymbol{x}}$、加速度列阵 $\ddot{\boldsymbol{x}}$ 以及干扰力列阵 $\boldsymbol{P}$ 均为 n 阶列阵。而质量矩阵 $\boldsymbol{m}$、阻尼矩阵 $\boldsymbol{C}$，以及刚度矩阵 $\boldsymbol{k}$ 都为 n 阶对称方阵。

4.1.2　作用力方程与影响系数法

应用刚度矩阵所建立的多自由度系统运动作用力方程，得到多自由度系统振动方程的矩阵表达式为

$$\boldsymbol{m}\ddot{\boldsymbol{x}} + \boldsymbol{C}\dot{\boldsymbol{x}} + \boldsymbol{k}\boldsymbol{x} = \boldsymbol{P}$$

若能设法求出机械系统的质量矩阵 $\boldsymbol{m}$、阻尼矩阵 $\boldsymbol{C}$ 和刚度矩阵 $\boldsymbol{k}$，就可以直接按上式写出机械系统的运动微分方程。

$\boldsymbol{m}$，$\boldsymbol{C}$，$\boldsymbol{k}$ 的一般形式为

$$\boldsymbol{m} = \begin{pmatrix} m_{11} & m_{12} & \cdots & m_{1n} \\ m_{21} & m_{22} & \cdots & m_{2n} \\ \vdots & \vdots & & \vdots \\ m_{n1} & m_{n2} & \cdots & m_{nn} \end{pmatrix} \tag{4.11}$$

$$\boldsymbol{C} = \begin{pmatrix} C_{11} & C_{12} & \cdots & C_{1n} \\ C_{21} & C_{22} & \cdots & C_{2n} \\ \vdots & \vdots & & \vdots \\ C_{n1} & C_{n2} & \cdots & C_{nn} \end{pmatrix} \tag{4.12}$$

$$\boldsymbol{k} = \begin{pmatrix} k_{11} & k_{12} & \cdots & k_{1n} \\ k_{21} & k_{22} & \cdots & k_{2n} \\ \vdots & \vdots & & \vdots \\ k_{n1} & k_{n2} & \cdots & k_{nn} \end{pmatrix} \tag{4.13}$$

上列矩阵中的任一元素 m_{ij}，C_{ij}，k_{ij}分别代表第 i 坐标和第 j 坐标之间的惯性、阻尼和刚度的相互影响，故分别称之为惯性影响系数、阻尼影响系数和刚度影响系数。显然，只要能确定 m_{ij}，C_{ij}和 k_{ij}这些影响系数的数值，即可求出 $\boldsymbol{m}$、$\boldsymbol{C}$ 和 $\boldsymbol{k}$。

惯性影响系数 m_{ij}、阻尼影响系数 C_{ij}和刚度影响系数 k_{ij}，按其物理意义的定义分别为：

m_{ij}为使机械系统的第 j 坐标产生单位加速度，而其他坐标的加速度为零时，在第 i 坐标上所需加的作用力大小。

C_{ij}为使机械系统的第 j 坐标产生单位速度，而其他坐标的速度为零时，在第 i 坐标上所需加的作用力大小。

k_{ij}为使机械系统的第 j 坐标产生单位位移，而其他坐标的位移为零时，在第 i 坐标上所需加的作用力大小。

现以图 4.1 所示的三自由度系统为例，说明确定影响系数和系数矩阵的方法。

4.1.2.1　确定 k_{ij} 及 k

（1）设 $x_1=1$，$x_2=0$，$x_3=0$ 建立 k_{i1}　使 m_1 产生单位位移，而 m_2，m_3 不动。则在 m_1 上需要加大小等于 k_1+k_2 的力，以克服弹簧 k_1 和 k_2 的弹性阻力。由于 m_1 的位移为正方向，所以弹簧 k_1 和 k_2 的弹性阻力的方向为负。因此在 m_1 上所需加的作用力的方向为正，故 $k_{11}=k_1+k_2$。

为了在 $x_1=1$ 时，使 $x_2=0$，即 m_1 产生单位位移时，m_2 不动，则需要在 m_2 上加大小等于 k_2 的力，以克服弹簧 k_2 对 m_2 作用的弹性力 k_2。由于 m_1 的位移方向为正，所以弹簧 k_2 被压缩，其对 m_2 作用的弹性力方向为正。因此在 m_2 上所需加的作用力的方向应为负，故 $k_{21}=-k_2$。

当 $x_1=1$ 时，要使 $x_3=0$，即 m_1 产生单位位移时，m_3 不动。由于 m_3 和 m_1 之间没有直接的联系，而且 m_1 产生单位位移时，m_2 又不动，所以弹簧 k_3 没有变形，m_3 没有受到弹性力的作用，因此要使 $x_3=0$，并不需要在 m_3 上加力，故 $k_{31}=0$。

综合以上分析，$k_{11}=k_1+k_2$，$k_{21}=-k_2$，$k_{31}=0$，组成刚度矩阵的第 1 列 k_{i1}。

（2）设 $x_1=0$，$x_2=1$，$x_3=0$ 建立 k_{i2}　使 m_2 产生单位位移，而 m_1，m_3 不动。要使 m_2 产生单位位移，必须克服弹簧 k_2 及 k_3 的弹性阻力 $-(k_2+k_3)$。故 m_2 上所需加的作用力 k_2+k_3，即 $k_{22}=k_2+k_3$。

为了在 $x_2=1$ 时，使 $x_1=0$，则必须克服弹簧 k_2 作用于 m_1 的弹性力 k_2。故在 m_1 上所需加的作用力为 $-k_2$，即 $k_{12}=-k_2$。

为了在 $x_2=1$ 时，要使 $x_3=0$，则必须克服弹簧 k_3 作用于 m_3 的弹性力 k_3。故在 m_3 上所需加的作用力为 $-k_3$，即 $k_{32}=-k_3$。

综合以上分析，$k_{12}=-k_2$，$k_{22}=k_2+k_3$，$k_{32}=-k_3$，组成刚度矩阵的第 2 列 k_{i2}。

（3）设 $x_1=0$，$x_2=0$，$x_3=1$ 建立 k_{i3}　使 m_3 产生单位位移，而 m_1，m_2 不动。要使 m_3 产生单位位移，必须克服弹簧 k_3 的弹性阻力 $-k_3$，故在 m_3 上所需加的作用力 k_3，即 $k_{33}=k_3$。

为了在 $x_3=1$ 时，$x_2=0$，则必须克服弹簧 k_3 作用于 m_2 的弹性力 k_3。故在 m_2 上所需加的作用力为 $-k_3$，即 $k_{23}=-k_3$。

当 $x_3=1$ 时，要使 $x_1=0$。由于 m_3 与 m_1 没有直接的联系，故 $k_{13}=0$。

综合以上分析，$k_{13}=0$，$k_{23}=-k_3$，$k_{33}=k_3$，组成刚度矩阵的第 3 列 k_{i3}。

将以上求得的全部刚度影响系数按下标写成矩阵形式，就得到机械系统的刚度矩阵：

$$\boldsymbol{k}=\begin{pmatrix} k_{11} & k_{12} & k_{13} \\ k_{21} & k_{22} & k_{23} \\ k_{31} & k_{32} & k_{33} \end{pmatrix}=\begin{pmatrix} k_1+k_2 & -k_2 & 0 \\ -k_2 & k_2+k_3 & -k_3 \\ 0 & -k_3 & k_3 \end{pmatrix}$$

4.1.2.2　确定 C_{ij} 及 C

1）设 $\dot{x}_1=1$，$\dot{x}_2=\dot{x}_3=0$，即使 m_1 产生单位速度，而 m_2 及 m_3 速度为零。为了使 m_1 产生单位速度，则必须克服阻尼器 C_1 和 C_2 的阻尼力 $-(C_1+C_2)\dot{x}_1=-(C_1+C_2)$。因此在 m_1 上所需加的作用力为 C_1+C_2，故 $C_{11}=C_1+C_2$。

为了在 $\dot{x}_1=1$ 时，$\dot{x}_2=0$，即使 m_1 产生单位速度时，m_2 的速度仍为零，则必须克服阻尼器 C_2 作用于 m_2 的阻尼力 C_2，因此在 m_2 上所需加的作用力为 $-C_2$，故 $C_{21}=-C_2$。

当 $\dot{x}_1=1$ 时，要使 $\dot{x}_3=0$，即使 m_1 产生单位速度时，m_3 的速度仍为零，由于 m_3 与 m_1

没有直接的联系，因此不需在 m_3 上加力，故 $C_{31}=0$。

2）当设 $\dot{x}_2=1$，$\dot{x}_1=\dot{x}_3=0$ 时，可以求出

$$C_{22}=C_2+C_3,\ C_{12}=-C_2,\ C_{32}=-C_3$$

3）当设 $\dot{x}_3=1$，$\dot{x}_2=\dot{x}_1=0$ 时，可以求出

$$C_{33}=C_3,\ C_{23}=-C_3,\ C_{13}=0$$

将以上求得的全部阻尼影响系数按下标写成矩阵形式，就得到机械系统的阻尼矩阵：

$$\boldsymbol{C}=\begin{pmatrix} C_{11} & C_{12} & C_{13} \\ C_{21} & C_{22} & C_{23} \\ C_{31} & C_{32} & C_{33} \end{pmatrix}=\begin{pmatrix} C_1+C_2 & -C_2 & 0 \\ -C_2 & C_2+C_3 & -C_3 \\ 0 & -C_3 & C_3 \end{pmatrix}$$

4.1.2.3 确定 m_{ij} 及 $\boldsymbol{m}$

1）设 $\ddot{x}_1=1$，$\ddot{x}_2=\ddot{x}_3=0$，即使 m_1 产生单位加速度，而 m_2 及 m_3 加速度为零。要使 m_1 产生单位加速度，则必须克服 m_1 施加作用力 $m_1\ddot{x}_1=m_1$，故 $m_{11}=m_1$。

当 $\ddot{x}_1=1$ 时，要使 $\ddot{x}_2=\ddot{x}_3=0$，则对 m_2 和 m_3 都不能施加作用力，故 $m_{21}=0$，$m_{31}=0$。

2）当设 $\ddot{x}_2=1$，$\ddot{x}_1=\ddot{x}_3=0$ 时，可以求出

$$m_{22}=m_2,\ m_{12}=0,\ m_{32}=0$$

3）设 $\ddot{x}_3=1$，$\ddot{x}_1=\ddot{x}_2=0$ 时，可以求出

$$m_{33}=m_3,\ m_{13}=0,\ m_{23}=0$$

将以上求得的全部惯性影响系数按下标写成矩阵形式，就得到机械系统的质量矩阵：

$$\boldsymbol{m}=\begin{pmatrix} m_{11} & m_{12} & m_{13} \\ m_{21} & m_{22} & m_{23} \\ m_{31} & m_{32} & m_{33} \end{pmatrix}=\begin{pmatrix} m_1 & 0 & 0 \\ 0 & m_2 & 0 \\ 0 & 0 & m_3 \end{pmatrix}$$

由此可见，应用影响系数法可以根据机械系统的动力学模型直接求出各个系数矩阵，从而可以直接写出机械系统振动方程的矩阵表达式。

$$\begin{pmatrix} m_1 & 0 & 0 \\ 0 & m_2 & 0 \\ 0 & 0 & m_3 \end{pmatrix}\begin{pmatrix} \ddot{x}_1 \\ \ddot{x}_2 \\ \ddot{x}_3 \end{pmatrix}+\begin{pmatrix} C_1+C_2 & -C_2 & 0 \\ -C_2 & C_2+C_3 & -C_3 \\ 0 & -C_3 & C_3 \end{pmatrix}\begin{pmatrix} \dot{x}_1 \\ \dot{x}_2 \\ \dot{x}_3 \end{pmatrix}+\begin{pmatrix} k_1+k_2 & -k_2 & 0 \\ -k_2 & k_2+k_3 & -k_3 \\ 0 & -k_3 & k_3 \end{pmatrix}\begin{pmatrix} x_1 \\ x_2 \\ x_3 \end{pmatrix}=\begin{pmatrix} P_1 \\ P_2 \\ P_3 \end{pmatrix}$$

4.1.3 位移方程与柔度影响系数法

以上讨论的应用刚度矩阵来建立机械振动系统运动的作用力方程，对许多振动系统是方便的。但是对于静定系统，有时采用机械振动系统运动的位移方程则更为简便而易于求解。

通常所说的弹簧刚度，是指在弹簧某点沿指定方向产生单位位移，而在该点沿该方向所需加的力；弹簧柔度则是指在弹簧某点沿指定方向作用单位力，而在该点沿该方向所产生的位移，称该位移为系统沿指定方向的柔度，引进符号 δ 来表示，所以有如下关系：

$$\delta=\frac{1}{k} \tag{4.14}$$

现在先用一个较为简单的三自由度无阻尼系统（图 4.2）来说明位移方程的建立方法。

在图 4.2 所示的机械振动系统中，三个弹簧的柔度系数各为：$\delta_1=\dfrac{1}{k_1}$，$\delta_2=\dfrac{1}{k_2}$，$\delta_3=\dfrac{1}{k_3}$。

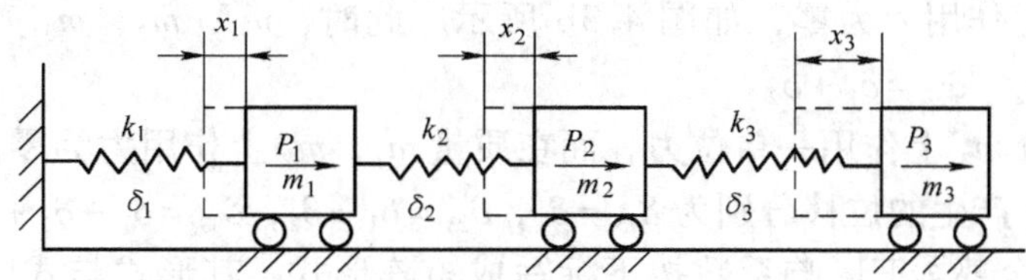

图 4.2 三自由度无阻尼系统

先假设作用在各质量上的力 P_1，P_2，P_3 是静止作用上去的，则机械振动系统各质量的位移可表示为

$$\begin{cases}(x_1)_{st}=\delta_1(P_1+P_2+P_3)\\(x_2)_{st}=\delta_1(P_1+P_2+P_3)+\delta_2(P_2+P_3)\\(x_3)_{st}=\delta_1(P_1+P_2+P_3)+\delta_2(P_2+P_3)+\delta_3P_3\end{cases}\tag{4.15}$$

式中，$(x_1)_{st}$，$(x_2)_{st}$，$(x_3)_{st}$ 分别为质量 m_1，m_2，m_3 的静位移。

此时可按矩阵形式写成

$$\begin{pmatrix}x_1\\x_2\\x_3\end{pmatrix}_{st}=\begin{pmatrix}\delta_1&\delta_1&\delta_1\\\delta_1&\delta_1+\delta_2&\delta_1+\delta_2\\\delta_1&\delta_1+\delta_2&\delta_1+\delta_2+\delta_3\end{pmatrix}\begin{pmatrix}P_1\\P_2\\P_3\end{pmatrix}\tag{4.16}$$

上式还可简写成如下矩阵形式：

$$\boldsymbol{x}_{st}=\boldsymbol{\delta P}\tag{4.17}$$

式中，$\boldsymbol{\delta}$ 称为柔度矩阵，它的一般形式为

$$\boldsymbol{\delta}=\begin{pmatrix}\delta_{11}&\delta_{12}&\delta_{13}\\\delta_{21}&\delta_{22}&\delta_{23}\\\delta_{31}&\delta_{32}&\delta_{33}\end{pmatrix}\tag{4.18}$$

δ_{ij} 柔度影响系数为在机械振动系统的第 j 坐标上作用一单位力时，在第 i 坐标上所产生的位移大小。

直接从机械振动系统的动力学模型中求出柔度矩阵 $\boldsymbol{\delta}$。即对机械振动系统的每一个坐标依次作用一单位力，计算各坐标所产生的位移，来导出全部，从而得出柔度矩阵，即所谓柔度影响系数法。

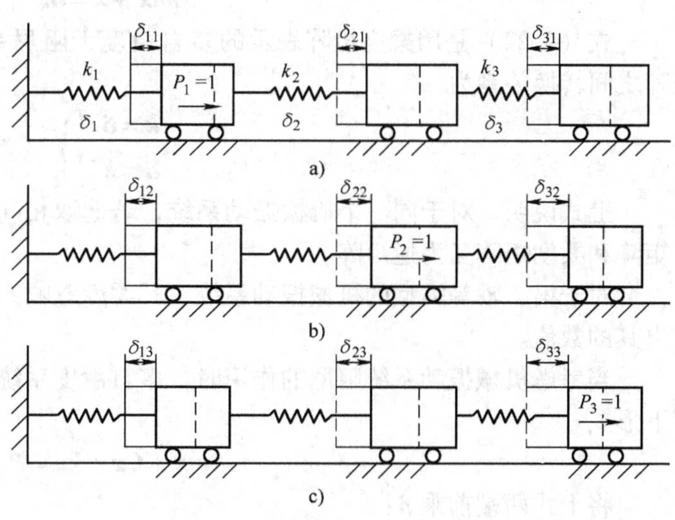

图 4.3 建立系统柔度矩阵的示意图

1）先在质量 m_1 上作用一单位力，而在 m_2，m_3 上作用力为零，如图 4.3a 所示。此时，各质量所产生的静位移分别为 δ_{11}，δ_{21}，δ_{31}。根据柔度影响系数的定义，可以得出 $\delta_{11}=\delta_{21}=\delta_{31}=\delta_1$。

2）再在质量 m_2 上作用一单位

力，而在 m_1，m_3 上作用力为零，如图 4.3b 所示。此时，m_1，m_2，m_3 产生的位移分别为 $\delta_{12}=\delta_1$，$\delta_{22}=\delta_1+\delta_2$，$\delta_{32}=\delta_1+\delta_2$。

3）最后在质量 m_3 上作用一单位力，而在质量 m_1，m_2 上作用力为零，如图 4.3c 所示。此时，m_1，m_2，m_3 产生的位移分别为 $\delta_{13}=\delta_1$，$\delta_{23}=\delta_1+\delta_2$，$\delta_{33}=\delta_1+\delta_2+\delta_3$。

将以上求得的全部柔度影响系数按下标写成矩阵形式，其形式与式（4.16）中的柔度矩阵完全一致。

$$\boldsymbol{\delta}=\begin{pmatrix}\delta_{11} & \delta_{12} & \delta_{13}\\ \delta_{21} & \delta_{22} & \delta_{23}\\ \delta_{31} & \delta_{32} & \delta_{33}\end{pmatrix}=\begin{pmatrix}\delta_1 & \delta_1 & \delta_1\\ \delta_1 & \delta_1+\delta_2 & \delta_1+\delta_2\\ \delta_1 & \delta_1+\delta_2 & \delta_1+\delta_2+\delta_3\end{pmatrix}$$

柔度影响系数 $\delta_{ij}=\delta_{ji}$，这种对称性在刚度矩阵中也同样存在。实际上，对于线性弹性系统，柔度矩阵和刚度矩阵总是对称的。

在式（4.16）中，假如 P_1，P_2，P_3 不是静力，而是动力作用的力，则机械系统的惯性力就必须计入。这时式（4.16）应改写成

$$\begin{pmatrix}x_1\\ x_2\\ x_3\end{pmatrix}_{\mathrm{st}}=\begin{pmatrix}\delta_1 & \delta_1 & \delta_1\\ \delta_1 & \delta_1+\delta_2 & \delta_1+\delta_2\\ \delta_1 & \delta_1+\delta_2 & \delta_1+\delta_2+\delta_3\end{pmatrix}\begin{pmatrix}P_1-m_1\ddot{x}_1\\ P_2-m_2\ddot{x}_2\\ P_3-m_3\ddot{x}_3\end{pmatrix} \tag{4.19}$$

或写成

$$\begin{pmatrix}x_1\\ x_2\\ x_3\end{pmatrix}_{\mathrm{st}}=\begin{pmatrix}\delta_1 & \delta_1 & \delta_1\\ \delta_1 & \delta_1+\delta_2 & \delta_1+\delta_2\\ \delta_1 & \delta_1+\delta_2 & \delta_1+\delta_2+\delta_3\end{pmatrix}\left(\begin{pmatrix}P_1\\ P_2\\ P_3\end{pmatrix}-\begin{pmatrix}m_1 & 0 & 0\\ 0 & m_2 & 0\\ 0 & 0 & m_3\end{pmatrix}\begin{pmatrix}\ddot{x}_1\\ \ddot{x}_2\\ \ddot{x}_3\end{pmatrix}\right) \tag{4.20}$$

上式还可以简写为矩阵形式：

$$\boldsymbol{x}=\boldsymbol{\delta P}-\boldsymbol{m\ddot{x}} \tag{4.21}$$

上式表明，在动力作用下机械系统产生的位移等于系统的柔度矩阵与作用力的乘积。它也可写成

$$\boldsymbol{\delta m\ddot{x}}+\boldsymbol{x}=\boldsymbol{\delta P} \tag{4.22}$$

式（4.22）是用柔度矩阵表示的多自由度无阻尼系统的运动方程。柔度矩阵与刚度矩阵之间转换关系为

$$\left.\begin{aligned}\boldsymbol{k}&=\boldsymbol{\delta}^{-1}\\ \boldsymbol{\delta}&=\boldsymbol{k}^{-1}\end{aligned}\right\} \tag{4.23}$$

上式说明，对于同一个机械振动系统，若选取相同的广义坐标，则机械振动系统的刚度矩阵和柔度矩阵互为逆矩阵。

对于梁、轴等类型的机械振动系统，其柔度影响系数可以直接应用材料力学的公式来求出其的数值。

当考虑机械振动系统阻尼的作用时，多自由度系统运动的作用力方程，如前所述应为如下形式：

$$\boldsymbol{m\ddot{x}}+\boldsymbol{C\dot{x}}+\boldsymbol{kx}=\boldsymbol{P} \tag{4.24}$$

将上式两端前乘 $\boldsymbol{\delta}$：

$$\boldsymbol{\delta m\ddot{x}}+\boldsymbol{\delta C\dot{x}}+\boldsymbol{\delta kx}=\boldsymbol{\delta P} \tag{4.25}$$

因为 $\boldsymbol{\delta}=\boldsymbol{k}^{-1}$，所以

$$\boldsymbol{\delta k}=\boldsymbol{I}$$

所以，上式可简化为

$$\boldsymbol{\delta m\ddot{x}}+\boldsymbol{\delta C\dot{x}}+\boldsymbol{x}=\boldsymbol{\delta P} \tag{4.26}$$

式（4.26）就是多自由度有阻尼系统的运动位移方程的一般形式。

【例4-1】　图4.4a所示为一等截面悬臂梁，梁上等距离地分布有集中质量 m_1，m_2，m_3，在 m_1，m_2，m_3 上分别作用有动力 P_1，P_2，P_3，已知梁的抗弯刚度为 EI，试求机械系统的柔度矩阵。

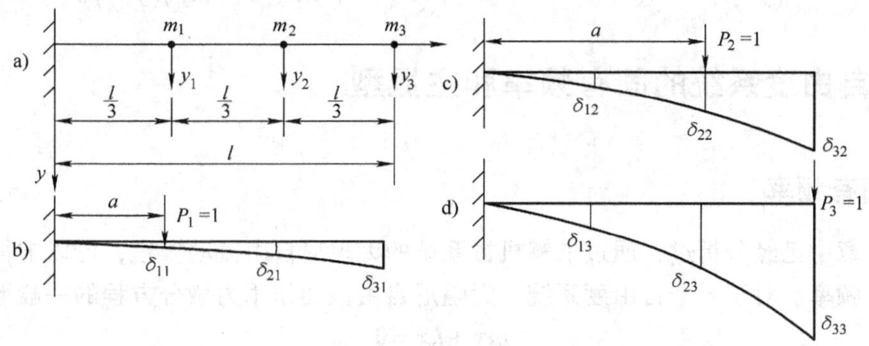

图4.4　具有三个集中质量的悬臂梁

【解】　首先建立以三个集中质量 m_1，m_2，m_3 离开其平衡位置的垂直位移 y_1，y_2，y_3 为系统的广义坐标（图4.4a）。

由材料力学可知，当悬臂梁受力 P 作用时，其挠度计算公式为

$$\left.\begin{aligned} y&=\frac{Px^2}{6EI}(3a-x) \qquad 0\leqslant x\leqslant a \\ y&=\frac{Px^2}{6EI}(3x-a) \qquad a\leqslant x\leqslant l \end{aligned}\right\} \tag{4.27}$$

根据柔度影响系数的定义，在坐标 y_1 处作用一单位力，则在坐标 y_1，y_2，y_3 处所产生的挠度分别为 δ_{11}，δ_{21}，δ_{31}（图4.4b）。

再在坐标 y_2 处作用一单位力，则在坐标 y_1，y_2，y_3 处所产生的挠度分别为 δ_{12}，δ_{22}，δ_{32}（图4.4c）。

最后，在坐标 y_3 处作用一单位力，则在坐标 y_1，y_2，y_3 处所产生的挠度分别为 δ_{13}，δ_{23}，δ_{33}（图4.4d）。

根据式（4.27）可计算出各个柔度影响系数的值为

$$\delta_{11}=\frac{l^3}{81EI},\ \delta_{22}=\frac{8l^3}{81EI}$$

$$\delta_{21}=\delta_{12}=\frac{2.5l^3}{81EI},\ \delta_{23}=\delta_{32}=\frac{14l^3}{81EI}$$

$$\delta_{31}=\delta_{13}=\frac{4l^3}{81EI},\ \delta_{33}=\frac{27l^3}{81EI}$$

故机械系统的柔度矩阵为

$$\boldsymbol{\delta}=\begin{pmatrix}\delta_{11} & \delta_{12} & \delta_{13}\\ \delta_{21} & \delta_{22} & \delta_{32}\\ \delta_{31} & \delta_{32} & \delta_{33}\end{pmatrix}=\frac{l^3}{81EI}\begin{pmatrix}1 & 2.5 & 4\\ 2.5 & 8 & 14\\ 4 & 14 & 27\end{pmatrix}$$

求出机械系统的柔度矩阵后，参照式（4.20）可直接写出图 4.4a 所示机械系统的运动位移方程：

$$\begin{pmatrix}y_1\\ y_2\\ y_3\end{pmatrix}=\frac{l^3}{81EI}\begin{pmatrix}1 & 2.5 & 4\\ 2.5 & 8 & 14\\ 4 & 14 & 27\end{pmatrix}\left(\begin{pmatrix}P_1\\ P_2\\ P_3\end{pmatrix}-\begin{pmatrix}m_1 & 0 & 0\\ 0 & m_2 & 0\\ 0 & 0 & m_3\end{pmatrix}\begin{pmatrix}\ddot{y}_1\\ \ddot{y}_2\\ \ddot{y}_3\end{pmatrix}\right) \tag{4.28}$$

4.2 多自由度系统的固有频率和主振型

4.2.1 固有频率

在上一章中已经分析过，通过求解机械系统的无阻尼自由振动方程，可以求得机械振动系统的固有频率。对于 n 个自由度系统，无阻尼自由振动作用力微分方程的一般形式为

$$\boldsymbol{m}\ddot{\boldsymbol{x}}+\boldsymbol{k}\boldsymbol{x}=\boldsymbol{0} \tag{4.29}$$

设无阻尼自由振动系统中的所有质量均作简谐运动，即

$$\boldsymbol{x}=\boldsymbol{A}\sin(\omega_{\mathrm{n}}t+\varphi) \tag{4.30}$$

式中，$\boldsymbol{A}$ 是机械系统自由振动时，各个坐标上的振幅所组成的列阵，称为振幅向量。

即

$$\boldsymbol{A}=\begin{Bmatrix}A_1\\ A_2\\ \vdots\\ A_n\end{Bmatrix} \tag{4.31}$$

将式（4.30）分别求二阶导数，连同式（4.30）一起代入式（4.29），并经过简化后得

$$(\boldsymbol{k}-\omega_{\mathrm{n}}^2\boldsymbol{m})\boldsymbol{A}=\boldsymbol{0} \tag{4.32}$$

解上列方程的问题，在数学上称为求特征值问题。

对于振动系统，振幅不应全部为零，即 $\boldsymbol{A}\neq 0$，因而必有系数行列式为零，即

$$|\boldsymbol{k}-\omega_{\mathrm{n}}^2\boldsymbol{m}|=0 \tag{4.33}$$

其一般形式为

$$|\boldsymbol{k}-\omega_{\mathrm{n}}^2\boldsymbol{m}|=\begin{vmatrix}k_{11}-m_{11}\omega_{\mathrm{n}}^2 & k_{12}-m_{12}\omega_{\mathrm{n}}^2 & \cdots & k_{1n}-m_{1n}\omega_{\mathrm{n}}^2\\ k_{21}-m_{21}\omega_{\mathrm{n}}^2 & k_{22}-m_{22}\omega_{\mathrm{n}}^2 & \cdots & k_{2n}-m_{2n}\omega_{\mathrm{n}}^2\\ \vdots & \vdots & & \vdots\\ k_{n1}-m_{n1}\omega_{\mathrm{n}}^2 & k_{n2}-m_{n2}\omega_{\mathrm{n}}^2 & \cdots & k_{nn}-m_{nn}\omega_{\mathrm{n}}^2\end{vmatrix}=0 \tag{4.34}$$

式（4.34）称为机械振动系统的特征方程或频率方程。将其展开后可得到 ω_{n}^2 的 n 次代数方程：

$$\omega_{\mathrm{n}}^{2n}+a_1\omega_{\mathrm{n}}^{2(n-1)}+a_2\omega_{\mathrm{n}}^{2(n-2)}+\cdots+a_{n-1}\omega_{\mathrm{n}}^2+a_n=0 \tag{4.35}$$

式中，a_1，a_2，…，a_n 等系数都是 k_{ij} 与 m_{ij} 的组合。

对于一个 n 自由度系统，求解其特征方程后，可以得到 ω_n^2 的 n 个根，这 ω_n^2 的 n 个根称为方程（4.32）的 n 个特征根或特征值，开方后即得机械系统各阶固有频率。

如果 $\boldsymbol{m}$ 是正定的（即系统的动能除全部速度都为零外，总是大于零的），$\boldsymbol{k}$ 是正定的或半正定的，特征值全部是正根，特殊情况下，其中有零根或重根。将这 n 个固有频率由小到大按次序排列，分别称之为一阶固有频率（基频）、二阶固有频率、…、n 阶固有频率，即

$$0<\omega_{n1}<\omega_{n2}<\cdots<\omega_{nn} \tag{4.36}$$

4.2.2　主振型

求得机械振动系统的各阶固有频率后，将其中某一阶固有频率 ω_{nr} 代回式（4.32），并加以展开：

$$\left.\begin{aligned}
&(k_{11}-m_{11}\omega_{nr}^2)A_1^{(r)}+(k_{12}-m_{12}\omega_{nr}^2)A_2^{(r)}+\cdots+(k_{1n}-m_{1n}\omega_{nr}^2)A_n^{(r)}=0\\
&(k_{21}-m_{21}\omega_{nr}^2)A_1^{(r)}+(k_{22}-m_{22}\omega_{nr}^2)A_2^{(r)}+\cdots+(k_{2n}-m_{2n}\omega_{nr}^2)A_n^{(r)}=0\\
&\qquad\vdots\\
&(k_{n1}-m_{n1}\omega_{nr}^2)A_1^{(r)}+(k_{n2}-m_{n2}\omega_{nr}^2)A_2^{(r)}+\cdots+(k_{nn}-m_{nn}\omega_{nr}^2)A_n^{(r)}=0
\end{aligned}\right\} \tag{4.37}$$

显然，上式是由 n 个齐次代数方程所组成的方程组。因此，从中只能求得 n 个未知量 $A_i^{(r)}$ 之间的比值，而无法求出 $A_1^{(r)}$，$A_2^{(r)}$，…，$A_n^{(r)}$ 的确定解。现在，我们将方程组（4.37）中划去其中不独立的某一式（如最后一式），并将剩下独立的 $n-1$ 个方程中某一相同的 $A_i^{(r)}$ 项（如 $A_n^{(r)}$ 项）移到等式右边，即可得到下列代数方程组：

$$\left.\begin{aligned}
&(k_{11}-m_{11}\omega_{nr}^2)A_1^{(r)}+(k_{12}-m_{12}\omega_{nr}^2)A_2^{(r)}+\cdots+(k_{1,n-1}-m_{1,n-1}\omega_{nr}^2)A_{n-1}^{(r)}\\
&\qquad=-(k_{1n}-m_{1n}\omega_{nr}^2)A_n^{(r)}\\
&(k_{21}-m_{n1}\omega_{nr}^2)A_1^{(r)}+(k_{22}-m_{22}\omega_{nr}^2)A_2^{(r)}+\cdots+(k_{2,n-1}-m_{2,n-1}\omega_{nr}^2)A_{n-1}^{(r)}\\
&\qquad=-(k_{2n}-m_{2n}\omega_{nr}^2)A_n^{(r)}\\
&\qquad\vdots\\
&(k_{n-1,1}-m_{n-1,1}\omega_{nr}^2)A_1^{(r)}+(k_{n-1,2}-m_{n-1,2}\omega_{nr}^2)A_2^{(r)}+\cdots+(k_{n-1,n-1}-m_{n-1,n-1}\omega_{nr}^2)A_{n-1}^{(r)}\\
&\qquad=-(k_{n-1,n}-m_{n-1,n}\omega_{nr}^2)A_n^{(r)}
\end{aligned}\right\} \tag{4.38}$$

根据式（4.38），就可以对 $A_1^{(r)}$，$A_2^{(r)}$，…，$A_{n-1}^{(r)}$ 求解，而求得的 $A_i^{(r)}$ 值（$i=1,2,\cdots,n-1$）都与 $A_n^{(r)}$ 成正比。这样就可以得到对应于第 r 阶固有频率 ω_{nr} 的 n 个振幅 $A_1^{(r)}$，$A_2^{(r)}$，…，$A_n^{(r)}$ 之间的关系，也就是机械振动系统按第 r 阶固有频率振动时各坐标的振幅比。把由这 n 个具有确定的相对比值的振幅所组成的列阵，称为机械系统的第 r 阶主振型。即

$$\boldsymbol{A}^{(r)}=\begin{pmatrix}A_1^{(r)}\\A_2^{(r)}\\\vdots\\A_n^{(r)}\end{pmatrix} \tag{4.39}$$

若将机械系统的各阶固有频率依次代入式（4.32），即可得到机械系统的第一阶、第二阶、…、第 n 阶主振型：

$$A^{(1)}=\begin{pmatrix}A_1^{(1)}\\A_2^{(1)}\\\vdots\\A_n^{(1)}\end{pmatrix},A^{(2)}=\begin{pmatrix}A_1^{(2)}\\A_2^{(2)}\\\vdots\\A_n^{(2)}\end{pmatrix},\cdots,A^{(n)}=\begin{pmatrix}A_1^{(n)}\\A_2^{(n)}\\\vdots\\A_n^{(n)}\end{pmatrix}\tag{4.40}$$

由此可见，n 个自由度的系统就有 n 个固有频率和 n 个相应的主振型。在数学上，把这种性质称为对应于每一个特征值 ω_{nr}，具有某一个特征向量 $A^{(r)}$。

在两自由度系统中已经知道，当机械系统在某些特殊的初始条件下，可以使机械系统每一坐标均以同一频率 ω_{nr} 及同一相位角 φ_r 作简谐振动，这样的振动称作第 i 阶主振型。显然，一个坐标幅值的绝对值取决于机械系统的初始条件。但由于各构件振幅相对比值只取决于机械系统的物理性质，因此，我们不局限于求出具体绝对值，而可以一般地描述机械系统第 i 阶主振型的形式。若任意规定某一坐标的幅值，如 $A_n^{(r)}\neq 0$，则可规定 $A_n^{(r)}=1$，或规定主振型中最大的一个坐标幅值为 1，以确定其他各坐标幅值，此过程称为归一化。归一化了的特征向量又称为振型向量。

【例 4-2】 如图 4.5 所示的三自由度系统，已知 $m_1=m_2=m_3=m$，$k_1=k_4=2k$，$k_2=k_3=k$，试计算此机械系统的固有频率和主振型。

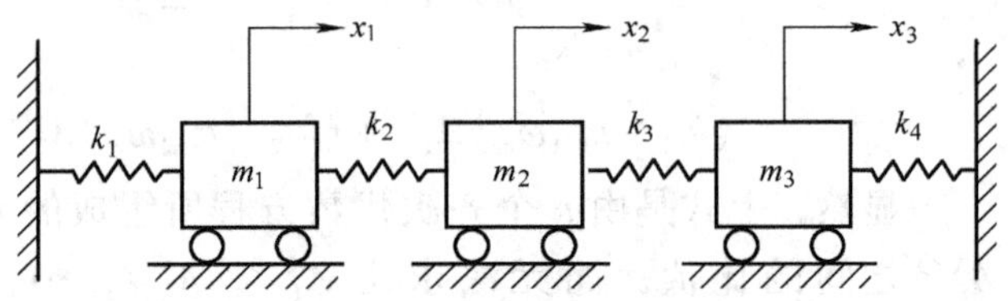

图 4.5 三自由度系统示意图

【解】 取质量 m_1，m_2，m_3 各自偏离平衡位置的位移 x_1，x_2，x_3 为广义坐标，则该机械振动系统的运动方程为

$$\boldsymbol{m}\ddot{\boldsymbol{x}}+\boldsymbol{k}\boldsymbol{x}=\boldsymbol{0}$$

式中，

$$\boldsymbol{m}=\begin{pmatrix}m_1&0&0\\0&m_2&0\\0&0&m_3\end{pmatrix}=m\begin{pmatrix}1&0&0\\0&1&0\\0&0&1\end{pmatrix}$$

$$\boldsymbol{k}=\begin{pmatrix}k_1+k_2&-k_2&0\\-k_2&k_2+k_3&-k_3\\0&-k_3&k_3+k_4\end{pmatrix}=k\begin{pmatrix}3&-1&0\\-1&2&-1\\0&-1&3\end{pmatrix}$$

代入式（4.32）得特征值问题

$$\left(k\begin{pmatrix}3&-1&0\\-1&2&-1\\0&-1&3\end{pmatrix}-\omega_n^2 m\begin{pmatrix}1&0&0\\0&1&0\\0&0&1\end{pmatrix}\right)\begin{pmatrix}A_1\\A_2\\A_3\end{pmatrix}=\begin{pmatrix}0\\0\\0\end{pmatrix}$$

故机械系统的特征方程为

$$\begin{pmatrix}3k-m\omega_n^2&-k&0\\-k&2k-m\omega_n^2&-k\\0&-k&3k-m\omega_n^2\end{pmatrix}=0$$

将上式展开，并简化后得

$$(\omega_n^2)^3-8\left(\frac{k}{m}\right)(\omega_n^2)^2+19\left(\frac{k}{m}\right)^2\omega_n^2-12\left(\frac{k}{m}\right)^3=0$$

解上式，得机械振动系统的三个固有频率：

$$\omega_{n1}=\sqrt{\frac{k}{m}},\ \omega_{n2}=\sqrt{\frac{3k}{m}},\ \omega_{n3}=2\sqrt{\frac{k}{m}}$$

将一阶固有频率 ω_{n1}，代回到机械振动系统的特征值问题的方程中，得

$$\begin{pmatrix}3k-k & -k & 0\\ -k & 2k-k & -k\\ 0 & -k & 3k-k\end{pmatrix}\begin{pmatrix}A_1^{(1)}\\ A_2^{(1)}\\ A_3^{(1)}\end{pmatrix}=\begin{pmatrix}0\\0\\0\end{pmatrix}$$

将上式展开：

$$\left.\begin{aligned}2kA_1^{(1)}-kA_2^{(1)}=0\\ -kA_1^{(1)}+kA_2^{(1)}-kA_3^{(1)}=0\\ -kA_2^{(1)}+2kA_3^{(1)}=0\end{aligned}\right\}$$

令 $A_1^{(1)}=1$，则有

$$A_2^{(1)}=2,\ A_3^{(1)}=1$$

同理，将 ω_{n2}代回机械振动系统的特征值问题的方程中，可求出：

令 $A_1^{(2)}=1$，则　　　　　　　　$A_2^{(2)}=0,\ A_3^{(2)}=-1$

再将 ω_{n3}代回机械振动系统的特征值问题的方程中，又可求出：

$$A_1^{(3)}=1,\quad A_2^{(3)}=-1,\quad A_3^{(3)}=1$$

所以，对应于三个固有频率 ω_{n1}，ω_{n2}，ω_{n3}，系统的第一阶、第二阶、第三阶主振型列阵为

$$\boldsymbol{A}^{(1)}=\begin{pmatrix}1\\2\\1\end{pmatrix},\ \boldsymbol{A}^{(2)}=\begin{pmatrix}1\\0\\-1\end{pmatrix},\ \boldsymbol{A}^{(3)}=\begin{pmatrix}1\\-1\\1\end{pmatrix}$$

各阶主振型的示意图如图 4.6 所示。

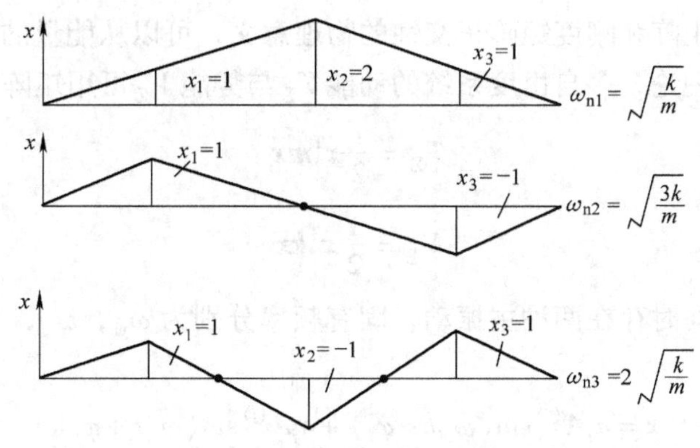

图 4.6　三自由度系统的振型图

4.2.3　主振型的正交性

在两自由度系统中，我们已经建立了主振型的正交性的概念。在多自由度系统中，各阶

主振型之间也存在正交性，这是多自由度系统十分有用的性质。

现在我们来研究多自由度系统任意两组主振型之间的关系。

根据特征方程：

$$(\boldsymbol{k}-\omega_{\rm n}^2\boldsymbol{m})\boldsymbol{A}=\boldsymbol{0}$$

若已知对应于两个固有频率 ω_{nr} 和 ω_{ns} 的两阶主振型 $\boldsymbol{A}^{(r)}$ 和 $\boldsymbol{A}^{(s)}$，则它们分别满足下列关系式：

$$\boldsymbol{k}\boldsymbol{A}^{(r)}=\omega_{nr}^2\boldsymbol{m}\boldsymbol{A}^{(r)} \tag{4.41}$$

$$\boldsymbol{k}\boldsymbol{A}^{(s)}=\omega_{ns}^2\boldsymbol{m}\boldsymbol{A}^{(s)} \tag{4.42}$$

用第 s 阶主振型 $\boldsymbol{A}^{(s)}$ 的转置矩阵 $\boldsymbol{A}^{(s)\rm T}$ 左乘式（4.41），得

$$\boldsymbol{A}^{(s)\rm T}\boldsymbol{k}\boldsymbol{A}^{(r)}=\omega_{nr}^2\boldsymbol{A}^{(s)\rm T}\boldsymbol{m}\boldsymbol{A}^{(r)} \tag{4.43}$$

先将式（4.42）两边转置，而后用第 r 阶主振型 $\boldsymbol{A}^{(r)}$ 右乘，由于质量矩阵 $\boldsymbol{m}$ 和刚度矩阵 $\boldsymbol{k}$ 均是对称矩阵，故得

$$\boldsymbol{A}^{(s)\rm T}\boldsymbol{k}\boldsymbol{A}^{(r)}=\omega_{ns}^2\boldsymbol{A}^{(s)\rm T}\boldsymbol{m}\boldsymbol{A}^{(r)} \tag{4.44}$$

以式（4.43）减式（4.44）得

$$(\omega_{nr}^2-\omega_{ns}^2)\boldsymbol{A}^{(s)\rm T}\boldsymbol{m}\boldsymbol{A}^{(r)}=0 \tag{4.45}$$

因 $\omega_{nr}^2\neq\omega_{ns}^2$，必然有

$$\boldsymbol{A}^{(s)\rm T}\boldsymbol{m}\boldsymbol{A}^{(r)}=0\quad(r\neq s) \tag{4.46}$$

以式（4.46）代回式（4.43）得

$$\boldsymbol{A}^{(s)\rm T}\boldsymbol{k}\boldsymbol{A}^{(r)}=0\quad(r\neq s) \tag{4.47}$$

式（4.46）和式（4.47）表示了任意两个主振型之间的关系。式（4.46）称为主振型对质量矩阵的正交性，式（4.47）则称为主振型对刚度矩阵的正交性。必须强调指出，主振型的正交性关系式（4.46）和式（4.47），只是在质量矩阵 $\boldsymbol{m}$ 和刚度矩阵 $\boldsymbol{k}$ 为对称矩阵时才有效。

主振型关于质量矩阵和刚度矩阵正交性的物理意义，可以从能量的观点来加以解释。

根据分析力学的理论，多自由度系统的动能 T_Σ 与势能 V_Σ 可用矩阵形式表达为

$$T_\Sigma=\frac{1}{2}\dot{\boldsymbol{x}}^{\rm T}\boldsymbol{m}\dot{\boldsymbol{x}} \tag{4.48}$$

$$V_\Sigma=\frac{1}{2}\boldsymbol{x}^{\rm T}\boldsymbol{k}\boldsymbol{x} \tag{4.49}$$

现假设机械系统同时存在两种主振动，固有频率分别为 ω_{ni}，ω_{nj}，相对应的主振型分别为 $\boldsymbol{A}^{(i)}$ 和 $\boldsymbol{A}^{(j)}$，则有

$$\boldsymbol{x}=a_i\boldsymbol{A}^{(i)}\sin(\omega_{ni}t+\varphi_i)+a_j\boldsymbol{A}^{(j)}\sin(\omega_{nj}t+\varphi_j) \tag{4.50}$$

式中，a_i 及 a_j 均为常数。

振动速度为

$$\dot{\boldsymbol{x}}=a_i\omega_{ni}\boldsymbol{A}^{(i)}\cos(\omega_{ni}t+\varphi_i)+a_j\omega_{nj}\boldsymbol{A}^{(j)}\cos(\omega_{nj}t+\varphi_j) \tag{4.51}$$

将式（4.50）和式（4.51）代入式（4.48）和式（4.49）中，得到机械系统的动能 T 和势能 V 的表达式分别为

$$\begin{aligned}T_{\Sigma}&=\frac{1}{2}(\boldsymbol{A}^{(i)\mathrm{T}}a_i\omega_{ni}\cos(\omega_{ni}t+\varphi_i)+\boldsymbol{A}^{(j)\mathrm{T}}a_j\omega_{nj}\cos(\omega_{nj}t+\varphi_j))\cdot\boldsymbol{m}\cdot(\boldsymbol{A}^{(i)}a_i\omega_{ni}\cos(\omega_{ni}t+\varphi_i)+\\&\quad\boldsymbol{A}^{(j)}a_j\omega_{nj}\cos(\omega_{nj}t+\varphi_j))\\&=\frac{1}{2}\boldsymbol{A}^{(i)\mathrm{T}}\boldsymbol{mA}^{(i)}a_i^2\omega_{ni}^2\cos^2(\omega_{ni}t+\varphi_i)+\frac{1}{2}\boldsymbol{A}^{(j)\mathrm{T}}\boldsymbol{mA}^{(j)}a_j^2\omega_{nj}^2\cos^2(\omega_{nj}t+\varphi_j)+\frac{1}{2}(\boldsymbol{A}^{(i)\mathrm{T}}\boldsymbol{mA}^{(j)}+\\&\quad\boldsymbol{A}^{(j)\mathrm{T}}\boldsymbol{mA}^{(i)})a_ia_j\omega_{ni}\omega_{nj}\cdot\cos(\omega_{ni}t+\varphi_i)\cos(\omega_{nj}t+\varphi_j)\end{aligned}\tag{4.52}$$

$$\begin{aligned}V_{\Sigma}&=\frac{1}{2}(\boldsymbol{A}^{(i)\mathrm{T}}a_i\sin(\omega_{ni}t+\varphi_i)+\boldsymbol{A}^{(j)\mathrm{T}}a_j\sin(\omega_{nj}t+\varphi_j))\boldsymbol{k}\cdot(\boldsymbol{A}^{(i)}a_i\sin(\omega_{ni}t+\varphi_i)\\&\quad+\boldsymbol{A}^{(j)}a_j\sin(\omega_{nj}t+\varphi_j))\\&=\frac{1}{2}\boldsymbol{A}^{(i)\mathrm{T}}\boldsymbol{kA}^{(i)}a_i^2\sin^2(\omega_{ni}t+\varphi_i)+\frac{1}{2}\boldsymbol{A}^{(j)\mathrm{T}}\boldsymbol{kA}^{(j)}a_j^2\sin^2(\omega_{nj}t+\varphi_j)+\\&\quad\frac{1}{2}(\boldsymbol{A}^{(i)\mathrm{T}}\boldsymbol{kA}^{(j)}+\boldsymbol{A}^{(j)\mathrm{T}}\boldsymbol{kA}^{(i)})a_ia_j\sin(\omega_{ni}t+\varphi_i)\cdot\sin(\omega_{nj}t+\varphi_j)\end{aligned}\tag{4.53}$$

由正交性关系式（4.46）和式（4.47）知式（4.52）和式（4.53）中的最后一项为零，故得

$$\begin{aligned}T_{\Sigma}&=\frac{1}{2}\boldsymbol{A}^{(i)\mathrm{T}}\boldsymbol{mA}^{(i)}a_i^2\omega_{ni}^2\cos^2(\omega_{ni}t+\varphi_i)+\frac{1}{2}\boldsymbol{A}^{(j)\mathrm{T}}\boldsymbol{mA}^{(j)}a_j^2\omega_{nj}^2\cos^2(\omega_{nj}t+\varphi_j)\\&=\frac{1}{2}M_ia_i^2\omega_{ni}^2\cos(\omega_{ni}t+\varphi_i)+\frac{1}{2}M_ja_j^2\omega_{nj}^2\cos(\omega_{nj}t+\varphi_j)\end{aligned}\tag{4.54}$$

$$\begin{aligned}V_{\Sigma}&=\frac{1}{2}\boldsymbol{A}^{(i)\mathrm{T}}\boldsymbol{kA}^{(i)}a_i^2\sin^2(\omega_{ni}t+\varphi_i)+\frac{1}{2}\boldsymbol{A}^{(j)\mathrm{T}}\boldsymbol{kA}^{(j)}a_j^2\sin^2(\omega_{nj}t+\varphi_j)\\&=\frac{1}{2}K_ia_i^2\sin(\omega_{ni}t+\varphi_i)+\frac{1}{2}K_ja_j^2\sin(\omega_{nj}t+\varphi_j)\end{aligned}\tag{4.55}$$

式中，$M_i=\boldsymbol{A}^{(i)\mathrm{T}}\boldsymbol{mA}^{(i)}$，称为第 i 阶主质量；$M_j=\boldsymbol{A}^{(j)\mathrm{T}}\boldsymbol{mA}^{(j)}$，称为第 j 阶主质量；$K_i=\boldsymbol{A}^{(i)\mathrm{T}}\boldsymbol{kA}^{(i)}$，称为第 i 阶主刚度；$K_j=\boldsymbol{A}^{(j)\mathrm{T}}\boldsymbol{kA}^{(j)}$，称为第 j 阶主刚度。

再来看主质量与主刚度之间存在的关系：对式（4.41）两边左乘 $\boldsymbol{A}^{(r)\mathrm{T}}$，得

$$\boldsymbol{A}^{(r)\mathrm{T}}\boldsymbol{kA}^{(r)}=\omega_{nr}^2\boldsymbol{A}^{(r)\mathrm{T}}\boldsymbol{mA}^{(r)}$$

故

$$K_r=M_r\omega_{nr}^2\tag{4.56}$$

这个关系式与单自由度系统的刚度、质量和固有频率的关系完全相似。即当多自由度系统作第 r 阶主振动时，机械系统的第 r 阶主刚度、主质量和第 r 阶固有频率之间的关系，就如同机械振动系统在作单自由度系统振动时一样。

而单自由度无阻尼系统在作自由振动时，其动能 T 和势能 V 分别为

$$V=\frac{1}{2}kx^2=\frac{1}{2}kA^2\sin^2(\omega_{\mathrm{n}}t+\varphi)\tag{4.57}$$

$$T=\frac{1}{2}m\dot{x}^2=\frac{1}{2}mA^2\omega_{\mathrm{n}}^2\cos^2(\omega_{\mathrm{n}}t+\varphi)\tag{4.58}$$

将式（4.54）、式（4.55）分别与式（4.57）、式（4.58）相比较，可以得出下式：

$$T_{\Sigma}=T_i+T_j\tag{4.59}$$

$$V_{\Sigma}=V_i+V_j\tag{4.60}$$

式中，T_i，V_i 分别代表机械系统仅作第 i 阶主振动时，机械振动系统的动能与势能；T_j，V_j 则分别代表机械振动系统仅作第 j 阶主振动时，机械振动系统的动能与势能。

式（4.59）和式（4.60）表明，多自由度系统同时存在两种主振动时，机械振动系统的动能或势能分别是，这两种主振动单独存在时，每种主振动所产生的动能或势能之和，而计算多自由度系统中每种主振动所产生的动能和势能时，可将机械振动系统看成是一个具有某阶主质量和主刚度，并按同阶固有频率及相应的主振型作振动的单自由度系统。

由式（4.54）、式（4.55）和式（4.59）、式（4.60）还可得出

$$\begin{aligned} T_i + V_i &= \frac{1}{2}M_i a_i^2 \omega_{ni}^2 \cos^2(\omega_{ni}t + \varphi_i) + \frac{1}{2}K_i a_i^2 \sin^2(\omega_{ni}t + \varphi_i) \\ &= \frac{1}{2}M_i a_i^2 \omega_{ni}^2 \cos^2(\omega_{ni}t + \varphi_i) + \frac{1}{2}M_i a_i^2 \omega_{ni}^2 \sin^2(\omega_{ni}t + \varphi_i) \\ &= \frac{1}{2}M_i a_i^2 \omega_{ni}^2 \end{aligned} \tag{4.61}$$

上式表明，对于每一个主振动，它的动能与势能之和永远是常数。即在多自由度系统振动过程中，每一个主振动内部的动能和势能可以互相转化，就如一个独立的单自由度系统振动时的情况一样，在各阶主振动之间都不会发生能量的传递。

所以，主振型正交性的物理意义就是，各阶主振动之间的能量不能传递，彼此是独立的。

4.3 多自由度系统运动方程的模态分析法

从式（4.8）或式（4.9）可以清楚地看出，多自由度系统运动方程是一个二阶常系数线性微分方程组。机械振动系统有多少个自由度，方程组中就有多少个方程。但解多自由度系统运动方程的困难还不在于方程的数目较多，而在于各个方程之间有互相关联的耦合项。因此求解多自由度系统运动方程时，需要使用模态分析法。在介绍模态分析法之前，我们先关注耦合的概念，并研究解除耦合的方法。

4.3.1 惯性耦合与弹性耦合

由前面讨论过的多自由度系统的运动方程可以看出，质量矩阵 $\boldsymbol{m}$ 都是对角阵。而刚度矩阵 $\boldsymbol{k}$ 和柔度矩阵 $\boldsymbol{\delta}$ 却都不是对角阵，即出现了耦合项，这类耦合称为弹性耦合。在某些情况下，振动系统的质量矩阵也会成为非对角阵，即也会出现耦合项，这类耦合则称为惯性耦合。

为了说明机械振动系统运动方程中如何出现惯性耦合与弹性耦合的情况，现在来分析一个有刚体存在的机械振动系统，如图 4.7 所示。

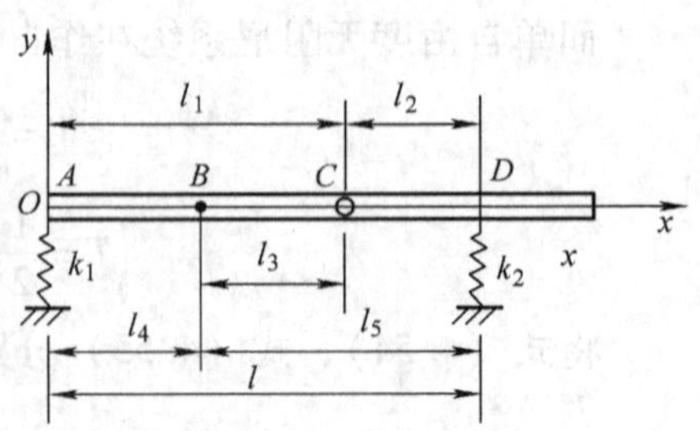

图 4.7 刚体振动系统图

该机械振动系统由一根质量为 m 的刚杆和两个刚度分别为 k_1 和 k_2 的弹簧组成。弹簧 k_1 和 k_2 分别支于刚杆的 A 点和 D 点。A 点为支座的约束，只允许刚杆在 xOy 平面内运动，而限制沿 x 方向的平动。C 点为刚杆的质量中心，I_C 为绕通过 C 点的 z 轴的转动惯量。B 点则是

满足 $k_1l_4=k_2l_5$ 的特殊点。如果在 B 点作用有沿 y 方向的力，机械系统仅产生平动而不产生转动；若在 B 点作用有力矩，则机械系统只产生转动而无平动。

现在选取以下三组不同的广义坐标分别写出振动系统的运动作用力方程。

1）取 C 点的垂直位移 y_C 和刚杆绕 C 点的转角 θ_C 为广义坐标，如图 4.8 所示。

此时作用在刚杆上的各力为：①P_C，T_C 分别为作用于 C 点处的外力和外力矩；②$k_1(y_C-l_1\theta_C)$，$k_2(y_C+l_2\theta_C)$ 为支承弹簧 k_1 和 k_2 的弹性力；③$m\ddot{y}_C$，$I_C\ddot{\theta}_C$ 为惯性力和惯性力矩。

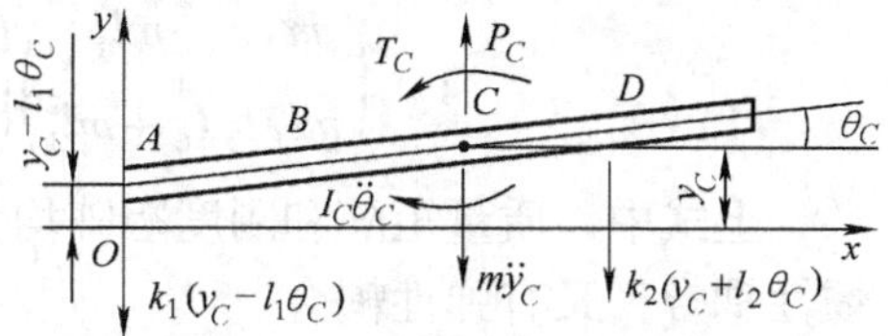

图 4.8 刚体振动系统广义坐标示意图

应用达朗贝尔原理，得出机械振动系统的运动方程：

$$\left.\begin{aligned}m\ddot{y}_C+(k_1+k_2)y_C+(k_2l_2-k_1l_1)\theta_C&=P_C\\I_C\ddot{\theta}_C+(k_2l_2-k_1l_1)y_C+(k_1l_1^2-k_2l_2^2)\theta_C&=T_C\end{aligned}\right\}\tag{4.62}$$

将上式写成矩阵形式：

$$\begin{pmatrix}m&0\\0&I_C\end{pmatrix}\begin{pmatrix}\ddot{y}_C\\\ddot{\theta}_C\end{pmatrix}+\begin{pmatrix}k_1+k_2&k_2l_2-k_1l_1\\k_2l_2-k_1l_1&k_1l_1^2-k_2l_2^2\end{pmatrix}\begin{pmatrix}y_C\\\theta_C\end{pmatrix}=\begin{pmatrix}P_C\\T_C\end{pmatrix}\tag{4.63}$$

式（4.63）中，刚度矩阵是非对角矩阵，反映在方程组中，即为两个方程通过弹性力项互相耦合，故称为弹性耦合。

2）取 B 点的垂直位移 y_B 及刚杆绕 B 点的转角 θ_B 为广义坐标，如图 4.9 所示。此时，外力 P_B 及外力矩 T_B 作用于 B 点。刚杆质心 C 的惯性力为 $m(\ddot{y}_B+l_3\ddot{\theta}_B)$。惯性力矩为 $I_C\ddot{\theta}_B$。

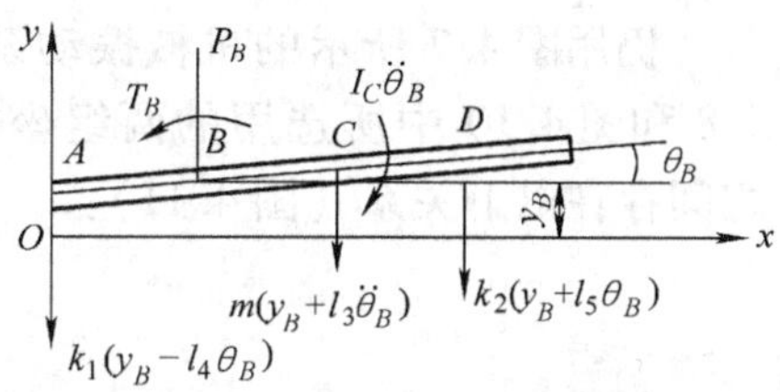

图 4.9 刚体振动系统广义坐标示意图

仍应用达朗贝尔原理，得出机械振动系统的运动方程，并将 $k_1l_4=k_2l_5$ 关系式代入，整理后得

$$\left.\begin{aligned}m\ddot{y}_B+ml_3\ddot{\theta}_B+(k_1+k_2)y_B&=P_B\\ml_3\ddot{y}_B+(I_C+ml_3^2)\ddot{\theta}_B+(k_1l_4^2+k_2l_5^2)\theta_B&=T_B\end{aligned}\right\}\tag{4.64}$$

将上式写成矩阵形式：

$$\begin{pmatrix}m&ml_3\\ml_3&I_C+ml_3^2\end{pmatrix}\begin{pmatrix}\ddot{y}_B\\\ddot{\theta}_B\end{pmatrix}+\begin{pmatrix}k_1+k_2&0\\0&k_1l_4^2+k_2l_5^2\end{pmatrix}\begin{pmatrix}y_B\\\theta_B\end{pmatrix}=\begin{pmatrix}P_B\\T_B\end{pmatrix}\tag{4.65}$$

式（4.65）中质量矩阵是非对角矩阵，反映在方程组（4.65）中，即为两个方程通过惯性力项互相耦合，故称为惯性耦合。

3）取 A 点的垂直位移 y_A 及刚杆绕 A 点的转角 θ_A 为广义坐标，如图 4.10 所示。

此时，外力 P_A 及外力矩 T_A 作用在刚杆的 A 处，则机械振动系统的运动方程为

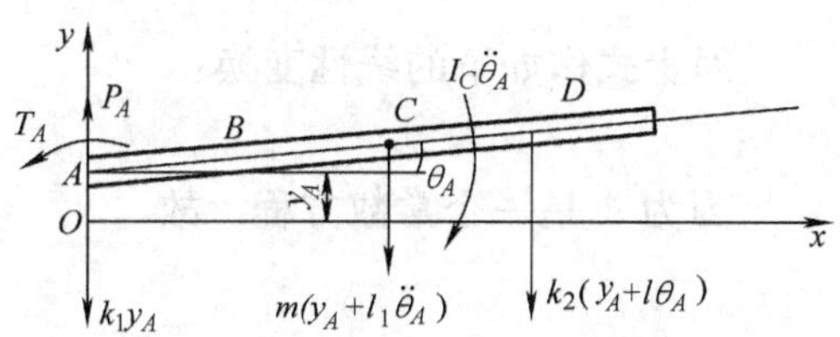

图 4.10 刚体振动系统广义坐标示意图

$$\left.\begin{aligned} m\ddot{y}_A + ml_1\ddot{\theta}_A + (k_1+k_2)y_A + k_2l\theta_A = P_A \\ ml_1\ddot{y}_A + (I_C+ml_1^2)\ddot{\theta}_A + k_2ly_A + k_2l^2\theta_A = T_A \end{aligned}\right\} \tag{4.66}$$

将式（4.66）写成矩阵形式：

$$\begin{pmatrix} m & ml_1 \\ ml_1 & I_C+ml_1^2 \end{pmatrix}\begin{pmatrix} \ddot{y}_A \\ \ddot{\theta}_A \end{pmatrix} + \begin{pmatrix} k_1+k_2 & k_2l \\ k_2l & k_2l^2 \end{pmatrix}\begin{pmatrix} y_A \\ \theta_A \end{pmatrix} = \begin{pmatrix} P_A \\ T_A \end{pmatrix} \tag{4.67}$$

上式中，质量矩阵和刚度矩阵均为非对角阵，反映在方程组中，即为两个方程之间既有惯性耦合，又有弹性耦合。

由以上分析可以看出，同一个机械振动系统可以选用不同的广义坐标来建立它的运动方程。但所选的坐标不同时，振动系统运动方程的形式和耦合情况也不同。这就表明，运动方程的耦合并不是机械振动系统所固有的性质，而只是广义坐标选择的结果。至于运动方程的耦合情况，则可用方程的系数矩阵是否为对角阵来判断。这就使我们联想到，假如能选择这样一组广义坐标，使运动方程的各个系数矩阵均成为对角阵，就能使运动方程的结构就都和一个单自由度系统的运动方程完全相同，因而就很容易求解。

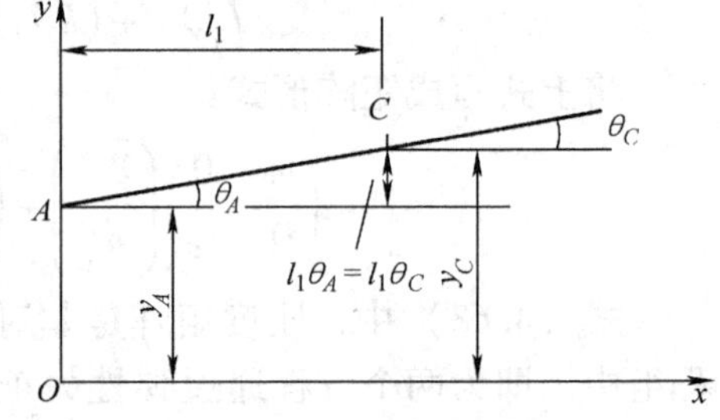

图 4.11　两组坐标之间的关系

仍用图 4.7 所示的机械振动系统来进行分析。图 4.8 和图 4.10 中所选用的两组坐标 y_A，θ_A 和 y_C，θ_C 之间存在以下关系（图 4.11）：

$$\left.\begin{aligned} y_A = y_C - l_1\theta_C \\ \theta_A = \theta_C \end{aligned}\right\} \tag{4.68}$$

上列方程组表明 y_A，θ_A 这一组变量可用 y_C，θ_C 这组变量的线性组合来表示。

将上列方程组写成矩阵形式：

$$\begin{pmatrix} y_A \\ \theta_A \end{pmatrix} = \begin{pmatrix} 1 & -l_1 \\ 0 & 1 \end{pmatrix}\begin{pmatrix} y_C \\ \theta_C \end{pmatrix} \tag{4.69}$$

推广到 n 维的一般情况时，则有

$$\boldsymbol{x} = \boldsymbol{A}\boldsymbol{q} \tag{4.70}$$

即变量 $x_i(i=1,\ 2,\ \cdots,\ n)$ 可以用变量 $q_j(j=1,\ 2,\ \cdots,\ n)$ 的线性组合来表示。式（4.70）称为线性变换，$\boldsymbol{A}$ 称为线性变换矩阵，它是一个非奇异的 n 阶常数方阵，是一个使变量 x_i 变换为 q_i 的变换因子。

例如，无阻尼多自由度系统按广义坐标 $\boldsymbol{x}$ 建立的运动方程为

$$\boldsymbol{m}\ddot{\boldsymbol{x}} + \boldsymbol{k}\boldsymbol{x} = \boldsymbol{P} \tag{4.71}$$

对上式作如下的线性变换：

$$\boldsymbol{x} = \boldsymbol{A}\boldsymbol{q}$$

因为 $\boldsymbol{A}$ 是一个常数方程，故

$$\dot{\boldsymbol{x}} = \boldsymbol{A}\dot{\boldsymbol{q}}$$
$$\ddot{\boldsymbol{x}} = \boldsymbol{A}\ddot{\boldsymbol{q}}$$

将以上各式代入式（4.71）得

$$\boldsymbol{m}\boldsymbol{A}\ddot{\boldsymbol{q}}+\boldsymbol{k}\boldsymbol{A}\boldsymbol{q}=\boldsymbol{P}$$

将上式两端左乘 $\boldsymbol{A}^{\mathrm{T}}$，得

$$\boldsymbol{A}^{\mathrm{T}}\boldsymbol{m}\boldsymbol{A}\ddot{\boldsymbol{q}}+\boldsymbol{A}^{\mathrm{T}}\boldsymbol{k}\boldsymbol{A}\boldsymbol{q}=\boldsymbol{A}^{\mathrm{T}}\boldsymbol{P}$$

令 $\boldsymbol{M}=\boldsymbol{A}^{\mathrm{T}}\boldsymbol{m}\boldsymbol{A}$，称为机械振动系统在广义坐标 $\boldsymbol{q}$ 上的质量矩阵；$\boldsymbol{K}=\boldsymbol{A}^{\mathrm{T}}\boldsymbol{k}\boldsymbol{A}$，称为机械振动系统在广义坐标 $\boldsymbol{q}$ 上的刚度矩阵；$\boldsymbol{Q}=\boldsymbol{A}^{\mathrm{T}}\boldsymbol{P}$，称为机械振动系统在广义坐标上的激振力列阵。

这样，即可得到系统用广义坐标 $\boldsymbol{q}$ 表达的运动方程：

$$\boldsymbol{M}\ddot{\boldsymbol{q}}+\boldsymbol{K}\boldsymbol{q}=\boldsymbol{Q} \tag{4.72}$$

由上可见，通过坐标变换，可以将原来用广义坐标 $\boldsymbol{x}$ 表达的运动方程变换为用另一个广义坐标 $\boldsymbol{q}$ 表达的运动方程。这种变换并未改变机械振动系统的性质，但却改变了运动方程的耦合情况。

那么，能否找到这样一个线性变换矩阵，用它对原方程进行坐标变换后，使运动的所有系数矩阵 $\boldsymbol{m}$，$\boldsymbol{k}$ 都同时对角线化，从而使运动方程完全消除耦合呢？理论分析证明，符合以上要求的变换矩阵是存在的，它就是由机械振动系统的 n 个主振型组成的矩阵，这样的矩阵称为模态矩阵。

4.3.2 模态矩阵

由于主振型对质量矩阵 $\boldsymbol{m}$ 和刚度矩阵 $\boldsymbol{k}$ 都具有正交性，因此以主振型组成的矩阵作为线性变换矩阵，对机械振动系统的原方程进行坐标变换，可使 $\boldsymbol{m}$ 和 $\boldsymbol{k}$ 同时对角线化。

把由机械振动系统的 n 个主振型（即主模态）按阶次排列成的一个 n 阶方阵称为模态矩阵（或振型矩阵），以 $\boldsymbol{\phi}$ 表示。

$$\boldsymbol{\phi}=(\boldsymbol{A}^{(1)},\boldsymbol{A}^{(2)},\cdots,\boldsymbol{A}^{(n)})=\begin{pmatrix}A_1^{(1)} & A_1^{(2)} & \cdots & A_1^{(n)}\\ A_2^{(1)} & A_2^{(2)} & \cdots & A_2^{(n)}\\ \vdots & \vdots & & \vdots\\ A_n^{(1)} & A_n^{(2)} & \cdots & A_n^{(n)}\end{pmatrix} \tag{4.73}$$

已知机械振动系统以广义坐标 $\boldsymbol{x}$ 表示的运动方程为

$$\boldsymbol{m}\ddot{\boldsymbol{x}}+\boldsymbol{k}\boldsymbol{x}=\boldsymbol{P}$$

现以模态矩阵 $\boldsymbol{\phi}$ 对该运动方程作线性变换：

$$\boldsymbol{x}=\boldsymbol{\phi}\boldsymbol{q}$$

则

$$\ddot{\boldsymbol{x}}=\boldsymbol{\phi}\ddot{\boldsymbol{q}}$$

故以新的广义坐标 $\boldsymbol{q}$ 表示的机械振动系统运动方程为

$$\boldsymbol{\phi}^{\mathrm{T}}\boldsymbol{m}\boldsymbol{\phi}\ddot{\boldsymbol{q}}+\boldsymbol{\phi}^{\mathrm{T}}\boldsymbol{k}\boldsymbol{\phi}\boldsymbol{q}=\boldsymbol{\phi}^{\mathrm{T}}\boldsymbol{P} \tag{4.74}$$

或

$$\boldsymbol{M}\ddot{\boldsymbol{q}}+\boldsymbol{K}\boldsymbol{q}=\boldsymbol{Q} \tag{4.75}$$

式中，$\boldsymbol{M}=\boldsymbol{\phi}^{\mathrm{T}}\boldsymbol{m}\boldsymbol{\phi}$，称为模态质量矩阵；$\boldsymbol{K}=\boldsymbol{\phi}^{\mathrm{T}}\boldsymbol{k}\boldsymbol{\phi}$，称为模态刚度矩阵。

式（4.75）称为机械振动系统的模态方程。

现在来分析一下，$\boldsymbol{M}$ 和 $\boldsymbol{K}$ 是否为对角阵。

$$
\begin{aligned}
\boldsymbol{M} &= \boldsymbol{\phi}^{\mathrm{T}}\boldsymbol{m}\boldsymbol{\phi} \\
&= (\boldsymbol{A}^{(1)}, \boldsymbol{A}^{(2)}, \cdots, \boldsymbol{A}^{(n)\mathrm{T}})\boldsymbol{m}(\boldsymbol{A}^{(1)}, \boldsymbol{A}^{(2)}, \cdots, \boldsymbol{A}^{(n)}) \\
&= \begin{pmatrix} \boldsymbol{A}^{(1)\mathrm{T}}\boldsymbol{m}\boldsymbol{A}^{(1)} & \boldsymbol{A}^{(1)\mathrm{T}}\boldsymbol{m}\boldsymbol{A}^{(2)} & \cdots & \boldsymbol{A}^{(1)\mathrm{T}}\boldsymbol{m}\boldsymbol{A}^{(n)} \\ \boldsymbol{A}^{(2)\mathrm{T}}\boldsymbol{m}\boldsymbol{A}^{(1)} & \boldsymbol{A}^{(2)\mathrm{T}}\boldsymbol{m}\boldsymbol{A}^{(2)} & \cdots & \boldsymbol{A}^{(2)\mathrm{T}}\boldsymbol{m}\boldsymbol{A}^{(n)} \\ \vdots & \vdots & & \vdots \\ \boldsymbol{A}^{(n)\mathrm{T}}\boldsymbol{m}\boldsymbol{A}^{(1)} & \boldsymbol{A}^{(n)\mathrm{T}}\boldsymbol{m}\boldsymbol{A}^{(2)} & \cdots & \boldsymbol{A}^{(n)\mathrm{T}}\boldsymbol{m}\boldsymbol{A}^{(n)} \end{pmatrix}
\end{aligned}
$$

从上列矩阵中可以看出，所有非对角线上的都符合主振型对质量矩阵的正交性，故均等于零，而对角线上的元素则均不为零。因此模态质量矩阵可写成以下形式：

$$
\begin{aligned}
\boldsymbol{M} &= \begin{pmatrix} \boldsymbol{A}^{(1)\mathrm{T}}\boldsymbol{m}\boldsymbol{A}^{(1)} & 0 & \cdots & 0 \\ 0 & \boldsymbol{A}^{(2)\mathrm{T}}\boldsymbol{m}\boldsymbol{A}^{(2)} & \cdots & 0 \\ & \vdots & & \vdots \\ 0 & 0 & \cdots & \boldsymbol{A}^{(n)\mathrm{T}}\boldsymbol{m}\boldsymbol{A}^{(n)} \end{pmatrix} \\
&= \begin{pmatrix} M_1 & & & \\ & M_2 & & \\ & & \ddots & \\ & & & M_n \end{pmatrix}
\end{aligned}
\tag{4.76}
$$

式中，$M_r = \boldsymbol{A}^{(r)\mathrm{T}}\boldsymbol{m}\boldsymbol{A}^{(r)}$　$(r=1, 2, \cdots, n)$，称为第 r 阶模态质量（或主质量）；$\boldsymbol{M}$ 为由各阶模态质量组成的对角阵，即模态质量矩阵。

同样可以证明

$$
\boldsymbol{K} = \begin{pmatrix} K_1 & & & \\ & K_2 & & \\ & & \ddots & \\ & & & K_n \end{pmatrix} \tag{4.77}
$$

式中，$K_r = \boldsymbol{A}^{(r)\mathrm{T}}\boldsymbol{k}\boldsymbol{A}^{(r)}$　$(r=1, 2, \cdots, n)$，称为第 r 阶模态刚度（或主刚度）；$\boldsymbol{K}$ 为由各阶模态刚度组成的对角阵，即模态刚度矩阵。

由此可见，以主振型组成的模态矩阵作为线性变换矩阵，对机械振动系统的原方程进行坐标变换，可以使方程中的质量矩阵和刚度矩阵同时对角线化。因此在变换后所得到的模态方程中已经完全消除了各方程之间的所有耦合项，因而便于求解。

下面再进一步分析同一阶模态的模态质量和模态刚度的关系。

将各阶固有频率和相应的主振型代入系统的特征值问题表达式（4.32）：$(\boldsymbol{k} - \omega_{\mathrm{n}}^2\boldsymbol{m})\boldsymbol{A} = \boldsymbol{0}$，得

$$
\begin{aligned}
\boldsymbol{k}\boldsymbol{A}^{(1)} &= \omega_{\mathrm{n}1}^2\boldsymbol{m}\boldsymbol{A}^{(1)} \\
\boldsymbol{k}\boldsymbol{A}^{(2)} &= \omega_{\mathrm{n}2}^2\boldsymbol{m}\boldsymbol{A}^{(2)} \\
&\vdots \\
\boldsymbol{k}\boldsymbol{A}^{(n)} &= \omega_{\mathrm{n}n}^2\boldsymbol{m}\boldsymbol{A}^{(n)}
\end{aligned}
$$

将以上 n 个方程集中在一起，仍写成矩阵形式：

$$
\boldsymbol{k}\boldsymbol{\phi} = \boldsymbol{m}\boldsymbol{\phi}\boldsymbol{\omega}_{\mathrm{n}}^2 \tag{4.78}
$$

式中，$\boldsymbol{\phi} = (\boldsymbol{A}^{(1)}, \boldsymbol{A}^{(2)}, \cdots, \boldsymbol{A}^{(n)})$

$$\boldsymbol{\omega}_{\mathrm{n}}^{2}=\begin{pmatrix}\omega_{\mathrm{n1}}^{2} & & & \\ & \omega_{\mathrm{n2}}^{2} & & \\ & & \ddots & \\ & & & \omega_{\mathrm{nn}}^{2}\end{pmatrix} \tag{4.79}$$

将式（4.78）左乘 $\boldsymbol{\phi}^{\mathrm{T}}$ 得

$$\boldsymbol{\phi}^{\mathrm{T}}\boldsymbol{k}\boldsymbol{\phi}=\boldsymbol{\phi}^{\mathrm{T}}\boldsymbol{m}\boldsymbol{\phi}\boldsymbol{\omega}_{n}^{2}$$

即

$$\boldsymbol{K}=\boldsymbol{M}\boldsymbol{\omega}_{n}^{2} \tag{4.80}$$

或

$$K_r=M_r\omega_{\mathrm{n}r}^{2}\quad(r=1,2,\cdots,n)$$

即

$$\omega_{\mathrm{n}r}^{2}=\frac{K_r}{M_r}\quad(r=1,2,\cdots,n) \tag{4.81}$$

上式表明，第 r 阶固有频率二次方值 $\omega_{\mathrm{n}r}^{2}$ 等于第 r 阶模态刚度 K_r 与第 r 阶模态质量 M_r 的比值。这个关系式与单自由度系统的刚度、质量和固有频率之间的关系完全相似。

从式（4.81）可以看出机械振动系统的固有频率随刚度和质量变化的趋势，即当机械振动系统的刚度增加，也就是刚度矩阵 $\boldsymbol{k}$ 中的元素值增大时，模态刚度 K_r 值随之增加，则 $\omega_{\mathrm{n}r}^{2}$ 值也随之增加，即固有频率值提高；反之，则固有频率值要降低。当机械振动系统的质量增加，即质量矩阵 $\boldsymbol{m}$ 中的元素值要增大时，模态 M_r 值随之增加，则 $\omega_{\mathrm{n}r}^{2}$ 值将减小，即固有频率值降低；反之，则固有频率值要提高。上述这种固有频率随机械振动系统刚度与质量变化的趋势，不管机械振动系统的自由度数是多少，都是同样存在的。

4.3.3　模态坐标及正则坐标

（1）模态坐标　如前所述，以模态矩阵 $\boldsymbol{\phi}$ 对系统原方程进行坐标变换，可使以广义坐标 $\boldsymbol{x}$ 表示的运动方程改变为以新的广义坐标 $\boldsymbol{q}$ 来表示，完全消除了耦合项的运动方程。把这组新的广义坐标 $\boldsymbol{q}$ 称为模态坐标，或主坐标。下面分析一下这组新的坐标——模态坐标的物理意义：

$$\begin{aligned}\boldsymbol{x}&=\boldsymbol{\phi}\boldsymbol{q}\\&=(\boldsymbol{A}^{(1)},\boldsymbol{A}^{(2)},\cdots,\boldsymbol{A}^{(n)})\begin{pmatrix}q_1\\q_2\\\vdots\\q_n\end{pmatrix}\\&=q_1\boldsymbol{A}^{(1)}+q_2\boldsymbol{A}^{(2)}+\cdots+q_n\boldsymbol{A}^{(n)}\\&=\sum_{r=1}^{n}q_r\boldsymbol{A}^{(r)}\end{aligned} \tag{4.82}$$

可以看出，原广义坐标 x_1，x_2，…，x_n 的任意一组位移值，都可以看成是由 n 个主振型按一定的比例组合而成的，即机械振动系统的任何振动情况都是各阶主振型按一定比例叠加起来的。这 n 个比例因子就是 n 个新广义坐标 q_1，q_2，…，q_n 的值。

若 $q_1=1$，而其他各 q_r 都为零，则由（4.82）式得

$$\boldsymbol{x}=1\cdot\boldsymbol{A}^{(1)}+0\cdot\boldsymbol{A}^{(2)}+\cdots+0\cdot\boldsymbol{A}^{(n)}=\boldsymbol{A}^{(1)}$$

即这时机械振动系统各坐标值正好与第一阶主振型值相等，这就是第一个模态坐标 q_1 取单位值的意义。其他各模态坐标值的意义也类似。

所以，每一个模态坐标的值 q_1，q_2，…，q_n 就反映了各阶主振型在系统振动中所占分量的大小。

此外，由 $\boldsymbol{x}=\boldsymbol{\phi q}$ 可得

$$\boldsymbol{q}=\boldsymbol{\phi}^{-1}\boldsymbol{x} \tag{4.83}$$

因为 $\boldsymbol{\phi}$ 是个常数矩阵，故 $\boldsymbol{\phi}^{-1}$ 也是个常数矩阵，若以 b_{ij} 来表示 $\boldsymbol{\phi}^{-1}$ 矩阵的各元素，则 b_{ij} 也都是常数。因此，式（4.83）可写成

$$q_r=b_{1r}x_1+b_{2r}x_2+\cdots+b_{nr}x_n \quad (r=1,\ 2,\ \cdots,\ n) \tag{4.84}$$

由上式可以看出，模态坐标是原广义坐标 x_1，x_2，…，x_n 按一定比例组合起来的，而原广义坐标一组位移值的线性组合表示了机械振动系统的一种振动形态，所以每一个模态坐标 q_1，q_2，…，q_n 都各自单独表示了机械振动系统的某一种振动形态。

同时，K_1，K_2，…，K_n 及 M_1，M_2，…，M_n 则分别表示了机械振动系统在各种振动形态时的综合刚度和综合质量。

所以用模态坐标 q、模态质量 $\boldsymbol{M}$ 和模态刚度 $\boldsymbol{K}$ 所表示的机械振动系统运动方程组中的每一个方程，都可以当作单自由度系统来进行分析和求解。

从式（4.82）或式（4.83）均可看出，模态坐标 $\boldsymbol{q}$ 决定于模态矩阵 $\boldsymbol{\phi}$，而模态矩阵则由机械振动系统各阶主振型所组成。由于主振型只是机械振动系统各坐标振动位移的比值，而其振幅值却是不确定的。因此，模态坐标也是不确定的，它可以有无限多个选择，这在实用中是不方便的。

（2）正则坐标　在实际使用中，为了方便起见，常使模态矩阵正则化（规格化）。常用的方法是将模态质量矩阵正则化为单位矩阵，即对每一个主振型分别选择一个适当的因子 α_i，使各阶模态质量均等于 1。即

$$\boldsymbol{A}_N^{(i)}=\alpha_i\boldsymbol{A}^{(i)} \tag{4.85}$$

$$M_{Ni}=\boldsymbol{A}_N^{(i)\mathrm{T}}\boldsymbol{m}\boldsymbol{A}_N^{(i)}=1 \tag{4.86}$$

式中，α_i 为正则化因子；$\boldsymbol{A}_N^{(i)}$ 为第 i 阶正则振型；M_{Ni} 为第 i 阶正则模态质量。

将式（4.85）代入式（4.86）得

$$\alpha_i\boldsymbol{A}^{(i)\mathrm{T}}\boldsymbol{m}\boldsymbol{A}^{(i)}\alpha_i=1$$

已知第 i 阶模态质量 $\boldsymbol{A}^{(i)\mathrm{T}}\boldsymbol{m}\boldsymbol{A}^{(i)}$，将其代入上式即得

$$\alpha_i^2M_i=1$$

因而可得到正则化因子的计算公式为

$$\alpha_i=\frac{1}{\sqrt{M_i}}=\frac{1}{\sqrt{\boldsymbol{A}^{(i)\mathrm{T}}\boldsymbol{m}\boldsymbol{A}^{(i)}}} \tag{4.87}$$

根据上式即可求得 n 个正则化因子 α_1，α_2，…，α_n，并将它们排成对角阵：

$$\boldsymbol{\alpha}=\begin{pmatrix}\alpha_1 & & & \\ & \alpha_2 & & \\ & & \ddots & \\ & & & \alpha_n\end{pmatrix} \tag{4.88}$$

计算出正则化因子后，即可根据式（4.85）分别计算出 n 个正则振型，再将这 n 个正则振型依次合并在一起，就构成了一个 $n\times n$ 阶的正则模态矩阵 $\boldsymbol{\phi}_N$：

$$\begin{aligned}\boldsymbol{\phi}_N &= (\boldsymbol{A}_N^{(1)},\ \boldsymbol{A}_N^{(2)},\ \cdots,\ \boldsymbol{A}_N^{(n)})\\ &= (\alpha_1\boldsymbol{A}^{(1)},\ \alpha_2\boldsymbol{A}^{(2)},\ \cdots,\ \alpha_n\boldsymbol{A}^{(n)})\\ &= \boldsymbol{\phi\alpha}\end{aligned} \tag{4.89}$$

以正则模态矩阵 $\boldsymbol{\phi}_N$ 作为变换矩阵，对原方程进行坐标变换，所得到的新的广义坐标，即为正则坐标 $\boldsymbol{q}_N$：

$$\boldsymbol{x} = \boldsymbol{\phi}_N\boldsymbol{q}_N \tag{4.90}$$

$$\boldsymbol{q}_N = \boldsymbol{\phi}_N{}^{-1}\boldsymbol{x} \tag{4.91}$$

此时，对应于正则坐标的正则质量矩阵 $\boldsymbol{M}_N$ 是一个单位矩阵，即

$$\boldsymbol{M}_N = \boldsymbol{\phi}_N{}^{\mathrm{T}}\boldsymbol{m}\boldsymbol{\phi}_N = \boldsymbol{I} \tag{4.92}$$

即

$$\boldsymbol{M}_N = \begin{pmatrix}1 & 0 & \cdots & 0\\ 0 & 1 & \cdots & 0\\ \vdots & \vdots & & \vdots\\ 0 & 0 & \cdots & 1\end{pmatrix} \tag{4.93}$$

对应于正则坐标的正则刚度矩阵 $\boldsymbol{K}_N$ 则可用以下方法进行计算：

由式（4.76）、式（4.77）及式（4.81）知

$$\omega_{\mathrm{n}i}^2 = \frac{K_i}{M_i} = \frac{\boldsymbol{A}^{(i)\mathrm{T}}\boldsymbol{k}\boldsymbol{A}^{(i)}}{\boldsymbol{A}^{(i)\mathrm{T}}\boldsymbol{m}\boldsymbol{A}^{(i)}}$$

现用正则振型列阵 $\boldsymbol{A}_N^{(i)}$ 代入上式，得

$$\omega_{\mathrm{n}i}^2 = \frac{K_i}{M_i} = \frac{\boldsymbol{A}_N^{(i)\mathrm{T}}\boldsymbol{k}\boldsymbol{A}_N^{(i)}}{\boldsymbol{A}_N^{(i)\mathrm{T}}\boldsymbol{m}\boldsymbol{A}_N^{(i)}}\quad (i=1,\ 2,\ \cdots,\ n)$$

显然，上式分母项即为正则模态质量 M_{Ni}，根据式（4.86）知，$M_{Ni}=1$；分子项则为正则模态刚度 K_{Ni}。故上式可写成

$$\omega_{\mathrm{n}i}^2 = K_{Ni}\quad (i=1,\ 2,\ \cdots,\ n) \tag{4.94}$$

而

$$K_{N\,i} = \boldsymbol{A}_N^{(i)\mathrm{T}}\boldsymbol{k}\boldsymbol{A}_N^{(i)} \tag{4.95}$$

由此可见，按式（4.95）计算出来的正则模态刚度 K_{Ni} 等于机械系统固有频率的二次方值 $\omega_{\mathrm{n}i}^2$。因此，由各阶正则模态刚度 K_{Ni} 依次排列成的正则刚度矩阵 $\boldsymbol{K}_N$，它的对角线元素分别是各阶固有频率的二次方值，即

$$\boldsymbol{K}_N = \boldsymbol{\phi}_N{}^{\mathrm{T}}\boldsymbol{K}\boldsymbol{\phi}_N = \boldsymbol{\omega}_{\mathrm{n}}^2 \tag{4.96}$$

即

$$\boldsymbol{K}_N = \begin{pmatrix}K_{N1} & & & \\ & K_{N2} & & \\ & & \ddots & \\ & & & K_{Nn}\end{pmatrix} = \begin{pmatrix}\omega_{\mathrm{n}1}^2 & & & \\ & \omega_{\mathrm{n}2}^2 & & \\ & & \ddots & \\ & & & \omega_{\mathrm{nn}}^2\end{pmatrix} \tag{4.97}$$

因此，用正则坐标 $\boldsymbol{q}_N$ 所表示的机械系统运动方程可以有最简单的形式。

机械系统的原方程为

$$m\ddot{x}+kx=P$$

现以正则模态矩阵 ϕ_N 作为线性变换矩阵，对原方程进行坐标变换，即

$$x=\phi_N q_N$$
$$\ddot{x}=\phi_N\ddot{q}_N$$

代入原方程，并在方程两端左乘 ϕ_N^{T}，得

$$\phi_N^{\mathrm{T}}m\phi_N\ddot{q}_N+\phi_N^{\mathrm{T}}k\phi_N q_N=\phi_N^{\mathrm{T}}P$$

即
$$M_N\ddot{q}_N+K_N q_N=Q_N \tag{4.98}$$
或
$$\ddot{q}_N+\omega_n^2 q_N=Q_N$$
式中，
$$Q_N=\phi_N^{\mathrm{T}}P \tag{4.99}$$

式（4.98）或式（4.99）就是以正则坐标 q_N 表示的机械系统运动方程，称之为系统的“正则模态方程”。

必须强调一点，就是无论坐标怎样变换，即分别用一般广义坐标 x、模态坐标 q 或正则坐标 q_N 来表示振动系统的运动方程，方程的形式虽各有不同，但均不会影响系统的振动特性，振动系统的各阶固有频率和主振型都不会有任何改变。

【例 4-3】 如图 4.5 所示的振动系统，试建立它的模态方程和正则模态方程。

【解】 前面已求出，该机械振动系统的原运动方程为

$$m\begin{pmatrix}1&0&0\\0&1&0\\0&0&1\end{pmatrix}\begin{pmatrix}\ddot{x}_1\\\ddot{x}_2\\\ddot{x}_3\end{pmatrix}+k\begin{pmatrix}3&-1&0\\-1&2&-1\\0&-1&3\end{pmatrix}\begin{pmatrix}x_1\\x_2\\x_3\end{pmatrix}=\begin{pmatrix}0\\0\\0\end{pmatrix}$$

该机械振动系统的各阶主振型是

$$A^{(1)}=\begin{pmatrix}1\\2\\1\end{pmatrix},\quad A^{(2)}=\begin{pmatrix}1\\0\\-1\end{pmatrix},\quad A^{(3)}=\begin{pmatrix}1\\-1\\1\end{pmatrix}$$

故模态矩阵 ϕ 为

$$\phi=\begin{pmatrix}1&1&1\\2&0&-1\\1&-1&1\end{pmatrix}$$

模态质量矩阵 M 为

$$\begin{aligned}M&=\phi^{\mathrm{T}}m\phi\\&=\begin{pmatrix}1&1&1\\2&0&-1\\1&-1&1\end{pmatrix}^{\mathrm{T}}m\begin{pmatrix}1&0&0\\0&1&0\\0&0&1\end{pmatrix}\begin{pmatrix}1&1&1\\2&0&-1\\1&-1&1\end{pmatrix}\\&=m\begin{pmatrix}6&0&0\\0&2&0\\0&0&3\end{pmatrix}\end{aligned}$$

模态刚度矩阵 K 为

$$K=\boldsymbol{\phi}^{\mathrm{T}}\boldsymbol{k}\boldsymbol{\phi}$$

$$=\begin{pmatrix}1&1&1\\2&0&-1\\1&-1&1\end{pmatrix}^{\mathrm{T}}k\begin{pmatrix}3&-1&0\\-1&2&-1\\0&-1&3\end{pmatrix}\begin{pmatrix}1&1&1\\2&0&-1\\1&-1&1\end{pmatrix}$$

$$=k\begin{pmatrix}6&0&0\\0&6&0\\0&0&12\end{pmatrix}$$

故振动系统的模态方程为

$$m\begin{pmatrix}6&0&0\\0&2&0\\0&0&3\end{pmatrix}\begin{pmatrix}\ddot{q}_1\\\ddot{q}_2\\\ddot{q}_3\end{pmatrix}+6k\begin{pmatrix}1&0&0\\0&1&0\\0&0&2\end{pmatrix}\begin{pmatrix}q_1\\q_2\\q_3\end{pmatrix}=\begin{pmatrix}0\\0\\0\end{pmatrix}$$

因为各阶模态质量的值为

$$M_1=6m,\quad M_2=2m,\quad M_3=3m$$

所以各正则化因子的值为

$$\alpha_1=\frac{1}{\sqrt{M_1}}=\frac{1}{\sqrt{6m}}=\frac{1}{2.45\sqrt{m}}$$

$$\alpha_2=\frac{1}{\sqrt{M_2}}=\frac{1}{\sqrt{2m}}=\frac{1}{1.414\sqrt{m}}$$

$$\alpha_3=\frac{1}{\sqrt{M_3}}=\frac{1}{\sqrt{3m}}=\frac{1}{1.732\sqrt{m}}$$

故正则化因子矩阵 $\boldsymbol{\alpha}$ 为

$$\boldsymbol{\alpha}=\begin{pmatrix}\alpha_1&&\\&\alpha_2&\\&&\alpha_3\end{pmatrix}=\frac{1}{\sqrt{m}}\begin{pmatrix}\frac{1}{2.45}&0&0\\0&\frac{1}{1.414}&0\\0&0&\frac{1}{1.732}\end{pmatrix}=\frac{1}{\sqrt{m}}\begin{pmatrix}0.408163&0&0\\0&0.707214&0\\0&0&0.577367\end{pmatrix}$$

正则模态矩阵 $\boldsymbol{\phi}_N$ 为

$$\boldsymbol{\phi}_N=\boldsymbol{\phi}\boldsymbol{\alpha}$$

$$=\frac{1}{\sqrt{m}}\begin{pmatrix}1&1&1\\2&0&-1\\1&-1&1\end{pmatrix}\begin{pmatrix}0.408163&0&0\\0&0.707214&0\\0&0&0.577367\end{pmatrix}$$

$$=\frac{1}{\sqrt{m}}\begin{pmatrix}0.408163&0.707214&0.577367\\0.816326&0&-0.577367\\0.408163&-0.707214&0.577367\end{pmatrix}$$

正则质量矩阵 $\boldsymbol{M}_N$ 为一单位矩阵，即

$$\boldsymbol{M}_N=\boldsymbol{\phi}_N{}^{\mathrm{T}}\boldsymbol{m}\boldsymbol{\phi}_N=\boldsymbol{I}$$

正则刚度矩阵 $\boldsymbol{K}_N$ 为

$$K_N = \phi_N^{\mathrm{T}} k \phi_N$$

$$= \frac{1}{\sqrt{m}} \cdot \frac{1}{\sqrt{m}} \cdot k \begin{pmatrix} 0.408163 & 0.816326 & 0.408163 \\ 0.707214 & 0 & -0.707214 \\ 0.577367 & -0.577367 & 0.577367 \end{pmatrix} \cdot \begin{pmatrix} 3 & -1 & 0 \\ -1 & 2 & -1 \\ 0 & -1 & 3 \end{pmatrix}$$

$$\begin{pmatrix} 0.408163 & 0.707214 & 0.577367 \\ 0.816326 & 0 & -0.577367 \\ 0.408163 & -0.707214 & 0.577367 \end{pmatrix}$$

$$= \frac{k}{m} \begin{pmatrix} 0.999583 & 0 & 0 \\ 0 & 3.000910 & 0 \\ 0 & 0 & 4.000232 \end{pmatrix} = \begin{pmatrix} \omega_{n1}^2 & 0 & 0 \\ 0 & \omega_{n2}^2 & 0 \\ 0 & 0 & \omega_{n3}^2 \end{pmatrix}$$

故机械振动系统的各阶固有频率为

$$\omega_{n1} = \sqrt{\frac{k}{m}},\ \omega_{n2} = \sqrt{\frac{3k}{m}},\ \omega_{n3} = 2\sqrt{\frac{k}{m}}$$

显然，这一结果与前例中用解特征方程法所得的各阶固有频率值完全相同。所以，机械系统的正则模态方程为

$$\begin{pmatrix} \ddot{q}_{N1} \\ \ddot{q}_{N2} \\ \ddot{q}_{N3} \end{pmatrix} + \begin{pmatrix} \frac{k}{m} & 0 & 0 \\ 0 & \frac{3k}{m} & 0 \\ 0 & 0 & \frac{4k}{m} \end{pmatrix} \begin{pmatrix} q_{N1} \\ q_{N2} \\ q_{N3} \end{pmatrix} = \begin{pmatrix} 0 \\ 0 \\ 0 \end{pmatrix}$$

4.3.4 用模态分析法求系统动力响应

所谓模态分析法，就是应用由机械振动系统各阶主振型组成的模态矩阵作为变换矩阵，对机械振动系统原来的运动方程进行坐标变换，使质量矩阵和刚度矩阵都同时对角线化，得到一组独立的、互不耦合的模态方程，因而可以应用单自由度系统的方法分别求解每一个方程，从而求得多自由度系统响应的整个过程。模态分析法又称为振型叠加法。

现应用模态分析法来计算多自由度系统在动态力 $\boldsymbol{P}$ 作用下的响应，为使问题简化，仍忽略机械振动系统阻尼，则机械振动系统的运动方程为

$$\boldsymbol{m}\ddot{\boldsymbol{x}} + \boldsymbol{k}\boldsymbol{x} = \boldsymbol{P}$$

用模态分析法求解的步骤如下：

1）求出机械振动系统的各阶固有频率 ω_{n1}，ω_{n2}，…，ω_{nn} 和相应的各阶主振型 $\boldsymbol{A}^{(1)}$，$\boldsymbol{A}^{(2)}$，…，$\boldsymbol{A}^{(n)}$，并按式（4.73）组成模态矩阵 $\boldsymbol{\phi}$，或按式（4.89）组成正则模态矩阵 $\boldsymbol{\phi}_N$。

2）用模态矩阵 $\boldsymbol{\phi}$，或正则模态矩阵 $\boldsymbol{\phi}_N$，对原方程作如下的坐标变换：

$$\boldsymbol{x} = \boldsymbol{\phi}\boldsymbol{q}$$

或

$$\boldsymbol{x} = \boldsymbol{\phi}_N \boldsymbol{q}_N$$

将原方程变换为模态方程，或正则模态方程：

$$\boldsymbol{M}\ddot{\boldsymbol{q}} + \boldsymbol{K}\boldsymbol{q} = \boldsymbol{Q}$$

或

$$\ddot{\boldsymbol{q}}_N + \boldsymbol{\omega}_n^2 \boldsymbol{q}_N = \boldsymbol{Q}_N$$

3）按单自由度系统的方法分别求解模态方程，或正则模态方程中 n 个互相独立的方程，求得 $\boldsymbol{q}$ 或 $\boldsymbol{q}_N$。而 $\boldsymbol{q}$ 或 $\boldsymbol{q}_N$ 即是以模态坐标或正则坐标表示的振动系统对动态力 $\boldsymbol{P}$ 的响应。

4）应用 $\boldsymbol{x}=\boldsymbol{\phi q}$，$\boldsymbol{x}=\boldsymbol{\phi}_N\boldsymbol{q}_N$ 的线性变换，将模态坐标 $\boldsymbol{q}$ 或正则坐标 $\boldsymbol{q}_N$ 变为物理坐标 $\boldsymbol{x}$。该物理坐标 $\boldsymbol{x}$，就是振动系统运动方程的解。

【例 4-4】 在图 4.12 所示的机械系统上，受到 $P_1=0$，$P_2=P\sin\omega t$ 的作用，试用模态分析法确定机械振动系统的响应。

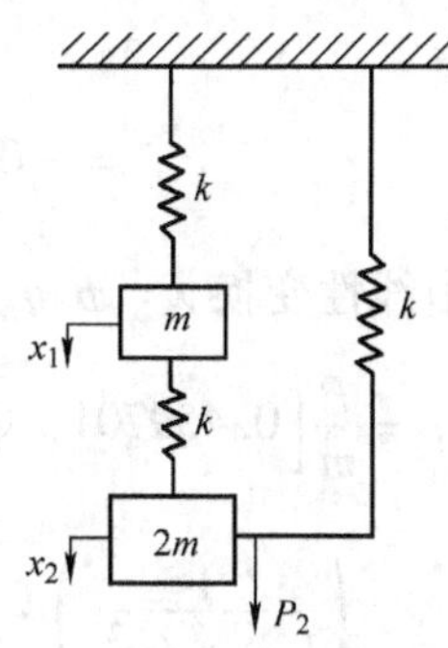

图 4.12 两自由度受迫振动系统

【解】 该机械振动系统的运动方程可写成

$$\boldsymbol{m\ddot{x}}+\boldsymbol{kx}=\boldsymbol{P}$$

式中，$\boldsymbol{m}=m\begin{pmatrix}1 & 0\\ 0 & 2\end{pmatrix}$，$\boldsymbol{k}=k\begin{pmatrix}2 & -1\\ -1 & 2\end{pmatrix}$，$\boldsymbol{P}=\begin{pmatrix}0\\ P\sin\omega t\end{pmatrix}$

通过求解该机械振动系统的自由振动方程，可求得机械振动系统各阶固有频率和相应的主振型：

$$\omega_{n1}=0.796266\sqrt{\frac{k}{m}}$$

$$\omega_{n2}=1.538188\sqrt{\frac{k}{m}}$$

$$\boldsymbol{A}^{(1)}=\begin{pmatrix}1.000000\\ 1.366025\end{pmatrix},\quad \boldsymbol{A}^{(2)}=\begin{pmatrix}1.000000\\ -0.366025\end{pmatrix}$$

经过计算，可以求得正则模态矩阵 $\boldsymbol{\phi}_N$ 为

$$\boldsymbol{\phi}_N=\frac{1}{\sqrt{m}}\begin{pmatrix}0.459701 & 0.888074\\ 0.627963 & -0.325057\end{pmatrix}$$

故正则化激振力 $\boldsymbol{Q}_N$ 为

$$\begin{aligned}\boldsymbol{Q}_N=\boldsymbol{\phi}_N{}^{\mathrm{T}}\boldsymbol{P}&=\frac{1}{\sqrt{m}}\begin{pmatrix}0.45901 & 0.627963\\ 0.888074 & -0.325057\end{pmatrix}^{\mathrm{T}}\begin{pmatrix}0\\ P\sin\omega t\end{pmatrix}\\ &=\frac{P}{\sqrt{m}}\begin{pmatrix}0.627963\\ 0.325057\end{pmatrix}\sin\omega t\end{aligned}$$

由此，可直接写出机械振动系统的正则模态方程：

$$\begin{pmatrix}\ddot{q}_{N1}\\ \ddot{q}_{N2}\end{pmatrix}+\begin{pmatrix}\omega_{n1}^2 & 0\\ 0 & \omega_{n2}^2\end{pmatrix}\begin{pmatrix}q_{N1}\\ q_{N2}\end{pmatrix}=\frac{P}{\sqrt{m}}\begin{pmatrix}0.627963\\ 0.325057\end{pmatrix}\sin\omega t$$

应用 Duhamel 积分求解，即使用式（2.106）分别求解上列方程组的各方程：

$$\begin{aligned}q_{N1}&=\frac{1}{\omega_{n1}}\int_0^t Q_{N1}\sin\omega_{n1}(t-\tau)\mathrm{d}\tau\\ &=0.627963\frac{P}{\sqrt{m}}\frac{1}{\omega_{n1}}\int_0^t\sin\omega\tau\sin\omega_{n1}(t-\tau)\mathrm{d}\tau\\ &=0.627963\frac{P}{\sqrt{m}\omega_{n1}}\left(\sin\omega t-\frac{\omega}{\omega_{n1}}\sin\omega_{n1}t\right)\left(\frac{1}{1-\omega^2/\omega_{n1}^2}\right)\end{aligned}$$

$$q_{N2} = \frac{1}{\omega_{n2}}\int_0^t Q_{N2}\sin\omega_{n2}(t-\tau)\,d\tau$$
$$= -0.325057\frac{P}{\sqrt{m}}\frac{1}{\omega_{n2}}\int_0^t \sin\omega\tau\sin\omega_{n2}(t-\tau)\,d\tau$$
$$= -0.325057\frac{P}{\sqrt{m}\omega_{n2}}\left(\sin\omega t-\frac{\omega}{\omega_{n2}}\sin\omega_{n2}t\right)\left(\frac{1}{1-\omega^2/\omega_{n2}^2}\right)$$

由线性变换 $\boldsymbol{x}=\boldsymbol{\phi}_N\boldsymbol{q}_N$ 得

$$x_1 = \frac{P}{m}\Big[0.459701\times0.627963\frac{1}{\omega_{n1}^2}\left(\sin\omega t-\frac{\omega}{\omega_{n1}}\sin\omega_{n1}t\right)\cdot$$
$$\left(\frac{1}{1-\omega^2/\omega_{n1}^2}\right)-0.888074\times0.325057\frac{1}{\omega_{n2}^2}\cdot\left(\sin\omega t-\frac{\omega}{\omega_{n2}}\sin\omega_{n2}t\right)\left(\frac{1}{1-\omega^2/\omega_{n2}^2}\right)\Big]$$
$$=\frac{P}{k}[0.455295\left(\sin\omega t-\frac{\omega}{\omega_{n1}}\sin0.796266\sqrt{\frac{k}{m}}t\right)\cdot$$
$$\left(\frac{1}{1-\omega^2/\omega_{n1}^2}\right)-0.122009\left(\sin\omega t-\frac{\omega}{\omega_{n2}}\sin1.538188\sqrt{\frac{k}{m}}t\right)\cdot\left(\frac{1}{1-\omega^2/\omega_{n2}^2}\right)\Big]$$

$$x_2 = \frac{P}{m}\Big[0.627963\times0.627963\frac{1}{\omega_{n1}^2}\left(\sin\omega t-\frac{\omega}{\omega_{n1}}\sin\omega_{n1}t\right)\cdot$$
$$\left(\frac{1}{1-\omega^2/\omega_{n1}^2}\right)+0.325057\times0.325057\frac{1}{\omega_{n2}^2}\cdot$$
$$\left(\sin\omega t-\frac{\omega}{\omega_{n2}}\sin\omega_{n2}t\right)\left(\frac{1}{1-\omega^2/\omega_{n2}^2}\right)\Big]$$
$$=\frac{P}{k}[0.621945\left(\sin\omega t-\frac{\omega}{\omega_{n1}}\sin0.796266\sqrt{\frac{k}{m}}t\right)\cdot$$
$$\left(\frac{1}{1-\omega^2/\omega_{n1}^2}\right)+0.044658\left(\sin\omega t-\frac{\omega}{\omega_{n2}}1.538188\sqrt{\frac{k}{m}}t\right)\cdot\left(\frac{1}{1-\omega^2/\omega_{n2}^2}\right)\Big]$$

【例 4-5】 求图 4.13 所示的有阻尼质量-弹簧系统的强迫振动的稳态响应。

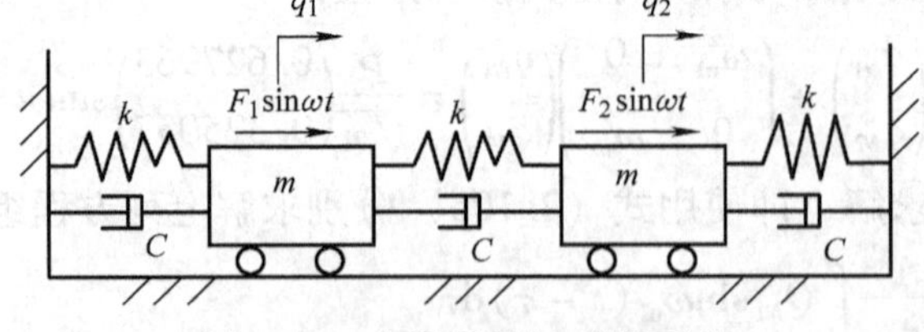

图 4.13 有阻尼质量-弹簧系统

【解】 设 q_1 和 q_2 坐标如图 4.13 所示。机械振动系统的振动微分方程为

$$m\begin{pmatrix}1&0\\0&1\end{pmatrix}\begin{pmatrix}\ddot{q}_1\\\ddot{q}_2\end{pmatrix}+C\begin{pmatrix}2&-1\\-1&2\end{pmatrix}\begin{pmatrix}\dot{q}_1\\\dot{q}_2\end{pmatrix}+k\begin{pmatrix}2&-1\\-1&2\end{pmatrix}\begin{pmatrix}q_1\\q_2\end{pmatrix}=\begin{pmatrix}F_1\\F_2\end{pmatrix}\sin\omega t$$

其固有频率为

$$\omega_1=\sqrt{\frac{k}{m}},\quad \omega_2=\sqrt{\frac{3k}{m}}$$

正则模态矩阵为

$$\boldsymbol{\phi}_N=\frac{1}{\sqrt{2m}}\begin{pmatrix}1 & -1\\ 1 & 1\end{pmatrix}$$

令

$$q(t)=\boldsymbol{\phi}_N\boldsymbol{q}_N(t)$$

则有

$$\begin{pmatrix}\ddot{q}_{N1}\\ \ddot{q}_{N2}\end{pmatrix}+\frac{C}{m}\begin{pmatrix}1 & 0\\ 0 & 3\end{pmatrix}\begin{pmatrix}\dot{q}_{N1}\\ \dot{q}_{N2}\end{pmatrix}+\frac{k}{m}\begin{pmatrix}1 & 0\\ 0 & 3\end{pmatrix}\begin{pmatrix}q_{N1}\\ q_{N2}\end{pmatrix}=\frac{1}{\sqrt{2m}}\begin{pmatrix}F_1+F_2\\ -F_1+F_2\end{pmatrix}\sin\omega t$$

解上面两独立的微分方程，得

$$q_{N2}(t)=\frac{-F_1+F_2}{\sqrt{2m}}\frac{1}{\sqrt{(\omega_1^2-\omega^2)^2+(3C\omega/m)^2}}\sin(\omega t-\varphi_2),\ \tan\varphi_2=\frac{3C\omega}{3k-m\omega^2}$$

再变换回原坐标，得机械振动系统的强迫振动稳态响应为

$$\begin{pmatrix}q_1\ (t)\\ q_2\ (t)\end{pmatrix}=\begin{pmatrix}\dfrac{F_1+F_2}{\sqrt{2m}}\dfrac{1}{\sqrt{(\omega_1^2-\omega^2)^2+(C\omega/m)^2}}+\dfrac{F_1-F_2}{2m}\dfrac{\sin\ (\omega t-\varphi_2)}{\sqrt{(\omega_2^2-\omega^2)^2+(3C\omega/m)^2}}\\ \dfrac{-F_1+F_2}{\sqrt{2m}}\dfrac{1}{\sqrt{(\omega_1^2-\omega^2)^2+(C\omega/m)^2}}-\dfrac{F_1-F_2}{2m}\dfrac{\sin\ (\omega t-\varphi_2)}{\sqrt{(\omega_2^2-\omega^2)^2+(3C\omega/m)^2}}\end{pmatrix}$$

4.4 多自由度系统的数值方法

从以上各章节的分析可以看到，求解机械振动系统（包括石油机械振动）的固有频率和主振型，是研究各类振动问题的重要内容。当机械振动系统自由度较少时，可以从机械振动系统的特征方程求出其特征值（即固有频率的二次方值），从而直接解出固有频率 ω_n 的精确值，然后再求出特征向量（即主振型）。这里所提的机械振动特指石油机械振动。

由此可见，寻找多自由度系统特征方程的特征值和特征向量的问题，一般都要用计算机来处理。但对特征值问题的各种近似解解法，在实际工作中还是有用的。这里选择了几种常用的近似解法来加以介绍与分析。

4.4.1 瑞利法

在第 2 章中曾介绍过，对单自由度保守系统可以用最大动能与最大势能相等的原理（能量法）来求出其固有频率。瑞利法指出，只要对位移有合理分布的假设，这种方法也可以用于求多自由度系统的最低阶固有频率（基频）。

设机械振动系统的质量矩阵、刚度矩阵、位移列阵和速度列阵分别为 $\boldsymbol{m}$、$\boldsymbol{k}$、$\boldsymbol{x}$、$\dot{\boldsymbol{x}}$。则多自由度系统的动能 T 与势能 V 的表达式为

$$T=\frac{1}{2}\dot{\boldsymbol{x}}^{\mathrm{T}}\boldsymbol{m}\dot{\boldsymbol{x}}\tag{4.100}$$

$$V=\frac{1}{2}\boldsymbol{x}^{\mathrm{T}}\boldsymbol{k}\boldsymbol{x} \tag{4.101}$$

当机械振动系统以第 r 阶固有频率 ω_{nr} 和相应的主振型 $\boldsymbol{A}^{(r)}$ 作第 r 阶主振动时，则

$$\boldsymbol{x}^{(r)}=\boldsymbol{A}^{(r)}\sin(\omega_{nr}+\varphi) \tag{4.102}$$

故

$$\dot{\boldsymbol{x}}^{(r)}=\boldsymbol{A}^{(r)}\omega_{nr}\cos(\omega_{nr}+\varphi) \tag{4.103}$$

将式（4.102）及式（4.103）分别代入式（4.100）及式（4.101），可得到机械系统在作主振动时的最大动能和势能：

$$T_{\max}=\frac{1}{2}\omega_{nr}^{2}\boldsymbol{A}^{(r)\mathrm{T}}\boldsymbol{m}\boldsymbol{A}^{(r)} \tag{4.104}$$

$$V_{\max}=\frac{1}{2}\boldsymbol{A}^{(r)\mathrm{T}}\boldsymbol{k}\boldsymbol{A}^{(r)} \tag{4.105}$$

根据机械能守恒原理，使上述两式相等，即可解得机械振动系统第 r 阶固有频率的二次方值：

$$\omega_{nr}^{2}=\frac{\boldsymbol{A}^{(r)\mathrm{T}}\boldsymbol{k}\boldsymbol{A}^{(r)}}{\boldsymbol{A}^{(r)\mathrm{T}}\boldsymbol{m}\boldsymbol{A}^{(r)}}\quad(r=1,\ 2,\ \cdots,\ n) \tag{4.106}$$

由于在未求出机械振动系统的各阶固有频率前，我们无法知道机械振动系统的各阶主振型。因此，不可能应用式（4.106）来计算机械振动系统的各阶固有频率。但是，已经知道，机械振动系统的任意一个位移振幅向量 $\boldsymbol{A}$，可以用机械系统的各阶正则振型 $\boldsymbol{A}_N^{(r)}$ 的线性组合来表示，即

$$\boldsymbol{A}=\sum_{r=1}^{n}C_r\boldsymbol{A}_N^{(r)} \tag{4.107}$$

所以可以先假设一个机械振动系统的位移振幅向量 $\boldsymbol{A}$，并对它进行以下运算：

$$\boldsymbol{A}^{\mathrm{T}}\boldsymbol{m}\boldsymbol{A}=\left(\sum_{r=1}^{n}C_r\boldsymbol{A}_N^{(r)}\right)^{\mathrm{T}}\boldsymbol{m}\left(\sum_{r=1}^{n}C_r\boldsymbol{A}_N^{(r)}\right)=\sum_{r=1}^{n}C_r^2 \tag{4.108}$$

$$\boldsymbol{A}^{\mathrm{T}}\boldsymbol{k}\boldsymbol{A}=\left(\sum_{r=1}^{n}C_r\boldsymbol{A}_N^{(r)}\right)^{\mathrm{T}}\boldsymbol{k}\left(\sum_{r=1}^{n}C_r\boldsymbol{A}_N^{(r)}\right)=\sum_{r=1}^{n}C_r^2\omega_{nr}^2 \tag{4.109}$$

在进行以上运算时，应用了正则振型的性质，即式（4.86）和式（4.95），因此，式中的 ω_{nr} 就是机械振动系统的第 r 阶固有频率。

将式（4.108）、式（4.109），按式（4.106）形式进行计算，可得以下关系式：

$$\omega_{R}^{2}=\frac{\boldsymbol{A}^{\mathrm{T}}\boldsymbol{k}\boldsymbol{A}}{\boldsymbol{A}^{\mathrm{T}}\boldsymbol{m}\boldsymbol{A}}=\frac{\sum_{r=1}^{n}C_r^2\omega_{nr}^2}{\sum_{r=1}^{n}C_r^2} \tag{4.110}$$

显然，按上式所计算出的 ω_R 值，并不是机械系统的任何一阶固有频率，而是机械振动系统所有固有频率 $\omega_{nr}^2(r=1,\ 2,\ \cdots,\ n)$ 的加权平均值。这里把 ω_R^2 值称之为瑞利商。

在瑞利商中，权因子为 C_r^2，而 $C_r(r=1,\ 2,\ \cdots,\ n)$ 则决定了各阶主振型 $\boldsymbol{A}^{(r)}$ 对 $\boldsymbol{A}$ 的影响大小。若第 s 阶主振型 $\boldsymbol{A}^{(s)}$ 的权因子 C_s^2 比其他各阶权因子都大得多，则显然，瑞利商 ω_R^2 值将接近于第 s 阶固有频率的二次方值 ω_{ns}^2。而且，当 $\boldsymbol{A}$ 很接近于 $\boldsymbol{A}^{(s)}$ 时，则 $\frac{C_r}{C_s}<1(r\neq s,\ r=$

1, 2, …, n), 且

$$\varepsilon_r^2=\frac{C_r^2}{C_s^2}<<1$$

瑞利法一般均用于计算机械振动系统的最低阶固有频率 ω_{n1} 的近似值。或者说瑞利商主要用于估计振系的基本频率。因为机械振动系统的第一阶主振型 $\boldsymbol{A}^{(1)}$ 比较容易近似确定，因而我们所选择的 $\boldsymbol{A}$ 比较容易接近于第一阶主振型。有

$$\varepsilon_r^2=\frac{C_r^2}{C_1^2}<<1 \quad (r=2,\ 3,\ \cdots,\ n)$$

若对式（4.110）的分子和分母项均除以 C_1^2，则瑞利商的计算式可写成以下形式：

$$\begin{aligned}\omega_{\mathrm{R}}^2 &= \omega_{n1}^2\frac{1+\sum\limits_{r=2}^{n}\varepsilon_r^2\frac{\omega_{nr}^2}{\omega_{n1}^2}}{1+\sum\limits_{r=1}^{n}\varepsilon_r^2}\\ &\approx \omega_{n1}^2\left[1+\sum_{r=2}^{n}\varepsilon_r^2\left(\frac{\omega_{nr}^2}{\omega_{n1}^2}-1\right)\right]\\ &\approx \omega_{n1}^2\end{aligned} \tag{4.111}$$

由此可见，当选择的 $\boldsymbol{A}$ 接近于 $\boldsymbol{A}^{(1)}$ 时，则按式（4.110）计算出的瑞利商 ω_{R}^2 可作为系统最低阶固有频率的二次方 ω_{n1}^2 的近似值。而且，这一近似值 ω_{R}^2 总比 ω_{n1}^2 的精确值大。当我们所假设的 $\boldsymbol{A}$ 越接近 $\boldsymbol{A}^{(1)}$ 时，则 ω_{R}^2 值越接近 ω_{n1}^2。只有当 $\boldsymbol{A}$ 选得恰好是 $\boldsymbol{A}^{(1)}$ 时，算出的瑞利商 ω_{R}^2 才正好是 ω_{n1}^2 的精确值。

*4.4.2 里茨法

瑞利商的主要不足在于只能由假设振型 $\boldsymbol{A}$ 求得固有频率近似值，所假设的振型 $\boldsymbol{A}$ 太粗糙。里茨法是在瑞利商的基础上，在假设振型 $\boldsymbol{A}$ 中设置 s 个待定系数 c_j，然后根据驻值定理推导出 s 阶特征问题，然后精确求解 s 个特征对，再求出原问题的前 s 个较低固有频率和相应的振型。它的主要推导过程如下：

1）假设振系有 s 个独立无关的 n 阶列向量 $\boldsymbol{\varphi}_j(j=1,\ 2,\ \cdots,\ s)$，由它们组成 $n\times s$ 阶矩阵 $\boldsymbol{\varphi}_{n\times s}$：

$$\boldsymbol{\varphi}_{n\times s}=(\boldsymbol{\varphi}_1,\ \cdots,\ \boldsymbol{\varphi}_j,\ \cdots,\ \boldsymbol{\varphi}_s)_{n\times s} \tag{4.112}$$

2）任意向量 $\boldsymbol{A}$ 为 s 个 $\boldsymbol{\varphi}$ 向量的线性组合：

$$\boldsymbol{A}=\boldsymbol{\varphi}_1c_1+\cdots+\boldsymbol{\varphi}_jc_j+\cdots+\boldsymbol{\varphi}_sc_s$$

$$\boldsymbol{A}=\boldsymbol{\phi}_{n\times s}\boldsymbol{C}_{s\times 1}$$

式中，$c_j(j=1,\ 2,\ \cdots,\ s)$为待定系数，组成 s 阶列向量 $\boldsymbol{C}_{s\times 1}$。

3）求瑞利第一商 ω_{R1}^2，计算数值分别为 V_1 和 T：

$$V_1=\boldsymbol{A}^{\mathrm{T}}\boldsymbol{K}\boldsymbol{A}=\boldsymbol{C}^{\mathrm{T}}\ \boldsymbol{\phi}^{\mathrm{T}}\boldsymbol{K}\boldsymbol{\phi}\boldsymbol{C}$$

$$T=\boldsymbol{A}^{\mathrm{T}}\boldsymbol{M}\boldsymbol{A}=\boldsymbol{C}^{\mathrm{T}}\boldsymbol{\phi}^{\mathrm{T}}\boldsymbol{K}\boldsymbol{\phi}\boldsymbol{C}$$

得

$$\omega_{\mathrm{R1}}^2=\frac{V_1}{T} \tag{4.113}$$

于是，瑞利第一商 ω_{R1}^2 和假设振型 $\boldsymbol{A}$ 不仅取决于 $\boldsymbol{\varphi}_j$，而且还取决于待定系数 $\boldsymbol{C}$。

4）根据驻值定理，瑞利第一商在振系固有频率处具有极值，当 $\dfrac{\partial\omega_{R1}^2}{\partial c_j}=0\,(j=1,\ 2,\ \cdots,\ s)$ 时，$\sqrt{\omega_{R1}^2}=\omega$，再整理得

$$\left.\begin{aligned}&\frac{\partial\omega_{R1}^2}{\partial c_j}=\left(\frac{\partial V_1}{\partial c_j}T-\frac{\partial T}{\partial c_j}V_1\right)T^2=0\\&\frac{\partial V_1}{\partial c_j}-\frac{V_1}{T}\frac{\partial T}{\partial c_j}=0\end{aligned}\right\}\tag{4.114}$$

满足驻值定理时，$\omega_{R1}^2=\omega^2$，代入上式得

$$\begin{aligned}&\frac{\partial V_1}{\partial c_j}-\omega^2\frac{\partial T}{\partial c_j}=0\quad(j=1,\ 2,\ \cdots,\ s)\\&\frac{\partial V_1}{\partial c_j}=\frac{\partial}{\partial c_j}\boldsymbol{C}^{\mathrm{T}}\boldsymbol{\phi}^{\mathrm{T}}\boldsymbol{K}\boldsymbol{\phi}\boldsymbol{C}\\&\qquad=\frac{\partial\boldsymbol{C}^{\mathrm{T}}}{\partial c_j}\boldsymbol{\phi}^{\mathrm{T}}\boldsymbol{K}\boldsymbol{\phi}\boldsymbol{C}+\boldsymbol{C}^{\mathrm{T}}\boldsymbol{\phi}^{\mathrm{T}}\boldsymbol{K}\boldsymbol{\phi}\frac{\partial\boldsymbol{C}}{\partial c_j}\end{aligned}\tag{4.115}$$

由于
$$\frac{\partial\boldsymbol{C}^{\mathrm{T}}}{\partial c_j}=\left(\frac{\partial C_1}{\partial c_j},\ \cdots,\ \frac{\partial C_j}{\partial c_j},\ \cdots,\ \frac{\partial C_n}{\partial c_j}\right)=(0,\ \cdots,\ 0,\ 1,\ 0,\ \cdots,\ 0)$$

所以
$$\frac{\partial V_1}{\partial c_j}=2\,\boldsymbol{\varphi}_j^{\mathrm{T}}\boldsymbol{K}\boldsymbol{\phi}\boldsymbol{C}$$

同理
$$\frac{\partial T}{\partial c_j}=2\,\boldsymbol{\varphi}_j^{\mathrm{T}}\boldsymbol{K}\boldsymbol{\phi}\boldsymbol{C}\tag{4.116}$$

对所有 $j=1,\ 2,\ \cdots,\ s$ 组合，可有

$$\boldsymbol{\phi}^{\mathrm{T}}\boldsymbol{K}\boldsymbol{\phi}\boldsymbol{C}-\omega^2\boldsymbol{\phi}^{\mathrm{T}}\boldsymbol{M}\boldsymbol{\phi}\boldsymbol{C}=\boldsymbol{0}\tag{4.117}$$

5）定义 $s\times s$ 阶广义刚度矩阵 $\boldsymbol{K}_s$ 和广义质量矩阵 $\boldsymbol{M}_s$ 分别为

$$\boldsymbol{K}_s=\boldsymbol{\phi}^{\mathrm{T}}\boldsymbol{K}\boldsymbol{\phi},\quad \boldsymbol{M}_s=\boldsymbol{\phi}^{\mathrm{T}}\boldsymbol{M}\boldsymbol{\phi}$$

由于 $\boldsymbol{K}$、$\boldsymbol{M}$ 为对称矩阵，在正交变换下，$\boldsymbol{K}_s$ 和 $\boldsymbol{M}_s$ 仍为对称矩阵。

s 阶特征问题：

$$\left.\begin{aligned}&\boldsymbol{K}_s\boldsymbol{C}-\omega^2\boldsymbol{M}_s\boldsymbol{C}=\boldsymbol{0}\\&\boldsymbol{H}_s=\boldsymbol{K}_s-\omega^2\boldsymbol{M}_s\\&\boldsymbol{H}_s\boldsymbol{C}=\boldsymbol{0}\end{aligned}\right\}\tag{4.118}$$

6）精确求解特征问题，可得由 s 个固有频率 $\omega_j\,(j=1,\ 2,\ \cdots,\ s)$ 和 s 个振型向量 $\boldsymbol{C}_j\,(j=1,\ 2,\ \cdots,\ s)$ 组成的 $s\times s$ 阶振型矩阵 $\boldsymbol{C}$。然后可求得对广义质量矩阵 $\boldsymbol{M}_s$ 归一的标准矩阵 $\boldsymbol{C}_q$。最后得到原特征问题的 $n\times s$ 阶标准振型矩阵 $\boldsymbol{Q}$：

$$\boldsymbol{Q}_{n\times s}=\boldsymbol{\phi}_{n\times s}(\boldsymbol{C}_q)_{s\times s},\ \boldsymbol{q}_j=\boldsymbol{\phi}\boldsymbol{C}_q$$

从上式可以看出：里茨法从初始粗糙的振型假设 $\boldsymbol{\phi}$ 出发，通过恰当的 $\boldsymbol{C}_q$ 矩阵进行修正，所得振型矩阵 $\boldsymbol{Q}$ 的精度大为提高。如果对所得的振型矩阵 $\boldsymbol{Q}$ 的精度仍不满意，那么可进行下列 7）的计算。

7）求解 $\boldsymbol{B}_j$ 向量，即 $\boldsymbol{B}_j$ 满足

$$\boldsymbol{K}\boldsymbol{B}_j=\boldsymbol{M}\boldsymbol{q}_j,\quad \boldsymbol{K}\boldsymbol{B}=\boldsymbol{M}\boldsymbol{Q}$$

由 $\boldsymbol{B}_j$ 向量组成 $\boldsymbol{B}$ 矩阵（$n \times s$ 阶），把 $\boldsymbol{B}$ 作为初始的 $\boldsymbol{\phi}$ 矩阵，再进行上述步骤的计算，直到满意的振型矩阵求得。这种方法以一般只需少量迭代即可得到所期望的精度。带有步骤7）的里茨法就是著名的求解特征问题的子空间迭代法。

若已知位移方程，则可以根据上述原理，由瑞利第二商 ω_{R2} 进行求解，设

$$\left.\begin{aligned} V_2 &= \boldsymbol{A}^{\mathrm{T}}\boldsymbol{MFMA} \\ T &= \boldsymbol{A}^{\mathrm{T}}\boldsymbol{MA} \\ \omega_{R2} &= \frac{T}{V_2} \end{aligned}\right\} \tag{4.119}$$

推出

$$\left.\begin{aligned} \boldsymbol{M}_s &= \boldsymbol{\phi}^{\mathrm{T}}\boldsymbol{M\phi} \\ \boldsymbol{F}_s &= \boldsymbol{\phi}^{\mathrm{T}}\boldsymbol{MFM\phi} \end{aligned}\right\} \tag{4.120}$$

求解特征问题

$$\boldsymbol{M}_s - \omega^2 \boldsymbol{F}_s \boldsymbol{C} = \boldsymbol{0} \tag{4.121}$$

其他计算步骤与作用力方程的计算步骤相同。

综上所述，里茨法的实际计算步骤如下：

1）设定 s 个独立无关的假设振型 $\boldsymbol{\varphi}_j$，构成 $n \times s$ 阶矩阵 $\boldsymbol{\phi}$（$s \ll n$）。

2）计算 s 阶广义质量、广义刚度或广义柔度矩阵：

$$\boldsymbol{M}_s = \boldsymbol{\phi}^{\mathrm{T}}\boldsymbol{M\phi}$$

$$\boldsymbol{K}_s = \boldsymbol{\phi}^{\mathrm{T}}\boldsymbol{K\phi}$$

或

$$\boldsymbol{F}_s = \boldsymbol{\phi}^{\mathrm{T}}\boldsymbol{MFM\phi} \tag{4.122}$$

3）精确求解 s 阶特征问题：

$$(\boldsymbol{K}_s - \omega_j^2 \boldsymbol{M}_s)\boldsymbol{C}_j = \boldsymbol{0} \quad (j = 1, 2, \cdots, s)$$

或

$$(\boldsymbol{M}_s - \omega_j^2 \boldsymbol{F}_s)\boldsymbol{C}_j = \boldsymbol{0} \quad (j = 1, 2, \cdots, s) \tag{4.123}$$

一般振型矩阵 $\boldsymbol{C}$（$s \times s$ 阶）对 $\boldsymbol{M}_s$ 规一化为标准矩阵 $\boldsymbol{C}_q$。

4）求出原问题前 s 个 n 阶标准矩阵 $\boldsymbol{Q}_{n \times s}$：

$$\boldsymbol{Q} = \boldsymbol{\phi}\boldsymbol{C}_q \tag{4.124}$$

5）如果对 $\boldsymbol{Q}$ 的精度不满意，求 $\boldsymbol{B}$ 矩阵：

$$\boldsymbol{KB} = \boldsymbol{MQ} \tag{4.125}$$

将 $\boldsymbol{B}$ 矩阵作为 $\boldsymbol{\phi}$，重复上述计算。（为避免数值溢出或过小，可对 $\boldsymbol{B}$ 的每一列向量作归一化计算）

4.4.3 邓柯莱法

邓柯莱法与前面的瑞利法一样，均只用于求机械振动系统的最低阶固有频率。但瑞利法给出了基本频率的上限，而邓柯莱法给出了基本频率的下限。

在本章中，曾给出以柔度矩阵表示的多自由度无阻尼系统的运动位移方程为

$$\boldsymbol{\delta m\ddot{x}} + \boldsymbol{x} = \boldsymbol{\delta P}$$

若机械振动系统作自由振动，则上式变为

$$\boldsymbol{x} + \boldsymbol{\delta m\ddot{x}} = 0 \tag{4.126}$$

设上式有简谐振动解，即

$$\boldsymbol{x} = \boldsymbol{A}\sin(\omega_{\mathrm{n}} t + \varphi)$$

将上式代入系统的运动位移方程，并将全式除以 ω_{n}^2，则得

$$\frac{1}{\omega_{\mathrm{n}}^2}A - \boldsymbol{\delta m A} = \boldsymbol{0}$$

假设机械振动系统的质量矩阵 $\boldsymbol{m}$ 为对角阵，则根据上式可得出机械系统的特征方程为

$$\left| \frac{1}{\omega_{\mathrm{n}}^2}\mathrm{I} - \boldsymbol{\delta m} \right| = 0 \tag{4.127}$$

将上式写成展开式为

$$\begin{vmatrix} \delta_{11}m_{11} - \dfrac{1}{\omega_{\mathrm{n}}^2} & \delta_{12}m_{22} & \cdots & \delta_{1n}m_{nn} \\ \delta_{21}m_{11} & \delta_{22}m_{22} - \dfrac{1}{\omega_{\mathrm{n}}^2} & \cdots & \delta_{2n}m_{nn} \\ \vdots & \vdots & & \vdots \\ \delta_{n1}m_{11} & \delta_{n2}m_{22} & \cdots & \delta_{nn}m_{nn} - \dfrac{1}{\omega_{\mathrm{n}}^2} \end{vmatrix} = 0 \tag{4.128}$$

再将式（4.128）展开，得

$$\frac{1}{\omega_{\mathrm{n}}^{2n}} - (\delta_{11}m_{11} + \delta_{22}m_{22} + \cdots + \delta_{nn}m_{nn})\frac{1}{\omega_{\mathrm{n}}^{2(n-1)}} + \cdots = 0 \tag{4.129}$$

根据代数方程的理论，上列多项式的 n 个根之和应等于该多项式中第二项系数的负值，即

$$\frac{1}{\omega_{\mathrm{n1}}^2} + \frac{1}{\omega_{\mathrm{n2}}^2} + \cdots + \frac{1}{\omega_{\mathrm{nn}}^2} = \delta_{11}m_{11} + \delta_{22}m_{22} + \cdots + \delta_{nn}m_{nn}$$

因为 $\omega_{\mathrm{n1}} < \omega_{\mathrm{n2}} < \cdots < \omega_{nn}$，所以上式等式左边各项中，第一项最大，故将这一项保留，而略去其余项，则有

$$\begin{aligned} \frac{1}{\omega_{\mathrm{n1}}^2} &\approx \delta_{11}m_{11} + \delta_{22}m_{22} + \cdots + \delta_{nn}m_{nn} \\ &= \sum_{i=1}^{n} \delta_{ii}m_{ii} \end{aligned} \tag{4.130}$$

由于柔度影响系数和刚度影响系数对单自由度系统来说，就是机械振动系统的柔度和刚度，它们互为倒数。因而，有

$$\delta_{ii}m_{ii} = \frac{m_{ii}}{k_{ii}} = \frac{1}{\omega_{ii}^2} \tag{4.131}$$

式中，ω_{ii} 可以理解为当多自由度系统只有质量 m_{ii} 存在而变成单自由度系统时的固有频率。

将式（4.131）代入式（4.130），得

$$\frac{1}{\omega_{\mathrm{n1}}^2} \approx \frac{1}{\omega_{11}^2} + \frac{1}{\omega_{22}^2} + \cdots + \frac{1}{\omega_{nn}^2} = \sum_{i=1}^{n} \frac{1}{\omega_{ii}^2} \tag{4.132}$$

上式表明，机械振动系统最低阶固有频率二次方值的倒数，近似等于各质量 $m_{ii}(i = 1, 2, \cdots, n)$ 单独存在时所得固有频率二次方值 ω_{ii}^2 的倒数之和。由于式（4.130）和式

(4.132) 的左边略去了 $\sum_{i=2}^{n}\frac{1}{\omega_{ni}^2}$，所以求出的$\frac{1}{\omega_{n1}^2}$就大于它的真实值，从而计算出的机械振动系统最低阶固有频率 ω_{n1}将小于它的精确值。

式 (4.132) 称为邓柯莱公式，这是邓柯莱用实验确定多圆盘的轴横向振动的固有频率时建立的。

若以 λ_{j1}，λ_{j2}，…，λ_{jn}表示单独安装各圆盘时该点轴的静挠度，则

$$\omega_{11}=\sqrt{\frac{g}{\lambda_{j1}}},\ \omega_{22}=\sqrt{\frac{g}{\lambda_{j2}}},\ \cdots,\ \omega_{nn}=\sqrt{\frac{g}{\lambda_{jn}}}$$

将以上各式代入式 (4.132)，可得

$$\omega_{n1}\approx\sqrt{\frac{g}{\lambda_{j1}+\lambda_{j2}+\cdots+\lambda_{jn}}} \tag{4.133}$$

【例 4-6】 如图 4.14 所示，在一根两端简支的等直轴上，等距地安装三个质量均为 m 的圆盘，已知轴的抗弯刚度为 EI。试求该机械振动系统的第一阶固有频率。

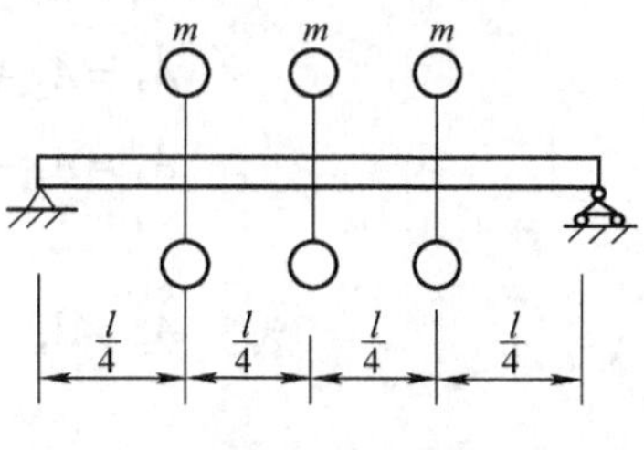

图 4.14 装有三个圆盘的轴

【解】 根据材料力学公式计算出单独的质量 m 分别在轴上各圆盘所在位置时的静挠度为

$$\lambda_{j1}=\lambda_{j3}=\frac{3}{256}\cdot\frac{mgl^3}{EI}$$

$$\lambda_{j2}=\frac{1}{48}\cdot\frac{mgl^3}{EI}$$

故

$$\omega_{n1}\approx\sqrt{\frac{1}{\frac{3}{256}+\frac{1}{48}+\frac{3}{256}}\cdot\frac{EI}{ml^3}}=4.753\sqrt{\frac{EI}{ml^3}}$$

4.4.4 霍尔兹法

霍尔兹法不仅可以用来确定机械振动系统的基频，而且也可用于确定机械系统的高频。这种方法经常使用在处理扭转振动系统的场合。

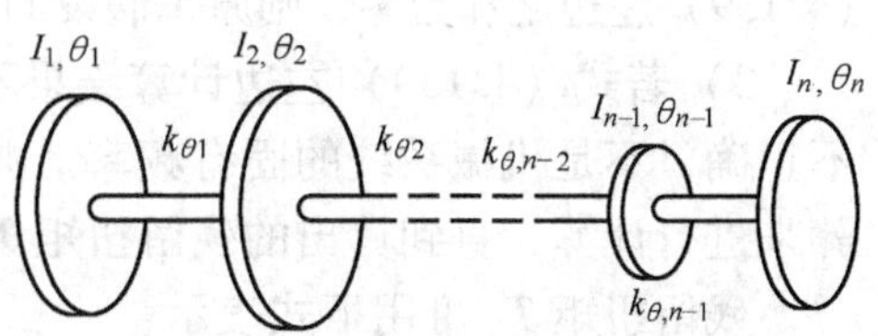

图 4.15 多自由度扭转振动系统

图 4.15 所示为多自由度扭转振动系统，n 个转动惯量分别为 I_1，I_2，…，I_n 的圆盘连接在扭转弹簧刚度分别为 $k_{\theta1}$，$k_{\theta2}$，…，k_θ，θ_{n-1} 的圆轴上，机械振动系统的自由振动运动方程是

$$\begin{aligned}
I_1\ddot{\theta}_1&=k_{\theta1}(\theta_2-\theta_1)\\
I_2\ddot{\theta}_2&=k_{\theta2}(\theta_3-\theta_2)-k_{\theta1}(\theta_2-\theta_1)\\
&\vdots\\
I_{n-1}\ddot{\theta}_{n-1}&=k_{\theta,n-1}(\theta_n-\theta_{n-1})-k_{\theta,n-2}(\theta_{n-1}-\theta_{n-2})\\
I_n\ddot{\theta}_n&=-k_{\theta,n-1}(\theta_n-\theta_{n-1})
\end{aligned} \tag{4.134}$$

上式可改写成以下形式：

$$\left.\begin{aligned} I_1\ddot{\theta}_1 &= k_{\theta1}(\theta_2-\theta_1) \\ I_1\ddot{\theta}_1+I_2\ddot{\theta}_2 &= k_{\theta2}(\theta_3-\theta_2) \\ &\vdots \\ I_1\ddot{\theta}_1+I_2\ddot{\theta}_2+\cdots+I_{n-1}\ddot{\theta}_{n-1} &= k_{\theta,n-1}(\theta_n-\theta_{n-1}) \end{aligned}\right\} \tag{4.135}$$

故

$$I_1\ddot{\theta}_1+I_2\ddot{\theta}_2+\cdots+I_{n-1}\ddot{\theta}_{n-1}+I_n\ddot{\theta}_n=0 \tag{4.136}$$

上式表明，在扭转自由振动中，该机械振动系统的惯性扭矩的总和为零。设式（4.135）有简谐振动解，即

$$\theta_i=A_i\sin(\omega_n t+\varphi)\quad(i=1,2,\cdots,n) \tag{4.137}$$

将式（4.137）分别代入式（4.135）及式（4.136）得

$$\left.\begin{aligned} &A_2=A_1-(\omega_n^2/k_{\theta2})I_1A_0 \\ &A_3=A_2-(\omega_n^2/k_{\theta1})(I_1A_1+I_2A_2) \\ &A_4=A_3-(\omega_n^2/k_{\theta3})(I_1A_1+I_2A_2+I_3A_3) \\ &\vdots \\ &A_n=A_{n-1}-(\omega_n^2/k_{\theta,n-1})(I_1A_1+I_2A_2+\cdots+I_{n-1}A_{n-1}) \end{aligned}\right\} \tag{4.138}$$

$$I_1A_1\omega_n^2+I_2A_2\omega_n^2+\cdots+I_nA_n\omega_n^2=0 \tag{4.139}$$

由式（4.138）可以看出，若给出某一阶固有频率，就可求出振幅的相对比值，也就是可以确定机械振动系统的该阶主振型。

霍尔兹法就是应用式（4.138）、式（4.139），用试凑的方法来求 ω_n^2 的值。其步骤如下：

1）首先适当地给定 ω_n' 的值（称为试探频率），将其代入式（4.138），由于已取 $A_1=1$，故可依次算出 A_2，A_3，…，A_n 的值。

2）然后将 A_1，A_2，…，A_n 及假设的 ω_n' 的值，一起代入式（4.139），若计算结果中，式（4.139）左边之和为零，则原来假设的 ω_n' 值正确，它就是机械系统的某一阶固有频率 ω_n。

3）若式（4.139）左边计算结果不为零，即存在残留扭矩 T_R，则说明原来假设的 ω_n' 值不正确，不是机械系统的固有频率。此时，即应适当修正所假设的 ω_n'值，再重复以上的步骤来进行计算，直到算出的残留扭矩 T_R 为零，即可得到机械系统的某一阶固有频率。

残留扭矩 T_R 可用下式表示：

$$T_R=\sum_{i=1}^{n}I_iA_i\omega_n^2 \tag{4.140}$$

使用上述同样的方法，还可以求出机械系统的其他几阶固有频率。现取 ω_n' 为横坐标，T_R 为纵坐标，则对应于试探频率 ω_n' 的残留扭矩 T_R 的变化曲线如图 4.16 所示。图上，曲线与横坐标交点之值，即为机械系统的各阶固有频率 ω_{n1}，ω_{n2}，…。

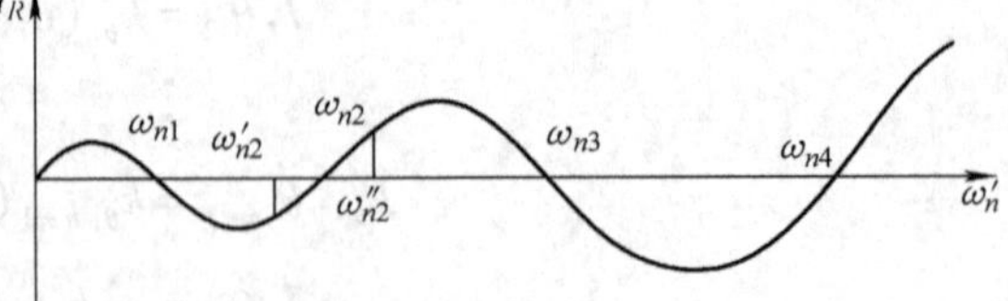

图 4.16　T_R的变化曲线

实际上，即使多次修正试探频率 ω_n' 的值，也很难使残留扭矩 T_R 正好为零。若第一次取试探频率值为 ω_{n2}'，计算结果 $T_R<0$，说明所取频率过小；第二次取试探频率值为 ω_{n2}''，计

算结果 $T_R>0$，说明所取频率过大。这时，可把这两个试探值进行线性内插，其计算结果 T_R 虽不为零，但已很小，则即可取此试探值为机械系统固有频率 ω_{n2} 的近似值。

4.4.5　矩阵迭代法

这种方法适用于自由度数较多的复杂系统，它可以同时计算出机械振动系统的全部或一部分固有频率和主振型的值。其主要特点是对所研究的机械振动系统先假设一个振动的振型，经过逐次迭代，使它收敛到某一阶主振型，从而求得机械振动系统的频率和振型。当机械振动系统的自由度数很多时，大量的迭代计算可由计算机来完成。下面来具体介绍这种方法。

如前所述，多自由度系统无阻尼自由振动的运动方程有两种形式，即作用力方程和位移方程。

对于作用力方程，其固有频率和主振型可由式（4.32）求出，即

$$(\boldsymbol{k}-\omega_{\mathrm{n}}^2\boldsymbol{m})\boldsymbol{A}=\boldsymbol{0}$$

或写成

$$\boldsymbol{kA}=\omega_{\mathrm{n}}^2\boldsymbol{mA} \tag{4.141}$$

对于位移方程，则可应用下式来计算固有频率和主振型：

$$\left(\frac{1}{\omega_{\mathrm{n}}^2}-\boldsymbol{\delta m}\right)\boldsymbol{A}=\boldsymbol{0} \tag{4.142}$$

或写成

$$\frac{1}{\omega_{\mathrm{n}}^2}\boldsymbol{A}=\boldsymbol{\delta mA} \tag{4.143}$$

现以 $\boldsymbol{m}^{-1}$ 左乘式（4.141），得

$$\boldsymbol{m}^{-1}\boldsymbol{kA}=\omega_{\mathrm{n}}^2\boldsymbol{A} \tag{4.144}$$

可将式（4.143）与式（4.144）写成如下的统一计算形式：

$$\boldsymbol{DA}=\lambda\boldsymbol{A} \tag{4.145}$$

式中，$\boldsymbol{D}$ 称为动力矩阵；λ 则是矩阵 $\boldsymbol{D}$ 的特征值。当 $\boldsymbol{D}$ 按柔度法形成时，$\boldsymbol{D}=\boldsymbol{\delta m}$，$\lambda=\dfrac{1}{\omega_{\mathrm{n}}^2}$；当 $\boldsymbol{D}$ 按刚度法形成时，$\boldsymbol{D}=\boldsymbol{m}^{-1}\boldsymbol{k}$，$\lambda=\omega_{\mathrm{n}}^2$。式（4.145）称为特征值问题的标准形式。显然，机械振动系统任意一阶固有频率和主振型都是式（4.131）的精确解。

矩阵迭代法的迭代过程如下：

1）任意假定一组数列 A_{11}，A_{21}，…，A_{n1} 组成列阵 $\boldsymbol{A}_1$，称之为初始迭代向量，并经过 $\boldsymbol{DA}_1$ 的运算，得到一个新的列阵 $\boldsymbol{A}_2=\boldsymbol{DA}_1$。为了便于运算，在选取 $\boldsymbol{A}_1$ 时，通常令第一个元素 $\boldsymbol{A}_{11}=1$，或最后一个元素 $\boldsymbol{A}_{n1}=1$，在得到新列阵 $\boldsymbol{A}_2$ 后，还要将 $\boldsymbol{A}_2$ 规格化，即用 $\boldsymbol{A}_2$ 各元素中最大的数除各元素，使各元素中最大的数为 1，其余的数则按同一比例减小。至于 $\boldsymbol{A}_1$ 的下标 1，则表示第一次迭代。

2）将已规格化的列阵 $\boldsymbol{A}_2$ 作为第二次迭代的给定值，再进行 $\boldsymbol{DA}_2$ 的运算，得到另一新的列阵 $\boldsymbol{A}_3$，经过规格化处理后，再将其作为第三次迭代的给定值。依次进行如上的重复运算，对第 m 次迭代则有

$$\boldsymbol{A}_{m+1}=\boldsymbol{DA}_m \tag{4.146}$$

可以证明，当迭代次数 m 足够大时，对机械振动系统的位移方程来说，其迭代计算必

然收敛于机械振动系统的最低阶固有频率和最低阶主振型；对机械振动系统的作用力方程来说，迭代计算却收敛于最高阶固有频率和最高阶主振型。

为了证明上述结论，将 n 个自由度系统对应于式（4.145）的 n 个特征值和 n 个特征向量分别表示为 λ_1，λ_2，…，λ_n 及 $\boldsymbol{A}^{(1)}$，$\boldsymbol{A}^{(2)}$，…，$\boldsymbol{A}^{(n)}$，且 $\lambda_1 > \lambda_2 > \cdots > \lambda_n$。

将最先假定的初始迭代向量 $\boldsymbol{A}_1$ 用各阶主振型的线性组合来表示，即

$$\boldsymbol{A}_1 = C_1\boldsymbol{A}^{(1)} + C_2\boldsymbol{A}^{(2)} + \cdots + C_n\boldsymbol{A}^{(n)} \tag{4.147}$$

式中，比例系数 C_1，C_2，…，C_n 分别表示各阶主振型在 $\boldsymbol{A}_1$ 中所占的比值，所以它们就是前面讨论过的模态坐标。

用 $\boldsymbol{D}$ 左乘式（4.147）得

$$\boldsymbol{A}_2 = \boldsymbol{D}\boldsymbol{A}_1 = C_1\boldsymbol{D}\boldsymbol{A}^{(1)} + C_2\boldsymbol{D}\boldsymbol{A}^{(2)} + \cdots + C_n\boldsymbol{D}\boldsymbol{A}^{(n)} \tag{4.148}$$

将 $\boldsymbol{D}\boldsymbol{A}_i = \lambda\boldsymbol{A}_i$ 代入上式，得

$$\begin{aligned}\boldsymbol{A}_2 &= C_1\lambda_1\boldsymbol{A}^{(1)} + C_2\lambda_2\boldsymbol{A}^{(2)} + \cdots + C_n\lambda_n\boldsymbol{A}^{(n)} \\ &= \lambda_1\left(C_1\boldsymbol{A}^{(1)} + C_2\frac{\lambda_2}{\lambda_1}\boldsymbol{A}^{(2)} + \cdots + C_n\frac{\lambda_n}{\lambda_1}\boldsymbol{A}^{(n)}\right)\end{aligned} \tag{4.149}$$

虽然，λ_2/λ_1，λ_3/λ_1，…，λ_n/λ_1 均小于1。因而可见，第一次迭代后的迭代向量 $\boldsymbol{A}_2$ 的计算式中，除了第一阶特征向量 $\boldsymbol{A}^{(1)}$ 外，其他各阶特征向量所占的分量均已相对地缩小了，因而向量 $\boldsymbol{A}_2$ 比向量 $\boldsymbol{A}_1$ 更加接近于第一阶特征向量 $\boldsymbol{A}^{(1)}$。

再进行第二次迭代，根据式（4.148）、式（4.149）可直接写出向量 $\boldsymbol{A}_3$ 与各阶主振型的关系式如下：

$$\begin{aligned}\boldsymbol{A}_3 &= D\boldsymbol{A}_2 \\ &= \lambda_1^2\left(C_1\boldsymbol{A}^{(1)} + C_2\left(\frac{\lambda_2}{\lambda_1}\right)^2\boldsymbol{A}^{(2)} + \cdots + C_n\left(\frac{\lambda_n}{\lambda_1}\right)^2\boldsymbol{A}^{(n)}\right)\end{aligned} \tag{4.150}$$

将上式与式（4.149）相比较可以看出，在 $\boldsymbol{A}_3$ 中，除第一阶特征向量 $\boldsymbol{A}^{(1)}$ 外，其他各阶特征向量所占的分量更为缩小了。

当迭代次数 m 足够大时，由于 $\left(\frac{\lambda_i}{\lambda_1}\right)^m \ll 1(i=2, 3, \cdots, n)$，因而在经过 $m-1$ 次迭代后所得到的迭代向量：

$$\begin{aligned}\boldsymbol{A}_m &= \boldsymbol{D}\boldsymbol{A}_{m-1} \\ &= \lambda_1^m\left(C_1\boldsymbol{A}^{(1)} + C_2\left(\frac{\lambda_2}{\lambda_1}\right)^m\boldsymbol{A}^{(2)} + \cdots + C_n\left(\frac{\lambda_n}{\lambda_1}\right)^m\boldsymbol{A}^{(n)}\right) \\ &\approx \lambda_1^m C_1\boldsymbol{A}^{(1)}\end{aligned} \tag{4.151}$$

在上式表达的 $\boldsymbol{A}_m$ 中，二阶以上各振型的成分减小得很快，从而使一阶主振型占了绝对优势。

同理，在 m 次迭代后则有

$$\boldsymbol{A}_{m+1} = \boldsymbol{D}\boldsymbol{A}_m \approx \lambda_1^{m+1}C_1\boldsymbol{A}^{(1)} \tag{4.152}$$

由式（4.151）及式（4.152）可解出特征值 λ_1：

$$\lambda_1 = \frac{\boldsymbol{A}_{m+1}}{\boldsymbol{A}_m} \tag{4.153}$$

式（4.151）、式（4.152）、式（4.153）各式表明，迭代计算总是收敛于最大特征值

λ_1，以及 λ_1 所对应的特征向量 $\boldsymbol{A}^{(1)}$。在具体迭代运算中，如果经过 n 次迭代后发现 $\boldsymbol{A}_{m+1}$ 与 $\boldsymbol{A}_m$ 的值相同，就说明已经在逐次迭代中将一阶以外的主振型全部清除，这时留下来的就是第一阶主振型，故可取 $\boldsymbol{A}_m$ 或 $\boldsymbol{A}_{m+1}$ 作为第一阶主振型 $\boldsymbol{A}^{(1)}$。

当机械振动系统运动方程为位移方程时，动力矩阵 $\boldsymbol{D}$ 按柔度矩阵形成，$\lambda_1 = \dfrac{1}{\omega_{n1}^2}$。因此由最大特征值 λ_1 求得的 ω_{n1} 是机械系统的最低阶固有频率，其对应的特征向量 $\boldsymbol{A}^{(1)}$ 就是机械振动系统的最低阶主振型。

当机械振动系统运动方程为作用力方程时，动力矩阵 $\boldsymbol{D}$ 按刚度矩阵形成，$\lambda_1 = \omega_{n1}^2$。因此由最大特征值 λ_1 求得的 ω_{n1} 就应该是机械系统的最高阶固有频率，其对应的 $\boldsymbol{A}^{(1)}$ 则应是机械振动系统的最高阶主振型。

由于工程上通常对机械振动系统的低阶固有频率和主振型比较重视，因此一般都用柔度矩阵形成的动力矩阵来进行迭代运算。它不仅可以求出最低阶固有频率和主振型，而且可以依次求得较低的各阶固有频率和主振型。当然，也可以一直求出全部固有频率和主振型，下面来介绍用矩阵迭代法进一步计算二阶以上各阶固有频率和主振型的方法。

从前面用迭代法求出最低阶固有频率和主振型的推理过程中可以发现，如果一开始假设的初始迭代向量 $\boldsymbol{A}_1$ 中不包含第一阶主振型 $\boldsymbol{A}^{(1)}$ 的成分，即 $C_1 = 0$，则迭代计算将收敛于第二阶固有频率和主振型。若 $C_1 = C_2 = 0$，则迭代计算将收敛于第三阶固有频率和主振型。由此可见，用矩阵迭代法求高阶固有频率和主振型的关键在于开始所选取的初始迭代向量中应不包含低阶主振型的成分。

将迭代向量$\boldsymbol{A}_1$ 用各阶主振型的线性组合来表示：

$$\boldsymbol{A}_1 = C_1\boldsymbol{A}^{(1)} + C_2\boldsymbol{A}^{(2)} + \cdots + C_n\boldsymbol{A}^{(n)} \tag{4.154}$$

而

$$\boldsymbol{A}_1 = \begin{pmatrix} A_{11} \\ A_{21} \\ \vdots \\ A_{n1} \end{pmatrix}, \quad \boldsymbol{A}^{(r)} = \begin{pmatrix} A_1^{(r)} \\ A_2^{(r)} \\ \vdots \\ A_n^{(r)} \end{pmatrix}$$

为了从初始迭代向量 $\boldsymbol{A}_1$ 中清除掉第一阶主振型 $\boldsymbol{A}^{(1)}$，我们用 $\boldsymbol{A}^{(1)\mathrm{T}}\boldsymbol{m}$ 左乘式（4.154）的两边，并引入主振型正交性的关系式，得

$$\begin{aligned} \boldsymbol{A}^{(1)\mathrm{T}}\boldsymbol{m}\boldsymbol{A}_1 &= C_1\boldsymbol{A}^{(1)\mathrm{T}}\boldsymbol{m}\boldsymbol{A}^{(1)} + C_2\boldsymbol{A}^{(1)\mathrm{T}}\boldsymbol{m}\boldsymbol{A}^{(2)} + \cdots + C_n\boldsymbol{A}^{(1)\mathrm{T}}\boldsymbol{m}\boldsymbol{A}^{(n)} \\ &= C_1\boldsymbol{A}^{(1)\mathrm{T}}\boldsymbol{m}\boldsymbol{A}^{(1)} \end{aligned} \tag{4.155}$$

令 $C_1 = 0$，则上式变成

$$\boldsymbol{A}^{(1)\mathrm{T}}\boldsymbol{m}\boldsymbol{A}_1 = (A_1^{(1)}, A_2^{(1)}, \cdots, A_n^{(1)}) \begin{pmatrix} m_1 & 0 & \cdots & 0 \\ 0 & m_2 & \cdots & 0 \\ \vdots & \vdots & & \vdots \\ 0 & 0 & \cdots & m_n \end{pmatrix} \begin{pmatrix} A_{11} \\ A_{21} \\ \vdots \\ A_{n1} \end{pmatrix} = \begin{pmatrix} 0 \\ 0 \\ \vdots \\ 0 \end{pmatrix} \tag{4.156}$$

即
$$A_1^{(1)} m_1 A_{11} + A_2^{(1)} m_2 A_{21} + \cdots + A_n^{(1)} m_n A_{n1} = 0$$

由上式可解出 A_{11} 为

$$A_{11}=0-\frac{m_2}{m_1}\left(\frac{A_2^{(1)}}{A_1^{(1)}}\right)A_{21}-\frac{m_3}{m_1}\left(\frac{A_3^{(1)}}{A_1^{(1)}}\right)A_{31}-\cdots-\frac{m_n}{m_1}\left(\frac{A_n^{(1)}}{A_1^{(1)}}\right)A_{n1} \tag{4.157}$$

将上式写成

$$A_{11}=\alpha_{12}A_{21}+\alpha_{13}A_{31}+\cdots+\alpha_{1n}A_{n1} \tag{4.158}$$

式中，$\alpha_{12}=\frac{-m_2A_2^{(1)}}{m_1A_1^{(1)}}$；$\alpha_{13}=\frac{-m_3A_3^{(1)}}{m_1A_1^{(1)}}$；…；$\alpha_{1n}=\frac{-m_nA_n^{(1)}}{m_1A_1^{(1)}}$

再引入 $A_{21}=A_{21}$，$A_{31}=A_{31}$，…，$A_{n1}=A_{n1}$ 等 $n-1$ 个恒等式，连同式（4.158）可得出如下矩阵：

$$\begin{pmatrix}A_{11}\\A_{21}\\A_{31}\\\vdots\\A_{n1}\end{pmatrix}=\begin{pmatrix}0&\alpha_{12}&\alpha_{13}&\cdots&\alpha_{1n}\\0&1&0&\cdots&0\\0&0&1&\cdots&0\\\vdots&\vdots&\vdots&&\vdots\\0&0&0&\cdots&1\end{pmatrix}\begin{pmatrix}A'_{11}\\A_{21}\\A_{31}\\\vdots\\A_{n1}\end{pmatrix} \tag{4.159}$$

上式右边向量第一个 A'_{11} 可看作是虚位移，它总是被零去乘。

式（4.159）可以简写成以下形式：

$$\boldsymbol{A}_1=\boldsymbol{S}_1\boldsymbol{A}'_1 \tag{4.160}$$

由于上列方程是条件 $C_1=0$ 的结果，所以第一阶主振型已被矩阵 $\boldsymbol{S}_1$ 清除掉。我们把 $\boldsymbol{S}_1$ 称为一阶清除矩阵。

将式（4.160）代入式（4.145）的左边得

$$\boldsymbol{D}\boldsymbol{S}_1\boldsymbol{A}'_1=\lambda\boldsymbol{A}_1 \tag{4.161}$$

或

$$\boldsymbol{D}_1\boldsymbol{A}'_1=\lambda\boldsymbol{A}_1 \tag{4.162}$$

式中，$\boldsymbol{D}_1$ 是动力矩阵 $\boldsymbol{D}$ 被一阶清除矩阵 $\boldsymbol{S}_1$ 修正后所得到的一个新矩阵。

即

$$\boldsymbol{D}_1=\boldsymbol{D}\boldsymbol{S}_1 \tag{4.163}$$

这时，由于第一主振型已被清除，所以只要用矩阵 $\boldsymbol{D}_1$ 来进行迭代运算，就可以得到第二阶固有频率和主振型。

为了求第三阶固有频率和主振型，就必须从迭代向量中同时清除第一阶和第二阶主振型，即使 $C_1=C_2=0$。以此类推，即可求得更高阶的固有频率和主振型。但假如低阶的主振型计算得不够精确，则利用主振型正交条件引出的清除矩阵 $\boldsymbol{S}_i$，就不可能将已求出的主振型从迭代向量中清除干净，从而使高阶主振型的收敛性变得越来越差。还应注意，上述清除矩阵 $\boldsymbol{S}_i$ 是按质量矩阵为对角阵建立的。如果质量矩阵为非对角线的，则应按类似的计算过程重新加以建立。

【例 4-7】 在图 4.17 所示的三自由度系统中，已知 $m_1=2m$，$m_2=1.5m$，$m_3=m$；$k_1=3k$，$k_2=2k$，$k_3=k$，请用矩阵迭代法求该机械振动系统的一阶固有频率及主振型。

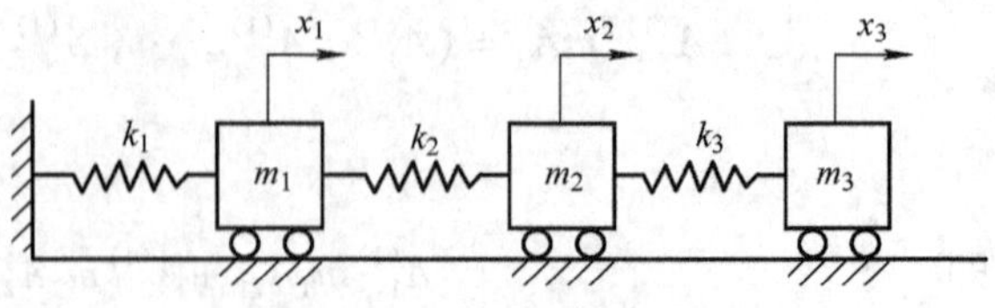

图 4.17　三自由度系统

【解】 按矩阵形式写出该机械振动系统的运动作用力方程为

$$\begin{pmatrix}2m&0&0\\0&1.5m&0\\0&0&m\end{pmatrix}\begin{pmatrix}\ddot{x}_1\\\ddot{x}_2\\\ddot{x}_3\end{pmatrix}+\begin{pmatrix}5k&-2k&0\\-2k&3k&-k\\0&-k&k\end{pmatrix}\begin{pmatrix}x_1\\x_2\\x_3\end{pmatrix}=\begin{pmatrix}0\\0\\0\end{pmatrix}$$

机械振动系统的质量矩阵和刚度矩阵分别为

$$\boldsymbol{m}=\begin{pmatrix}2m&0&0\\0&1.5m&0\\0&0&m\end{pmatrix},\quad \boldsymbol{k}=\begin{pmatrix}5k&-2k&0\\-2k&3k&-k\\0&-k&k\end{pmatrix}$$

可求出机械振动系统的柔度矩阵 $\boldsymbol{\delta}$ 为

$$\boldsymbol{\delta}=\boldsymbol{k}^{-1}=\begin{pmatrix}5k&-2k&0\\-2k&3k&-k\\0&-k&k\end{pmatrix}^{-1}=\frac{1}{6k}\begin{pmatrix}2&2&2\\2&5&5\\2&5&11\end{pmatrix}\tag{4.164}$$

动力矩阵 $\boldsymbol{D}$ 为

$$\boldsymbol{D}=\boldsymbol{\delta m}=\frac{m}{6k}\begin{pmatrix}2&2&2\\2&5&5\\2&5&11\end{pmatrix}\begin{pmatrix}2&0&0\\0&1.5&0\\0&0&1\end{pmatrix}=\frac{m}{6k}\begin{pmatrix}4&3&2\\4&7.5&5\\4&7.5&11\end{pmatrix}\tag{4.165}$$

任意给定初始向量 $\boldsymbol{A}_1=\begin{pmatrix}1\\1\\1\end{pmatrix}$，进行第一次迭代计算，求得

$$\lambda_1\boldsymbol{A}_2=\boldsymbol{DA}_1=\frac{m}{6k}\begin{pmatrix}4&3&2\\4&7.5&5\\4&7.5&11\end{pmatrix}\begin{pmatrix}1\\1\\1\end{pmatrix}=\frac{m}{6k}\begin{pmatrix}9\\16.5\\22.5\end{pmatrix}=22.5\times\frac{m}{6k}\begin{pmatrix}0.400000\\0.733333\\1.000000\end{pmatrix}\tag{4.166}$$

再以 $\boldsymbol{A}_2=(0.400000,\ 0.733333,\ 1.000000)^{\mathrm{T}}$ 代入式（4.145）进行第二次迭代，则有

$$\lambda_1\boldsymbol{A}_3=\boldsymbol{DA}_2=\frac{m}{6k}\begin{pmatrix}4&3&2\\4&7.5&5\\4&7.5&11\end{pmatrix}\begin{pmatrix}0.400000\\0.733333\\1.000000\end{pmatrix}=\frac{m}{6k}\begin{pmatrix}5.799999\\12.099998\\18.099998\end{pmatrix}=18.099998\times\frac{m}{6k}\begin{pmatrix}0.320442\\0.668508\\1.000000\end{pmatrix}\tag{4.167}$$

同样，进行第三次迭代可得

$$\begin{aligned}\lambda_1\boldsymbol{A}_4=\boldsymbol{DA}_3&=\frac{m}{6k}\begin{pmatrix}4&3&2\\4&7.5&5\\4&7.5&11\end{pmatrix}\begin{pmatrix}0.320442\\0.668508\\1.000000\end{pmatrix}=\frac{m}{6k}\begin{pmatrix}5.287292\\11.295578\\17.295578\end{pmatrix}\\&=17.295578\times\frac{m}{6k}\begin{pmatrix}0.305702\\0.653091\\1.000000\end{pmatrix}\end{aligned}\tag{4.168}$$

……

依次迭代并比较，当进行到第九次迭代时可得

$$\lambda_1\boldsymbol{A}_{10}=\boldsymbol{DA}_9=17.0714\times\frac{m}{6k}\begin{pmatrix}0.301850\\0.648535\\1.000000\end{pmatrix}\tag{4.169}$$

再以 $\boldsymbol{A}_{10}=(0.301850,\ 0.648535,\ 1.000000)^{\mathrm{T}}$ 代入式（4.145）进行第十次迭代：

$$\lambda_1\boldsymbol{A}_{11}=\boldsymbol{D}\boldsymbol{A}_{10}=\frac{m}{6k}\begin{pmatrix}4 & 3 & 2\\4 & 7.5 & 5\\4 & 7.5 & 11\end{pmatrix}\begin{pmatrix}0.301850\\0.648535\\1.000000\end{pmatrix}=\frac{m}{6k}\begin{pmatrix}5.1530\\11.0714\\17.0714\end{pmatrix}$$

$$=17.0714\times\frac{m}{6k}\begin{pmatrix}0.301850\\0.648535\\1.000000\end{pmatrix}\tag{4.170}$$

比较 $\boldsymbol{A}_{11}$ 和 $\boldsymbol{A}_{10}$，二者相同，故 $\boldsymbol{A}_{11}$ 为所求的一阶特征向量，即一阶主阵型为

$$\boldsymbol{A}_1=\boldsymbol{A}_{11}=\begin{pmatrix}0.301850\\0.648535\\1.000000\end{pmatrix}\tag{4.171}$$

由最后一次迭代求得

$$\lambda_1=\frac{17.0714m}{6k}$$

可得一阶固有频率为

$$\omega_{\mathrm{n1}}^2=0.351465\,\frac{k}{m}\tag{4.172}$$

4.4.6 传递矩阵法

对于由一系列弹簧元件和质量元件一个接一个连接而成的链状结构，在计算其固有频率和主振型时，可以采用另一种很有效的计算方法，即传递矩阵法。这种方法可以使计算工作大为简化，因为它需要对一些阶次很低的传递矩阵进行连续的矩阵乘法运算即可。

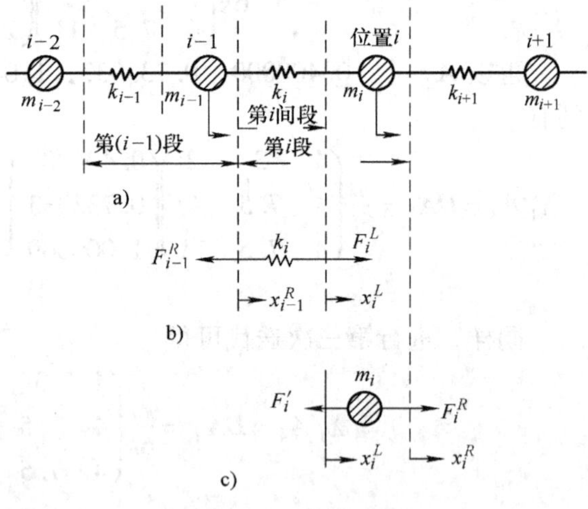

图 4.18　多自由度弹簧-质量系统
a）有限单元　b）无质量弹簧　c）点质量

现在，用图 4.18 所示的一部分弹簧-质量系统来说明如何用传递矩阵法来计算链状结构的固有频率和主振型。

先从机械振动系统中截取质量元件 m_i，并分析其运动状态和受力状态。从图中可以看出，当 m_i 有振动位移 x_i 时，左边弹簧 k_i 对质量元件 m_i 作用有弹性力 F_i^L；右边弹簧 k_{i+1} 对质量元件 m_i 作用有弹性力 F_i^R。若设机械振动系统作简谐振动，其振动频率为 ω，则质量元件 m_i 所产生的惯性力为 $m_i\omega^2x_i$。根据达朗贝尔原理可得以下关系式：

$$F_i^R=F_i^L-m_i\omega^2x_i\tag{4.173}$$

状态矢量有 $\boldsymbol{Z}_{i-1}^L$，$\boldsymbol{Z}_{i-1}^R$，$\boldsymbol{Z}_i^L$，$\boldsymbol{Z}_i^R$

另设质量元件 m_i 为绝对刚体，则其左右两边的位移应相同，故有以下关系式：

$$x_i=x_i^L=x_i^R\tag{4.174}$$

将式（4.173）与式（4.174）合并成下列矩阵形式：

$$\begin{pmatrix} x \\ F \end{pmatrix}_i^R = \begin{pmatrix} 1 & 0 \\ -m_i\omega^2 & 1 \end{pmatrix}_i \begin{pmatrix} x \\ F \end{pmatrix}_i^L \tag{4.175}$$

上式可以简写成

$$\boldsymbol{Z}_i^R = \boldsymbol{P}_i \boldsymbol{Z}_i^L \tag{4.176}$$

式中，$\boldsymbol{Z}_i^L$、$\boldsymbol{Z}_i^R$ 分别为质量元件 m_i 左、右两边的状态矢量，它表明了 m_i 左右两边的运动状态和受力状态；$\boldsymbol{P}_i$ 为点传递矩阵，它表明了 m_i 左边的状态到右边的状态的传递关系。

再从机械振动系统中截取弹簧元件 k_i，并分析其运动和受力状态。从图中可以看出，当弹簧元件 k_i 的左端位移为 x_{i-1}^R，右端位移为 x_i^L 时，则弹簧元件 k_i 的弹性力 F_i 为

$$F_i = k_i(x_i^L - x_{i-1}^R) \tag{4.177}$$

或

$$x_i^L - x_{i-1}^R = \frac{F_i}{k_i} \tag{4.178}$$

又因弹簧 k_i 两端的端部力相等，即

$$F_i = F_{i-1}^R = F_i^L \tag{4.179}$$

将式（4.178）与式（4.179）合并成下列矩阵形式：

$$\begin{pmatrix} x \\ F \end{pmatrix}_i^L = \begin{pmatrix} 1 & \dfrac{1}{k} \\ 0 & 1 \end{pmatrix}_i \begin{pmatrix} x \\ F \end{pmatrix}_{i-1}^R \tag{4.180}$$

上式可以简写成

$$\boldsymbol{Z}_i^L = \boldsymbol{F}_i \boldsymbol{Z}_{i-1}^R \tag{4.181}$$

式中，$\boldsymbol{Z}_{i-1}^R$、$\boldsymbol{Z}_i^L$ 为弹簧元件 k_i 左、右两边的状态矢量；$\boldsymbol{F}_i$ 为场传递矩阵，它表明了 k_i 左边的状态到右边的状态的传递关系。

将式（4.176）与式（4.181）联合起来，可以建立第 i 个质量 m_i 右边的状态矢量与第 $i-1$ 个质量 m_{i-1} 右边的状态矢量之间的关系为

$$\boldsymbol{Z}_i^R = \boldsymbol{P}_i \boldsymbol{Z}_i^L = \boldsymbol{P}_i \boldsymbol{F}_i \boldsymbol{Z}_{i-1}^R = \boldsymbol{T}_i \boldsymbol{Z}_{i-1}^R \tag{4.182}$$

式中，$\boldsymbol{T}_i$ 为第 i 段的传递矩阵，它表明了机械振动系统第 $i-1$ 点的状态矢量到第 i 点的状态矢量的传递关系。

$$\boldsymbol{T}_i = \boldsymbol{P}_i \boldsymbol{F}_i = \begin{pmatrix} 1 & 0 \\ -m\omega^2 & 1 \end{pmatrix}_i \begin{pmatrix} 1 & \dfrac{1}{k} \\ 0 & 1 \end{pmatrix}_i = \begin{pmatrix} 1 & \dfrac{1}{k} \\ -m\omega^2 & 1-\dfrac{m\omega^2}{k} \end{pmatrix}_i \tag{4.183}$$

由上可见，只要应用上述方法，分别求出链状结构各段的传递矩阵，就可以建立起从机械振动系统的最左端到最右端各点状态矢量之间的关系。若机械振动系统的最左端点以 0 表示，最右端点以 n 表示，则 0 点与 n 点状态矢量之间的关系式为

$$\begin{aligned} \boldsymbol{Z}_n^R &= \boldsymbol{T}_n \boldsymbol{Z}_{n-1}^R \\ &= \boldsymbol{T}_n \boldsymbol{T}_{n-1} \boldsymbol{Z}_{n-2}^R \\ &= \cdots \\ &= \boldsymbol{T}_n \boldsymbol{T}_{n-1} \cdots \boldsymbol{T}_2 \boldsymbol{T}_1 \boldsymbol{Z}_0^R \\ &= \boldsymbol{T} \boldsymbol{Z}_0^R \end{aligned} \tag{4.184}$$

式中，$\boldsymbol{T}$ 为机械振动系统的传递矩阵，它是机械振动系统各段传递矩阵 $\boldsymbol{T}_i$ 的乘积。

【例 4-8】 试求图 4.19 所示的具有多个集中质量的梁横向振动时的固有频率及主振型。

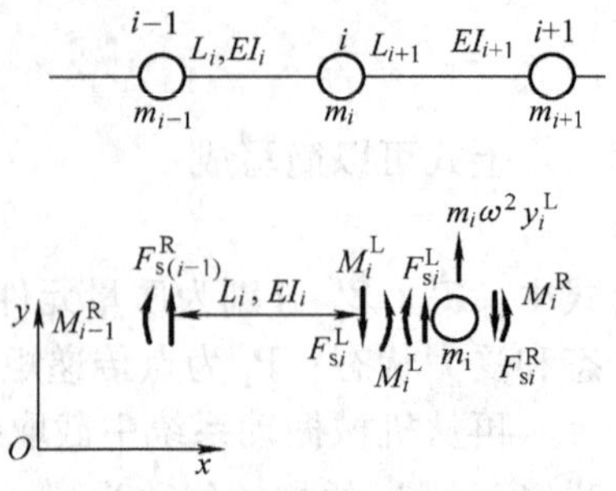

【解】 先从机械振动系统中截取出第 i 个集中质量 m_i 及第 i 段梁 L_i，并分析其运动状态和受力状态。显然，对于质量 m_i 来说，左段梁 L_i 对其作用有弯矩 M_i^L 及剪力 F_{Si}^L，右段梁 L_{i+1} 对其作用有弯矩 M_i^R 及剪力 F_{Si}^R。

当机械振动系统作简谐振动时，某一瞬间质量 m_i 有振动位移 y_i^L，此时产生惯性力 $m_i\omega^2 y_i^L$。

假设质量 m_i 为绝对刚体，则其左右两边的位移与转角均相等。

图 4.19　具有多个集中质量的梁

根据以上分析，质量 m_i 左右两边的运动和受力应有如下关系：

$$\left.\begin{aligned}y_i^R &= y_i^L\\ \theta_i^R &= \theta_i^L\\ M_i^R &= M_i^L\\ F_{Si}^R &= F_{Si}^L + m_i\omega^2 y_i^L\end{aligned}\right\} \tag{4.185}$$

将上式写成矩阵形式，则有

$$\begin{pmatrix}y\\ \theta\\ M\\ F_S\end{pmatrix}_i^R = \begin{pmatrix}1 & 0 & 0 & 0\\ 0 & 1 & 0 & 0\\ 0 & 0 & 1 & 0\\ m\omega^2 & 0 & 0 & 1\end{pmatrix}_i \begin{pmatrix}y\\ \theta\\ M\\ F_S\end{pmatrix}_i^L \tag{4.186}$$

式（4.186）又可简写成

$$\boldsymbol{Z}_i^R = \boldsymbol{P}_i \boldsymbol{Z}_i^L \tag{4.187}$$

故有集中质量的梁的点传递矩阵为

$$\boldsymbol{P}_i = \begin{pmatrix}1 & 0 & 0 & 0\\ 0 & 1 & 0 & 0\\ 0 & 0 & 1 & 0\\ m\omega^2 & 0 & 0 & 1\end{pmatrix}_i \tag{4.188}$$

若质量 m_i 较大，其转动惯量 I_i 不能忽略，则应考虑它的惯性力矩 $I_i\omega^2\theta_i^L$。则有

$$M_i^R = M_i^L - I_i\omega^2\theta_i^L \tag{4.189}$$

而式（4.185）中的其余三式均不变。故质量 m_i 左右两边运动和受力状态的传递关系变为

$$\begin{pmatrix}y\\ \theta\\ M\\ F_S\end{pmatrix}_i^R = \begin{pmatrix}1 & 0 & 0 & 0\\ 0 & 1 & 0 & 0\\ 0 & -I\omega^2 & 1 & 0\\ m\omega^2 & 0 & 0 & 1\end{pmatrix}_i \begin{pmatrix}y\\ \theta\\ M\\ F_S\end{pmatrix}_i^L \tag{4.190}$$

则此时振动系统的点传递矩阵变为

$$P_i = \begin{pmatrix} 1 & 0 & 0 & 0 \\ 0 & 1 & 0 & 0 \\ 0 & -I\omega^2 & 1 & 0 \\ m\omega^2 & 0 & 0 & 1 \end{pmatrix}_i \tag{4.191}$$

再分析第 i 段梁 L_i 的运动状态和受力状态。对于第 i 段梁来说，左端质量 m_{i-1} 对其作用有弯矩 M_{i-1}^R 及剪力 $F_{S(i-1)}^R$，右端质量 m_i 对其作用有弯矩 M_i^L 及剪力 F_{Si}^L。在弯矩及剪力的作用下，第 i 段梁的左端产生位移 y_{i-1}^R 及转角 θ_{i-1}^R，右端则产生位移 y_i^L 及转角 θ_i^R，如图 4.20 所示。

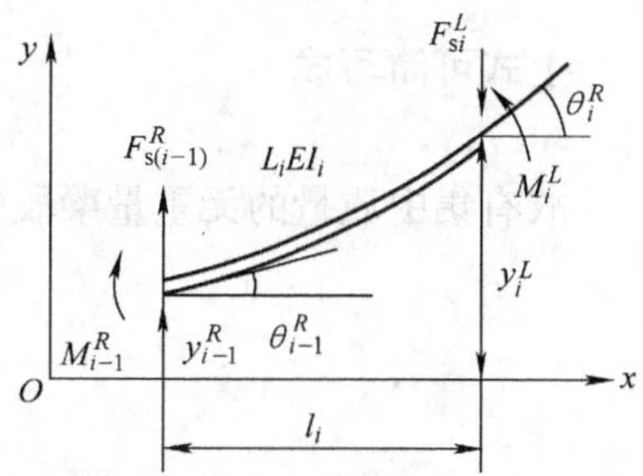

图 4.20　第 i 段梁的运动和受力状态

由于忽略梁段的质量，故可不计入惯性力和惯性力矩，因而按力的平衡条件有

$$\left.\begin{aligned} F_{Si}^L &= F_{S(i-1)}^R \\ M_i^L &= M_{i-1}^R + F_{S(i-1)}^R \cdot l_i \end{aligned}\right\} \tag{4.192}$$

为了建立这一段梁左右两边的挠度和转角关系，要引入下列材料力学的关系式：

$$\left.\begin{aligned} M &= EI\frac{\mathrm{d}^2 y}{\mathrm{d}x^2} = EI\frac{\mathrm{d}\theta}{\mathrm{d}x} \\ \theta &= \frac{1}{EI}\int M\mathrm{d}x \\ y &= \int \theta \mathrm{d}x \end{aligned}\right\} \tag{4.193}$$

根据以上关系式，可以从图 4.20 中看出，第 i 段梁左边在弯矩 M_{i-1}^R 的作用下产生转角 θ_{i-1}^R，右边的转角除 θ_{i-1}^R 外，在弯矩 M_i^L 的作用下还要产生一个附加转角 $\frac{1}{(EI)_i}\int_0^{l_i} M_i^L \mathrm{d}x$。此外，第 i 段梁左边在剪力 $F_{S(i-1)}^R$ 作用下产生位移 y_{i-1}^R，右边的位移除 y_{i-1}^R 外，在转角 θ_i^L 的作用下还要产生一个附加位移 $\int_0^{l_i} \theta_i^L \mathrm{d}x$。即

$$\begin{aligned} \theta_i^L &= \theta_{i-1}^R + \frac{1}{(EI)_i}\int_0^{l_i} M_i^L \mathrm{d}x \\ &= \theta_{i-1}^R + \frac{1}{(EI)_i}\int_0^{l_i} (M_{i-1}^R + F_{S(i-1)}^R x)\mathrm{d}x \\ &= \theta_{i-1}^R + \frac{l_i}{(EI)_i} M_{i-1}^R + \frac{l_i^2}{2(EI)_i} F_{S(i-1)}^R \end{aligned} \tag{4.194}$$

$$\begin{aligned} y_i^L &= y_{i-1}^R + \frac{1}{(EI)_i}\int_0^{l_i} \theta_i^L \mathrm{d}x \\ &= y_{i-1}^R + \int_0^{l_i}\left[\theta_{i-1}^R + \frac{M_{i-1}^R x}{(EI)_i} + \frac{F_{S(i-1)}^R x^2}{2(EI)_i}\right]\mathrm{d}x \\ &= y_{i-1}^R + l_i\theta_{i-1}^R + \frac{l_i^2}{2(EI)_i} M_{i-1}^R + \frac{l_i^3}{6(EI)_i} F_{S(i-1)}^R \end{aligned} \tag{4.195}$$

将式（4.192）、式（4.194）、式（4.195）合并写成矩阵形式，则有

$$\begin{pmatrix} y \\ \theta \\ M \\ F_S \end{pmatrix}_i^L = \begin{pmatrix} 1 & l & \dfrac{l^2}{2EI} & \dfrac{l^3}{6EI} \\ 0 & 1 & \dfrac{l}{EI} & \dfrac{l^2}{2EI} \\ 0 & 0 & 1 & l \\ 0 & 0 & 0 & 1 \end{pmatrix}_i \begin{pmatrix} y \\ \theta \\ M \\ F_S \end{pmatrix}_{i-1}^R \tag{4.196}$$

上式可简写成

$$Z_i^L = F_i Z_{i-1}^R \tag{4.197}$$

故有集中质量的无重量梁段的场传递矩阵为

$$F_i = \begin{pmatrix} 1 & l & \dfrac{l^2}{2EI} & \dfrac{l^3}{6EI} \\ 0 & 1 & \dfrac{l}{EI} & \dfrac{l^2}{2EI} \\ 0 & 0 & 1 & l \\ 0 & 0 & 0 & 1 \end{pmatrix}_i \tag{4.198}$$

将式（4.186）与式（4.196）两式联合起来即可建立梁上第 i 个质量 m_i 右边的状态矢量与第 $i-1$ 个质量 m_{i-1} 右边的状态矢量之间的关系。即

$$\begin{pmatrix} y \\ \theta \\ M \\ F_S \end{pmatrix}_i^R = \begin{pmatrix} 1 & 0 & 0 & 0 \\ 0 & 1 & 0 & 0 \\ 0 & 0 & 1 & 0 \\ m\omega^2 & 0 & 0 & 1 \end{pmatrix} \begin{pmatrix} 1 & l & \dfrac{l^2}{2EI} & \dfrac{l^3}{6EI} \\ 0 & 1 & \dfrac{l}{EI} & \dfrac{l^2}{2EI} \\ 0 & 0 & 1 & l \\ 0 & 0 & 0 & 1 \end{pmatrix}_i \begin{pmatrix} y \\ \theta \\ M \\ F_S \end{pmatrix}_{i-1}^R \tag{4.199}$$

上式也可简写成

$$Z_i^R = T_i Z_{i-1}^R \tag{4.200}$$

故有集中质量的梁的第 i 段传递矩阵为

$$T_i = \begin{pmatrix} 1 & l & \dfrac{l^2}{2EI} & \dfrac{l^3}{6EI} \\ 0 & 1 & \dfrac{l}{EI} & \dfrac{l^2}{2EI} \\ 0 & 0 & 1 & l \\ m\omega^2 & ml\omega^2 & \dfrac{ml^2\omega^2}{2EI} & 1+\dfrac{ml^3\omega^2}{6EI} \end{pmatrix}_i \tag{4.201}$$

根据以上各式，就可以建立有集中质量的梁的最左端 0 点到最右端 n 点的状态矢量的关系式，其一般形式为

$$\begin{pmatrix} y \\ \theta \\ M \\ F_S \end{pmatrix}_n^R = \begin{pmatrix} u_{11} & u_{12} & u_{13} & u_{14} \\ u_{21} & u_{22} & u_{23} & u_{24} \\ u_{31} & u_{32} & u_{33} & u_{34} \\ u_{41} & u_{42} & u_{43} & u_{44} \end{pmatrix}_i \begin{pmatrix} y \\ \theta \\ M \\ F_S \end{pmatrix}_0^R \tag{4.202}$$

显然，机械振动系统传递矩阵中的各元素 u_{ij} 都是频率 ω 的函数。因此，只要将机械振

动系统两端的边界条件代入上式，即可求出机械振动系统的固有频率及主振型。

例如，对于两端简支的梁，其边界条件为

$$y_0^L=0,\ M_0^L=0;\ y_0^R=0,\ M_0^R=0$$

将它们代入式（4.202），可得

$$\left.\begin{aligned}0&=u_{12}\theta_0^L+u_{14}F_{S0}^L\\0&=u_{32}\theta_0^L+u_{34}F_{S0}^L\end{aligned}\right\}\tag{4.203}$$

因为 $\theta_0\neq0$，$F_{S0}\neq0$，故要使上式成立，必须有下列行列式的值等于零：

$$\Delta(\omega)=\begin{vmatrix}u_{12}&u_{14}\\u_{32}&u_{34}\end{vmatrix}=0\tag{4.204}$$

式（4.204）就是两端简支的有集中质量的梁的频率方程，解此方程即可求出振动系统的各阶固有频率。

机械振动系统频率方程都是对于 ω^2 的高次代数方程，求解比较困难。一般采用数值计算的方法。即先假设一系列的 ω 值，代入频率方程后计算出一系列相应的 $\Delta(\omega)$ 值。使 $\Delta(\omega)=0$ 的各个 ω 值，即为系统的各阶固有频率 ω_{n1}，ω_{n2}，…，ω_{nn}。

在求出机械振动系统的各阶固有频率后，即可求得机械振动系统的各阶主振型。其方法如下：

首先将求出的某阶固有频率 ω_{nr} 代回机械振动系统在相应边界条件下的传递方程，求出相应的始端状态矢量。仍以两端简支梁为例，存在以下关系式：

$$\left.\begin{aligned}u_{12}\theta_0^L+u_{14}F_{S0}^L&=0\\u_{32}\theta_0^L+u_{34}F_{S0}^L&=0\end{aligned}\right\}\tag{4.205}$$

由于主振型只是各点振幅的比值，因此可将始端状态矢量的振幅作为正则化标准，即设 $\theta_0^L=1$。由上式可得

$$F_{S0}^L=-\frac{u_{12}}{u_{14}}=-\frac{u_{32}}{u_{34}}\tag{4.206}$$

两端简支梁的始端状态矢量为

$$\boldsymbol{Z}_0=\begin{pmatrix}0\\1\\0\\-\dfrac{u_{12}}{u_{14}}\end{pmatrix},\quad 或\ \boldsymbol{Z}_0=\begin{pmatrix}0\\1\\0\\-\dfrac{u_{32}}{u_{34}}\end{pmatrix}\tag{4.207}$$

然后，根据始端状态矢量，应用传递矩阵 $\boldsymbol{T}_i$ 逐点传递，求出机械振动系统各点的状态矢量

$$\left.\begin{aligned}\boldsymbol{Z}_1&=\boldsymbol{T}_1\boldsymbol{Z}_0\\\boldsymbol{Z}_2&=\boldsymbol{T}_2\boldsymbol{T}_1\boldsymbol{Z}_0\\\boldsymbol{Z}_3&=\boldsymbol{T}_3\boldsymbol{T}_2\boldsymbol{T}_1\boldsymbol{Z}_0\\&\ \vdots\\\boldsymbol{Z}_n&=\boldsymbol{T}_n\boldsymbol{T}_{n-1}\cdots\boldsymbol{T}_2\boldsymbol{T}_1\boldsymbol{Z}_0\end{aligned}\right\}\tag{4.208}$$

最后，从各点状态矢量中取出第二元素 θ，按次序排成列阵 $\boldsymbol{\theta}^{(r)}$，即得到该机械振动系

统对应于第 r 阶固有频率 ω_{nr} 的第 r 阶主振型：

$$\boldsymbol{\theta}^{(r)} = \begin{Bmatrix} \theta_0^{(r)} \\ \theta_1^{(r)} \\ \theta_2^{(r)} \\ \vdots \\ \theta_n^{(r)} \end{Bmatrix} \tag{4.209}$$

由以上分析可以看出，用传递矩阵法来计算机械振动系统的固有频率和主振型时，只需计算低阶次的传递矩阵和行列式。因为传递矩阵的阶数只决定于机械振动系统各单元的性质，描写该单元运动的微分方程的阶数就是传递矩阵的阶数。在进行轴盘扭振系统计算时，只需要进行二阶矩阵的运算。而在进行梁的横向振动系统计算时也只需要进行四阶矩阵运算。

*4.5　多自由度系统振动应用专题

4.5.1　多自由度系统振动系统分析实例一

利用拉格朗日法建立方程的例子：图 4.21 表示了石油矿场用某单质体三自由度的振动系统。该质体可沿 x 方向和 y 方向振动，同时还绕其重心沿 ϕ 方向作摇摆振动。若该系统中还包括回转运动角速度为 ω、偏心半径为 r 的质量 m_0。该机械振动系统的动能可表示为

$$T = \frac{1}{2}\{m[(\dot{x} + l_{y0}\dot{\phi})^2 + (\dot{y} - l_{x0}\dot{\phi})]^2 + m_0[(\dot{x} + l_y\phi - r\omega\sin\omega t)^2 + (\dot{y} - l_x\dot{\phi} - r\omega\cos\omega t)^2]\} \tag{4.210}$$

式中，m 为振动质体的质量；m_0 为偏心块质量；r 为偏心块质心至回转轴线的距离；l_y，l_x 为质体 m 重心至合成重心的距离；l_{y0}，l_{x0} 为主轴中心至质体合成重心的距离；其他符号同前。

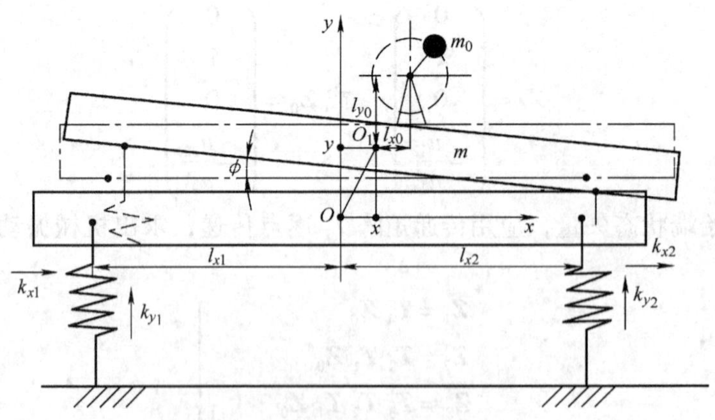

图 4.21　单质体三自由度振动系统

上式中的动能包括两个部分，前一部分为振动质体的动能，后一部分为偏心块的动能。

该机械振动系统的势能（不包括静变形的势能与重力势能）为

$$V=\frac{1}{2}k_{y1}(y+l_{x1}\phi)^2+\frac{1}{2}k_{y2}(y-l_{x2}\phi)^2+\frac{1}{2}(k_{x1}x^2+k_{x2}x^2) \tag{4.211}$$

式中，k_{y1}，k_{x1}分别为弹簧1沿y方向与x方向的刚度；k_{y2}，k_{x2}分别为弹簧2沿y方向与x方向的刚度；l_{x1}，l_{x2}分别为弹簧1和2支承点至质体合成重心的水平距离，l_{x1}和l_{x2}根据坐标确定其正负。

能量散失函数为

$$D=\frac{1}{2}f_y\dot{y}^2+\frac{1}{2}f_x\dot{x}^2+\frac{1}{2}f_\phi\dot{\phi}^2 \tag{4.212}$$

式中，f_y，f_x，f_ϕ分别为y方向、x方向和摆动方向ϕ的阻力系数及阻力矩系数。

对于图4.21所表示的系统，广义坐标为x，y和ϕ，而广义速度为$\dot{x}$，$\dot{y}$和$\dot{\phi}$。将T，V和D代入拉格朗日方程，把广义坐标与广义速度分别用x，$\dot{x}$，y，$\dot{y}$及ϕ，$\dot{\phi}$代入拉格朗日方程中，则可求得沿x方向、y方向和摆动方向ϕ的三个振动方程：

$$\left.\begin{aligned}&(m+m_0)\ddot{x}+f_x\dot{x}+\sum k_{xi}x=m_0\omega^2r\cos\omega t+(m_0l_y-ml_{y0})\ddot{\phi}\\&(m+m_0)\ddot{y}+f_y\dot{y}+\sum k_{yi}y+\sum k_{yi}l_{xi}\phi=m_0\omega^2r\sin\omega t-(ml_x-m_0l_{x0})\ddot{\phi}\\&(I+m_0l_x^2+ml_y^2+m_0l_{x0}^2+m_0l_{y0}^2)\ddot{\phi}+f_\phi\dot{\phi}+\sum k_{yi}l_{xi}^2\phi+\sum k_{yi}l_{xi}y\\&=m_0\omega^2r(l_y\cos\omega t+l_x\sin\omega t)+(m_0l_{y0}-ml_{y0})\ddot{x}-(ml_x-ml_{x0})\ddot{y}\end{aligned}\right\} \tag{4.213}$$

其中$i=1$，2时，

$$\left.\begin{aligned}&\sum k_{xi}=k_{x1}+k_{x2},\ \sum k_{yi}=k_{y1}+k_{y2}\\&\sum k_{yi}l_{xi}=k_{y1}l_{x1}-k_{y2}l_{x2}\\&\sum k_{yi}l_{xi}^2=k_{y1}l_{x1}^2+k_{y2}l_{x2}^2\end{aligned}\right\} \tag{4.214}$$

因为合成重心至质体m重心的距离l_{y0}，l_{x0}与它至偏心块轴心的距离l_y，l_x应满足以下条件：$m_0l_y=ml_{y0}$及$m_0l_x=ml_{x0}$，所以式（4.213）等号后$\ddot{x}$，$\ddot{y}$和$\ddot{\phi}$的系数为零。这时方程可写成以下较简单的形式：

$$\left.\begin{aligned}&m'\ddot{x}+f_x\dot{x}+\sum k_{xi}x=m_0\omega^2r\cos\omega t\\&m'\ddot{y}+f_y\dot{y}+\sum k_{yi}y+\sum k_{yi}l_{xi}\phi=m_0\omega^2r\sin\omega t\\&I'\ddot{\phi}+f_\phi\dot{\phi}+\sum k_{yi}l_{xi}^2\phi+\sum k_{yi}l_{xi}y=m_0\omega^2r(l_y\cos\omega t+l_x\sin\omega t)\end{aligned}\right\} \tag{4.215}$$

式中，

$$m'=m+m_0,\ I'=I+ml_x^2+ml_y^2+m_0l_{x0}^2+ml_{y0}^2$$

由上式可见，第一个方程是独立的。而第二个方程与第三个方程是联立的。假如$\sum k_{yi}l_{xi}=0$，即弹簧1和2的位置对称于重心，且$k_{y1}=k_{y2}$，则第二个方程和第三个方程也是独立的。

根据前面分析可以看出，拉格朗日方程中的第一项和第二项$\frac{\mathrm{d}}{\mathrm{d}t}\left(\frac{\partial T}{\partial \dot{q}_i}\right)-\frac{\partial T}{\partial q_i}$代表惯性力，第三项$\frac{\partial V}{\partial q_i}$代表弹性力，而第四项$\frac{\partial D}{\partial \dot{q}_i}$则为阻尼力。同时可以看出，由偏心块产生的激振力可由第一项中算出。当偏心块作回转运动时产生的动能已包含在系统的动能之中，所以广义干扰力中不应该再考虑偏心块产生的激振力。若某振动系统有n个广义坐标，就有n个振动方程。本例中有三个独立坐标，所以得到了三个振动方程。

4.5.2 多自由度系统振动系统分析实例二

近年来，作为新一代的环保汽车——电动汽车的开发与研究，已经受到世界各国越来越多的关注与重视。而新型开关磁阻电动机在电动汽车上的应用，也引起了人们广泛的关注，它的结构简单，坚固，成本低，起动性能良好，效率高，有较宽的调速范围，可以工作于恒转矩状态和恒功率状态，更加适合电动汽车动力性能的要求。而其缺点是由于转矩波动引起的振动较大，可见电动机引起的车辆振动问题应该加以考虑和研究。根据所研究问题的侧重点以及电动汽车的特殊结构，对五自由度的振动模型作如下假设：

1）路面对汽车左右轮的激励相同，汽车结构对称，质量分配对称，因而，汽车没有横向角振动，汽车的振动问题可以简化为一个纵向铅垂平面内的振动问题。

2）车架、车身的刚度足够大，车架弹性引起的各阶振型可以不予考虑，将车架、车身视为刚体。

3）前、后轮轴的非悬挂质量和车身的分布质量分别由集中质量块代替。

4）车轮的力学特性简化为一个无质量的弹簧，不计阻尼。

5）车架和车轮的弹性力和减振器的阻尼力，分别是位移和速度的一次函数，即机械振动系统是线性系统。

由此，五自由度的振动模型如图 4.22 所示，模型各参数如下：

x_0——车身重心的位移； x_1——前轴非悬挂质量的位移；

x_2——后轴非悬挂质量的位移； x_3——人体及座椅质量的位移；

x_p——座椅下方车身的位移； θ——车身仰俯角位移；

k_1——前悬架刚度； k_2——后悬架刚度；

k_3——座椅刚度； k_4——前轮刚度；

k_5——后轮刚度； m——车身的质量；

m_1——前轴非悬挂质量（包括电动机质量）； m_2——后轴非悬挂质量；

m_3——人体及座椅的质量； C_1——前悬架减振器的阻尼系数；

C_2——后悬架减振器的阻尼系数； C_3——座椅的阻尼系数；

l——前后轴之间的距离； l_1——前轴至车身重心的距离；

l_2——后轴至车身重心的距离； l_3——座椅下方至车身重心的距离；

I——车身绕车身重心 S 的转动惯量； $F(t)$——SR 驱动电动机的激励。

根据上述假设及模型所列的条件，可得到用矩阵形式表示的运动微分方程为

$$\boldsymbol{M}\ddot{\boldsymbol{x}}+\boldsymbol{C}\dot{\boldsymbol{x}}+\boldsymbol{K}\boldsymbol{x}=\boldsymbol{F} \tag{4.216}$$

式中，各矩阵和列向量分别为

$$\boldsymbol{M}=\begin{bmatrix} m & 0 & 0 & 0 & 0 \\ 0 & m\rho^2 & 0 & 0 & 0 \\ 0 & 0 & m_1 & 0 & 0 \\ 0 & 0 & 0 & m_2 & 0 \\ 0 & 0 & 0 & 0 & m_3 \end{bmatrix}$$

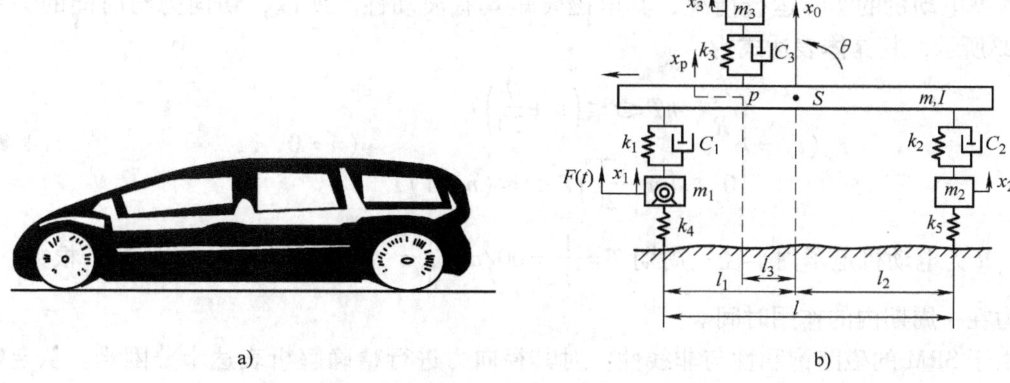

图 4.22　电动汽车与振动力学分析模型

a）电动汽车　b）五自由度电动汽车振动模型

$$
\boldsymbol{C}=\begin{pmatrix}
C_1+C_2+C_3 & -C_1l_1+C_2l_2-C_3l_3 & -C_1 & -C_2 & -C_3\\
-C_1l_1+C_2l_2-C_3l_3 & C_1l_1^2+C_2l_2^2+C_3l_3^2 & C_1l_1 & -C_2l_2 & C_3l_3\\
-C_1 & C_1l_1 & C_1 & 0 & 0\\
-C_2 & -C_2l_2 & 0 & C_2 & 0\\
-C_3 & C_3l_3 & 0 & 0 & C_3
\end{pmatrix}
$$

$$
\boldsymbol{K}=\begin{pmatrix}
k_1+k_2+k_3 & -k_1l_1+k_2l_2-k_3l_3 & -k_1 & -k_2 & -k_3\\
-k_1l_1+k_2l_2-k_3l_3 & k_1l_1^2+k_2l_2^2+k_3l_3^2 & k_1l_1 & -k_2l_2 & k_3l_3\\
-k_1 & k_1l_1 & k_1+k_4 & 0 & 0\\
-k_2 & -k_2l_2 & 0 & k_2+k_5 & 0\\
-k_3 & k_3l_3 & 0 & 0 & k_3
\end{pmatrix}
$$

$$
\boldsymbol{x}=\begin{pmatrix} x_0\\ 0\\ x_1\\ x_2\\ x_3 \end{pmatrix},\quad
\boldsymbol{F}=\begin{pmatrix} 0\\ 0\\ F(t)\\ 0\\ 0 \end{pmatrix}
$$

SR驱动电动机的定子和转子的铁心是由硅钢片叠装而成的，在定子铁心内圆周和转子铁心外圆周均匀分布大的齿和槽，齿又称凸极，这就是所谓的双凸极结构，定子铁心每个凸极上安装有集中绕组，转子铁心上不安装集中绕组，定子内圆周上相对的两个凸极上的绕组串联（顺向）成为一组绕组。由于电路的开关性，磁路的饱和性、非线性，通常需根据具体研究目的，对电动机内的磁共能（指电动机内磁能转化为机械能的那部分能量）或电感进行分段线性化。简化后的电磁转矩为

$$
T_e=\frac{1}{2}Ki^2 \tag{4.217}
$$

式中，K为绕组电感对位置角的变化率；i为电动机相绕组电流。

就应用于电动汽车的SR驱动电动机来讲，其振动与噪声是由定、转子间切向力和径向力共同作用的结果。

根据电动机的实际运行情况，其电磁转矩具有波动性。所以，切向力与时间的关系如图 4. 23所示，其具体表达式为

$$F_{n}(t)=\begin{cases}\dfrac{T_{e}}{R} & nT\leqslant t\leqslant\left(n+\dfrac{7}{20}\right)T\\ 0 & \left(n+\dfrac{7}{20}\right)T<t\leqslant(n+1)T\end{cases}\quad(n=0,1,\cdots)\tag{4.218}$$

式中，R 为电动机定子内半径；周期 $T=\dfrac{1}{f}=60/aN_r$，a 为电动机转速，N_r为转子根数；t 是激振力在一周期内的作用时间。

由于 SRM 的磁路饱和性与非线性，对其径向力进行精确解析表达十分困难。从定性的分析出发，可作如下假设：①磁路是线性的；②径向力集中作用在定子磁极上，并假设相电流为常数。考虑到径向力与切向力的作用周期相同，如图 4. 24 所示，得径向力随时间关系的表达式为

$$F_{r}(t)=\begin{cases}\dfrac{i^{2}\left[L_{\min}+\dfrac{a\pi K}{30}(t-nT)\right]}{2\sqrt{b^{2}+\left(\dfrac{\pi ar}{30}\right)^{2}\left[\dfrac{7T}{20}-(t-nT)\right]^{2}}} & nT\leqslant t\leqslant\left(n+\dfrac{7}{20}\right)T\\ 0 & \left(n+\dfrac{7}{20}\right)T<t\leqslant(n+1)T\end{cases}\quad(n=0,1,\cdots)\tag{4.219}$$

式中，最短气隙长度 $b=R-r$，r 为转子半径；$L_{\min}$为绕组最小电感；i 为绕组电流。

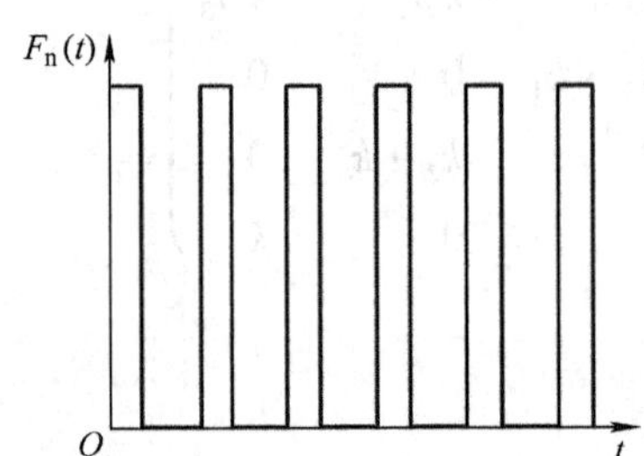

图 4. 23　定子切向力与时间的关系

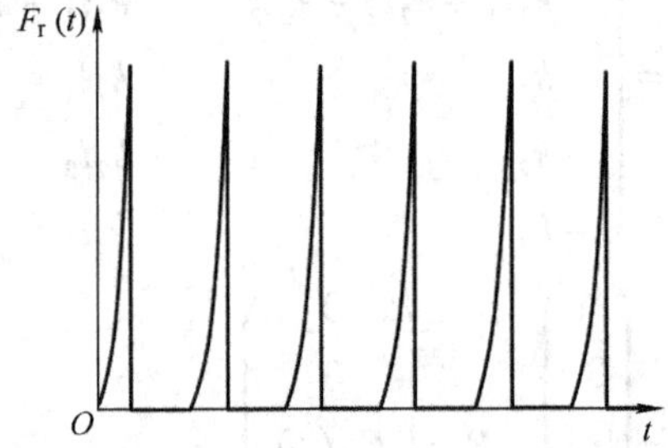

图 4. 24　径向力与时间的关系曲线

由于整车振动系统是针对电动机在竖直方向激励的响应，依据力的合成和分解原理，激励源对系统在竖直方向的合力为

$$F(t)=\begin{cases}\dfrac{T_{e}}{R}\cos\dfrac{a\pi}{30}t-\dfrac{i^{2}\left[L_{\min}+\dfrac{a\pi K}{30}(t-nT)\right]}{2\sqrt{b^{2}+\left(\dfrac{\pi ar}{30}\right)^{2}\left[\dfrac{7T}{20}-(t-nT)\right]^{2}}}\sin\dfrac{a\pi}{30}t & nT\leqslant t\leqslant\left(n+\dfrac{7}{20}\right)T\\ 0 & \left(n+\dfrac{7}{20}\right)T<t\leqslant(n+1)T\end{cases}\quad(n=0,1,\cdots)\tag{4.220}$$

此力即为 SR 驱动电动机对振动系统的竖直激振力。其中 K 为绕组电感对位置角的变化率。

对图 4-22 所示的车辆系统，车身的等效质量 $m=1354.5\text{kg}$，前轴非悬挂等效质量 $m_1=$

80kg，后轴非悬挂等效质量 $m_2=68.5\text{kg}$，人体及座椅的等效质量 $m_3=102\text{kg}$，车身绕车身质心的转动惯量 $I=64.30\text{kg}\cdot\text{m}^2$，前悬架系统的等效阻尼系数 $C_1=600\text{N}\cdot\text{s/m}$，后悬架系统的等效刚度 $k_1=18000\text{N/m}$，后悬架系统的等效刚度 $k_2=16997\text{N/m}$，座椅的等效刚度 $k_3=5200\text{N/m}$，前轮的等效刚度 $k_4=118000\text{N/m}$，后轮的等效刚度 $k_5=118000\text{N/m}$，前轴至车身重心的距离 $l_1=1.11\text{m}$，后轴至车身重心的距离 $l_2=1.30\text{m}$，座椅下方至车身重心的距离 $l_3=0.20\text{m}$。定子内半径 $R=0.05\text{m}$，电动机转速 $a=1500\text{r/min}$，转子极数 $N_r=6$，最短气隙长度 $b=0.001\text{m}$，绕组电流 $i=1\text{A}$，绕组电感对位置角的变化率 $K=82.5$，绕组最小电感 $L_{\min}=4.95\text{H}$。

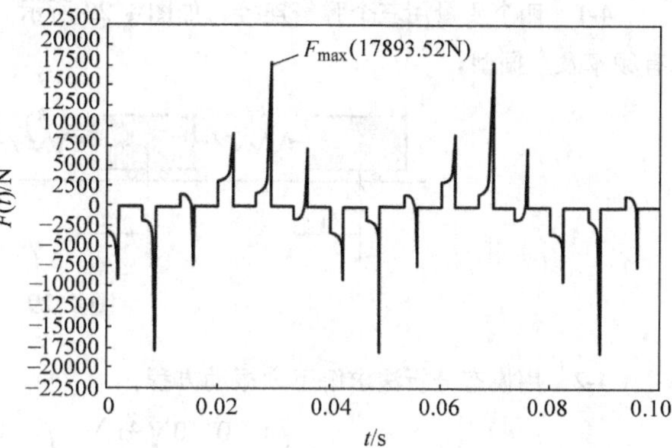

图 4.25 初相角为 23π/60 的激励

首先画出电动机激振力 F 在竖直方向的合力随时间的变化曲线，如图 4.25 所示。

对此车辆系统应用 Newmark-β 方法，并取 $\beta=1/4$ 和 $\delta=1/2$，计算出人体及座椅的等效质量 m_3 的位移 x_3、速度 $\dot{x}_3$ 和加速度 $\ddot{x}_3$ 随时间的变化曲线分别如图 4.26 ~ 图 4.28 所示。

在研究基于 SRM 驱动系统电动汽车的振动过程中，首先应从整体出发，分析包括驱动电动机在内的整车振动情况，并将驱动电动机作为激励源，分析车身以及人体-座椅的稳态响应，并依此作为整车设计的重要依据。就应用于电动汽车的驱动电动机设计来讲，从频域角度出发，既要避免激振力的谐波频率与定子的固有频率接近，也应避免电动机的振动输出频率与汽车的固有频率接近，这样才能避免整车共振。所以，必须要统筹兼顾，在设法抑制电动机本身振动的同时，还要顾及它对整车振动激励的影响，从而提高电动汽车的可靠性与稳定性。

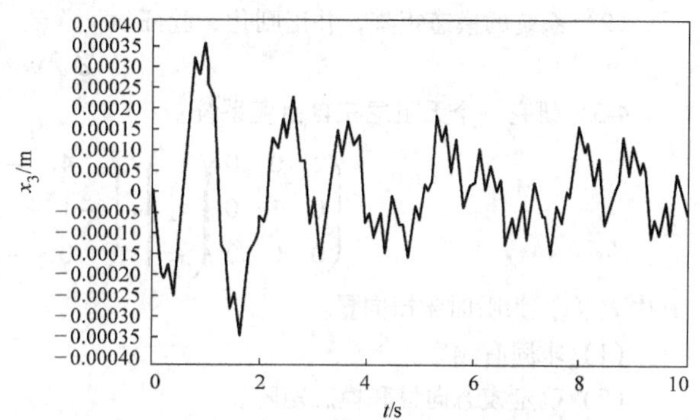

图 4.26 位移随时间的变化曲线

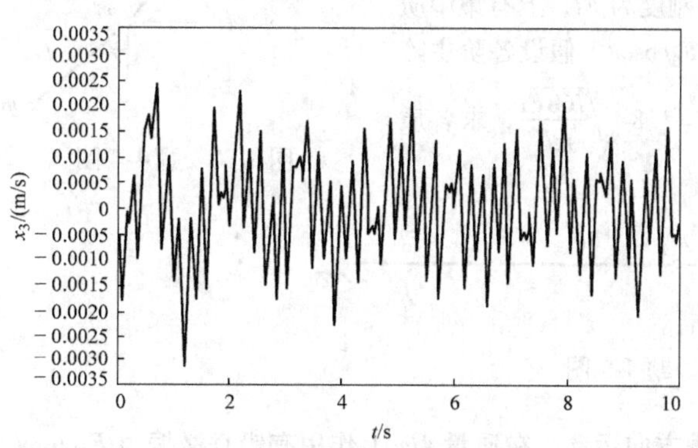

图 4.27 速度随时间的变化曲线

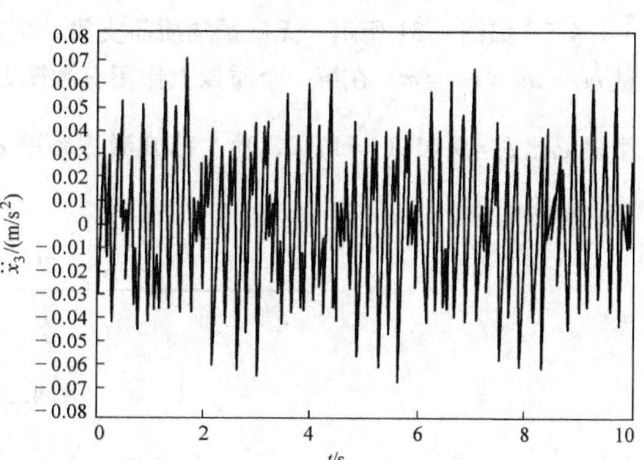

图 4.28 加速度随时间的变化曲线

习　题

4-1　四个质量用三个弹簧连接，如图 4.29 所示。若 $m_1 = m_2 = m_3 = m_4 = m$，$k_1 = k_2 = k_3 = k$，求各阶固有频率及主振型。

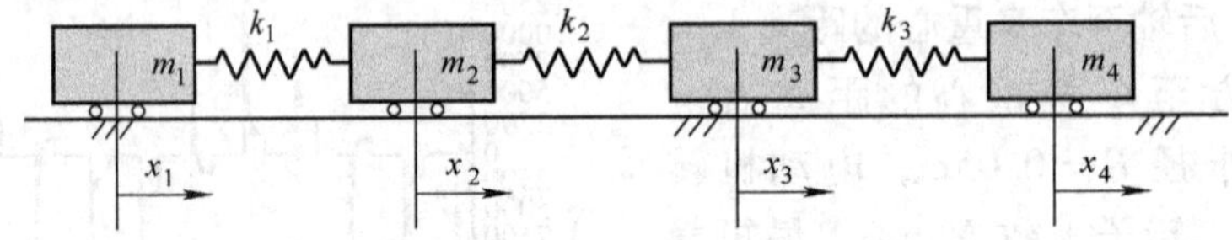

图 4.29　题 4-1 图

4-2　用模态分析法求解下列振动方程：

$$m\begin{pmatrix}1&0&0\\0&1&0\\0&0&1\end{pmatrix}\begin{pmatrix}\ddot{x}_1\\\ddot{x}_2\\\ddot{x}_3\end{pmatrix}+k\begin{pmatrix}1&-1&0\\-1&2&-1\\0&-1&1\end{pmatrix}\begin{pmatrix}x_1\\x_2\\x_3\end{pmatrix}=\begin{pmatrix}0\\\alpha t\\0\end{pmatrix}$$

式中，α 为常数。试求：

（1）系统的固有频率；

（2）系统的模态矩阵，并正则化，验证

$$\boldsymbol{\phi}_N^{\mathrm{T}}\boldsymbol{m}\boldsymbol{\phi}_N = \boldsymbol{I}$$

4-3　研究一个无阻尼三自由度系统：

$$\begin{pmatrix}2&0&0\\0&1&0\\0&0&2\end{pmatrix}\begin{pmatrix}\ddot{x}_1\\\ddot{x}_2\\\ddot{x}_3\end{pmatrix}+\begin{pmatrix}4&-1&0\\-1&2&-1\\0&-1&4\end{pmatrix}\begin{pmatrix}x_1\\x_2\\x_3\end{pmatrix}=\begin{pmatrix}F_1(t)\\F_2(t)\\F_3(t)\end{pmatrix}$$

其中 $\boldsymbol{F}(t)$ 为瞬时激振向量。

（1）求固有频率；

（2）确定模态向量和模态矩阵；

（3）证明模态向量相对于矩阵 $\boldsymbol{M}$ 和 $\boldsymbol{K}$ 是正交的。

4-4　对指定的广义坐标 θ_1，θ_2，θ_3，求图 4.30 所示三级摆，当第一、二两质量上作用有简谐激振力 $\frac{F_0}{2}\sin\omega t$ 时的稳态响应，其中 F_0 是常数，$\omega^2 = \frac{2g}{5l}$。

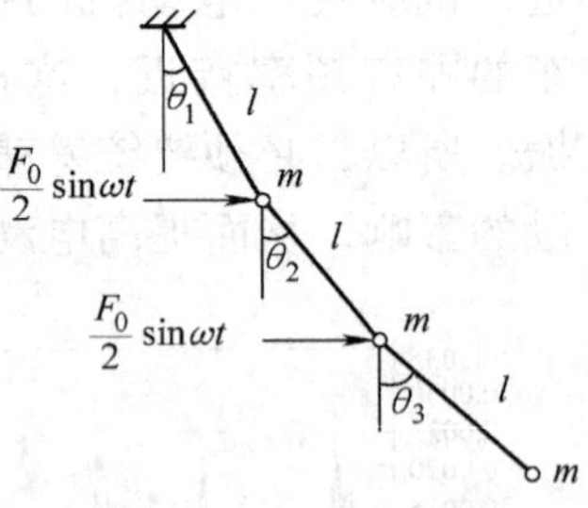

图 4.30　题 4-4 图

4-5　如图 4.31 所示一无质量均质简支梁，抗弯刚度为 EI，上有集中质量 $m_1 = m_2 = m_3 = m$，在第一个质量上作用有激振力 $F_0\cos\omega t$。假设各阶主阵型阻尼比 $\xi_i = 0.01$（$i = 1, 2, 3$）。已知激振频率 $\omega = 1.8\sqrt{\frac{768EI}{ml^3}}$，求各质量的稳态响应。

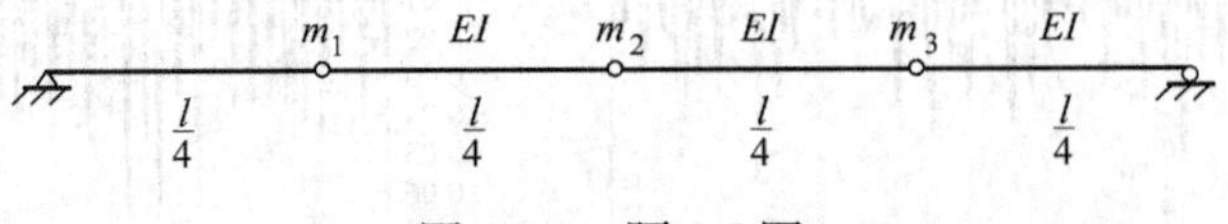

图 4.31　题 4-5 图

4-6　在图 4.32 所示系统中，各质量只能沿铅垂方向运动。在质量 $4m$ 上作用有铅垂激振力 $F_0\cos\omega t$，求系统的无阻尼强迫振动的稳态响应。又若考虑各弹性元件中的阻尼，假设振型阻尼比 $\xi_i = 0.02$（$i = 1$，

2，3），$\omega^2=1.25\dfrac{k}{m}$，求系统的稳态响应。

4-7　求图 4.33 所示的汽车在 $I_c=mab$ 的情形下的固有频率，设 $a=2.3\text{m}$，$b=0.94\text{m}$，$m=5.4\times10^3\text{kg}$，$m_1=m_2=650\text{kg}$，$k_1=k_2=35\text{kN/m}$，前后轮的轮胎刚度均为 $k=1200\text{kN/m}$。

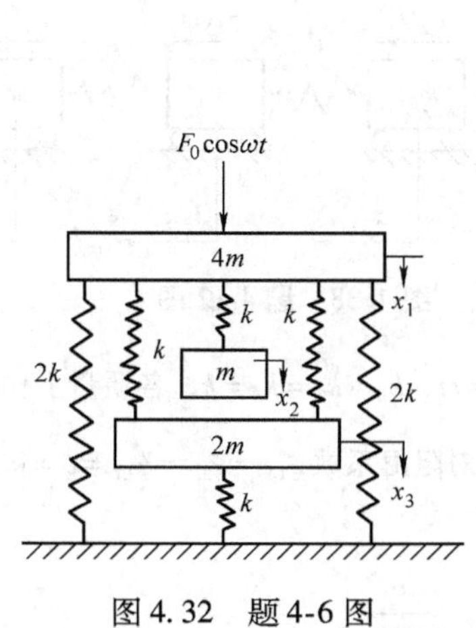

图 4.32　题 4-6 图

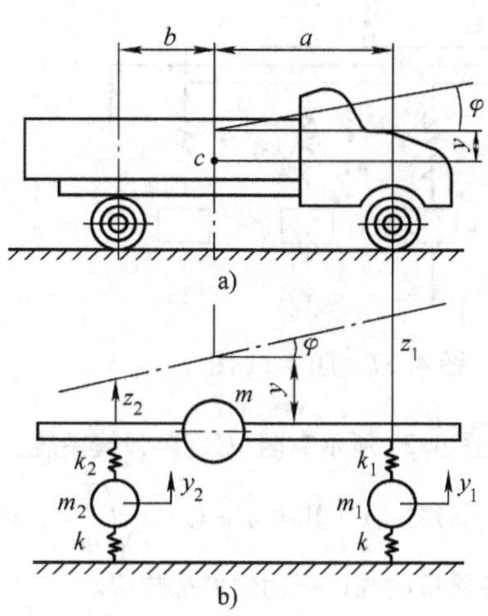

图 4.33　题 4-7 图

4-8　如图 4.34 所示的三自由度系统，若 $I_1=2I_2$，$I_2=2I_3$，$k_{t1}=2k_{t2}$，$k_{t2}=2k_{t3}$，求系统的固有频率及响应。

4-9　一发电机厂的汽轮机及其隔振系统的简化模型如图 4.35 所示。

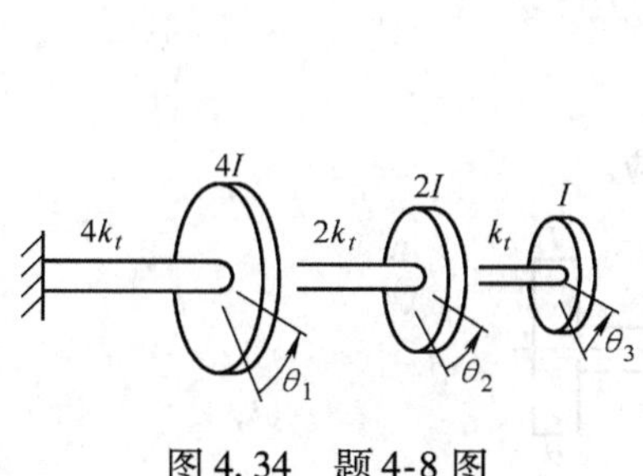

图 4.34　题 4-8 图

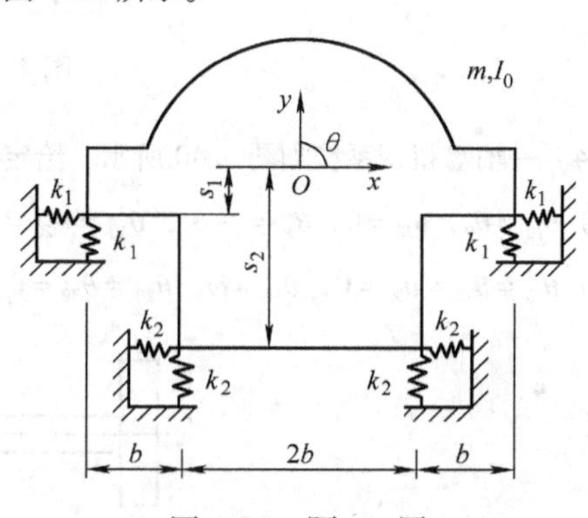

图 4.35　题 4-9 图

（1）导出对 x-y-θ 坐标的振动微分方程，并求系统的固有频率和主振型。设 $s_1=\dfrac{1}{4}s_2=b=s$，$k_1=k_2=k$，$I_O=9ms^2$，O 点为重心，m 为汽轮机的重量。

（2）计算在 $x(0)=y(0)=\theta(0)=\dot{x}(0)=0$，$\dot{y}(0)=\dot{y}_0$，$\dot{\theta}(0)=\dot{\theta}_0$ 条件下的响应。

4-10　如图 4.36 所示质量-弹簧系统，如 $m_1=m_2=m_3=m$，$k_1=k_2=k_3=k$，求其各阶固有频率及主阵型。

4-11　求图 4.37 所示的质量-弹簧系统的固有频率及主阵型。设 $k_1=6k$，$k_2=k$，$M=4m$。

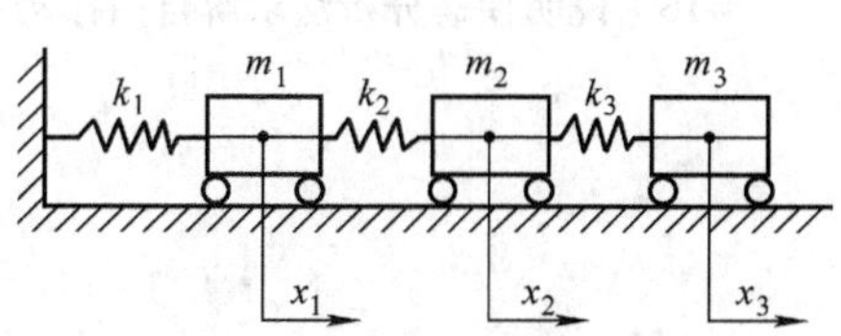

图 4.36　题 4-10 图

4-12　如图 4.38 所示的质量-弹簧系统，求系统在 $F_1(t)=F_0\mu(t)$，$F_2(t)=F_3(t)=0$，$F_4(t)=-F_0\mu(t)$作用下的响应。设 $m_1=m_2=m_3=m_4=m$，$k_1=k_2=k_3=k$，$\mu(t)$为单位阶跃函数。

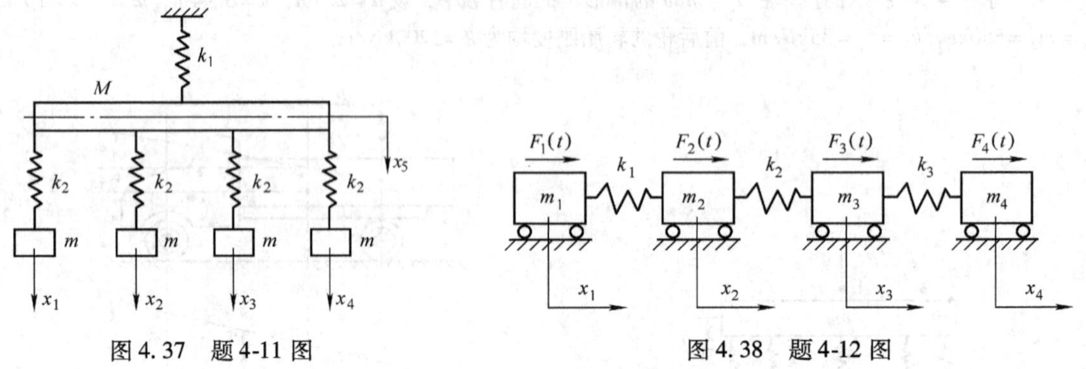

图 4.37　题 4-11 图　　　　图 4.38　题 4-12 图

4-13　图 4.39 所示有阻尼质量-弹簧系统，如 $m_1=m_2=m_3=m$，$k_1=k_2=k_3=k$，各质量上作用有外力 $F_1=F_2=F_3=F\sin\omega t$（其中 $\omega=1.25\sqrt{\frac{k}{m}}$），各阶正则振型的相对阻尼系数 $\xi_{1N}=\xi_{2N}=\xi_{3N}=\xi=0.01$，试用叠加法求各质量的强迫振动的稳态响应。

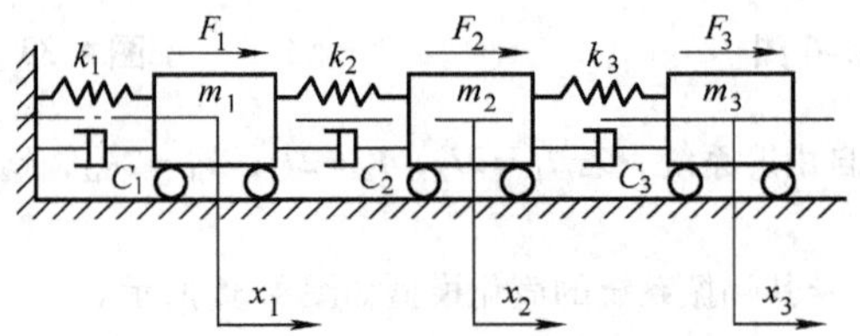

图 4.39　题 4-13 图

4-14　一轴盘扭振系统如图 4.40 所示，给定初始条件为：

（1）$\theta_{10}=\theta_0$，$\theta_{20}=0$，$\theta_{30}=-\theta_0$，$\dot{\theta}_{10}=\dot{\theta}_{20}=\dot{\theta}_{30}=0$；

（2）$\theta_{10}=\theta_{20}=\theta_{30}=0$，$\dot{\theta}_{10}=\omega$，$\dot{\theta}_{20}=\dot{\theta}_{30}=0$，求系统的响应。

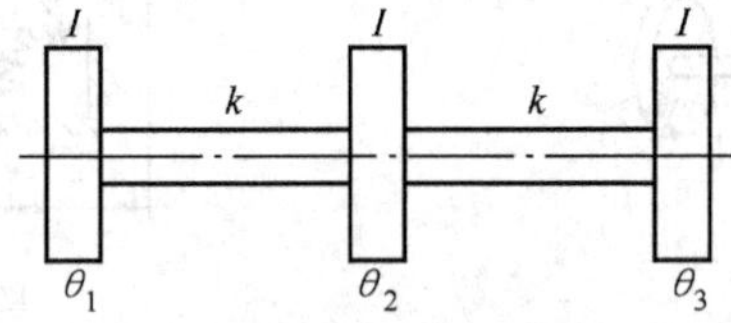

图 4.40　题 4-14 图

4-15　证明模态向量相对于矩阵 $\boldsymbol{M}$ 和 $\boldsymbol{K}$ 是正交的。

4-16　说明模态分析法求解自由振动和强迫振动的步骤。

5 弹性体振动

5.1 概述

实际上，任何石油机械的零部件都具有分布的质量和连续分布的刚度以及阻尼等物理参数。也就是说，这些零部件都是弹性体（连续系统）。在石油机械工程实践中，有时要求对弹性体振动作严密的分析，例如对石油机械工程上常用的连续弹性体（如杆、轴、梁、弦、板、壳，以及它们的组合系统）进行振动力学分析，需要求出它们系统的固有频率和主振型，计算它们系统的动力响应，这在理论研究和实际应用上都有非常重要的实际意义。不特别指明，这里所谓机械振动是特指石油机械振动。

从石油机械振动特性来看，多自由度系统振动特性（图 5-1a）的推广即为弹性体的振动特性（图 5-1b）；而弹性体振动特性的近似即为多自由度系统的振动特性。可见，多自由度系统和弹性体连续系统是近似的。

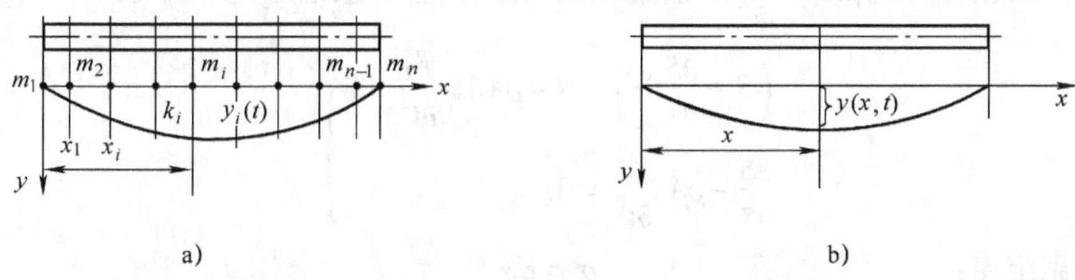

图 5.1 多自由度系统和弹性体的动力学模型

在研究简单弹性体连续系统即等截面的杆、轴、梁、弦和板的振动中，假设弹性体材料的质量和刚度分布均匀、连续和各向同性。在振动中弹性体不产生裂纹。在线弹性范围内，即认为弹性体应力-应变关系服从胡克定律。这些都是建立弹性体振动理论的前提。

弹性体如弦、杆、轴和梁等不复杂的振动有解析解。但实际问题往往是复杂的，常常离散成有限自由度系统进行计算。

5.2 杆的纵向振动

5.2.1 运动方程

假设在石油机械中有一根均质等截面的棱柱形直杆（如抽油杆等），杆长为 l，截面积为 A，质量密度为 ρ，拉伸（压缩）弹性模量为 E。取直杆件中心线为 x 轴，原点取在直杆的左端面（图 5.2a），当振动过程中直杆的横截面只有 x 方向的位移，而且每一截面都始终保持平面并垂直于 x 轴线，作为杆的纵向振动，并且略去杆纵向伸缩引起的横向变形。

当直杆件处于平衡状态时，直杆上各截面的位置可用 x 坐标表示。当均质直杆件振动时，x 截面的纵向位移则用广义坐标 u 来表示。显然对应于一个 x 就有一个 u，而不同时间内每个 u 也在变化，因此 u 是 x 和 t 两个变量的函数，即 $u=u(x, t)$，是截面 x 和 t 的二元函数。

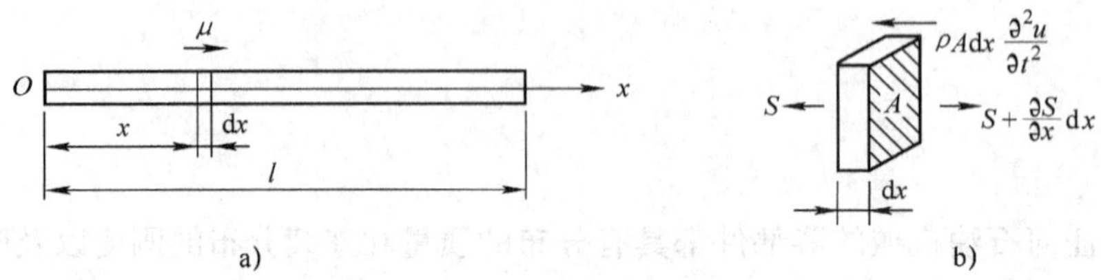

图 5.2　棱柱形杆的纵向振动

为了研究杆件纵向振动时在 x 方向的位移（简称振动位移），在直杆件上任一 x 截面处，取均质直杆一个微小的单元体（图 5.2b），分析其受力状态。

设均质直杆件 x 截面的振动位移、拉压内力分别为 u，S，则在 $x+\mathrm{d}x$ 截面处的振动位移、拉压内力分别应为 $u+\dfrac{\partial u}{\partial x}\mathrm{d}x$，$S+\dfrac{\partial S}{\partial x}\mathrm{d}x$（泰勒级数展开，略去二阶以上无穷小量），而该微元段所产生的惯性力是 $\rho A\mathrm{d}x\dfrac{\partial^2 u}{\partial t^2}$。根据达朗贝尔原理可得出以下关系式：

$$\left.\begin{aligned}\left(S+\frac{\partial S}{\partial x}\mathrm{d}x\right)-S-\rho A\mathrm{d}x\frac{\partial^2 u}{\partial t^2}=0\\ \frac{\partial S}{\partial x}-\rho A\frac{\partial^2 u}{\partial t^2}=0\end{aligned}\right\} \tag{5.1}$$

根据胡克定律：　　$\sigma=E\varepsilon$

其中均质直杆件微元段在 x 方向的应变量 ε 为

$$\varepsilon=\frac{\left(u+\dfrac{\partial u}{\partial x}\mathrm{d}x\right)-u}{\mathrm{d}x}=\frac{\partial u}{\partial x}$$

故用直杆微元段在 x 方向的应力 σ 来表示拉压内力 S 时，可得

$$S=A\sigma=AE\varepsilon=EA\frac{\partial u}{\partial x} \tag{5.2}$$

截面内力是 x，t 的函数，有

$$\frac{\partial S}{\partial x}=EA\frac{\partial^2 u}{\partial x^2}$$

将式（5.2）代入式（5.1）得

$$\frac{\partial^2 u}{\partial x^2}=\frac{\rho}{E}\frac{\partial^2 u}{\partial t^2}$$

或

$$\frac{\partial^2 u}{\partial x^2}=\frac{1}{a^2}\cdot\frac{\partial^2 u}{\partial t^2} \tag{5.3}$$

式中，

$$a=\sqrt{\frac{E}{\rho}} \tag{5.4}$$

式（5.3）即为等截面均质直杆纵向自由振动的运动方程，它是一个二阶齐次偏微分方程，也就是偏微分方程理论中著名的两阶波动方程。可以证明式（5.3）中 a 是声波在均质直杆件中沿 x 方向的传播速度，对一定的均质直杆来说，a 是常数。求解方程（5.3）同样需要两个初始条件和两个边界条件。

5.2.2　固有频率和主振型

如上所述，求解机械系统自由振动的运动方程，可以求出机械振动系统的固有频率和主振型。现在要求均质直杆件纵向振动的固有频率和主振型，就要求解式（5.3）所示的偏微分方程。

进一步分析，通过对多自由度机械振动系统的了解，仍然用待定系数法来寻找其简谐振动的特解。如前所述，多自由度机械振动系统自由振动的特解为

$$\boldsymbol{x} = \boldsymbol{A}\mathrm{e}^{\mathrm{i}\omega_{\mathrm{n}}t}$$

当自由度数 $n\to\infty$ 时，上式中的振动位移的列矢量 $\boldsymbol{x}$ 就变成截面位置坐标 x 和时间 t 两个变量的连续函数 $u(x, t)$。主振型 $\boldsymbol{A}$ 也就变成了连续函数 $U(x)$，因为在石油机械弹性体振动过程中，对应于每一个截面位置坐标 x 就有一个振幅 U，但由于石油机械弹性体截面有无穷个，所以 U 有无穷个，故不能像多自由度机械系统那样用 n 个振幅组成的列矢量来表示，而只能用一个未知函数 $U(x)$ 来表示。显然 $U(x)$ 表示了均质直杆件纵向振动的振型，称其为振型函数。此外，还应有一个时间函数 $\phi(t)$，它表示均质直杆件的振动方式。

通过以上分析，可以推断出均质直杆件纵向自由振动的解应具有如下分离变量形式：

$$u(x, t) = U(x)\phi(t) \tag{5.5}$$

将式（5.5）分别对 x 和 t 求二次偏导，得

$$\frac{\partial^2 u}{\partial x^2} = \phi(t)\frac{\mathrm{d}^2 U(x)}{\mathrm{d}x^2}$$

$$\frac{\partial^2 u}{\partial t^2} = U(x)\frac{\mathrm{d}^2 \phi(t)}{\mathrm{d}t^2}$$

将以上两式代入式（5.3）经整理得

$$\frac{a^2}{U(x)}\cdot\frac{\mathrm{d}^2 U(x)}{\mathrm{d}x^2} = \frac{1}{\phi(t)}\cdot\frac{\mathrm{d}^2 \phi(t)}{\mathrm{d}t^2} \tag{5.6}$$

上式左边是坐标 x 的函数，右边是时间 t 的函数，因此它们必须等于同一个常数，上式才能成立。设常数为 $-\omega_{\mathrm{n}}^2$（因为只有把常数设为负值，才可能得到边界条件的非零解），则式（5.6）就写成下列两个常微分方程：

$$\frac{\mathrm{d}^2 \phi(t)}{\mathrm{d}t^2} + \omega_{\mathrm{n}}^2\phi(t) = 0 \tag{5.7}$$

$$\frac{\mathrm{d}^2 U(x)}{\mathrm{d}x^2} + \frac{\omega_{\mathrm{n}}^2}{a^2}U(x) = 0 \tag{5.8}$$

显然，式（5.7）与式（5.8）的解分别为

$$\phi(t) = A_1\cos\omega_{\mathrm{n}}t + B_1\sin\omega_{\mathrm{n}}t \tag{5.9}$$

$$U(x) = C_1\cos\frac{\omega_{\mathrm{n}}x}{a} + D_1\sin\frac{\omega_{\mathrm{n}}x}{a} \tag{5.10}$$

式中，ω_n即为均质直杆件纵向自由振动的固有频率。$U(x)$是均质直杆件纵向自由振动的振型函数，即主振型。待定常数A_1，B_1由两个初始条件决定。

将式（5.9）与式（5.10）代回式（5.5），即得均质直杆件纵向自由振动的解：

$$
\begin{aligned}
u(x,\ t) &= \left(C_1\cos\frac{\omega_n x}{a} + D_1\sin\frac{\omega_n x}{a}\right)(A_1\cos\omega_n t + B_1\sin\omega_n t) \\
&= \left(C\cos\frac{\omega_n}{a}x + D\sin\frac{\omega_n}{a}x\right)\sin(\omega_n t + \varphi)
\end{aligned} \tag{5.11}
$$

式中，C，D，ω_n，φ为四个待定常数，要由均质直杆件的两个边界条件和振动时的两个初始条件来决定。

现以均质直杆两端是自由端的情况为例来说明求其固有频率及主振型的方法。

由于均质直杆件自由端上应力σ为零，故应变ε也为零。因此均质直杆件自由端的边界条件可写成

$$
\left.\frac{\partial u}{\partial x}\right|_{x=0} = 0, \qquad \left.\frac{\partial u}{\partial x}\right|_{x=l} = 0
$$

将以上两个边界条件分别代入式（5.11）得

$$
D\frac{\omega_n}{a}\sin(\omega_n t + \varphi) = 0 \tag{5.12}
$$

$$
\left(D\frac{\omega_n}{a}\cos\frac{\omega_n l}{a} - C\frac{\omega_n}{a}\sin\frac{\omega_n l}{a}\right)\sin(\omega_n t + \varphi) = 0 \tag{5.13}
$$

因为对于任何t值，以上两式都必须成立，所以$\sin(\omega_n t + \varphi) \neq 0$。因此，由式（5.12）得到$D=0$。这时，不能再令$C=0$，否则就得到$u(x,\ t)=0$的非振动解。从式（5.13）可以看出，为了$u(x,\ t)$要有非零解，就必须有

$$
\sin\frac{\omega_n l}{a} = 0 \tag{5.14}
$$

上式就是均质直杆件纵向振动的频率方程，由此可求得无阻尼多阶固有频率。均质直杆件的固有频率为

$$
\omega_{ni} = \frac{ia\pi}{l} = \frac{i\pi}{l}\sqrt{\frac{E}{\rho}} \qquad (i=1,\ 2,\ 3,\ \cdots) \tag{5.15}
$$

对应于上述无限多阶固有频率，就有无限多阶主振型：

$$
U_i(x) = C_i\cos\frac{ia\pi}{l} \tag{5.16}
$$

令$i=1$，2，3分别代入式（5.15）与式（5.16），即可求得具有自由端的均质直杆件纵向振动时的前三阶固有频率和相应的主振型。

第一阶固有频率和主振型为

$$
\omega_{n1} = \frac{\pi}{l}\sqrt{\frac{E}{\rho}},\ U_1(x) = C_1\cos\frac{\pi x}{l}
$$

第二、三阶固有频率和主振型为

$$
\omega_{n2} = \frac{2\pi}{l}\sqrt{\frac{E}{\rho}}, \qquad U_2(x) = C_2\cos\frac{2\pi x}{l}
$$

$$\omega_{n3}=\frac{3\pi}{l}\sqrt{\frac{E}{\rho}},\qquad U_3(x)=C_3\cos\frac{3\pi x}{l}$$

这三阶主振型表示在图 5.3 中，不难看出，随着频率阶数的升高，节点数也在增加。

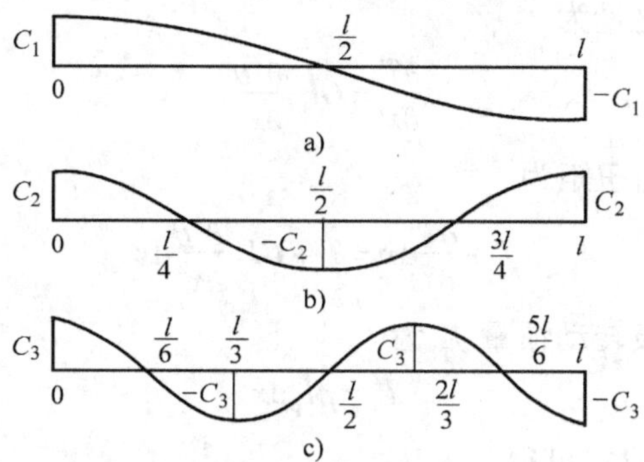

图 5.3 杆件纵向振动的主振型

5.3 均质等截面圆轴的扭转振动

5.3.1 运动方程

设在石油机械中有一根均质等截面圆轴（例如石油钻杆等可简化为等截面圆轴）扭转振动。假设轴的横截面在扭转振动中保持为平面作整体运动。设轴的长度为 l，半径为 r，质量密度为 ρ，切变模量为 G，截面的极惯性矩为 I_p，取轴线为 x 轴，原点取在均质圆轴的左端面（图 5.4）。

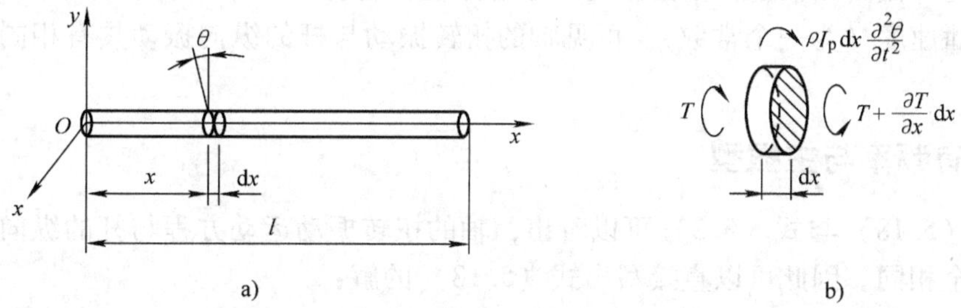

图 5.4 圆轴的扭转振动

在均质圆轴的 x 截面处截取微元段 $\mathrm{d}x$，并取 x 截面相对平衡位置的转角 θ 为广义坐标，则在 $x+\mathrm{d}x$ 截面上的角位移应为 $\theta+\frac{\partial\ \theta}{\partial\ x}\mathrm{d}x$（由级数展开得）。均质圆轴微元段两端截面的相对扭转角 $\mathrm{d}\theta$ 为

$$\mathrm{d}\theta=\left(\theta+\frac{\partial\theta}{\partial x}\mathrm{d}x\right)-\theta=\frac{\partial\theta}{\partial x}\mathrm{d}x$$

均质圆轴微元段的角应变量 ε_g 为

$$\varepsilon_g=\frac{\mathrm{d}\theta}{\mathrm{d}x}=\frac{\partial\theta}{\partial x}$$

均质圆轴 x 截面上的内扭矩 T 为

$$T = GI_{\mathrm{p}} \frac{\partial \theta}{\partial x}$$

单位长度上扭矩的变化量为

$$\frac{\partial T}{\partial x} = GI_{\mathrm{p}} \frac{\partial^2 \theta}{\partial x^2}$$

所以 $x + \mathrm{d}x$ 截面上的内扭矩为

$$T + \frac{\partial T}{\partial x}\mathrm{d}x = T + GI_{\mathrm{p}} \frac{\partial^2 \theta}{\partial x^2}\mathrm{d}x$$

均质圆柱形微元段的极转动惯量 J_{p} 为

$$J_{\mathrm{p}} = \rho I_{\mathrm{p}} \mathrm{d}x$$

由转动方程（$J\ddot{\theta} = \sum M$）可得

$$\rho I_{\mathrm{p}} \mathrm{d}x \frac{\partial^2 \theta}{\partial t^2} = \left(T + GI_{\mathrm{p}} \frac{\partial^2 \theta}{\partial x^2}\mathrm{d}x \right) - T$$

整理得

$$\rho \frac{\partial^2 \theta}{\partial t^2} = G \frac{\partial^2 \theta}{\partial x^2} \tag{5.17}$$

令

$$b = \sqrt{\frac{G}{\rho}}$$

则式（5.17）可进一步改写成

$$\frac{\partial^2 \theta}{\partial x^2} = \frac{1}{b^2} \frac{\partial^2 \theta}{\partial t^2} \tag{5.18}$$

上式就是等截面圆轴扭转自由振动的运动方程，它也是一个二阶波动方程。其中，b 是扭转波的传播速度（为一个常数）。可见轴的扭转振动与杆的纵向振动具有相同形式的微分方程。

5.3.2 固有频率与主振型

比较式（5.18）与式（5.3）可以看出，轴的扭转振动运动方程与杆的纵向振动运动方程的形式完全相同。因此可以直接写出式（5.18）的解：

$$\theta(x,\ t) = \left(A\cos \frac{\omega_{\mathrm{n}}}{b}x + B\sin \frac{\omega_{\mathrm{n}}}{b}x \right) \sin(\omega_{\mathrm{n}} t + \varphi) \tag{5.19}$$

式中，A，B，ω_{n}，φ 四个待定常数同样决定于圆轴的边界条件及其振动的初始条件。

为了求出圆轴扭转振动的固有频率和主振型，也必须给出圆轴的边界条件。

现在以图 5.5 所示的一端固定，一端带有一个圆盘的圆轴为例，来说明计算轴系扭转的固有频率和主振型的方法。设圆轴长为 l，并取轴线为 x 轴，圆盘对于轴线的转动惯量为 I_z。

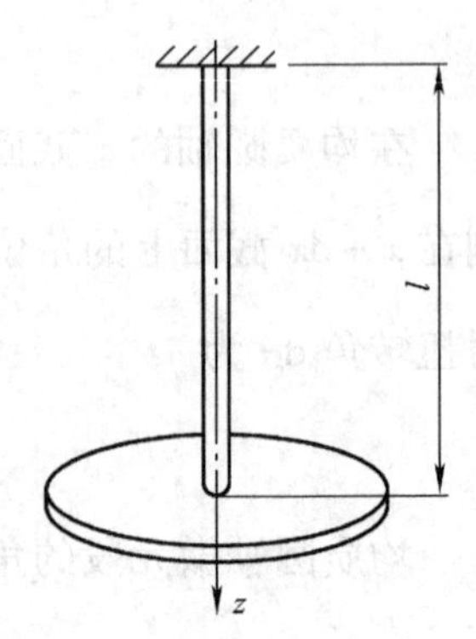

图 5.5 一端带有圆盘的圆轴

圆轴系统的边界条件是，在固定端转角等于零；在带圆盘一端，要求圆轴受到的扭矩 M 等于转子的惯性力矩，上述边界条件可用数学式表达：

$$\theta\big|_{x=0}=0 \tag{5.20}$$

$$GI_{\mathrm{p}}\left(\frac{\partial\theta}{\partial x}\right)\bigg|_{x=l}=-J_z\left(\frac{\partial^2\theta}{\partial t^2}\right)\bigg|_{x=l} \tag{5.21}$$

将式（5.20）代入式（5.19）可知

$$A=0$$

将上式代入式（5.21）得

$$GI_{\mathrm{p}}B\frac{\omega_{\mathrm{n}}}{b}\cos\frac{\omega_{\mathrm{n}}l}{b}=J_zB\omega_{\mathrm{n}}^2\sin\frac{\omega_{\mathrm{n}}l}{b}$$

即

$$\tan\frac{\omega_{\mathrm{n}}l}{b}=\frac{I_{\mathrm{p}}G}{J_z b\omega_{\mathrm{n}}} \tag{5.22}$$

如果假设圆轴对轴线的转动惯量为 J_g，则有

$$J_g=\rho lI_{\mathrm{p}}=\frac{Gl}{b^2}I_{\mathrm{p}} \tag{5.23}$$

上式代入式（5.22）整理得

$$\tan\frac{\omega_{\mathrm{n}}l}{b}=\frac{J_g}{J_z}\cdot\frac{b^2}{\omega_{\mathrm{n}}l} \tag{5.24}$$

式（5.24）即图 5.5 所示圆轴扭振系统的频率方程。通常，一般可用作图法求解。即令

$$\frac{\omega_{\mathrm{n}}l}{b}=\varphi \tag{5.25}$$

并作出以下两条曲线，如图 5.6 所示。

$$\begin{cases} y_1=\tan\varphi \\ y_2=\dfrac{J_g}{J_z}\dfrac{b}{\varphi} \end{cases}$$

由这两条曲线的交点 φ_i 即可求出扭振系统的第 i 阶固有频率 ω_{ni}。

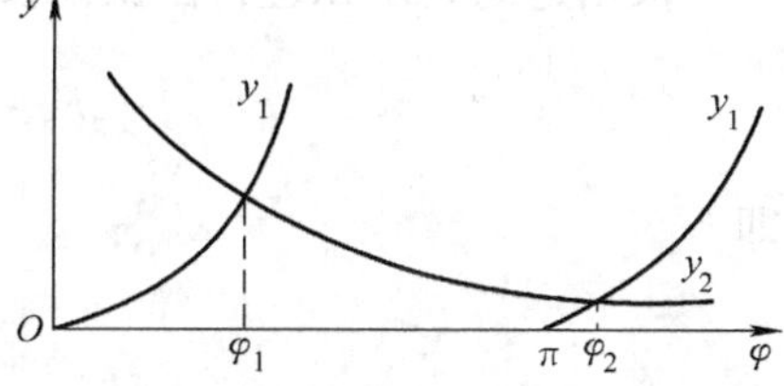

图 5.6　用图解法求系统固有频率

$$\omega_{ni}=\frac{l}{b}\varphi_i \tag{5.26}$$

进一步可以得到曲线 y_1 和 y_2 的许多点 φ_1，φ_2，…，因此求出扭振系统的各阶固有频率。对应于各阶固有频率 ω_{ni}，就可以求出扭振系统的各阶主振型：

$$H_i=B\sin\frac{\omega_{ni}x}{b}\qquad(i=1,\ 2,\ 3,\ \cdots) \tag{5.27}$$

5.4　梁的横向弯曲自由振动

5.4.1　运动方程

细长杆（如石油钻杆、抽油杆等）作垂直于轴线方向的振动时，其主要变形形式是梁的弯曲变形，通常称为梁的横向弯曲振动。在分析横向弯曲振动时，先作以下几点假设：

1）梁各截面的中心主轴在同一平面内，且在此平面内作横向弯曲振动，平面假设还适用。

2）梁的横截面尺寸与其长度之比较小，可忽略不计转动惯量和剪切变形的影响。

3）梁的横向弯曲振动符合小挠度平面弯曲的假设，即横向弯曲振动的振幅很小，在线性范围以内。

只考虑弯曲引起的变形，不计剪切引起的变形及转动惯量影响的梁的横向弯曲振动的力学模型，称为欧拉-伯努利梁。

下面分析一根棱柱形梁在 xOy 平面内作横向弯曲自由振动（图 5.7）。

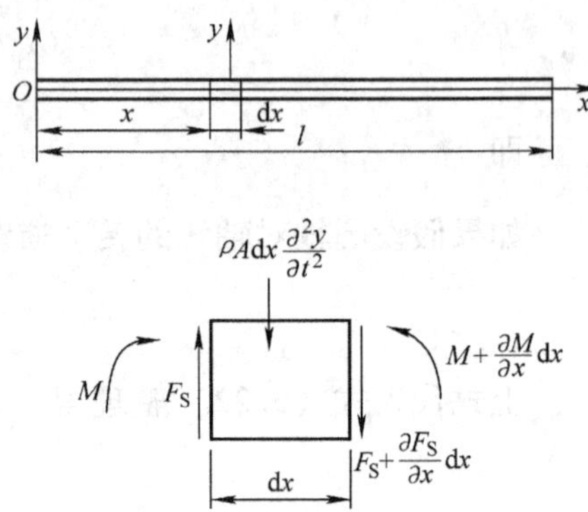

图 5.7　梁的横向自由振动

以梁在横截面的对称平面内的横向位移 y 作为广义坐标。并假设梁的横截面面积为 A，单位长度质量为 m，单位体积质量密度为 ρ，横截面对中心主轴的惯性矩为 I，截面的抗弯刚度为 EI。并从梁上 x 截面处截取微元段 $\mathrm{d}x$，进一步分析。如果又设 x 截面上作用的剪力为 F_S，弯矩为 M，则在 $x+\mathrm{d}x$ 截面上作用的剪力为 $F_S+\frac{\partial F_S}{\partial x}\mathrm{d}x$，弯矩为 $M+\frac{\partial M}{\partial x}\mathrm{d}x$。该微元段产生的惯性力为

$$m\mathrm{d}x\frac{\partial^2 y}{\partial t^2}=\rho A\mathrm{d}x\frac{\partial^2 y}{\partial t^2}$$

根据达朗贝尔原理，由微元段力的平衡可得如下关系式：

$$F_S-\left(F_S+\frac{\partial F_S}{\partial x}\mathrm{d}x\right)-\rho A\mathrm{d}x\frac{\partial^2 y}{\partial t^2}=0$$

即

$$\frac{\partial F_S}{\partial x}=-\rho A\frac{\partial^2 y}{\partial t^2} \tag{5.28}$$

对微元段右面（即 $x+\mathrm{d}x$ 截面上）的任一点作力矩平衡方程得

$$\left(M+\frac{\partial M}{\partial x}\mathrm{d}x\right)-M-F_S\mathrm{d}x+\rho A\mathrm{d}x\frac{\partial^2 y}{\partial t^2}\cdot\frac{\mathrm{d}x}{2}=0$$

即

$$\frac{\partial M}{\partial x}\mathrm{d}x-F_S\mathrm{d}x+\rho A\frac{\partial^2 y}{\partial t^2}\cdot\frac{(\mathrm{d}x)^2}{2}=0$$

略去上式中的 $(\mathrm{d}x)^2$ 的二阶无穷小量，得

$$\frac{\partial M}{\partial x}=F_S$$

故有

$$\frac{\partial F_S}{\partial x}=\frac{\partial^2 M}{\partial x^2} \tag{5.29}$$

由材料力学知识可知

$$M = EI\frac{\partial^2 y}{\partial x^2}$$

将上式代入式（5.29）得

$$\frac{\partial F_S}{\partial x} = \frac{\partial^2}{\partial x^2}M = \frac{\partial^2}{\partial x^2}\left(EI\frac{\partial^2 y}{\partial x^2}\right) = EI\frac{\partial^4 y}{\partial x^4} \tag{5.30}$$

将式（5.30）代入式（5.28），得

$$EI\frac{\partial^4 y}{\partial x^4} = -\rho A\frac{\partial^2 y}{\partial t^2} \tag{5.31}$$

令

$$a = \sqrt{\frac{EI}{\rho A}} \tag{5.32}$$

则式（5.31）可变为

$$\frac{\partial^4 y}{\partial x^4} = -\frac{1}{a^2}\frac{\partial^2 y}{\partial t^2} \tag{5.33}$$

上式即为等截面梁横向自由振动的运动方程，它是一个四阶齐次偏微分方程。

5.4.2 固有频率和主振型

求解梁的横向弯曲自由振动的偏微分方程及其固有频率和主振型。

类似前面，采用分离变量法。假设式（5.33）的解为

$$y(x,t) = Y(x)\phi(t) \tag{5.34}$$

将上式对 t 和 x 分别求二次和四次偏导：

$$\frac{\partial^2 y}{\partial t^2} = Y(x)\frac{d^2\phi(t)}{dt^2}$$

$$\frac{\partial^4 y}{\partial x^4} = \phi(t)\frac{d^4 Y(x)}{dx^4}$$

将以上两式代入式（5.33）可得

$$\frac{a^2}{Y(x)}\cdot\frac{d^4 Y(x)}{dx^4} = -\frac{1}{\phi(t)}\frac{d^2\phi(t)}{dt^2} = \omega_n^2 \tag{5.35}$$

式中，ω_n^2 为一个常数。

于是，式（5.35）又可进一步改写成下列两个常微分方程：

$$\frac{d^2\phi(t)}{dt^2} + \omega_n^2\phi(t) = 0 \tag{5.36}$$

$$\frac{d^4 Y(x)}{dx^4} - \frac{\omega_n^2}{a^2}Y(x) = 0 \tag{5.37}$$

如前所述，式（5.36）的解可写为

$$\phi(t) = A_1\cos\omega_n t + B_1\sin\omega_n t \tag{5.38}$$

$$\frac{d^4 Y(x)}{dx^4} - \lambda^4 Y(x) = 0 \tag{5.39}$$

式中，

$$\lambda^4 = \frac{\omega_n^2}{a^2} = \frac{\rho A}{EI}\omega_n^2 \tag{5.40}$$

式（5.39）为一个四阶常系数齐次线性常微分方程，可设其解为

$$Y(x)=\mathrm{e}^{Sx} \tag{5.41}$$

则

$$\frac{\mathrm{d}^4Y(x)}{\mathrm{d}x^4}=S^4\mathrm{e}^{Sx}$$

将以上两式代入式（5.39）后，得特征方程：

$$S^4-\lambda^4=0 \tag{5.42}$$

从上式解出四个特征根为

$$S_{1,2}=\pm\mathrm{i}\lambda,\qquad S_{3,4}=\pm\lambda$$

故式（5.39）的解为

$$Y(x)=A'\mathrm{e}^{-\mathrm{i}\lambda x}+B'\mathrm{e}^{\mathrm{i}\lambda x}+C'\mathrm{e}^{-\lambda x}+D'\mathrm{e}^{\lambda x}$$

因为

$$\left.\begin{aligned}\mathrm{e}^{\pm\mathrm{i}\lambda x}&=\cos\lambda x\pm\mathrm{i}\sin\lambda x\\ \mathrm{e}^{\pm\lambda x}&=\mathrm{ch}\lambda x\pm\mathrm{i}\,\mathrm{sh}\lambda x\end{aligned}\right\} \tag{5.43}$$

（注：常用的双曲函数公式为 $\mathrm{th}x=\dfrac{\mathrm{sh}x}{\mathrm{ch}x}$，$\mathrm{ch}^2x-\mathrm{sh}^2x=1$，$\mathrm{sh}0=1$，$\dfrac{\mathrm{d}}{\mathrm{d}x}\mathrm{sh}x=\mathrm{ch}x$，$\dfrac{\mathrm{d}}{\mathrm{d}x}\mathrm{ch}x=\mathrm{sh}x$。）

可将以上两式代入式（5.34）得

$$\begin{aligned}Y(x)&=i(B'-A')\sin\lambda x+(B'+A')\cos\lambda x+(D'-C')\mathrm{sh}\lambda x+(D'+C')\mathrm{ch}\lambda x\\&=A\sin\lambda x+B\cos\lambda x+C\mathrm{sh}\lambda x+D\mathrm{ch}\lambda x\end{aligned} \tag{5.44}$$

这是梁振动的振型函数，其中 A，B，C，D 为积分常数。

式（5.44）与式（5.38）代回式（5.34），即可求得梁的横向弯曲自由振动的解为

$$y(x,t)=(A\sin\lambda x+B\cos\lambda x+C\mathrm{sh}\lambda x+D\mathrm{ch}\lambda x)\cdot(A_1\cos\omega_{\mathrm{n}}t+B_1\sin\omega_{\mathrm{n}}t)$$

或者改写为

$$y(x,t)=(A\sin\lambda x+B\cos\lambda x+C\mathrm{sh}\lambda x+D\mathrm{ch}\lambda x)A'\sin(\omega_{\mathrm{n}}t+\varphi) \tag{5.45}$$

式中，A'，φ 取决于振动的初始条件；A，B，C，D 四常数取决于梁的边界条件。

如前所述，只要将边界条件代入振型函数的表达式，即可确定梁弯曲振动的固有频率和主振型。为了以后运算的简化，这里引入了克雷诺夫函数：

$$\left.\begin{aligned}S(\lambda x)&=\frac{1}{2}(\mathrm{ch}\lambda x+\cos\lambda x)\\T(\lambda x)&=\frac{1}{2}(\mathrm{sh}\lambda x+\sin\lambda x)\\U(\lambda x)&=\frac{1}{2}(\mathrm{ch}\lambda x-\cos\lambda x)\\V(\lambda x)&=\frac{1}{2}(\mathrm{sh}\lambda x-\sin\lambda x)\end{aligned}\right\} \tag{5.46}$$

这四个函数的数值均有表可查，还具有以下性质，故运算方便。

$$\left.\begin{aligned}&\frac{\mathrm{d}S}{\mathrm{d}x}=\lambda V,\ \frac{\mathrm{d}T}{\mathrm{d}x}=\lambda S,\ \frac{\mathrm{d}U}{\mathrm{d}x}=\lambda T,\ \frac{\mathrm{d}V}{\mathrm{d}x}=\lambda U\\&\frac{\mathrm{d}^2S}{\mathrm{d}x^2}=\lambda^2U,\ \frac{\mathrm{d}^2T}{\mathrm{d}x^2}=\lambda^2V,\ \frac{\mathrm{d}^2U}{\mathrm{d}x^2}=\lambda^2T,\ \frac{\mathrm{d}^2V}{\mathrm{d}x^2}=\lambda^2U\\&\frac{\mathrm{d}^3S}{\mathrm{d}x^3}=\lambda^3T,\ \frac{\mathrm{d}^3T}{\mathrm{d}x^3}=\lambda^3U,\ \frac{\mathrm{d}^3U}{\mathrm{d}x^3}=\lambda^3T,\ \frac{\mathrm{d}^3V}{\mathrm{d}x^3}=\lambda^3U\end{aligned}\right\} \tag{5.47}$$

将式（5.46）代入式（5.44），则梁的振型函数表达式可改写成以下形式：

$$Y(x)=C_1S(\lambda x)+C_2T(\lambda x)+C_3U(\lambda x)+C_4V(\lambda x) \tag{5.48}$$

式中，$\frac{1}{2}(C_2-C_4)=A$，$\frac{1}{2}(C_1-C_3)=B$，$\frac{1}{2}(C_2+C_4)=C$，$\frac{1}{2}(C_1+C_3)=D$

对式（5.48）分别求一阶、二阶、三阶导数，得

$$\frac{\mathrm{d}Y}{\mathrm{d}x}=\lambda[C_1V(\lambda x)+C_2S(\lambda x)+C_3T(\lambda x)+C_4U(\lambda x)] \tag{5.49}$$

$$\frac{\mathrm{d}^2Y}{\mathrm{d}x^2}=\lambda^2[C_1U(\lambda x)+C_2V(\lambda x)+C_3S(\lambda x)+C_4T(\lambda x)] \tag{5.50}$$

$$\frac{\mathrm{d}^3Y}{\mathrm{d}x^3}=\lambda^3[C_1T(\lambda x)+C_2U(\lambda x)+C_3V(\lambda x)+C_4S(\lambda x)] \tag{5.51}$$

下面分别研究几种不同支承的梁横向弯曲振动的固有频率和主振型。

（1）两端自由梁　这种梁弯曲的边界条件是两端弯矩与剪力为零，即

$$\left.\frac{\mathrm{d}^2Y}{\mathrm{d}x^2}\right|_{x=0}=0,\qquad \left.\frac{\mathrm{d}^3Y}{\mathrm{d}x^3}\right|_{x=0}=0$$

$$\left.\frac{\mathrm{d}^2Y}{\mathrm{d}x^2}\right|_{x=l}=0,\qquad \left.\frac{\mathrm{d}^3Y}{\mathrm{d}x^3}\right|_{x=l}=0$$

将$\left.\frac{\mathrm{d}^2Y}{\mathrm{d}x^2}\right|_{x=0}=0$ 代入式（5.50），得 $C_3=0$

将$\left.\frac{\mathrm{d}^3Y}{\mathrm{d}x^3}\right|_{x=0}=0$ 代入式（5.50），得 $C_4=0$

将$\left.\frac{\mathrm{d}^2Y}{\mathrm{d}x^2}\right|_{x=l}=0$ 代入式（5.50），得

$$C_1U(\lambda l)+C_2V(\lambda l)=0$$

将$\left.\frac{\mathrm{d}^3Y}{\mathrm{d}x^3}\right|_{x=l}=0$ 代入式（5.50），得

$$C_1T(\lambda l)+C_2U(\lambda l)=0$$

由以上四式可以看出，由于 C_3，C_4已为零，C_1，C_2不能为零。而 C_1，C_2具有非零解的条件为

$$\begin{vmatrix}U(\lambda l) & V(\lambda l)\\ T(\lambda l) & U(\lambda l)\end{vmatrix}=0$$

将上式展开得

$$U^2(\lambda l)-V(\lambda l)T(\lambda l)=0$$

即

$$\frac{1}{4}(\mathrm{ch}\lambda l-\cos\lambda l)^2-\frac{1}{4}(\mathrm{sh}\lambda l-\sin\lambda l)(\mathrm{sh}\lambda l+\sin\lambda l)=0$$

将上式展开，考虑以下两个关系式：

$$\mathrm{ch}^2\lambda l-\mathrm{sh}^2\lambda l=1,\qquad \cos^2\lambda l+\sin^2\lambda l=1$$

则可得

$$\cos\lambda l\,\mathrm{ch}\lambda l=1 \tag{5.52}$$

式（5.52）即为两端自由梁横向弯曲振动的频率方程。这是一个超越方程，常用图解

法来求它的根。为此，先将上式改写成

$$\cos\lambda l = \frac{1}{\mathrm{ch}\lambda l} \tag{5.53}$$

以 λl 为横坐标，作出 $\cos\lambda l$ 和$\frac{1}{\mathrm{ch}\lambda l}$的两条曲线，如图 5.8 所示。两条曲线的各个交点的横坐标就是这一超越方程的解。

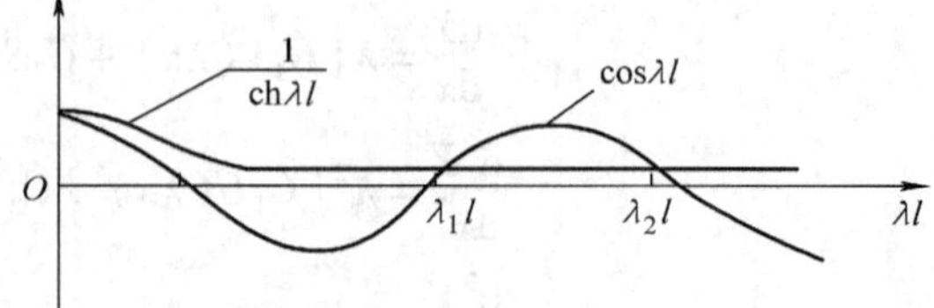

图 5.8　用图解法求解频率方程

由以上数据，可得出 $\lambda_i l$ 非零根的近似数学表达式为

$$\lambda_i l = \frac{2i+1}{2}\pi \quad (i=1,\ 2,\ \cdots) \tag{5.54}$$

由式（5.40）可得系统固有频率的计算公式为

$$\omega_{ni} = a\lambda_i^2 = \left(\frac{\lambda_i}{2l}\right)^2\sqrt{\frac{EI}{\rho A}} \quad (i=1,\ 2,\ \cdots) \tag{5.55}$$

将式（5.54）代入式（5.55），即得两端自由梁横向振动固有频率的计算公式：

$$\omega_{ni} = \left(\frac{2i+1}{2l}\pi\right)^2\sqrt{\frac{EI}{\rho A}} \quad (i=1,\ 2,\ \cdots) \tag{5.56}$$

将前面求得的 $C_3=0$，$C_4=0$ 以及$\frac{C_2}{C_1} = -\frac{T(\lambda l)}{U(\lambda l)}$各式代入式（5.48），即得两端自由梁横向振动的振型函数为

$$\begin{aligned} Y(x) &= C_1S(\lambda x) + C_2T(\lambda x) = C_1\left[S(\lambda x) + \frac{C_2}{C_1}T(\lambda x)\right] \\ &= C_1\left[S(\lambda x) - \frac{T(\lambda l)}{U(\lambda l)}T(\lambda x)\right] \\ &= \frac{1}{2}C_1\left[\mathrm{ch}\lambda x + \cos\lambda x - \frac{\mathrm{sh}\lambda l + \sin\lambda l}{\mathrm{ch}\lambda l - \cos\lambda l}(\mathrm{sh}\lambda x + \sin\lambda x)\right] \\ &= D\left[\mathrm{ch}\lambda x + \cos\lambda x - \frac{\mathrm{sh}\lambda l - \sin\lambda l}{\mathrm{ch}\lambda l - \cos\lambda l}(\mathrm{sh}\lambda x + \sin\lambda x)\right] \end{aligned} \tag{5.57}$$

式中，$D=\frac{1}{2}C_1$，是个任意常数。

将对应于各阶固有频率 ω_{ni} 的 $\lambda_i l$ 的值代入式（5.53），可求得两端自由梁（图 5.9a）横向弯曲振动的各阶主振型。其第一阶、第二阶和第三阶主振型分别如图 5.9b、c、d 所示。

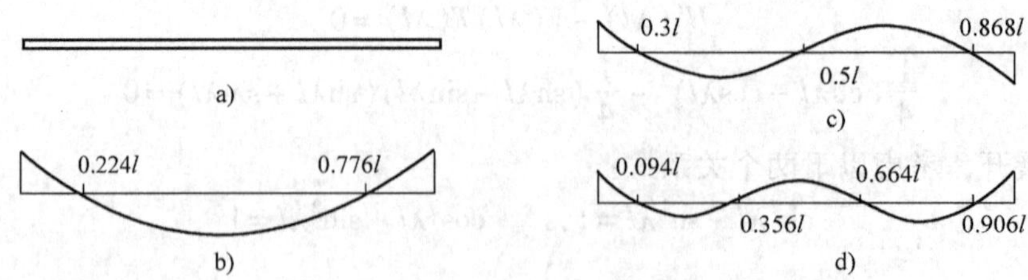

图 5.9　两端自由梁的主振型

(2) 两端简支梁 这种梁弯曲的边界条件是两端位移与弯矩为零。即

$$Y\big|_{x=0}=0,\qquad \left.\frac{d^2Y}{dx^2}\right|_{x=0}=0$$

$$Y\big|_{x=l}=0,\qquad \left.\frac{d^2Y}{dx^2}\right|_{x=l}=0$$

将以上边界条件分别代入式(5.48)、式(5.50)得

$$\left.\begin{aligned}&C_1=C_3=0\\&C_2T(\lambda l)+C_4V(\lambda l)=0\\&C_2V(\lambda l)+C_4T(\lambda l)=0\end{aligned}\right\}\tag{5.58}$$

由代数知识，要使 C_2，C_4有非零解，则其系数行列式必须为零，即

$$\begin{vmatrix}T(\lambda l) & V(\lambda l)\\ V(\lambda l) & T(\lambda l)\end{vmatrix}=0$$

将行列式展开得

$$T^2(\lambda l)-V^2(\lambda l)=0$$

$$\mathrm{sh}\lambda l\quad \sin\lambda l=0$$

因为 $\mathrm{sh}\lambda l\neq 0$，故

$$\sin\lambda l=0\tag{5.59}$$

式(5.59)就是简支梁横向弯曲振动的频率方程，解此方程即可求得振动系统的各阶固有频率。

解式(5.59)得

$$\lambda_i l=i\pi\qquad (i=1,\ 2,\ \cdots)\tag{5.60}$$

将上式代入式(5.55)，即得两端简支梁横向弯曲振动固有频率的计算公式：

$$\omega_{ni}=\left(\frac{i\pi}{l}\right)^2\sqrt{\frac{EI}{\rho A}}\qquad (i=1,\ 2,\ \cdots)\tag{5.61}$$

由式(5.58)得到的 $C_1=C_3=0$，$C_2-C_4=D$ 等关系式代入式(5.48)，即得两端简支梁横向弯曲振动的振型函数为

$$\begin{aligned}Y(x)&=C_2T(\lambda x)+C_4V(\lambda x)\\&=D\left[\frac{1}{2}(\mathrm{sh}\lambda x+\sin\lambda x)-\frac{1}{2}(\mathrm{sh}\lambda x-\sin\lambda x)\right]=D\sin\lambda x\end{aligned}\tag{5.62}$$

由此可见，两端简支梁的振型函数是个正弦函数，把与各阶固有频率 ω_{ni} 相对应的 $\lambda_i=\dfrac{i\pi}{l}$的值代入式(5.62)，可得出两端简支梁的各阶主振型。其前三阶主振型表示在图5.10之中。

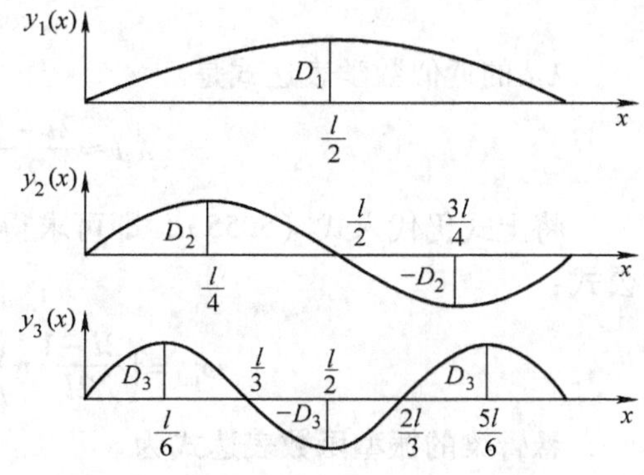

图5.10 两端简支梁的主振型

(3) 两端固定梁 该梁弯曲的边界条件是两端位移和转角为零，即

$$Y\big|_{x=0}=0,\qquad \left.\frac{dY}{dx}\right|_{x=0}=0$$

$$Y\big|_{x=l}=0,\qquad \left.\frac{dY}{dx}\right|_{x=l}=0$$

将以上边界条件代入式（5.48）、式（5.49），得

$$\left.\begin{aligned}&C_1=C_2=0\\&C_3U(\lambda l)+C_4V(\lambda l)=0\\&C_3T(\lambda l)+C_4U(\lambda l)=0\end{aligned}\right\}\tag{5.63}$$

由代数知识，C_3，C_4有非零解，故有

$$\begin{vmatrix}U(\lambda l) & V(\lambda l)\\ T(\lambda l) & U(\lambda l)\end{vmatrix}=0$$

行列式展开后得频率方程：

$$\cos\lambda l\ \mathrm{ch}\lambda l=1,\ \cos\lambda l=\frac{1}{\mathrm{ch}\lambda l}\tag{5.64}$$

此式与式（5.52）完全相同，这表明两端固定梁与两端自由梁有相同固有频率，但是它们相应的振型函数不相同。

两端固定梁的振型函数是

$$Y(x)=D\left[\mathrm{ch}\lambda x-\cos\lambda x\frac{\mathrm{sh}\lambda l+\sin\lambda l}{\mathrm{ch}\lambda l-\cos\lambda l}(\mathrm{sh}\lambda x-\sin\lambda x)\right]\tag{5.65}$$

（4）一端固定一端自由梁　该梁弯曲的边界条件是，固定端的位移和转角为零，即

$$Y\big|_{x=0}=0,\quad \left.\frac{\mathrm{d}Y}{\mathrm{d}x}\right|_{x=0}=0$$

$$\left.\frac{\mathrm{d}^2Y}{\mathrm{d}x^2}\right|_{x=l}=0,\quad \left.\frac{\mathrm{d}^3Y}{\mathrm{d}x^3}\right|_{x=l}=0$$

将以上边界条件分别代入式（5.48）~式（5.51），得

$$\left.\begin{aligned}&C_1=C_2=0\\&C_3S(\lambda l)+C_4T(\lambda l)=0\\&C_3V(\lambda l)+C_4S(\lambda l)=0\end{aligned}\right\}\tag{5.66}$$

由代数知识，C_3，C_4要有非零解，从而有

$$\begin{vmatrix}S(\lambda l) & T(\lambda l)\\ V(\lambda l) & S(\lambda l)\end{vmatrix}=0$$

展开后得频率方程：

$$\cos\lambda l\ \mathrm{ch}\lambda l=-1\tag{5.67}$$

$\lambda_i l$ 的近似数学表达式是

$$\lambda_i l\approx\frac{2i-1}{2}\pi\qquad(i=1,2,\cdots)\tag{5.68}$$

将上式仍代入式（5.55），即可求得一端固定一端自由梁横向弯曲振动的固有频率计算公式：

$$\omega_{ni}=\left(\frac{2i-1}{2l}\pi\right)^2\sqrt{\frac{EI}{\rho A}}\qquad(i=1,2,\cdots)\tag{5.69}$$

悬臂梁的振型函数表达式为

$$Y(x)=D\left[\mathrm{ch}\lambda x-\cos\lambda x-\frac{\mathrm{sh}\lambda l-\sin\lambda l}{\mathrm{ch}\lambda x+\cos\lambda x}(\mathrm{sh}\lambda x-\sin\lambda x)\right]\tag{5.70}$$

该梁的前三阶主振型如图5.11所示。

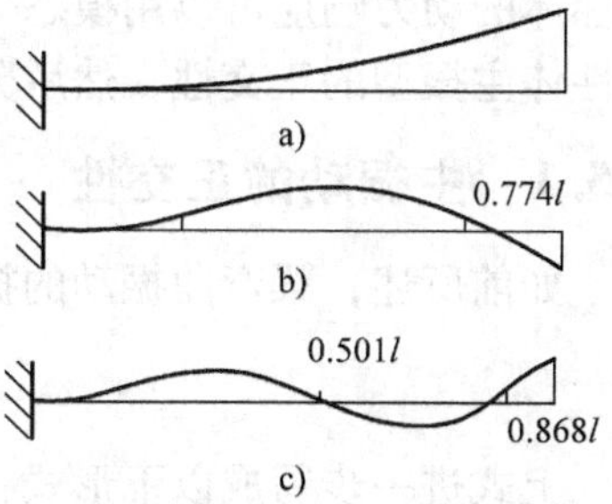

（5）一端固定一端简支梁　该梁弯曲的边界条件是，固定梁的位移和转角为零，简支端的位移和弯矩为零。即

$$Y|_{x=0}=0,\qquad \left.\frac{\mathrm{d}Y}{\mathrm{d}x}\right|_{x=0}=0$$

$$Y|_{x=l}=0,\qquad \left.\frac{\mathrm{d}^2Y}{\mathrm{d}x^2}\right|_{x=l}=0$$

a)

0.774l

b)

0.501l

0.868l

c)

图5.11　一端固定一端自由梁的主振型

解出该梁的频率方程为

$$\tan\lambda l=\mathrm{th}\lambda l \tag{5.71}$$

$\lambda_i l$ 的近似数学表达式是

$$\lambda_i l\approx\frac{4i+1}{4}\pi\qquad (i=1,\ 2,\ \cdots) \tag{5.72}$$

故该梁的固有频率计算公式：

$$\omega_{\mathrm{n}i}=\left(\frac{4i+1}{4l}\pi\right)^2\sqrt{\frac{EI}{\rho A}}\qquad (i=1,\ 2,\ \cdots) \tag{5.73}$$

一端固定一端简支梁的振型函数表达式为

$$Y(x)=D\left[\mathrm{ch}\lambda x-\cos\lambda x-\frac{\mathrm{sh}\lambda l+\cos\lambda l}{\mathrm{sh}\lambda x+\sin\lambda x}(\mathrm{sh}\lambda x-\sin\lambda x)\right] \tag{5.74}$$

一端固定一端简支梁的前三阶主振型如图5.12所示。

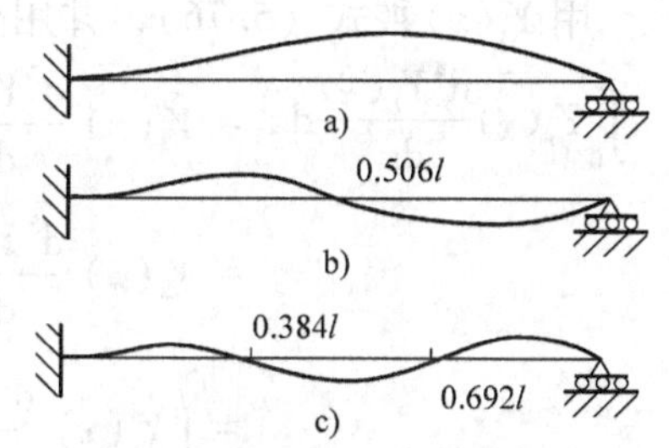

图5.12　一端固定一端简支梁的主振型

由前面分析可以看出，不同支承的梁在横向弯曲振动时的固有频率计算公式的形式相似，均可表示成如下的形式：

$$\omega_{\mathrm{n}i}=\left(\frac{\lambda_i l}{l}\right)^2\sqrt{\frac{EI}{\rho A}}$$

不同的支承条件，上式中 $(\lambda_i l)^2$ 的形式是不同的，例如：

两端自由梁　$(\lambda_i l)^2=\left(\frac{2i+1}{2}\pi\right)^2$

两端简支梁　$(\lambda_i l)^2=(i\pi)^2$

两端固定梁　$(\lambda_i l)^2=\left(\frac{2i+1}{2}\pi\right)^2$

一端固定一端自由梁　$(\lambda_i l)^2=\left(\frac{2i-1}{2}\pi\right)^2$

一端固定一端简支梁　$(\lambda_i l)^2=\left(\frac{4i-1}{4}\pi\right)^2$

上述 $(\lambda_i l)^2$ 可以计算出，在不同的支承条件下，梁作横向弯曲振动时的固有频率。

5.5　梁的横向弯曲受迫振动

探讨梁（如石油钻杆等）的受迫振动，重要的是求其在外界激振力作用下的动力响应。

弹性体的动力响应可以用模态分析法，因为弹性体也存在主振型正交的特性。下面，先探讨弹性体主振型的正交性，然后分析用模态分析法求梁的动力响应的方法。

5.5.1 主振动的正交性

如前所述，梁弯曲振动的振型函数关系式如式（5.39），即

$$\frac{d^4Y(x)}{dx^4}-\lambda^4Y(x)=0$$

上式进一步写成以下形式：

$$\left.\begin{aligned}&\frac{d^4Y(x)}{dx^4}=\lambda^4Y(x)\,,\ \lambda^4=\frac{\omega_n^2\rho A}{EI}\\ \text{或}\quad &EI\frac{d^4Y(x)}{dx^4}=\omega_n^2\rho AY(x)\end{aligned}\right\}\tag{5.75}$$

式（5.75）被称为梁的特征值问题。

设以 $Y_r(x)$ 和 $Y_s(x)$ 分别表示对应于第 r 阶和第 s 阶固有频率 ω_{nr} 和 ω_{ns} 的两个不同阶的振型函数，则它们必定满足方程（5.75）。即

$$\frac{d^4Y_r(x)}{dx^4}-\lambda_r^4Y_r(x)=0\tag{5.76}$$

$$\frac{d^4Y_s(x)}{dx^4}-\lambda_s^4Y_s(x)=0\tag{5.77}$$

用 $Y_s(x)$ 乘式（5.76），并用分部积分法在梁的全长上进行积分：

$$\begin{aligned}\int_0^l Y_s(x)\frac{d^4Y_r(x)}{dx^4}dx&=Y_s(x)\frac{d^3Y_r(x)}{dx^3}\bigg|_0^l-\int_0^l\frac{dY_s(x)}{dx}\frac{d^3Y_r(x)}{dx^3}dx\\&=Y_s(x)\frac{d^3Y_r(x)}{dx^3}\bigg|_0^l-\left(\frac{dY_s(x)}{dx}\frac{d^2Y_r(x)}{dx^2}\bigg|_0^l-\int_0^l\frac{d^2Y_s(x)}{dx^2}\cdot\frac{d^2Y_r(x)}{dx^2}dx\right)\\&=\left(Y_s(x)\frac{d^3Y_r(x)}{dx^3}-\frac{dY_s(x)}{dx}\frac{d^2Y_r(x)}{dx^2}\right)\bigg|_0^l+\int_0^l\frac{d^2Y_s(x)}{dx^2}\cdot\frac{d^2Y_r(x)}{dx^2}dx\\&=\lambda_r^4\int_0^l Y_s(x)Y_r(x)dx\end{aligned}\tag{5.78}$$

用 $Y_r(x)$ 乘式（5.77），并用分部积分法在梁的全长上进行积分：

$$\begin{aligned}\int_0^l Y_r(x)\frac{d^4Y_s(x)}{dx^4}dx&=Y_r(x)\frac{d^3Y_s(x)}{dx^3}\bigg|_0^l-\int_0^l\frac{dY_r(x)}{dx}\frac{d^3Y_s(x)}{dx^3}dx\\&=Y_r(x)\frac{d^3Y_s(x)}{dx^3}\bigg|_0^l-\left(\frac{dY_r(x)}{dx}\frac{d^2Y_s(x)}{dx^2}\bigg|_0^l-\int_0^l\frac{d^2Y_r(x)}{dx^2}\cdot\frac{d^2Y_s(x)}{dx^2}dx\right)\\&=\left(Y_r(x)\frac{d^3Y_s(x)}{dx^3}-\frac{dY_r(x)}{dx}\frac{d^2Y_s(x)}{dx^2}\right)\bigg|_0^l+\int_0^l\frac{d^2Y_r(x)}{dx^2}\cdot\frac{d^2Y_s(x)}{dx^2}dx\\&=\lambda_s^4\int_0^l Y_r(x)Y_s(x)dx\end{aligned}\tag{5.79}$$

将式（5.78）减去式（5.79）得

$$(\lambda_r^4-\lambda_s^4)\int_0^l Y_r(x)Y_s(x)\mathrm{d}x=\left(Y_s(x)\frac{\mathrm{d}^3Y_r(x)}{\mathrm{d}x^3}-Y_r(x)\frac{\mathrm{d}^3Y_s(x)}{\mathrm{d}x^3}\right)\Bigg|_0^l-\left(\frac{\mathrm{d}Y_s(x)}{\mathrm{d}x}\frac{\mathrm{d}^2Y_r(x)}{\mathrm{d}x^2}-\frac{\mathrm{d}Y_r(x)}{\mathrm{d}x}\frac{\mathrm{d}^2Y_s(x)}{\mathrm{d}x^2}\right)\Bigg|_0^l \tag{5.80}$$

式（5.80）的右边，实际上是梁弯曲振动的边界条件，对于梁的端点是自由、固定、简支或任一组合，将边界条件代入后它右边都等于零。因此有

$$(\lambda_r^4-\lambda_s^4)\int_0^l Y_r(x)Y_s(x)\mathrm{d}x=0 \tag{5.81}$$

只要 $r\neq s$，则 $\lambda_r\neq\lambda_s$，故

$$\int_0^l Y_r(x)Y_s(x)\mathrm{d}x=0\qquad(r\neq s) \tag{5.82}$$

将式（5.82）代入式（5.78），得

$$\int_0^l Y_s(x)\frac{\mathrm{d}^4Y_r(x)}{\mathrm{d}x^4}\mathrm{d}x=0\qquad(r\neq s) \tag{5.83}$$

式（5.78）中，下列项是梁的边界条件，无论梁的端点是什么形式或组合，它都为零，即

$$\left(Y_s(x)\frac{\mathrm{d}^3Y_r(x)}{\mathrm{d}x^3}-\frac{\mathrm{d}Y_s(x)}{\mathrm{d}x}\frac{\mathrm{d}^2Y_r(x)}{\mathrm{d}x^2}\right)\Bigg|_0^l=0 \tag{5.84}$$

将式（5.83）、式（5.84）代入式（5.78），得

$$\int_0^l \frac{\mathrm{d}^2Y_r(x)}{\mathrm{d}x^2}\frac{\mathrm{d}^2Y_s(x)}{\mathrm{d}x^2}\mathrm{d}x=0\qquad(r\neq s) \tag{5.85}$$

式（5.82）与式（5.85）就是等截面梁横向弯曲振动时的振型函数正交性的表达式。

如果在梁的全长上截面有变化，则 EI 与 ρA 均不是常数，所以在梁的全长上 λ 不是一个常数，因此，λ_r 和 λ_s 都不能从积分符号内抽出来。对于非等截面梁，它的振型函数的正交性的表达形式可改变为

$$\int_0^l \rho A Y_r(x)Y_s(x)\mathrm{d}x=0\qquad(\lambda_r\neq\lambda_s) \tag{5.86}$$

$$\int_0^l EI\frac{\mathrm{d}^2Y_r(x)}{\mathrm{d}x^2}\frac{\mathrm{d}^2Y_s(x)}{\mathrm{d}x^2}\mathrm{d}x=0\qquad(\lambda_r\neq\lambda_s) \tag{5.87}$$

式（5.86）为梁的振型函数对于质量的正交性。式（5.87）则为梁的振型函数对于刚度的正交性。

当 $r=s$ 时，即两振型函数是同阶的，式（5.81）中的积分部分可以等于一个任意常数 α_r。即

$$\int_0^l Y_r^2(x)\mathrm{d}x=\alpha_r$$

将式（5.78）代入式（5.87），得

$$\int_0^l Y_r(x)\frac{\mathrm{d}^4Y_r(x)}{\mathrm{d}x^4}\mathrm{d}x=\int_0^l\left(\frac{\mathrm{d}^2Y_r(x)}{\mathrm{d}x^2}\right)^2\mathrm{d}x=\alpha_r\lambda_r^4=\alpha_r\frac{\rho A\omega_{nr}^2}{EI} \tag{5.88}$$

常将振型函数正则化，可取正则化因子 $\alpha_r=1$ 或 $\alpha_r=\dfrac{1}{\rho A}$等，现按 $\alpha_r=\dfrac{1}{\rho A}$的条件将振型函

数作如下简化，即使

$$\int_0^l Y_r^2(x)\,\mathrm{d}x = \frac{1}{\rho A}$$

即

$$\rho A \int_0^l Y_r^2(x)\,\mathrm{d}x = 1 \tag{5.89}$$

将正则化因子 $\alpha_r = \frac{1}{\rho A}$ 代入式（5.88）得

$$EI \int_0^l Y_r(x)\,\frac{\mathrm{d}^4 Y_r(x)}{\mathrm{d}x^4}\mathrm{d}x = EI \int_0^l \left(\frac{\mathrm{d}^2 Y_r(x)}{\mathrm{d}x^2}\right)^2 \mathrm{d}x = \omega_{nr}^2 \tag{5.90}$$

利用振型函数正交性的这些性质，就可以将任何初始条件下的自由振动和任意激振力引起的受迫振动，简化为类似单自由度系统那样的微分方程用模态分析法来求解。

5.5.2 用模态分析法求梁的动力响应

当等截面梁受到横向分布激振力 $f(x,\ t)$ 作用时，梁振动的微分方程可以根据梁弯曲的自由振动方程（5.31）改写成如下形式：

$$\rho A \frac{\partial^2 y}{\partial t^2} + EI \frac{\partial^4 y}{\partial x^4} = f(x,\ t) \tag{5.91}$$

这是一个非齐次偏微分方程，其对应的全解同样包含两部分：一部分是对应于齐次方程的通解，相当于梁的自由振动的解，只要给定初始条件，可求得相应的响应；另一部分是对应于非齐次方程的特解，在给定激励函数 $f(x,\ t)$ 后，可求得梁的稳态响应。

如前所述，用模态分析法求系统动力响应的步骤如下：

1）通过求解梁的自由振动微分方程，求出在给定的边界条件下梁弯曲的各阶固有频率 ω_{nr} 和相应的各阶振型函数 $Y_r(x)\,(r=1,\ 2,\ \cdots)$。

2）对原方程进行坐标变换，将梁的受迫振动微分方程变成用模态方程来表达。

梁的坐标变换表达式为

$$y(x,\ t) = \sum_{r=1}^{\infty} Y_r(x)\,q_r(t) \tag{5.92}$$

式中，$q_r(t)$ 为模态坐标（一种广义坐标）。

将式（5.92）对变量 x 和 t 分别求导，得

$$\frac{\partial^2 y}{\partial t^2} = \sum_{r=1}^{\infty} Y_r(x)\,\frac{\mathrm{d}^2 q_r(t)}{\mathrm{d}t^2}$$

$$\frac{\partial^4 y}{\partial x^4} = \sum_{r=1}^{\infty} \frac{\mathrm{d}^4 Y_r(x)}{\mathrm{d}x^4} q_r(t)$$

将以上两式代入式（5.91），得

$$\rho A \sum_{r=1}^{\infty} Y_r(x)\,\frac{\mathrm{d}^2 q_r(t)}{\mathrm{d}t^2} + EI \sum_{r=1}^{\infty} \frac{\mathrm{d}^4 Y_r(x)}{\mathrm{d}x^4} q_r(t) = f(x,\ t) \tag{5.93a}$$

或

$$\sum_{r=1}^{\infty}\left(\rho A \frac{\mathrm{d}^2 q_r(t)}{\mathrm{d}t^2} Y_r(x) + EI q_r(t)\,\frac{\mathrm{d}^4 Y_r(x)}{\mathrm{d}x^4}\right) = f(x,\ t) \tag{5.93b}$$

将上式两边同乘以 $Y_s(x)$，并对梁的全长积分：

$$\sum_{r=1}^{\infty}\left(\rho A\frac{\mathrm{d}^2q_r(t)}{\mathrm{d}t^2}\right)\int_0^l Y_r(x)Y_s(x)\mathrm{d}x + EIq_r(t)\int_0^l Y_s(x)\frac{\mathrm{d}^4Y_r(x)}{\mathrm{d}x^4}\mathrm{d}x = \int_0^l Y_sf(x,t)\mathrm{d}x \tag{5.94}$$

应用振型函数正交性的性质，只有当 $r=s$ 时，上式才有意义。而当 $r=s$ 时，上式可改写成如下形式：

$$\frac{\mathrm{d}^2q_r(t)}{\mathrm{d}t^2}+\omega_{nr}q_r(t)=Q_r(t)\qquad(r=1,2,\cdots) \tag{5.95}$$

式中，

$$Q_r(t)=\int_0^l Y_r(x)f(x,t)\mathrm{d}x \tag{5.96}$$

$Q_r(t)$定义为第 r 阶模态坐标上的广义激振力，式（5.95）为系统的模态方程。

3）解模态方程，求模态坐标 $q(t)$。由式（5.95）所表示的机械系统模态方程可用无阻尼单自由度系统受迫振动微分方程的 Duhamel 积分法来求解。

式（5.95）应用 Duhamel 积分法来求解时，应采用式（2.95），即

$$q_r(t)=\frac{1}{\omega_{nr}}\int_0^t Q_r(t)\sin\omega_{nr}(t-\tau)\mathrm{d}\tau\qquad(r=1,2,\cdots) \tag{5.97}$$

式（5.97）即为以模态坐标表示的梁的动力响应。

4）求系统在原广义坐标上的响应 $y(x,t)$。将求出的模态坐标 $q_r(t)$ 代入式（5.92），变换得

$$\begin{aligned}y(x,t)&=\sum_{r=1}^{\infty}Y_r(x)\frac{1}{\omega_{nr}}\int_0^t Q_r(t)\sin\omega_{nr}(t-\tau)\mathrm{d}\tau\\&=\sum_{r=1}^{\infty}\frac{Y_r(x)}{\omega_{nr}}\int_0^t Y_r(x)\int_0^l f(x,\tau)\sin\omega_{nr}(t-\tau)\mathrm{d}\tau\mathrm{d}x\end{aligned} \tag{5.98}$$

式（5.98）表示，梁在受到横向分布激振力 $f(x,t)$ 作用时的动力响应是各阶振型函数的叠加。

如果作用在梁上的不是分布激振力 $y(x,t)$，而是在梁的 $x=x_1$ 处作用一个集中力 $P(t)$，则在模态坐标上的广义激振力 $Q_r(t)$ 为

$$Q_r(t)=P(t)Y_r(x_1) \tag{5.99}$$

此时，梁的动力响应在模态坐标上应表示为

$$q_r(t)=\frac{1}{\omega_{nr}}\int_0^t P(\tau)Y_r(x_1)\sin\omega_{nr}(t-\tau)\mathrm{d}\tau \tag{5.100}$$

因此，在原广义坐标上梁的动力响应为

$$y(x,t)=\sum_{r=1}^{\infty}\frac{Y_r(x)Y_r(x_1)}{\omega_{nr}}\int_0^t P(\tau)\sin\omega_{nr}(t-\tau)\mathrm{d}\tau \tag{5.101}$$

式中，$Y_r(x_1)$为 r 阶主振型在 $x=x_1$ 处的值。

*5.6 弹性体振动应用专题

5.6.1 传递矩阵法在弹性体中的应用

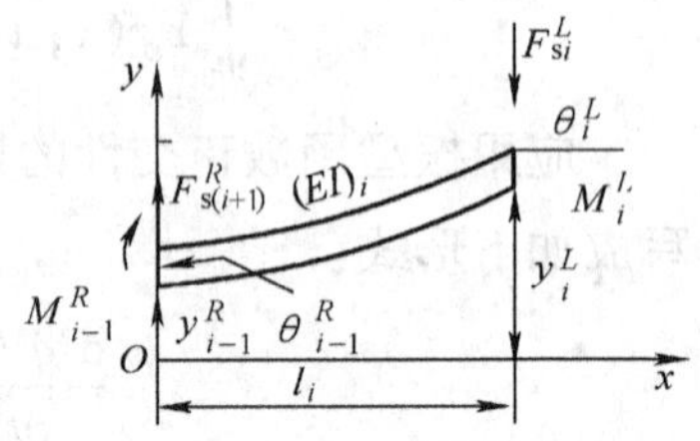

图 5.13 第 i 段分布质量梁的运动及受力状态

前面介绍了在多自由度系统中应用传递矩阵法求固有频率和主振型的方法，这里将以等截面梁的横向振动为例来说明传递矩阵法在弹性体振动中的应用。

从等截面梁中截取第 i 段分布质量梁段来分析其运动及受力状态（图 5.13）。

设梁以频率 ω 作横向简谐振动，则其振动位移可根据式（5.34）、式（5.38）、式（5.48）表示如下：

$$\begin{aligned} y &= [C_1S(\lambda x)+C_2T(\lambda x)+C_3U(\lambda x)+C_4V(\lambda x)]\sin\omega t \\ &= \left[\frac{1}{2}(C_2-C_4)\sin\lambda x+\frac{1}{2}(C_1-C_3)\cos\lambda x+\frac{1}{2}(C_2+C_4)\mathrm{sh}\lambda x+\frac{1}{2}(C_1+C_3)\mathrm{ch}\lambda x\right]\sin\omega t \end{aligned} \tag{5.102}$$

根据式（5.102）即可求出梁的转角、弯矩、剪力的表达式如下：

$$\begin{aligned} \theta=\frac{\mathrm{d}y}{\mathrm{d}x} &= \lambda[C_1V(\lambda x)+C_2S(\lambda x)+C_3T(\lambda x)+C_4U(\lambda x)]\sin\omega t \\ &= \lambda\left[\frac{1}{2}(C_3-C_1)\sin\lambda x+\frac{1}{2}(C_2-C_4)\cos\lambda x+\frac{1}{2}(C_1+C_3)\mathrm{sh}\lambda x+\frac{1}{2}(C_2+C_4)\mathrm{ch}\lambda x\right]\sin\omega t \end{aligned} \tag{5.103}$$

$$\begin{aligned} M=EI\frac{\mathrm{d}^2y}{\mathrm{d}x^2} &= EI\lambda^2[C_1U(\lambda x)+C_2V(\lambda x)+C_3S(\lambda x)+C_4T(\lambda x)]\sin\omega t \\ &= EI\lambda^2\left[\frac{1}{2}(C_4-C_2)\sin\lambda x+\frac{1}{2}(C_3-C_1)\cos\lambda x+\frac{1}{2}(C_4+C_2)\mathrm{sh}\lambda x+\frac{1}{2}(C_3+C_1)\mathrm{ch}\lambda x\right]\sin\omega t \end{aligned} \tag{5.104}$$

$$\begin{aligned} F_{\mathrm{S}}=EI\frac{\mathrm{d}^3y}{\mathrm{d}x^3} &= EI\lambda^3[C_1T(\lambda x)+C_2U(\lambda x)+C_3V(\lambda x)+C_4S(\lambda x)]\sin\omega t \\ &= EI\lambda^3\left[\frac{1}{2}(C_1-C_3)\sin\lambda x+\frac{1}{2}(C_4-C_2)\cos\lambda x+\frac{1}{2}(C_3+C_1)\mathrm{sh}\lambda x+\frac{1}{2}(C_4+C_2)\mathrm{ch}\lambda x\right]\sin\omega t \end{aligned} \tag{5.105}$$

上列各式中的常数 C_1，C_2，C_3，C_4 由梁段的左边状态矢量决定。显然，当 $x=0$ 时，有

$$y=y_{i-1}^R,\qquad \theta=\theta_{i-1}^R,\qquad M=M_{i-1}^R,\qquad F_{\mathrm{S}}=F_{\mathrm{S}(i-1)}^R$$

将以上各式分别代入式（5.102）~式（5.105）各式，得

$$\left.\begin{aligned} y=y_{i-1}^R &= C_1\sin\omega t \\ \theta=\theta_{i-1}^R &= C_2\lambda\sin\omega t \\ M=M_{i-1}^R &= C_3EI\lambda^2\sin\omega t \\ F_{\mathrm{S}}=F_{\mathrm{S}(i-1)}^R &= C_4EI\lambda^3\sin\omega t \end{aligned}\right\} \tag{5.106}$$

故得

$$\left.\begin{aligned}C_1&=\frac{y_{i-1}^R}{\sin\omega t}\\C_2&=\frac{\theta_{i-1}^R}{\lambda\sin\omega t}\\C_3&=\frac{M_{i-1}^R}{EI\lambda^2\sin\omega t}\\C_4&=\frac{F_{S(i-1)}^R}{EI\lambda^3\sin\omega t}\end{aligned}\right\}\tag{5.107}$$

将式（5.107）代回式（5.102）~式（5.105）各式，即可得到第 i 段梁在 x 处的传递关系为

$$\left.\begin{aligned}y&=y_{i-1}^R S(\lambda x)+\theta_{i-1}^R\frac{T(\lambda x)}{\lambda}+M_{i-1}^R\frac{U(\lambda x)}{EI\lambda^2}+F_{S(i-1)}^R\frac{V(\lambda x)}{EI\lambda^3}\\\theta&=y_{i-1}^R\lambda V(\lambda x)+\theta_{i-1}^R S(\lambda x)+M_{i-1}^R\frac{T(\lambda x)}{EI\lambda}+F_{S(i-1)}^R\frac{U(\lambda x)}{EI\lambda^2}\\M&=y_{i-1}^R EI\lambda^2 U(\lambda x)+\theta_{i-1}^R EI\lambda V(\lambda x)+M_{i-1}^R S(\lambda x)+F_{S(i-1)}^R\frac{T(\lambda x)}{\lambda}\\F_S&=y_{i-1}^R EI\lambda^3 T(\lambda x)+\theta_{i-1}^R EI\lambda^2 U(\lambda x)+M_{i-1}^R\lambda V(\lambda x)+F_{S(i-1)}^R S(\lambda x)\end{aligned}\right\}\tag{5.108}$$

将梁端右边的状态矢量，即 $x=l_i$ 时，$y=y_i^L$，$\theta=\theta_i^L$，$M=M_i^L$，$F_S=F_{Si}^L$ 代入式（5.108），并写成矩阵形式，得

$$\begin{pmatrix}y\\\theta\\M\\F_S\end{pmatrix}_i^L=\begin{pmatrix}S(\lambda l)&\dfrac{T(\lambda l)}{\lambda}&\dfrac{U(\lambda l)}{EI\lambda^2}&\dfrac{V(\lambda l)}{EI\lambda^3}\\\lambda V(\lambda l)&S(\lambda l)&\dfrac{T(\lambda l)}{EI\lambda}&\dfrac{U(\lambda l)}{EI\lambda^2}\\EI\lambda^2U(\lambda l)&EI\lambda V(\lambda l)&S(\lambda l)&\dfrac{T(\lambda l)}{\lambda}\\EI\lambda^3T(\lambda l)&EI\lambda^2U(\lambda l)&\lambda V(\lambda l)&S(\lambda l)\end{pmatrix}_i\begin{pmatrix}y\\\theta\\M\\F_S\end{pmatrix}_{i-1}^R\tag{5.109}$$

上式可简写成

$$\boldsymbol{Z}_i^l=\boldsymbol{G}_i\boldsymbol{Z}_{i-1}^R\tag{5.110}$$

式中，$\boldsymbol{G}_i$ 即为分布质量梁段的场传递矩阵，其表达式为

$$G_i = \begin{pmatrix} S(\lambda l) & \dfrac{T(\lambda l)}{\lambda} & \dfrac{U(\lambda l)}{EI\lambda^2} & \dfrac{V(\lambda l)}{EI\lambda^3} \\ \lambda V(\lambda l) & S(\lambda l) & \dfrac{T(\lambda l)}{EI\lambda} & \dfrac{U(\lambda l)}{EI\lambda^2} \\ EI\lambda^2 U(\lambda l) & EI\lambda V(\lambda l) & S(\lambda l) & \dfrac{T(\lambda l)}{\lambda} \\ EI\lambda^3 T(\lambda l) & EI\lambda^2 U(\lambda l) & \lambda V(\lambda l) & S(\lambda l) \end{pmatrix}$$

如果使梁的质量密度$\rho\to 0$，即将上述场传递矩阵中的各元素求$\lambda\to 0$的极限值，即可得到如式（4.181）所示的无重量梁段的场传递矩阵$\boldsymbol{F}_i$。

只要用分布质量梁段的场传递矩阵$\boldsymbol{G}_i$取代无重量梁段的场传递矩阵$\boldsymbol{F}_i$，就可以应用多自由度系统求固有频率和主振型的同样方法，来计算包含有分布质量系统的固有频率和主振型，其具体计算方法和步骤，就不在这里重复。

5.6.2　弦的横向振动

在石油机械中经常用到的连续弹性体——弦。弄清弦的固有频率、固有振型及其对周期激振外力的响应，在实用上非常重要。下面就经常使用的弦的各种基本振动进行分析。

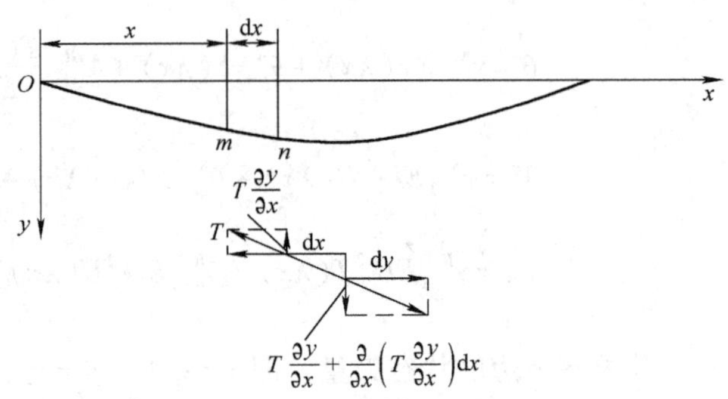

图 5.14　弦横向振动

分析图 5.14 所示以张力T拉紧的每单位长度质量为ρ，自由弯曲的均匀弦。沿弦的静止位置取x轴，与它垂直的弦的位移为$y(x, t)$。设横位移y很小，考虑长度为dx的弦的微小元素mn，则在此m，n两截面上作用的张力的y方向分量分别为

$$-T\frac{\partial y}{\partial x},\ T\frac{\partial y}{\partial x}+\frac{\partial}{\partial x}\left(T\frac{\partial y}{\partial x}\right)dx$$

因此，元素dx的运动方程为

$$(\rho dx)\frac{\partial^2 y}{\partial t^2}=\frac{\partial}{\partial x}\left(T\frac{\partial y}{\partial x}\right)dx$$

即

$$\rho\frac{\partial^2 y}{\partial t^2}=\frac{\partial}{\partial x}\left(T\frac{\partial y}{\partial x}\right) \tag{5.111}$$

如悬挂着的链条那样的悬链线，由于重力的作用，T是x的函数。但对于牢固拉紧的均匀弦，由小位移y产生的张力变化可以忽略不计，故设T与x没有关系，为一定值。则式（5.111）成为

$$\frac{\partial^2 y}{\partial t^2}=\frac{T}{\rho}\frac{\partial^2 y}{\partial x^2} \tag{5.112}$$

现设
$$c=\sqrt{\frac{T}{\rho}} \tag{5.113}$$

则式（5.112）成为
$$\frac{\partial^2 y}{\partial t^2}=c^2\frac{\partial^2 y}{\partial x^2} \tag{5.114}$$

上式的通解由下式给出：
$$y=f_1(x-ct)+f_2(x+ct) \tag{5.115}$$

式中，f_1，f_2 是任意函数。

现就$f_1(x-ct)$进行考虑。在 $t=0$ 时，
$$(y)_{t=0}=f_1(x) \tag{5.116}$$

试设在式（5.116）中给出位移为如图 5.15a 所示的形状。当 t 变为 t'时，
$$(y)_{t=t'}=f_1(x+ct')$$

现设
$$x=x'+ct'$$

若考虑原点设置在 O'的 x'坐标，则得
$$(y)_{t=t'}=f_1(x'+ct'-ct')=f_1(x')$$

如图 5.15b 所示，与$(y)_{t=0}=f_1(x)$完全相同，意味着经过时间 t'，曲线的形状向右前进了 ct'。即在 $t=0$ 时用 $y=f_1(x)$表示的弦的位移以一定速度 c 在 x 的负方向前进的后进波。因此，式（5.115）所表示的弦的变形，不论它是什么样的形状，其弦也不会改变，而照原来的形状即不分散地传播。c 是弦上传播的横波的传播速度，叫作相位速度，由于弦的张力不同其大小将不同。

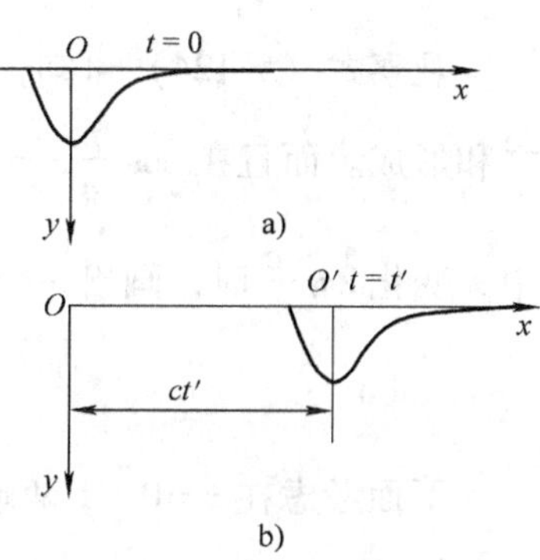

图 5.15 位移曲线

以上现象对无限长的弦成立。但一般来说，弦的两端总被某种条件即边界条件约束，并还给出 $t=0$ 时的条件即初始条件。若给出这两个条件，则f_1，f_2 的形式也应该可以决定，但是怎样决定这个函数呢？这是不容易的。因此，在这种情况下不用式（5.115）作为解，而求其他形式的解，使之满足边界条件和初始条件更为方便。现假定式（5.114）的解可用只是 x 的函数的 X 和只是 t 的函数的f之积表示，即
$$y(x,t)=X(x)f(t) \tag{5.117}$$

把它代入式（5.114）得
$$X(x)\frac{\mathrm{d}^2 f(t)}{\mathrm{d}t^2}=c^2 f(t)\frac{\mathrm{d}^2 X(x)}{\mathrm{d}x^2}$$

由此得
$$\frac{1}{f(t)}\frac{\mathrm{d}^2 f(t)}{\mathrm{d}t^2}=\frac{c^2}{X(x)}\frac{\mathrm{d}^2 X(x)}{\mathrm{d}x^2} \tag{5.118}$$

由于式（5.118）的左边只是 t 的函数，右边只是 x 的函数，所以为了式（5.118）成立，两边必须等于与 x 和 t 没有关系的一定值。设此值为 $-p^2$。由此得
$$\frac{\mathrm{d}^2 f}{\mathrm{d}t^2}+p^2 f=0 \tag{5.119}$$

$$\frac{\mathrm{d}^2X}{\mathrm{d}x^2}+\left(\frac{p}{c}\right)^2X=0 \tag{5.120}$$

显然，式（5.119）、式（5.120）的解为

$$f=A\cos pt+B\sin pt \tag{5.121}$$

$$X=C\cos\frac{p}{c}x+D\sin\frac{p}{c}x \tag{5.122}$$

式中，A，B，C，D 是未定常数。把 f，X 代入式（5.117）得

$$y=\left(C\cos\frac{p}{c}x+D\sin\frac{p}{c}x\right)(A\cos pt+B\sin pt) \tag{5.123}$$

弦以式（5.123）的形式作自由振动时，固有圆频率是 p，又 X 是表示振动的固有振型的函数，叫作振型函数。式（5.123）的各项可分解为

$$\left.\begin{aligned}CA\cos\frac{p}{c}x\cos pt&=C'\cos\frac{p}{c}(x-ct)+C'\cos\frac{p}{c}(x+ct)\\CB\cos\frac{p}{c}x\sin pt&=-C''\sin\frac{p}{c}(x-ct)+C''\sin\frac{p}{c}(x+ct)\\&\vdots\end{aligned}\right\} \tag{5.124}$$

观察式（5.124）可知，稳定振动由以相同的速度 c 在相反方向前进的同振幅的两个波之和形成。而且在 $\cos\frac{p}{c}x=0$ 或 $\sin\frac{p}{c}x=0$ 时，两个波互相抵消，位移为 0。式（5.123）中 x 变化 $2\pi\frac{c}{p}$时，画出一个波长。设其长度为 λ，频率为 f，则得出如下关系：

$$\lambda=2\pi\frac{c}{p}=\frac{c}{f} \tag{5.125}$$

下面考虑在 $x=0$，1 两端固定的弦的自由振动。此时边界条件为

$$(y)_{x=0}=0,\ (y)_{x=l}=0 \tag{5.126}$$

不管 t 如何，式（5.126）必须成立。因此，由式（5.123）得

$$C=0, D\sin\frac{pl}{c}=0 \tag{5.127}$$

由于 $C=0$，$D=0$ 是弦的静止状态，所以去掉不考虑它，而考虑 $D\neq0$ 的情形，则

$$\sin p\frac{l}{c}=0 \tag{5.128}$$

式（5.128）是两端固定的弦的频率方程。满足式（5.128）的 p 值有很多，把它们按大小顺序排列，设第 n 阶固有圆频率为 p_n，则

$$p_n=n\pi\frac{c}{l}(n=1,2,3,\cdots) \tag{5.129}$$

把频率方程的根 p_n 叫作特征值，对应于 n 阶特征值存在 n 阶振型函数

$$X_n=D_n\sin n\pi\frac{x}{l} \tag{5.130}$$

把式（5.130）正则化所得的正则函数为

$$\phi_n=\sin n\pi\frac{x}{l}$$

用 φ_n 代替 X_n，则由式（5.123）得

$$y_n = \sin\frac{n\pi x}{l}(A_n\cos p_n t + B_n \sin p_n t)\ (n=1,\ 2,\ 3,\ \cdots) \tag{5.131}$$

式（5.131）是 n 阶正则振型的振动。通过改变 n，可以求各种振型（见图 5.16）及其频率、周期。即

$$p_n = \frac{n}{2l}\sqrt{\frac{T}{\rho}},\ \tau_n = \frac{2l}{n}\sqrt{\frac{\rho}{T}}\ (n=1,\ 2,\ 3,\ \cdots) \tag{5.132}$$

把振动中除了固定端以外不动的点叫作节点，一阶振动中没有节点，二阶振动有 1 个，由此阶数每增加 1 阶，节点数增加 1 个。式（5.114）的通解即弦的任意自由横振动，可通过把式（5.131）的解叠加得出

$$y = \sum_{n=1}^{\infty} y_n = \sum_{n=1}^{\infty} \sin\frac{n\pi x}{l}\left(A_n\cos\frac{n\pi c}{l}t + B_n\sin\frac{n\pi c}{l}t\right) \tag{5.133}$$

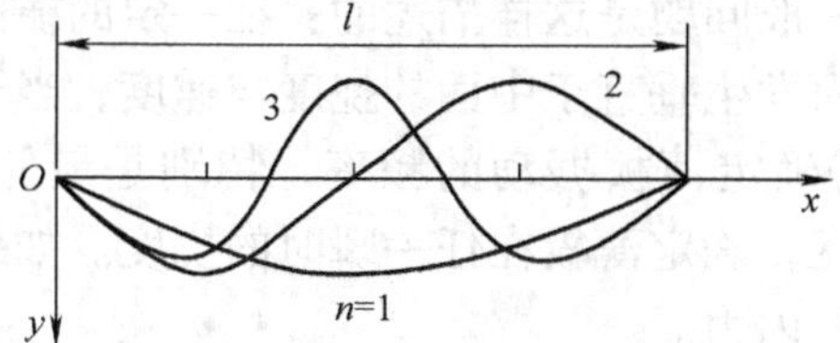

图 5.16 弦振动各种振型

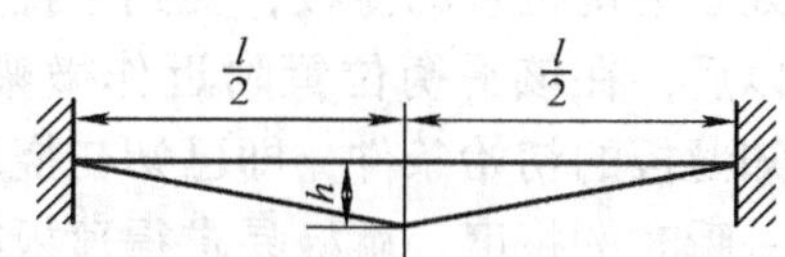

图 5.17 弦自由振动初始状态

A_n，B_n 可由初始条件决定。现设在 $t=0$ 时弦的位移和速度分别为

$$(y)_{t=0} = f(x),\ (\dot{y})_{t=0} = g(x) \tag{5.134}$$

把式（5.133）代入式（5.134）得

$$f(x) = \sum_{n=1}^{\infty} A_n \sin\frac{n\pi x}{l},\ g(x) = \sum_{n=1}^{\infty} \frac{n\pi c}{l} B_n \sin\frac{n\pi x}{l} \tag{5.135}$$

式（5.135）就是把 $f(x)$，$g(x)$ 展开为傅里叶级数。系数 A_n，B_n 可以用下式决定：

$$A_n = \frac{2}{l}\int_0^l f(x)\sin\frac{n\pi x}{l}\mathrm{d}x,\ B_n = \frac{2}{n\pi c}\int_0^l g(x)\sin\frac{n\pi x}{l}\mathrm{d}x \tag{5.136}$$

作为例子，试求如图 5.17 所示把弦的中央点拉开 h 后慢慢放开时的自由振动。此时的初始条件为

$$\left.\begin{aligned}(y)_{t=0} &= f(x) = \frac{2h}{l}x\left(0 < x < \frac{l}{2}\right)\\ (y)_{t=0} &= \frac{2h}{l}(l-x)\left(\frac{l}{2} < x < l\right)\\ (\dot{y})_{t=0} &= g(x) = 0\,(0 < x < l)\end{aligned}\right\} \tag{5.137}$$

满足 $(\dot{y})_{t=0}=0$ 的 y 的形式为

$$y = \sum_{n=1}^{\infty} A_n \sin\frac{n\pi x}{l}\cos\frac{n\pi c}{l}t$$

由此得

$$f(x) = \sum_{n=1}^{\infty} A_n \sin\frac{n\pi x}{l}$$

因此，

$$A_n = \frac{2}{l}\left[\int_0^{l/2} \frac{2h}{l} x\sin\frac{n\pi x}{l}\mathrm{d}x + \int_{l/2}^{l} \frac{2h}{l}(l-x)\sin\frac{n\pi x}{l}\mathrm{d}x\right]$$

$$= \frac{8h}{\pi^2}\frac{(-1)^{(n-1)/2}}{n^2}(n = 1, 3, 5, \cdots)$$

$$A_n = 0(n = 2, 4, 6, \cdots)$$

$$y = \frac{8h}{\pi^2}\sum_{n=1,3,\cdots}^{\infty}(-1)^{(n-1)/2}\frac{1}{n^2}\sin\frac{n\pi x}{l}\cos p_n t \tag{5.138}$$

5.6.3 薄板的自由振动

关于薄板的振动问题，此处只讨论在机械工程实际应用中对结构有重要影响作用的垂直于薄板中面方向的振动问题，即横向振动问题。这里的薄板是特指石油机械中的薄板。

首先讨论薄板的自由振动。薄板自由振动的一般问题是这样描述的：在一定的横向载荷作用下处于平衡位置的薄板，受到干扰力的作用而发生垂直于中面的挠度与速度，当干扰力被除去以后，在该平衡位置附近作微幅振动。①确定薄板振动的频率，特别是最低频率。②设已知薄板的初始条件，即已知初挠度和初速度，确定薄板在任一瞬时的挠度。如果求得薄板任一瞬时的挠度，就极易求得薄板在该瞬时的内力。

设薄板在平衡位置的静挠度为 $w_e = w_e(x, y)$，这时，薄板所受的横向静载荷为 $q = q(x, y)$。按照薄板的弹性曲面微分方程，有

$$D\nabla^4 w_e = q \tag{5.139}$$

式（5.139）表示：薄板每单位面积上所受的弹性力 $D\nabla^4 w_e$ 和所受的横向载荷 q 成平衡。

设薄板在振动过程中的任一瞬时 t 的挠度为 $w_t = w_t(x, y, t)$，则薄板每单位面积上在该瞬时所受的弹性力为 $D\nabla^4 w_t$，将与横向载荷 q 及惯性力 q_i 成平衡，即

$$D\nabla^4 w_t = q + q_i \tag{5.140}$$

注意薄板的加速度是 $\frac{\partial^2 w_t}{\partial t^2}$，因而每单位面积上的惯性力是

$$q_i = -\bar{m}\frac{\partial^2 w_t}{\partial t^2}$$

其中，$\bar{m}$ 为薄板每单位面积内的质量（包括薄板本身的质量和随同薄板振动的质量），则式（5.140）可以改写为

$$D\nabla^4 w_t = q - \bar{m}\frac{\partial^2 w_t}{\partial t^2} \tag{5.141}$$

将式（5.141）与式（5.139）相减，得到

$$D\nabla^4 (w_t - w_e) = -\bar{m}\frac{\partial^2 w_t}{\partial t^2}$$

由于 w_e 不随时间变化，$\frac{\partial^2 w_e}{\partial t^2} = 0$，所以上式可以改写成为

$$D\nabla^4 (w_t - w_e) = -\bar{m}\frac{\partial^2}{\partial t^2}(w_t - w_e) \tag{5.142}$$

在以下的分析中，将薄板的挠度从平衡位置量起。于是薄板在任一瞬时的挠度为 $w = w_t - w_e$，而由式（5.142）得到

$$D\nabla^4 w = -\overline{m}\frac{\partial^2 w}{\partial t^2}$$

或

$$D\nabla^4 w + \overline{m}\frac{\partial^2 w}{\partial t^2} = 0 \tag{5.143}$$

这就是薄板自由振动的微分方程。

为了便于分析，将微分方程（5.143）的解答写成如下形式：

$$w = \sum_{m=1}^{\infty} w_m = \sum_{m=1}^{\infty}(A_m\cos\omega_m t + B_m sin\omega_m t)W_m(x, y) \tag{5.144}$$

在这里，薄板上每一点(x, y)的挠度，被表示成为无数多个简谐振动下的挠度相叠加，而每一个简谐振动的频率是 ω_m。另一方面，薄板在每一瞬时 t 的挠度，则被表示成为无数多种振形下的挠度相叠加，而每一种振形下的挠度是由振形函数 $W_m(x, y)$表示的。

为了求出各种振形下的振形函数 W_m，以及与之相应的频率 ω_m，取

$$w = (A\cos\omega t + B\sin\omega t)W(x, y)$$

代入自由振动微分方程（5.143），然后消去因子$(A\cos\omega t + B\sin\omega t)$，得出所谓振形微分方程：

$$\nabla^4 W - \frac{\omega^2\overline{m}}{D}W = 0 \tag{5.145}$$

如果可以由这一微分方程求得 W 的满足边界条件的非零解，即可由关系式

$$\omega^2 = \frac{D}{\overline{m}}\frac{\nabla^4 W}{W} \tag{5.146}$$

求得相应的频率 ω。自由振动的频率，称为自然频率或固有频率，它们完全决定于薄板的固有特性，与外来因素无关。

当薄板每单位面积内的振动质量 $\overline{m}$ 为常量时，令

$$\frac{\omega^2\overline{m}}{D} = \gamma^4 \tag{5.147}$$

则振形微分方程（5.145）简化为常系数微分方程：

$$\nabla^4 W - \gamma^4 W = 0 \tag{5.148}$$

现在就可以比较简便地求得 w 的满足边界条件的、函数形式的非零解，从而求得相应的 γ 值，然后再用式（5.147）求出相应的频率。

将求出的那些振形函数及相应的频率取为 W_m及 ω_m，代入式（5.144），就有可能利用初始条件求得该表达式中的系数 A_m及 B_m。设初始条件为

$$(w)_{t=0} = w_0(x, y), \left(\frac{\partial w}{\partial t}\right)_{t=0} = v_0(x, y)$$

则由式（5.144）得

$$\sum_{m=1}^{\infty} A_m W_m(x, y) = w_0(x, y)$$

$$\sum_{m=1}^{\infty} B_m\omega_m W_m(x, y) = v_0(x, y)$$

于是可见，为了求得 A_m 及 B_m，须将已知的初挠度 w_0 及初速度 v_0 展成 W_m 的级数，这在数学处理上是比较困难的。因此，只有在极简单的情况下，才有可能求得薄板自由振动的完整解答，即任一瞬时的挠度。在绝大多数情况下，只可能求得各种振形的振形函数及相应的频率。但是，这也就可以解决工程上的主要问题了。

5.6.4 矩形薄板弯曲的自由振动

当矩形薄板的四边均为简支边时，如图 5.18a 所示，可以比较简单地得出自由振动的完整解答。取振形函数为

$$W = \sin\frac{m\pi x}{a}\sin\frac{n\pi y}{b} \tag{5.149}$$

其中，m 及 n 为整数，可以满足边界条件。代入振形微分方程（5.148），得到

$$\left[\pi^4\left(\frac{m^2}{a^2}+\frac{n^2}{b^2}\right)^2-\gamma^4\right]\sin\frac{m\pi x}{a}\sin\frac{n\pi y}{b}=0$$

为了该条件在薄板中面上的所有点都能满足，也就是在 x 和 y 取任意值时都能满足，必须有

$$\pi^4\left(\frac{m^2}{a^2}+\frac{n^2}{b^2}\right)^2-\gamma^4=0$$

由此得

$$\gamma^4=\pi^4\left(\frac{m^2}{a^2}+\frac{n^2}{b^2}\right)^2 \tag{5.150}$$

将式（5.150）代入式（5.147），得出求自然频率的公式：

$$\omega^2=\frac{D\gamma^4}{\overline{m}}=\pi^4\left(\frac{m^2}{a^2}+\frac{n^2}{b^2}\right)^2\frac{D}{\overline{m}} \tag{5.151}$$

令 m 及 n 取不同的整数值，可以求得相应于不同振形的自然频率：

$$\omega_{mn}=\pi^2\left(\frac{m^2}{a^2}+\frac{n^2}{b^2}\right)\sqrt{\frac{D}{\overline{m}}} \tag{5.152}$$

当薄板以这一频率振动时，振形函数为

$$W_{mn}=\sin\frac{m\pi x}{a}\sin\frac{n\pi y}{b}$$

而薄板的挠度为

$$\omega=(A_{mn}\cos\omega_{mn}t+B_{mn}\sin\omega_{mn}t)\sin\frac{m\pi x}{a}\sin\frac{n\pi y}{b} \tag{5.153}$$

当 $m=n=1$ 时，由式（5.153）得到薄板的最低自然频率：

$$\omega_{\min}=\omega_{11}=\pi^2\left(\frac{1}{a^2}+\frac{1}{b^2}\right)\sqrt{\frac{D}{\overline{m}}}$$

与此相应，薄板振动的振形函数为

$$W_{11}=\sin\frac{\pi x}{a}\sin\frac{\pi y}{b}$$

而薄板在 x 方向和 y 方向都只有一个正弦半波。最大挠度发生在薄板的中央（$x=a/2$，$y=b/2$）。

当 $m=2$，$n=1$ 时，自然频率为

$$\omega_{21}=\pi^2\left(\frac{4}{a^2}+\frac{1}{b^2}\right)\sqrt{\frac{D}{\overline{m}}}$$

相应的振形函数为

$$W_{21}=\sin\frac{2\pi x}{a}\sin\frac{\pi y}{b}$$

薄板在 x 方向有两个正弦半波，在 y 方向只有一个正弦半波。对称轴 $x=a/2$ 是一根节线（挠度为零的线，亦即在薄板振动时保持静止的线）。振形如图 5.18b 所示，图中有阴线部分及空白部分表示相反方向的挠度。

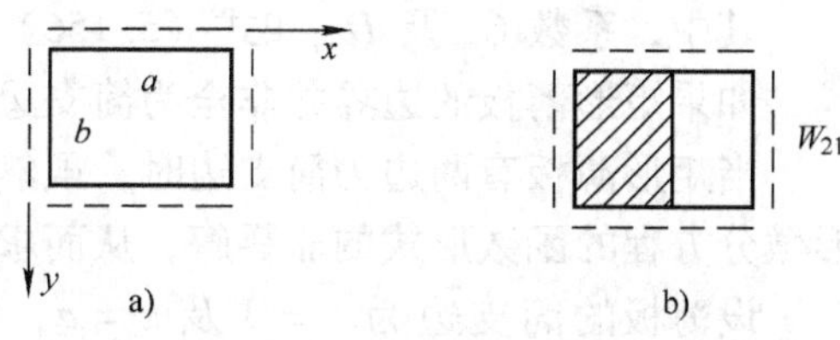

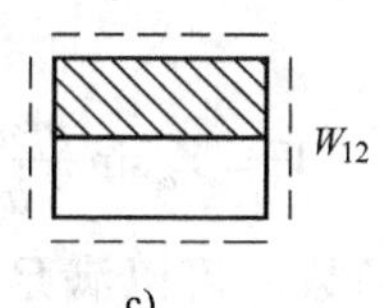

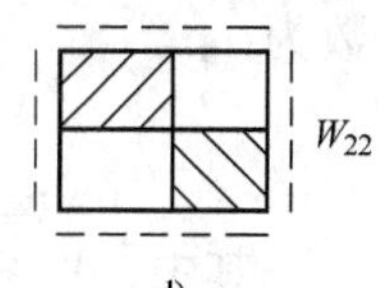

图 5.18　振形

当 $m=1$ 而 $n=2$ 时，得到

$$\omega_{12}=\pi^2\left(\frac{1}{a^2}+\frac{4}{b^2}\right)\sqrt{\frac{D}{\overline{m}}},W_{12}=\sin\frac{\pi x}{a}\sin\frac{2\pi y}{b}$$

振形如图 5.18c 所示。

当 $m=n=2$ 时，得到

$$\omega_{22}=\pi^2\left(\frac{4}{a^2}+\frac{4}{b^2}\right)\sqrt{\frac{D}{\overline{m}}},W_{22}=\sin\frac{2\pi x}{a}\sin\frac{2\pi y}{b}$$

振形如图 5.18d 所示，余类推。

薄板在自由振动中的任一瞬时的总挠度，写成式（5.153）振型挠度表达式形式，该表达式形式的总和即为

$$\omega=\sum_{m=1}^{\infty}\sum_{n=1}^{\infty}(A_{mn}\cos\omega_{mn}t+B_{mn}\sin\omega_{mn}t)\sin\frac{m\pi x}{a}\sin\frac{n\pi y}{b}\tag{5.154}$$

为了把式（5.154）中的系数 A_{mn} 及 B_{mn} 用已知的初挠度 w_0 及初速度 v_0 来表示，首先要把 w_0 及 v_0 表示成为振形函数的级数：

$$\left.\begin{aligned}w_0&=\sum_{m=1}^{\infty}\sum_{n=1}^{\infty}C_{mn}W_{mn}=\sum_{m=1}^{\infty}\sum_{n=1}^{\infty}C_{mn}\sin\frac{m\pi x}{a}\sin\frac{n\pi y}{b}\\v_0&=\sum_{m=1}^{\infty}\sum_{n=1}^{\infty}D_{mn}W_{mn}=\sum_{m=1}^{\infty}\sum_{n=1}^{\infty}D_{mn}\sin\frac{m\pi x}{a}\sin\frac{n\pi y}{b}\end{aligned}\right\}\tag{5.155}$$

按照级数展开公式，有

$$\left.\begin{aligned}C_{mn}&=\frac{4}{ab}\int_0^a\int_0^b w_0\sin\frac{m\pi x}{a}\sin\frac{n\pi y}{b}\mathrm{d}x\mathrm{d}y\\D_{mn}&=\frac{4}{ab}\int_0^a\int_0^b v_0\sin\frac{m\pi x}{a}\sin\frac{n\pi y}{b}\mathrm{d}x\mathrm{d}y\end{aligned}\right\}\tag{5.156}$$

另一方面，根据初始条件：

$$(\omega)_{t=0}=\omega_0,\left(\frac{\partial\ \omega}{\partial\ t}\right)_{t=0}=v_0$$

由式（5.154）及式（5.155）得

$$\sum_{m=1}^{\infty}\sum_{n=1}^{\infty}A_{mn}\sin\frac{m\pi x}{a}\sin\frac{n\pi y}{b}=\sum_{m=1}^{\infty}\sum_{n=1}^{\infty}C_{mn}\sin\frac{m\pi x}{a}\sin\frac{n\pi y}{b}$$

$$\sum_{m=1}^{\infty}\sum_{n=1}^{\infty}\omega_{mn}B_{mn}\sin\frac{m\pi x}{a}\sin\frac{n\pi y}{b}=\sum_{m=1}^{\infty}\sum_{n=1}^{\infty}D_{mn}\sin\frac{m\pi x}{a}\sin\frac{n\pi y}{b}$$

由此得 $A_{mn}=C_{mn}$，$B_{mn}=D_{mn}/\omega_{mn}$。

代入式（5.154），即得完整的解答如下：

$$\omega=\sum_{m=1}^{\infty}\sum_{n=1}^{\infty}\left(C_{mn}\cos\omega_{mn}t+\frac{D_{mn}}{\omega_{mn}}\sin\omega_{mn}t\right)\sin\frac{m\pi x}{a}\sin\frac{n\pi y}{b}\tag{5.157}$$

其中，系数 C_{mn} 及 D_{mn} 如式（5.156）所示。

如果矩形薄板的边界并非全为简支边，就不可能求得自由振动的完整解答。

当矩形薄板有两边为简支边时，虽然不可能求得自由振动的完整解答，但是可以求得振形微分方程的函数形式的非零解，从而求得薄板自然频率的精确值。

设薄板的简支边为 $x=0$ 及 $x=a$，如图 5.19 所示。取振形函数为

$$W=Y_m\sin\frac{m\pi x}{a}\tag{5.158}$$

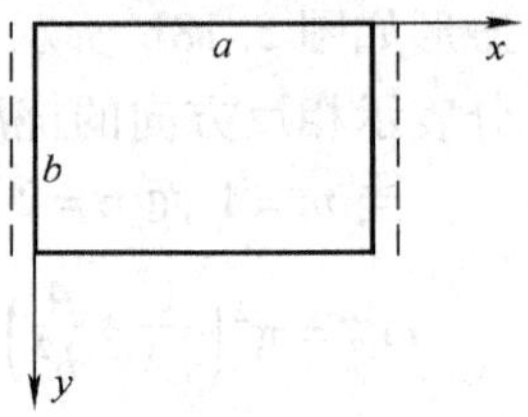

图 5.19　简支边矩形薄板

其中，Y_m 只是 y 的函数，可以满足该两简支边的边界条件。将式（5.158）代入振形微分方程（5.145），得出常微分方程

$$\frac{d^4Y_m}{dy^4}-\frac{2m^2\pi^2}{a^2}\frac{d^2Y_m}{dy^2}+\left(\frac{m^4\pi^4}{a^4}-\gamma^4\right)Y_m=0\tag{5.159}$$

它的特征方程是

$$\gamma^4-\frac{2m^2\pi^2}{a^2}\gamma^2+\left(\frac{m^4\pi^4}{a^4}-\gamma^4\right)=0$$

而这一方程的四个根是

$$\pm\sqrt{\frac{m^2\pi^2}{a^2}+\gamma^2}\ ,\ \pm\sqrt{\frac{m^2\pi^2}{a^2}-\gamma^2}\tag{5.160}$$

如果 $y=0$ 和 $y=b$ 的两边完全不受约束（为自由边），则薄板成为简支梁，它的自然频率将等于简支梁的自然频率：

$$\frac{m^2\pi^2}{a^2}\sqrt{\frac{D}{m}}$$

因此，当该两边不全是自由边时，薄板的自然频率应该是

$$\omega>\frac{m^2\pi^2}{a^2}\sqrt{\frac{D}{m}}$$

于是，利用式（5.147），可见

$$\gamma^2\sqrt{\frac{D}{m}}>\frac{m^2\pi^2}{a^2}\sqrt{\frac{D}{m}}$$

即 $\gamma^2>m^2\pi^2/a^2$，而式（5.160）所示的四个根是两实两虚，可以写作

$$\pm\sqrt{\gamma^2+\frac{m^2\pi^2}{a^2}}\ ,\ \pm i\sqrt{\gamma^2-\frac{m^2\pi^2}{a^2}}$$

取正实数：

$$\left.\begin{aligned}\alpha &= \sqrt{\gamma^2 + \frac{m^2\pi^2}{a^2}} = \sqrt{\omega\sqrt{\frac{\bar{m}}{D}} + \frac{m^2\pi^2}{a^2}} \\ \beta &= \sqrt{\gamma^2 - \frac{m^2\pi^2}{a^2}} = \sqrt{\omega\sqrt{\frac{\bar{m}}{D}} - \frac{m^2\pi^2}{a^2}}\end{aligned}\right\} \tag{5.161}$$

则上述四个根成为 $\pm\alpha$ 及 $\pm i\beta$，而微分方程(5.159)的解答可以写成

$$Y_m = C_1 \mathrm{ch}\alpha y + C_2 \mathrm{sh}\alpha y + C_3 \cos\beta y + C_4 \sin\beta y$$

从而得振形函数的表达式：

$$W = (C_1 \mathrm{ch}\alpha y + C_2 \mathrm{sh}\alpha y + C_3 \cos\beta y + C_4 \sin\beta y)\sin\frac{m\pi x}{a} \tag{5.162}$$

利用 $y=0$ 及 $y=b$ 处的四个边界条件，可以得出 C_1 至 C_4 的一组四个齐次线性方程组。

相应于薄板的任何振动，振形函数 w 必须具有某一个非零解，因而系数 C_1 至 C_4 不能都等于零。于是可以令上述齐次线性方程组的系数行列式等于零，从而得出一个含有 α 和 β 的方程，也就是一个含有 γ 和 m 的方程。取 m 为不同的整数，由这一方程求出各个 γ，即可用式（5.147）求得相应的频率 ω。实际计算表明，最低的自然频率总是相应于 $m=1$，也就是相应于最简单的振形。

这样求频率的方法，由于代数运算较繁，而且要求解的方程是超越方程，将花费较大的工作量。另一方面，如果薄板并不是两对边是简支边，则这一方法就不适用。所以，在机械工程实践中计算频率宜用数值法。

习　题

5-1　一等直杆左端固定，右端附一重量为 W 的重物，并和一弹簧相连。如图 5.20 所示。已知杆长为 l，单位长度的重量为 γA，弹簧的刚度为 k，杆的弹性模量为 E。求系统纵向自由振动的频率方程。

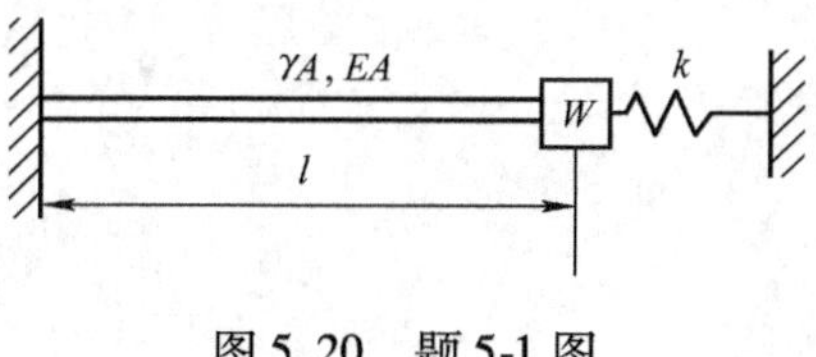

图 5.20　题 5-1 图

5-2　一根等直的圆杆两端附有两个相同的圆盘，如图 5.21 所示。已知杆的长度为 l，杆对自身轴线的转动惯量为 I_s，圆盘对杆的轴线的转动惯量为 I_o，求系统扭转振动的频率方程。

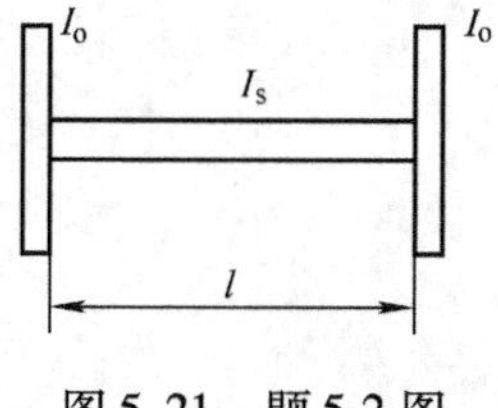

图 5.21　题 5-2 图

5-3　一悬臂梁左端固定、右端附有重物，如图 5.22 所示，已知重物的重量为 W，梁的长度为 l，抗弯刚度为 EI，单位长度重量为 γA，试求系统横向振动的频率方程。

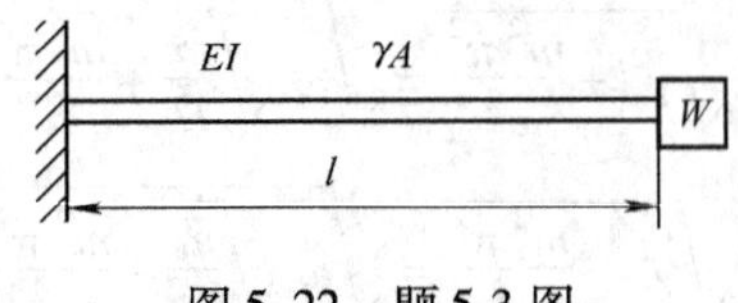

图 5.22　题 5-3 图

5-4　在上题中如果将右端改为一弹性支承，如图 5.23 所示。已知弹簧的刚度为 k。试求系统横向振动的频率方程。

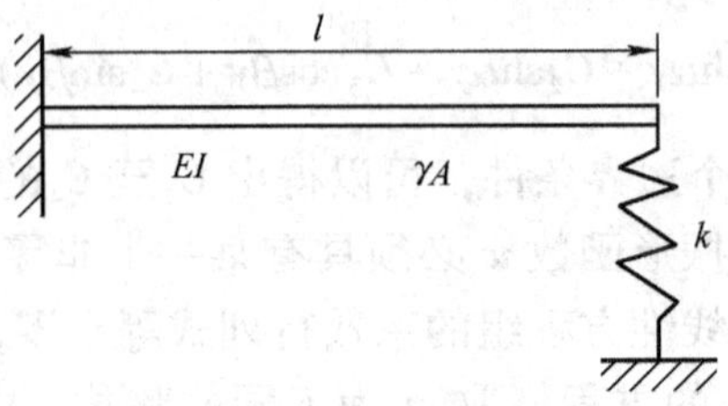

图 5.23　题 5-4 图

5-5　一简支梁在其中点受到力 P 作用而产生静变形，如图 5.24 所示。已知梁的长度为 l，抗弯刚度为 EI，单位长度的重量为 γA，求当力 P 突然取消后梁的响应。

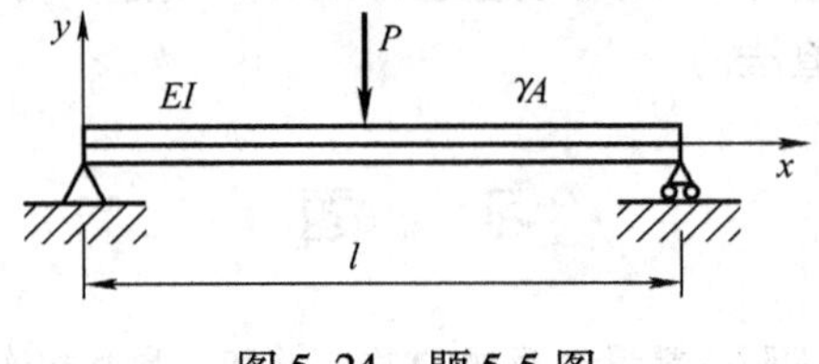

图 5.24　题 5-5 图

*6　机械振动系统的计算机仿真及其应用

6.1　概述

机械振动系统的计算机仿真是近几十年来在石油机械领域发展起来的一门综合性技术。它为进行石油机械振动系统的研究、分析、设计和对专业技术人员的培训等提供了一种先进的手段。

其优点为：

1）有力地推动了那些过去以定性分析为主的技术向定量化方法方向发展。

2）在技术人员培训中采用仿真技术可大大减少费用，缩短周期。

3）受客观条件限制时（如在设计阶段，经济条件、安全状况和时间花费等受限），可用仿真技术来间接研究其机械振动系统的力学性能。

这里着重强调，本章提到的机械振动特指石油机械振动。

本章将论述系统仿真的定义、分类、特点，并介绍计算机在机械振动系统仿真中采用的几种数学模型、仿真算法与步骤和具体应用实例。

系统、模型与仿真的含义：

系统是指被研究的机械振动系统对象。

模型是指对机械振动系统的描述。

仿真是指一种研究机械振动系统的工具或手段，它们三者之间是紧密相关的。这里主要介绍石油机械领域中的机械振动系统。

6.1.1　系统

1）机械振动系统是指具有某种特定功能的，相互间能有机联系的许多要素所构成的机械振动系统整体。例如：石油机械中，抽油机减速箱中的多级齿轮传动振动系统和钻机用12V190柴油机中的凸轮机构系统等。

2）子系统是指机械振动系统的一个组成部分。

3）系统的环境是指系统以外的与之相联系的外部关系。

描述机械振动系统的常用术语：一般常用以下术语描述组成机械振动系统的要素。

实体：存在于机械振动系统中的具有确定意义的物体。

属性：实体所具有的每一项有效特征。

活动：指内部活动和外部活动。其中，机械振动系统内部发生的任何变化过程称为内部活动，而机械振动系统外部发生的对系统具有影响的任何变化过程称为外部活动。

4）系统的分类：

连续振动系统指系统的状态变量是随时间连续变化的。

离散振动系统指系统的状态变量的变化仅发生在一组离散时刻上。

6.1.2 模型

（1）模型 模型是指对系统的一种客观描述，描述机械振动系统的结构、形态以及信息传递的规律。

模型是用参数来表示其特征和属性，真实机械振动系统与模型应该是一致的。

（2）模型的分类

1）物理模型是指根据相似原理来研究实际机械振动系统。

2）数学模型是用数学的形式对一个机械振动系统的（行为、特征）描述，保持了模型与原型之间信息传递规律的相似。

数学模型的分类：①连续振动数学模型（代数方程、微分方程、状态方程）；②离散振动数学模型（差分方程）；③混合振动数学模型。

一般地讲，实际机械振动系统的类型与描述它的数学模型的类型是一致的，连续振动系统对应着连续振动数学模型；离散振动系统对应着离散振动数学模型；混合振动系统对应着混合振动数学模型。

具体机械振动系统的描述应根据所研究的目的、方法及条件来确定。数学模型是机械振动系统的一种抽象和简化。

6.1.3 仿真

（1）机械振动系统的仿真是指建立机械振动系统的振动力学数学模型（动态模型）并在数学模型上进行实验（或试验）。

仿真是利用数学模型对系统进行间接的实验研究，强调的是一种实验（广义实验）。

（2）仿真的分类

物理仿真：如："风洞飞机模型实验研究""东方明珠电视塔模型实验研究""蜗轮叶型风动实验"。

数学仿真（就是计算机仿真）：计算机为数学模型的建立与仿真提供了较大的方便与灵活。它实际上是一个"活的数学模型"，在计算机上对机械振动系统的模型进行实验。

数学-物理混合仿真：将机械振动系统的一部分建立数学模型，并放在计算机上，而另一部分构造其物理模型或直接采用实物，然后将它们连接成系统进行试验，这种形式的仿真称为数学-物理混合仿真。

数学模型的形式分类：①连续机械振动系统仿真；②离散机械振动系统仿真；③离散-连续机械振动系统混合仿真。

6.2 机械振动系统仿真研究的一个实例

仿真是研究机械振动系统普遍采用的先进方法与手段。

【例 6-1】 如图 6.1 所示，简单的机械振动力学系统：石油载重汽车轮子悬置系统。若物体 M 受到一个随时间变化的作用力 $F(t)$、正比于弹簧伸缩位置的弹簧力及该物体运动速度的减振器所产生的阻尼力的共同作用。对于石油载重汽车轮子悬置系统可用于研究减振器或弹簧参数的变化对汽车性能的影响。

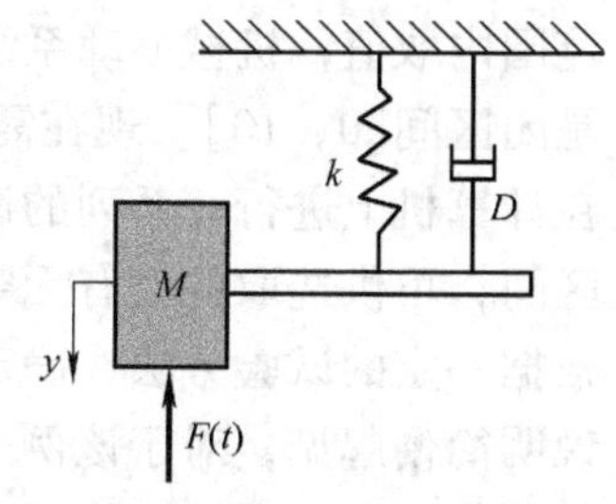

图 6.1 汽车轮子悬置系统

【解】(1)问题描述 本例要求研究的问题是：分析机械振动系统在外力 $F(t)=1(t)$ 的作用下，若要使机械振动系统不发生振荡，减振器的阻尼系数 D 应该在什么范围内取值，其中 D 的取值约为 $0\leqslant D\leqslant 10$，质量 M 及弹簧刚度系数 K 均为定值。石油载重汽车轮子悬置机械振动系统如图 6.1 所示。

(2) 建立机械振动系统的数学模型 根据力学定律可获得描述该机械振动系统的数学模型如下（为方便计算，实行取外作用力为 $KF(t)$）：

$$M\ddot{y}+D\dot{y}+ky=KF(t) \tag{6.1}$$

这是一个二阶微分方程，考虑后续内容所采用数值方法的要求，需先将式（6.1）转换成状态方程及输出方程：

$$y=(1,\ 0)\begin{pmatrix}x_1\\x_2\end{pmatrix}$$

$$\dot{x}_1=x_2$$

$$\begin{pmatrix}\dot{x}_1\\\dot{x}_2\end{pmatrix}=\begin{pmatrix}x_2\\-\dfrac{K}{M}x_1+\dfrac{D}{M}x_2\end{pmatrix}+\begin{pmatrix}0\\\dfrac{K}{M}F(t)\end{pmatrix}$$

$$\begin{pmatrix}\dot{x}_1\\\dot{x}_2\end{pmatrix}=\begin{pmatrix}0&1\\-\dfrac{K}{M}&\dfrac{D}{M}\end{pmatrix}\begin{pmatrix}x_1\\x_2\end{pmatrix}+\begin{pmatrix}0\\\dfrac{K}{M}\end{pmatrix}F(t) \tag{6.2}$$

(3) 建立机械振动系统仿真模型 对于式（6.1）或式（6.2），还不能直接编程并用计算机求解，必须把它转换成适宜于编程并能在计算机上运行的数学模型——仿真模型。对于连续机械振动系统，仿真模型常用差分方程表示并由程序来实现。对于式（6.2），可直接采用数值积分法中的欧拉公式，得到离散化的状态方程：

$$\begin{pmatrix}x_1((n+1)T)\\x_2((n+1)T)\end{pmatrix}=\begin{pmatrix}x_1(nT)\\x_2(nT)\end{pmatrix}+\left(\begin{pmatrix}0&1\\-\dfrac{K}{M}&\dfrac{D}{M}\end{pmatrix}\begin{pmatrix}x_1(nT)\\x_2(nT)\end{pmatrix}+\begin{pmatrix}0\\\dfrac{K}{M}\end{pmatrix}F(nt)\right)\cdot T \tag{6.3}$$

$$y((n+1)T)=x_1((n+1)T) \tag{6.4}$$

其中 T 表示计算步距，式（6.3）与式（6.4）即为适合于编程的仿真模型。

(4) 编程 要使式（6.3）和式（6.4）所表示的仿真模型能够在计算机上运行，必须用算法语言加以描述，即编写程序。

(5) 调试程序 检查错误，确保程序正确运行。

(6) 确认模型 检验式（6.1）或式（6.2）所表示的机械振动数学模型是否正确地代表了所要确定的机械振动系统，即是否真实地反映了实际机械振动系统运行过程的特性。比较仿真程序运行所获得的数据与真实机械振动系统运行所观测到的数据以确认模型，这是常用的方法之一。

(7) 试验设计（正交试验） 试验设计的任务是根据机械振动系统的研究目的合理安排仿真试验，以较少的试验次数获得较多的有关机械振动系统性能的信息。对于该例，在问题描述阶段已知研究，目的是分析阻尼系数 D 对系统动态性能的影响。主要是确定 D 在什么范围内取值，机械振动系统不会发生振荡。设 $K=4$，$M=1$，$F(t)=1(t)$，D 的可变化范围是闭区间[0，10]。现在需要确定 D 在[0，10]内取一系列参数 D 的值作为试验条件，然后在计算机上进行一系列的试验（即在计算机上进行相应的解算）。[0，10]是一个连续的闭区间，可供选取的值有无穷多个，显然，在该区间内盲目取值是不合适的。在试验之前，应根据一定的试验方法，确定试验点如何选取，试验如何进行。这项工作称为试验设计。为了说明简便起见，对于该例采用等间距分割区间选取试验点，然后根据每次试验结果，确定新的寻找区间的方法进行试验。

(8) 实施试验及结果分析　根据上面确定的试验方案在计算机上进行仿真试验。首先取 $D=5$ 进行一次试验，响应曲线如图 6.2 中 a 曲线所示，此时，机械振动系统不发生振荡。又分别取 $D=2.5$ 及 $D=7.5$（进行两次试验，分别得到两条响应曲线，如图 6.2 中 b，c 两条曲线所示），当 $D=7.5$ 时机械振动系统不发生振荡，故我们可以判断当 D 在[5，10]区间内取值时，机械振动系统不会产生振荡；当 $D=2.5$ 时机械振动系统产生振荡，因此可以判断当 D 在［0，2.5］区间内取值时，机械振动系统会产生振荡，舍去这两段区间，确定新的试验选点区间为（2.5，5），使机械振动系统产生振荡的 D 的临界值就在该区间。对于区间（2.5，5），重复上述试验步骤，经过若干次试验后，可以确定当 $D>4$ 时，机械振动系统响应不产生振荡，当 $D\geqslant 4$ 时系统响应曲线如图 6.2 所示，它是一个临界值。通过以上对试验结果的分析得出结论：

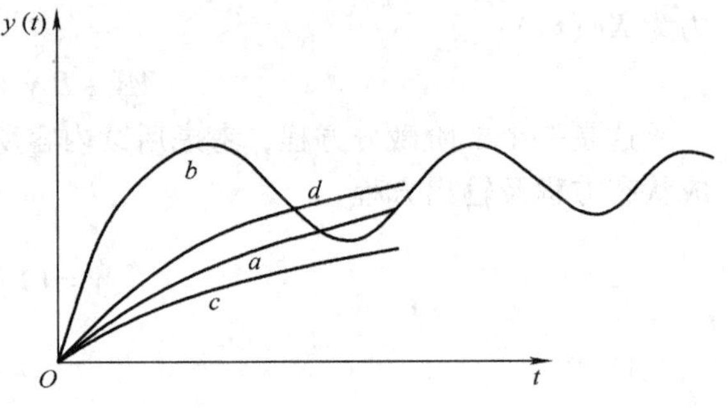

图 6.2　汽车轮子悬置系统的响应曲线图

当 D 在区间［4，10］内取值时，机械振动系统响应不会发生振荡。由此例也可看出，试验的进行与结果的分析不是相互独立的，它们是相互联系的，一般要利用最新的试验结果，通过分析来确定新的试验点的取值范围，才能以最少的试验次数找到所寻区间，因此安排仿真试验也是一个动态的过程。

图 6.2 中，a—$D=5$；b—$D=2.5$；c—$D=7.5$。D[0，2.5]→产生振荡；D［5，10］→不产生振荡。

若干次试验：$D<4$→产生振荡；$D>4$→不产生振荡；$D=4$→临界值。

上述仿真研究的过程可用图 6.3 所

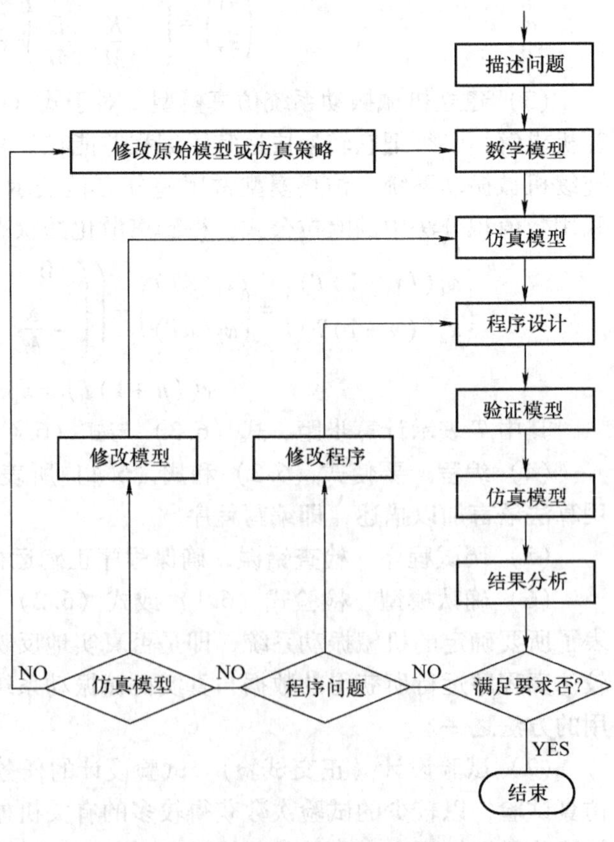

图 6.3　机械振动系统数字仿真流程图

示的流程图来说明。从该流程图可以看出，仿真研究是一个动态的迭代过程，通过这一过程，逐步获得机械振动系统特性的信息。值得注意，在实际的机械振动仿真研究中，图 6.3 所示流程图可作适当简化。

6.3 连续机械振动系统数字仿真的基本算法

6.3.1 连续模型的拉普拉斯变换

（1）拉普拉斯变换的定义　如果当 $t \geqslant 0$ 时，实函数 $f(t)$ 的积分 $\int_0^{+\infty} f(t)\mathrm{e}^{-st}\mathrm{d}t$ 有意义，并且当 $t<0$ 时，$f(t)=0$，则称 $f(t)$ 为可以进行拉普拉斯变换的函数，并把该积分定义为 $f(t)$ 的拉普拉斯变换式或象函数，用 $F(s)$ 或 $L[f(t)]$ 表示：

$$F(s) = L[f(t)] = \int_0^{+\infty} f(t)\mathrm{e}^{-st}\mathrm{d}t$$

式中，s 为拉普拉斯算子，为复数，$s=\sigma+\mathrm{j}w$。

（2）拉普拉斯变换的基本性质

1）若

$$f_1(t) \doteq F_1(s),\ f_2(t) \doteq F_2(s)$$

则

$$\alpha_1 f_1(t) + \alpha_2 f_2(t) \doteq \alpha_1 F_1(s) + \alpha_2 F_2(s)$$

2）

$$L\left[\frac{\mathrm{d}}{\mathrm{d}t}f(t)\right] = sF(s) - f(0)$$

$$L\left[\frac{\mathrm{d}^2}{\mathrm{d}t^2}f(t)\right] = s^2F(s) - sf(0) - f^{(1)}(0)$$

$$\vdots$$

$$L\left[\frac{\mathrm{d}^n}{\mathrm{d}t^n}f(t)\right] = s^nF(s) - \sum_{k=1}^{n} s^{n-k}f^{(k-1)}(0)$$

详见附录 B 拉普拉斯变换表。

（3）拉普拉斯反变换

$$f(t) = L^{-1}[F(s)] = \frac{1}{2\pi j}\int_{C-\mathrm{j}w}^{C+\mathrm{j}w} F(s)\mathrm{e}^{st}\mathrm{d}s$$

式中，$j=\sqrt{-1}$；C 为实常数。

（4）实例

【例 6-2】 设有微分方程 $\frac{\mathrm{d}^2y}{\mathrm{d}t^2}+5\frac{\mathrm{d}y}{\mathrm{d}t}+6y=6$，其初始条件为 $y^{(1)}(0)=2$，$y(0)=2$ 求该微分方程的解。

【解】 拉普拉斯变换

$$L\left(\frac{\mathrm{d}^2y}{\mathrm{d}t^2}\right) + L\left(5\frac{\mathrm{d}y}{\mathrm{d}t}\right) + L[6y] = L[6]$$

$$[s^2Y(s) - sy(0) - y^{(1)}(0)] + [5(sY(s) - y(0))] + 6Y(s) = \frac{6}{s}$$

$$s^2Y(s) - 2s - 2 + 5sY(s) - 10 + 6Y(s) = \frac{6}{s}$$

$$Y(s)=\frac{2s^2+12s+6}{s(s+3)(s+2)},\ Y(s)=\frac{1}{s}-\frac{4}{s+3}+\frac{5}{s+2}$$

详见附录 B 拉普拉斯变换表。

拉普拉斯反变换

$$y(t)=1-4e^{-3t}+5e^{-2t}$$

6.3.2 连续模型传递函数描述

对于微分方程

$$\frac{d^n y}{dt^n}+a_1\frac{d^{n-1}y}{dt^{n-1}}+\cdots+a_{n-1}\frac{dy}{dt}+a_n y=C_0\frac{d^{n-1}u}{dt^{n-1}}+C_1\frac{d^{n-2}u}{dt^{n-2}}+\cdots+C_{n-1}u$$

上式两端取拉普拉斯变换，在系统初值为零的情况下，即 $y(0)$，$\dot{y}(0)$，$\ddot{y}(0)$，…，$y^{n-1}(0)$都为0,可得

$$\begin{aligned}&s^nY(s)+a_1s^{n-1}Y(s)+\cdots+a_nY(s)\\&=C_0S^{n-1}U(s)+C_1s^{n-2}U(s)+\cdots+C_{n-1}U(s)\end{aligned}$$

由于传递函数 $=\frac{\text{输出量}}{\text{输入量}}$，故定义

$$G(s)=\frac{Y(s)}{U(s)}$$

为系统的传递函数；则

$$G(s)=\frac{C_0s^{n-1}+C_1s^{n-2}+\cdots+C_{n-1}}{s^n+a_1s^{n-1}+\cdots+a_n}$$

$$Y(s)=G(s)U(s)$$

微分方程或传递函数是用系统的输入和输出之间的关系来描述问题的，表示系统的外部特征，所以称为系统的外部模型。

6.3.3 连续模型的状态空间描述

对于微分方程

$$\frac{d^n y}{dt^n}+a_1\frac{d^{n-1}y}{dt^{n-1}}+\cdots+a_{n-1}\frac{dy}{dt}+a_n y=C_0\frac{d^{n-1}u}{dt^{n-1}}+C_1\frac{d^{n-2}u}{dt^{n-2}}+\cdots+C_{n-1}u$$

假设

$$u(t)=\sum_{j=0}^{n}a_{n-j}\frac{d^jx}{dt^j}=a_nx+a_{n-1}\frac{dx}{dt}+\cdots+a_0\frac{d^nx}{dt^n}$$

并令

$$\dot{x}_1=\frac{dx}{dt}=x_2$$

$$\dot{x}_2=\frac{d^2x}{dt^2}=x_3$$

$$\vdots$$

$$\dot{x}_j=\frac{d^jx}{dt^j}=x_{j+1}\qquad (j=0,\ 1,\ 2,\ \cdots,\ n-1)$$

则有

$$\dot{x}_n = \frac{d^n x}{dt^n} = -\sum_{j=0}^{n} a_{n-j} x_{j+1} + u(t)$$

x_1，x_2，…，x_n 为引入的 n 个状态变量，将上式进行适当整理，可得下面的状态方程及输出方程：

$$\dot{\boldsymbol{X}} = \boldsymbol{A}\boldsymbol{X} + \boldsymbol{B}u$$

$$y = \boldsymbol{C}\boldsymbol{X}$$

式中，

$$\boldsymbol{A} = \begin{pmatrix} 0 & 1 & 0 & 0 & \cdots & 0 \\ 0 & 0 & 1 & 0 & \cdots & 0 \\ \vdots & \vdots & \vdots & \vdots & \cdots & \vdots \\ -a_n & -a_{n-1} & a_{n-2} & a_{n-3} & \cdots & -a_1 \end{pmatrix}, \quad \boldsymbol{X} = \begin{pmatrix} x_1 \\ x_2 \\ \vdots \\ x_n \end{pmatrix}$$ 降阶法

$$\boldsymbol{B} = (0, 0, 0, \cdots, 1)^{\mathrm{T}}, \boldsymbol{C} = (C_{n-1}, C_{n-2}, \cdots, c_0)$$

其中，$\boldsymbol{C}$ 为连续模型系统的状态空间模型。

6.3.4　数值积分法

【例 6-3】　连续系统仿真算法：

$$\begin{cases} \dfrac{dy}{dt} = f(y, t) \\ y(t = t_0) = y(t_0) \end{cases}$$

求 $y(t)$。

【解】　对上式两边积分，则

$$y(t) = y(t_0) + \int_{t_0}^{t} f(y, t)\,dt$$

当 $t = t_{m+1}$，$t_0 = t_m$ 时，

$$y(t_{m+1}) = y(t_m) + \int_{t_m}^{t_{m+1}} f(y, t)\,dt$$

令

$$Q_m = \int_{t_m}^{t_{m+1}} f(y, t)\,dt$$

则

$$y(t_{m+1}) = y(t_m) + Q_m$$

数值积分法是解决在已知初值的情况下，对 $f(y, t)$ 进行近似积分，对 $y(t)$ 进行数值求解的方法，在数学上称为微分方程初值问题的数值方法。

6.3.5　欧拉法

如图 6.4 所示，Q_m 表示函数 $f(y, t)$ 在 t_m 和 t_{m+1} 相邻两次采样时刻之间的积分。若将此定积分中的 $f(y, t)$ 近似看成常数，即 $f(y, t) = f(y_m, t_m)$，则

$$Q_m = f(y_m, t_m)h$$

由 $y(t_{m+1}) = y(t_m) + Q_m$ 式得

$$y(t_{m+1}) \doteq y(t_m) + f(y_m, t_m)h$$

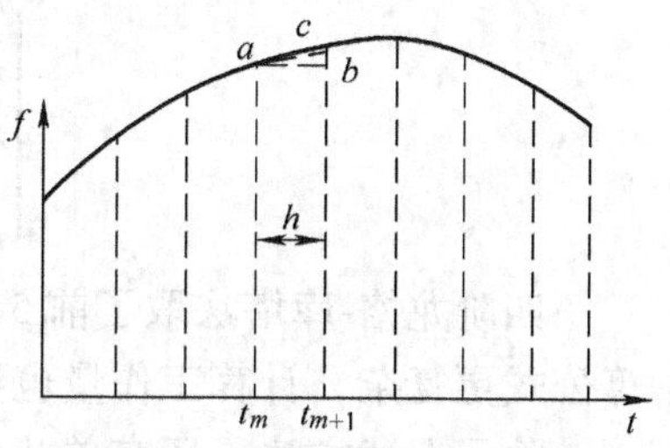

图 6.4　欧拉积分　梯形积分

即 $$y_{m+1}=y_m+f(y_m,\ t_m)h$$

其中，$h=t_{m+1}-t_m$ 为计算步距，$m=0,\ 1,\ 2,\ \cdots,\ n-1$。

上式为著名的欧拉积分公式。欧拉公式计算简单，但精度较低，为了提高计算精度产生了梯形法。

6.3.6 梯形法

该方法是用梯形 $act_{m+1}t_m$ 的面积近似定积分 Q_m，即

$$Q_m=\frac{h}{2}(f_m+f_{m+1})$$

其中 $$f_m=f(y_m,t_m),f_{m+1}=f(y_{m+1},t_{m+1})$$

所以 $$y(t_{m+1})=y(t_m)+\frac{h}{2}(f_m+f_{m+1})$$

即 $$y_{m+1}=y_m+\frac{h}{2}(f_m+f_{m+1})\text{——梯形公式(不能自起动)}$$

从该公式看出，用梯形法进行数值积分，会出现一个问题：在计算 y_{m+1} 时要用 y_{m+1} 去计算 f_{m+1}，而此时 y_{m+1} 还未求出，显然，这是不可能实现的。所以，一般采用欧拉公式先预报一个 $y_{m+1}^{(0)}$，然后将预报的 $y_{m+1}^{(0)}$ 代入计算式进行校正，求出 y_{m+1}，即

$$\begin{cases}y_{m+1}^{(0)}=y_m+hf(y_m,t_m)\\ y_{m+1}=y_m+\dfrac{h}{2}(f_m+f_{m+1}^{(0)})\end{cases}$$

其中，$f_m=f(y_m,\ t_m)$，$f_{m+1}^{(0)}=f(y_{m+1}^{(0)},\ t_{m+1})$

上述公式称为预报-校正公式，“自起动”。

显然，梯形法比欧拉法的精度要高，同时，每前进一步距，计算工作量也比欧拉法约多一倍。

6.3.7 龙格-库塔法

四阶龙格-库塔法：

一般在计算精度要求较高的情况下，多使用四阶龙格-库塔法。其计算公式为

$$\begin{cases}y_{m+1}=y_m+\dfrac{h}{6}(k_1+2k_2+2k_3+k_4)\\ k_1=f(y_m,\ t_m)\\ k_2=f\left(y_m+\dfrac{h}{2}k_1,\ t_m+\dfrac{h}{2}\right)\\ k_3=f\left(y_m+\dfrac{h}{2}k_2,\ t_m+\dfrac{h}{2}\right)\\ k_4=f(y_m+hk_3,\ t_m+h)\end{cases}$$

四阶龙格-库塔法取了前5项。从理论上说，取的项数越多，计算精度越高，但相应计算公式更复杂，计算工作量也更大。以上数值积分法详见附录C。

除了上述方法，还有单步法、多步法和阿达姆斯积分公式，以及中心差分法、侯博特（Houbolt）法、威尔逊（Wilson）-θ 法、纽马克（Newmark）-β 法等。

总结前面计算机仿真实例研究过程，可以得出如下带有规律性的东西。建立机械振动系统仿真模型，采用某种仿真算法，把该机械振动系统的运动规律数字化，并把它变成能在电子计算机上运行的源程序的过程。因此，建立一个机械振动系统的力学仿真模型，一般需要简化为以下四个步骤来完成：

1）推导（或建立）系统的机械振动力学方程，即数学模型。

2）选择数字仿真算法。

3）设计系统仿真的逻辑框图。

4）设计计算机仿真程序。

由于实际机械振动系统的结构形式繁多和具体仿真问题的多样性，不可能笼统地给出一个通用的处理模式和规范，下面通过具体的应用实例来说明其仿真模型的建立方法与具体研究。

6.4 机械振动系统仿真应用实例

【例 6-4】 如图 6.5 所示的双质体机械振动系统力学模型。当振动中心与初始平衡位置重合时，可列出以下振动微分方程：

$$\begin{pmatrix} m_1 & 0 \\ 0 & m_2 \end{pmatrix}\begin{pmatrix} \ddot{x}_1 \\ \ddot{x}_2 \end{pmatrix}+\begin{pmatrix} C_1+C_2+C_3 & -(C_2+C_0) \\ -(C_2+C_0) & C_2+C_3+C_0 \end{pmatrix}\begin{pmatrix} \dot{x}_1 \\ \dot{x}_2 \end{pmatrix}+\begin{pmatrix} k_1+k_2+k_0 & -(k_2+k_0) \\ -(k_2+k_0) & k_2+k_3+k_0 \end{pmatrix}\begin{pmatrix} x_1 \\ x_2 \end{pmatrix}$$

$$=\begin{pmatrix} -k_0 e\sin\omega t - C_0 e\omega\cos\omega t \\ k_0 e\sin\omega t + C_0 e\omega\cos\omega t \end{pmatrix}$$

式中，双质体的质量 $m_1=130.66\text{kg}$ 和 $m_2=270.72\text{kg}$，阻尼系数 $C_1=C_2=C_3=20.5\text{N}\cdot\text{s/cm}$，连杆阻尼系数 $C_0=10.0\text{N}\cdot\text{s/cm}$，主振动弹簧刚度 $k_1=k_2=k_3=15680\text{N/cm}$，连杆弹簧刚度 $k_0=50000\text{N/cm}$，主轴偏心距 $e=1.6\text{cm}$，主轴的角速度 $\omega=57.5\text{s}^{-1}$，t 为时间，x_1，x_2，$\dot{x}_1$，$\dot{x}_2$，$\ddot{x}_1$，$\ddot{x}_2$ 为质体 1 和质体 2 的位移、速度和加速度。试计算系统的响应。

【解】 根据以上微分方程和数据计算结果，位移-时间关系响应如图 6.6 所示。

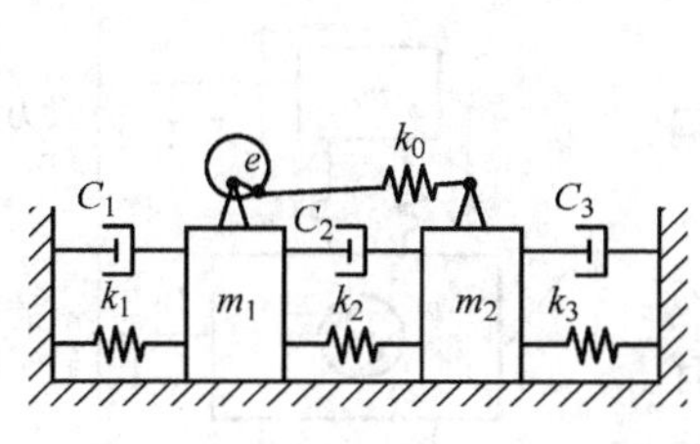

图 6.5 双质体机械振动系统力学模型

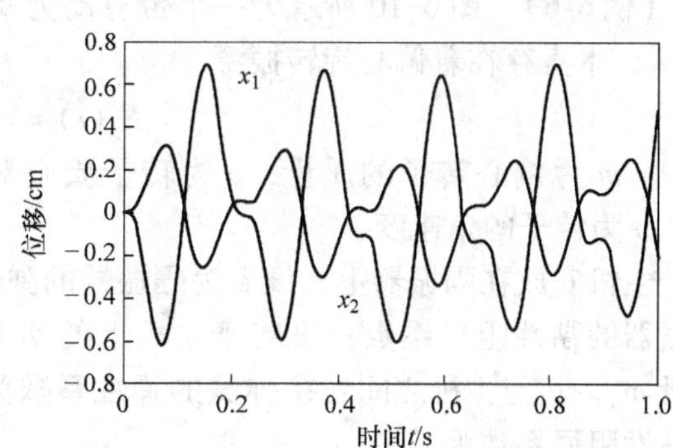

图 6.6 位移-时间关系响应

【例 6-5】 图 6.7 所示为轮胎驱动机械振动压路机的“压路机-土”的典型模型。两个自由度的振动方程为

$$\begin{pmatrix} m_1 & 0 \\ 0 & m_2 \end{pmatrix}\begin{pmatrix} \ddot{x}_1 \\ \ddot{x}_2 \end{pmatrix}+\begin{pmatrix} C_1 & -C_1 \\ -C_1 & C_1+C_2 \end{pmatrix}\begin{pmatrix} \dot{x}_1 \\ \dot{x}_2 \end{pmatrix}+\begin{pmatrix} k_1 & -k_1 \\ -k_1 & k_1+k_2 \end{pmatrix}\begin{pmatrix} x_1 \\ x_2 \end{pmatrix}=\begin{pmatrix} 0 \\ F_0\sin\omega t \end{pmatrix}$$

$$F_s=\sqrt{(k_2x_2)^2+(C_2\dot{x}_2)^2}$$

式中，
$$F_s=M_e\omega^2=F_e r\omega^2$$
其中 M_e 为偏心块的静偏心质量矩，F_s 为偏心力，r 为偏心块的偏心距。

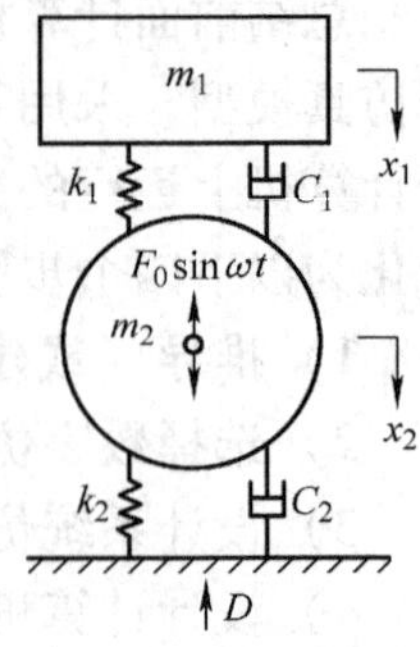

图 6.7　压路机与土关系的力学模型

某振动压路机的上车质量 $m_1=1814\text{kg}$，下车质量 $m_2=2903\text{kg}$，减振器阻尼 $C_1=52.5\text{N}\cdot\text{s/cm}$，土的阻尼 $C_2=700.5\text{N}\cdot\text{s/cm}$，减振器刚度 $k_1=52.5\text{kN/cm}$，土的刚度 $k_2=140.1\text{kN/cm}$，$M_e=510\text{kg}\cdot\text{cm}$，$\omega=1500\text{r/min}$。试计算系统的响应和振动压路机下机对地面的作用力 F_s。

【解】 对此机械振动压路机的“压路机-土”系统应用 Wilson $-\theta$ 方法，并取 $\theta=1.4$，计算出上车质量 m_1 和下车质量 m_2 的位移 x_1，x_2，以及振动轮对地面的作用力 F_s 随时间的变化曲线，如图 6.8、图 6.9 所示。

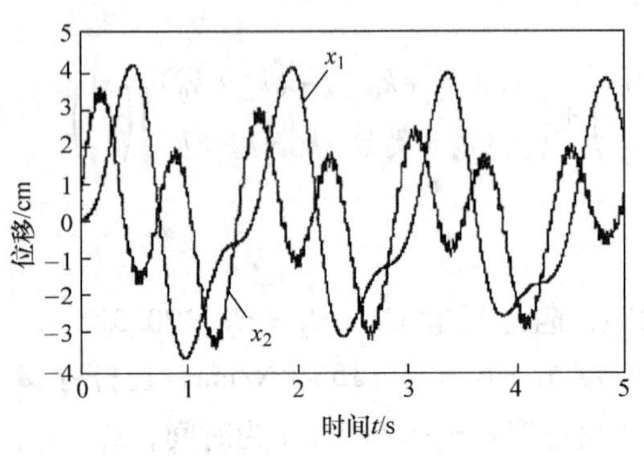

图 6.8　位移-时间关系曲线　　　　图 6.9　作用力与时间关系曲线

【例 6-6】 图 6.10 所示为一个带有动力减振器的石油机械振动系统。其中主机的质量为 m_1，本身存在着偏心旋转振源

$$F_p(t)=me\omega^2\sin\omega t$$

式中，m 为偏心转子的质量；e 为转子质心对转动轴的偏距；ω 为转子的角速度。

主机安放在隔振器上，设 k 为隔振器的弹性系数，C 为隔振器的黏性阻尼系数；设装于主机上的动力减振器具有质量 m_a，其与主机之间连接弹簧的弹性系数为 k_a，阻尼器的黏性阻尼系数为 C_a。

要求建立一个反映该机械系统振动实况的数字仿真模型，以观察动力减振器的弹簧弹性系数 k_a 对主机振幅的影响。

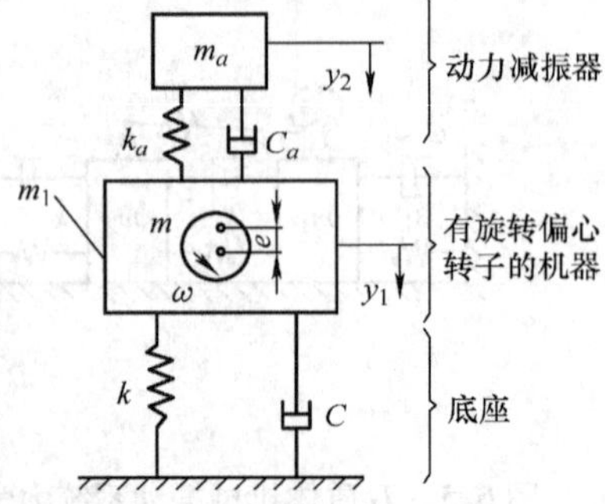

图 6.10　带有动力减振器的石油机械振动系统

【解】（1）推导系统的振动力学数学模型 由机械振动系统的结构特点可知，它是一个具有两个自由度的有阻尼受迫振动系统。一般用拉格朗日方程推导比较方便。

首先计算系统的动能、偏离平衡位置的弹性势能和广义力。

取质量 m_1 和 m_a 分别从各自平衡位置量起的位移 y_1 和 y_2 为广义坐标，如图 6.10 所示，则系统振动的动能为

$$E=\frac{1}{2}m_1\dot{y}_1^2+\frac{1}{2}m_a\dot{y}_2^2$$

系统的弹性势能为

$$V=\frac{1}{2}ky_1^2+\frac{1}{2}k_a(y_2-y_1)^2$$

系统的广义力为

$$\begin{aligned}F_1&=F_p(t)-C\dot{y}_1-C_a(\dot{y}_1-\dot{y}_2)\\F_2&=-C_a(\dot{y}_2-\dot{y}_1)\end{aligned}$$

将动能 E、势能 V 和广义力 F_1，F_2 代入拉格朗日方程

$$\frac{\mathrm{d}}{\mathrm{d}t}\left(\frac{\partial E}{\partial \dot{y}_i}\right)-\frac{\partial E}{\partial y_i}+\frac{\partial V}{\partial y_i}=F_i\quad(i=1,2)$$

得

$$\left.\begin{aligned}m_1\ddot{y}_1+ky_1-k_a(y_2-y_1)&=F_p(t)-C\dot{y}_1-C_a(\dot{y}_1-\dot{y}_2)\\m_a\ddot{y}_2+k_a(y_2-y_1)&=-C_a(\dot{y}_2-\dot{y}_1)\end{aligned}\right\}$$

经整理，即得到两自由度阻尼振动系统的振动力学微分方程，即数学模型为

$$\left.\begin{aligned}m_1\ddot{y}_1+C\dot{y}_1+ky_1-C_a(\dot{y}_1-\dot{y}_2)+k_a(y_1-y_2)&=me\omega^2\sin\omega t\\m_a\ddot{y}_2+C_a(\dot{y}_2-\dot{y}_1)+k_a(y_2-y_1)&=0\end{aligned}\right\}\tag{6.5}$$

式（6.5）是一个二元二阶非齐次线性微分方程组，y_1，y_2 之间相互交叉，直接求解很困难。

（2）选择数值积分算法 按照前面所述的原则，可以选用四阶龙格-库塔公式作为求解方程组（6.5）的数值算法，其关键是：要根据算法的要求改写微分方程组，使其表达为算法的离散形式。首先令

$$\dot{y}_1=u_1,\ \dot{y}_2=u_2$$

则

$$\ddot{y}_1=\dot{u}_1,\ \ddot{y}_2=\dot{u}_2$$

于是将原方程组中的 $\ddot{y}_1$，$\dot{y}_1$，$\ddot{y}_2$，$\dot{y}_2$ 用上述关系式代换，经过必要的整理，即得到符合龙格-库塔法所要求的规范一阶微分方程组的形式：

$$\left.\begin{aligned}\dot{u}_1&=f_1(u_1,u_2,y_1,y_2,t)\\\dot{u}_2&=f_2(u_1,u_2,y_1,y_2,t)\\\dot{y}_1&=u_1\\\dot{y}_2&=u_2\end{aligned}\right\}\tag{6.6}$$

式中，$f_1=[me\omega^2\sin\omega t-Cu_1-ky_1-C_a(u_1-u_2)-k_a(y_1-y_2)]/m_1$；$f_2=[C_a(u_1-u_2)+k_a(y_1-y_2)]/m_a$。

欲使上述方程组离散化，须先将时间变量离散，为此取等时间间隔为步长 T，$t=kT$。于是，微分方程组（6.6）的四阶龙格-库塔公式如下：

$$\left.\begin{aligned}
&u_i(k+1)=u_i(k)+\frac{1}{6}(c_{1i}+2c_{2i}+2c_{3i}+c_{4i})\\
&y_i(k+1)=y_i(k)+\frac{1}{6}(d_{1i}+2d_{2i}+2d_{3i}+d_{4i})\\
&d_{1i}=Tu_i(k)\\
&d_{2i}=T\left[u_i(k)+\frac{c_{1i}}{2}\right]\\
&d_{3i}=T\left[u_i(k)+\frac{c_{2i}}{2}\right]\\
&d_{4i}=T[u_i(k)+c_{3i}]\\
&c_{1i}=Tf_i(u_1(k),\ u_2(k),\ y_1(k),\ y_2(k),\ k)\\
&c_{2i}=Tf_i\left(u_i(k)+\frac{c_{11}}{2},\ u_2(k)+\frac{c_{12}}{2},\ y_1(k)+\frac{d_{11}}{2},\ y_2(k)+\frac{d_{12}}{2},\ k+\frac{1}{2}\right)\\
&c_{3i}=Tf_i\left(u_i(k)+\frac{c_{21}}{2},\ u_2(k)+\frac{c_{22}}{2},\ y_1(k)+\frac{d_{21}}{2},\ y_2(k)+\frac{d_{22}}{2},\ k+\frac{1}{2}\right)\\
&c_{4i}=Tf_i(u_1(k)+c_{31},\ u_2(k)+c_{32},\ y_1(k)+d_{31},\ y_2(k)+d_{32},\ k+1)
\end{aligned}\right\}_{(i=1,\ 2)} \tag{6.7}$$

应用式（6.7）求原方程组数值解的计算顺序是：由其中第3，7 两式先计算出系数 d_{1i}，c_{1i}；代入第4，8 两式计算出系数 d_{2i}，c_{2i}；代入第5，9 两式计算出系数 d_{3i}，c_{3i}；再代入第6，10 两式计算出系数 d_{4i}，c_{4i}；最后，将这些系数值代入第1，2 两式，便求出了 $u_i(k+1)$ 和 $y_i(k+1)$。一般是从 $k=0$（即初值 $t=0$）开始的，依照上述步骤，就可以按时间步长 T 顺序算出 $u_i(0)$，$y_i(0)$；$u_i(1)$，$y_i(1)$；$u_i(2)$，$y_i(2)$；…。由算法可知，这些值就是对应于 $t=0$，$t=T$，$t=2T$，…时微分方程组（6.5）中原函数 y_i 的一阶导数值及函数值。而其中的序列 $y_1(0)$，$y_1(1)$，$y_1(2)$，…和 $y_2(0)$，$y_2(1)$，$y_2(2)$，…即组成了原微分方程组的数值解。

（3）设计系统仿真的逻辑框图。 与模拟仿真的结构图不同，由于数字仿真模型实际上就是一个以数字计算表达系统运动规律的计算机执行程序，所以，数字仿真框图也就是表明程序执行过程的计算机逻辑流程图。该图一般由数据输入框、主程序框、算法子程序框、结果输出框四大部分构成。设计者应当根据机械振动系统的特点和仿真任务，具体确定输入输出及各计算执行框的逻辑关系，绘制成图。本例是一个机械振动系统的仿真，为了更清楚地表现主机振幅的变化规律，应采取较直观的线图输出方式。这就需要考虑计算机屏幕的解析度、坐标系和比例尺。框图设计如图 6.11 所示。

（4）设计计算机仿真程序 在设计计算机仿真程序时，其中的算法子程序部分可以直接选用现成的程序。为了使读者能够清楚地看到四阶龙格-库塔法的算法结构及其在仿真过程中的作用，本例的算法子程序部分也由笔者自由设计，而不采用已经刊行的通用子程序。按照仿真逻辑框图，整个程序采用浮点 BASIC 高级语言编写，除屏幕绘图部分带有明显的 PC 微型计算机的特点外，其他语句在各种机型上都是通用的。源程序清单如下：

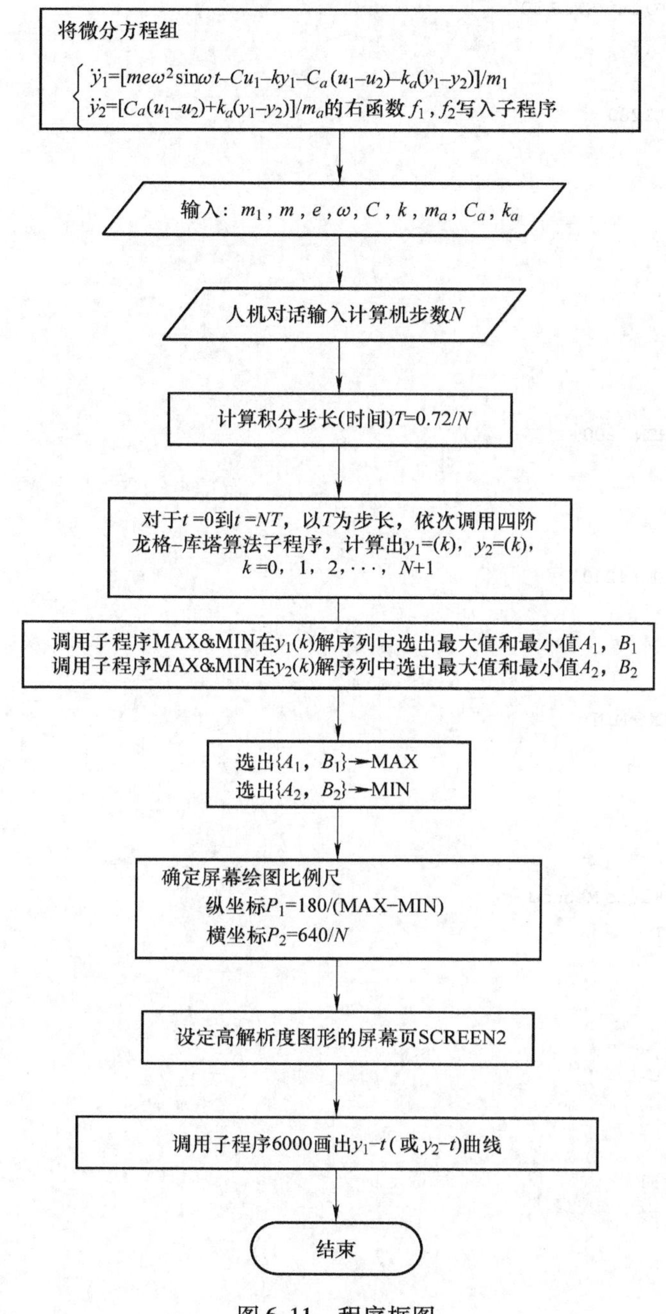

图 6.11 程序框图

```
1000 REMMain Program
1010 READM1,M,E,W,B,K
1020 DATA100,80,.001,62.8,.5,300e+3
1030 READMA,BA
1040 DATA20.25,.2
1050 INPUT"Input the steps-number for calculating=";N
1060 T=.72/N
1070 DIMC(4,2),D(4,2),U(2,N+1),Y(2,N+1)
```

```
1075  FOR  S=20 TO 140 STEP 30
1076  KA=S* 1000
1080  GOSUB 2000
1085  IF J>0 THEN 1280
1090  J=1
1100  GOSUB 5000
1110  A1=MAX
1120  B1=MIN
1130  J=2
1140  GOSUB 5000
1150  A2=MAX
1160  B2=MIN
1170  IF A1<A2 THEN 1200
1180  MAX=A1
1190  GOTO 1210
1200  MAX=A2
1210  IF B1>B2 THEN 1240
1220  MIN=B1
1230  GOTO 1250
1240  MIN=B2
1250  P1=180/(MAX-MIN)
1260  P2=640/n
1270  SCREEN 2
1280  GOSUB 6000
1290  END
2000  REM Runge-Kutto Method
2010  FOR H=0 TO N
2020  Q=0
2030  H1=H
2040  GOSUB 3000
2050  D(1,1)=T* U1
2060  D(1,2)=T* U2
2070  GOSUB 4000
2080  C(1,1)=T* F1
2090  C(1,2)=T* F2
2100  Q=.5
2110  Z=1
2120  H1=H+Q
2130  GOSUB 3000
2140  D(2,1)=T* U1
2150  D(2,2)=T* U2
2160  GOSUB 4000
2170  C(2,1)=T* F1
2180  C(2,2)=T* F2
2190  Z=2
2200  GOSUB 3000
```

```
2210 D(3,1)=T* U1
2220 D(3,2)=T* U2
2230 GOSUB 4000
2240 C(3,1)=T* F1
2250 C(3,2)=T* F2
2260 Q=1
2270 Z=3
2280 H1=H+Q
2290 GOSUB 3000
2300 D(4,1)=T* U1
2310 D(4,2)=T* U2
2320 GOSUB 4000
2330 C(4,1)=T* F1
2340 C(4,2)=T* F2
2350 U(1,H+1)=U(1,H)+(C(1,1)+2* C(2,1)+2* C(3,1)+C(4,1))/6
2360 U(2,H+1)=U(2,H)+(C(1,2)+2* C(2,2)+2* C(3,2)+C(4,2))/6
2370 Y(1,H+1)=Y(1,H)+(D(1,1)+2* D(2,1)+2* D(3,1)+D(4,1))/6
2380 Y(2,H+1)=Y(2,H)+(D(1,2)+2* D(2,2)+2* D(3,2)+D(4,2))/6
2390 NEXT H
2400 RETURN
3000 REM Changing Variables
3010 U1=U(1,H)+Q* C(Z,1)
3020 U2=U(2,H)+Q* C(Z,2)
3030 Y1=Y(1,H)+Q* D(Z,1)
3040 Y2=Y(2,H)+Q* D(Z,2)
3050 RETURN
4000 REM Calculating the Right functions
4010 F1=M* E* W* W* SIN(W* H1* T)-B* U1-K* Y1-BA* (U1-U2)-KA* (Y1-Y2)
4020 F1=F1/M1
4030 F2=(BA* (U1-U2)-KA* (Y2-Y1))/MA
4040 RETURN
5000 REM Looking for MAX&MIN values
5010 MAX= -1E+37
5020 MIN= 1E+37
5030 FOR I=0 TO N
5040 IF Y(J,I)<MAX THEN 5060
5050 MAX=Y(J,I)
5060 IF Y(J,I)>MIN THEN 5080
5070 MIN=Y(J,I)
5080 NEXT I
5090 RETURN
6000 REM Drawing Curves
6010 LINE (0,100)-(640,100)
6020 Y=100-Y(1,0)* P1
6030 PSET (0,Y)
6040 FOR I=0 TO N
```

```
6050  Y=100-Y(1,1)* P1
6060  X=I* P2
6070  LINE-(X,Y)
6080  NEXT I
6090  RETURN
```

在上面程序中：1000～1290 号语句为主程序部分，除了前 8 句的注释语句、数据输入语句、步长计算语句和数组定义语句之外，主要是一个 1075～1280 语句的循环套。通过循环，依次由小到大改换动力减振器弹簧的弹性系数值，同时求解不同的 k_a 时主机和动力减振器的振幅变化规律 $y_1(k)$ 和 $y_2(k)$，共画出 5 条 y_1-t 曲线。其中，1080 语句是调用四阶龙格-库塔算法子程序，1085～1240 语句是从 $y_1(k)$ 和 $y_2(k)$ 的有限解序列里选出最大值和最小值，以便计算出一个统一的比例尺，必要时可以在计算机屏幕上同时画出 y_1-t 和 y_2-t 两条曲线（本例未画出 y_2-t），1085 号判断分支语句，则为该段程序的执行与否设置了一个“开关”，即只在 k_a 值最小时执行一次，使画出的 5 条曲线的比例尺一致；1250 和 1260 语句为依次计算绘图的纵坐标比例尺和横坐标比例尺，这两条语句也在上述“开关”的控制之下；1270 号语句，是设定 PC 微型计算机的高分辨率绘图屏幕页，使绘图屏幕初始化；1280 号语句，为调用绘制 y_1-t 曲线的子程序。如果仿真只要求 k_a 为某特定值时的 y_1-t 曲线，则主程序中的 1075，1076，1085，12854 条语句可以去掉，同时还要相应地修改 1030 和 1040 两条语句。例如，若只取 $k_a=80\times10^3$N/m，则这两句应改变

```
1034   READ    MA,BA,KA
1040   DATA    20.25,.2,80e+3
```

2000～2400 号语句为四阶龙格-库塔法算法子程序的主体部分。因为系统运动的初始条件是：$t=0$ 时，$y_1=0$，$\dot{y}_1=0$，$y_2=0$，$\dot{y}_2=0$，故振动总是由平衡位置的静止状态开始的。其中 2020～2090 语句是计算系数 d_{1i}，c_{1i}；2100～2180 语句是计算系数 d_{2i}，c_{2i}；2190～2250 语句是计算系数 d_{3i}，c_{3i}；2260～2340 语句是计算系数 d_{4i}，c_{4i}；2350～2380 语句则是应用迭代公式，由 $u_i(t)$，$y_i(t)$ 计算 $u_i(t+T)$，$y_i(t+T)$ 之值。

3000～3050 语句是四阶龙格-库塔法附属的子程序，完成算法中关于 $u_i+\frac{c_{1i}}{2}y_i+\frac{d_{1i}}{2}u_i+\frac{c_{2i}}{2}y_i+\frac{d_{2i}}{2}u_i+c_{3i}y_i+d_{3i}$ 等值的运算。

4000～4040 语句是计算每一步 f_1，f_2 函数值的子程序。

5000～5090 语句是对解 $y_1(k)$ 或 $y_2(k)$ 的序列求最大值和最小值的子程序。

6000～6090 语句是在 PC 微型计算机监视器屏幕上，按坐标点绘制曲线（实际上是由小直线组成的折线）的子程序。

程序所用到的变量及符号的意义，在表 6-1 中加以说明，凡未作说明的均属中间变量。

表 6-1　程序变量说明表

程 序 变 量	数学模型变量	符号意义说明
M_1	m_1	主机质量
M	m	主机中不平衡转子的质量
W	ω	主机中不平衡转子的转数
MA	m_a	动力减振器的质量

（续）

程序变量	数学模型变量	符号意义说明
E	e	主机中不平衡转子的偏心距
K	k	主机与基础之间隔振器的弹性系数
KA	k_a	动力减振器弹簧的弹性系数
B	C	主机与基础之间隔振器的黏性阻尼系数
BA	C_a	动力减振器的黏性阻尼系数
T	T	时间间隔（算法中的步长）
N	n	算法中的计算步数，即时间区间的离散分割点数
数组：C(4，2)	$c_{11} \sim c_{41}$，$c_{12} \sim c_{42}$	四阶龙格-库塔法中的系数 c_{1i}，c_{2i}，c_{3i}，$c_{4i}(i=1, 2)$
数组：D(4，2)	$d_{11} \sim d_{41}$，$d_{12} \sim d_{42}$	四阶龙格-库塔法中的系数 d_{1i}，d_{2i}，d_{3i}，$d_{4i}(i=1, 2)$
数组：U(2，N+1)	$u_1(k)$，$u_2(k)$，$k=1, 2, \cdots, N$	分别表示 $\dot{y}_1$，$\dot{y}_2$ 在各个时间分点上的值
数组：Y(2，N+1)	$y_1(k)$，$y_2(k)$，$k=1, 2, \cdots, N$	分别表示 y_1，y_2 在各个时间分点上的值
F_1	f_1	微分方程组（6.6）中第一式等式右端的函数值
F_2	f_2	微分方程组（6.6）中第二式等式右端的函数值
P_1		纵坐标比例尺
P_2		横坐标比例尺

当系统的参数为 $m_1=100\text{kg}$，$m=30\text{kg}$，$e=1\text{mm}$，$\omega=62.8\text{rad/s}$，$C=0.5$，$k=300\times10^3\text{N/m}$，$m_a=20.25\text{kg}$，$C_a=0.2$ 时，依次取 $k_a=20\times10^3\text{N/m}$，$50\times10^3\text{N/m}$，$80\times10^3\text{N/m}$，$110\times10^3\text{N/m}$，$140\times10^3\text{N/m}$。在 $t=0\sim0.72\text{s}$ 时间区间内的运行结果 y_1-t 曲线如图 6.12 所示。图中的曲线编号与 k_a 的取法顺序相对应。

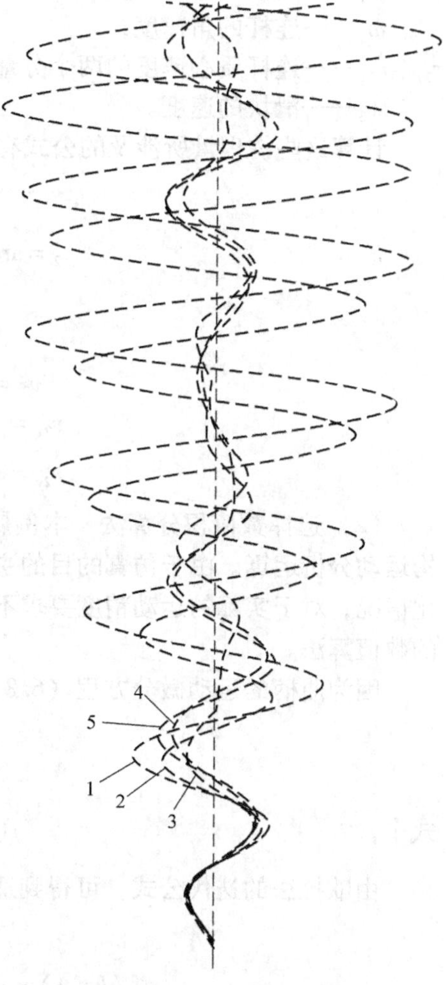

图 6.12　系统的运动图

【例 6-7】　石油矿场用一曲柄滑块机构为主体的单作用式气体压缩机如图 6.13 所示。若已知 $l_1=0.1\text{m}$，$l_2=0.3\text{m}$；连杆质心距铰链 B 为 $l_{BS_2}=0.15\text{m}$，连杆质量 $m_2=10\text{kg}$。质心在 S_2 点，连杆绕 S_2 点的转动惯量为 $J_2=0.5\text{kg}\cdot\text{m}^2$；曲柄的质心在 A 点，绕质心的转动惯量为 $J_1=1.25\text{kg}\cdot\text{m}^2$；滑块的质量为 $m_3=25\text{kg}$，质心在 C 点。如果曲柄上作用有驱动力矩 $M_1=100\text{N}\cdot\text{m}$，且每当曲柄转至三、四象限时（不含 180° 及 0°），滑块受工作阻力 $F=-50\times9.8\text{N}$（负号表示与 x 轴方向相反），而滑块曲柄在一、二象限时滑块不受力。忽略各运动副的摩擦，求作该机械振动系统起动时的曲柄轴转速仿真。

【解】　(1)推导系统的振动力学数学模型　从图 6.13 可以看出，这是一个平面机构组成的系统。根据第 2 章介绍的方法，可立即列出其等效构件——曲柄的运动微分方程为

$$\frac{\omega_1^2}{2}\frac{\mathrm{d}J_e}{\mathrm{d}\varphi_1}+J_e\omega_1\frac{\mathrm{d}\omega_1}{\mathrm{d}\varphi_1}=M_e$$

或 $$\frac{\mathrm{d}\omega_1}{\mathrm{d}\varphi_1}=\frac{M_e-\dfrac{\omega_1^2}{2}\dfrac{\mathrm{d}J_e}{\mathrm{d}\varphi_1}}{J_e\omega_1} \tag{6.8}$$

只要解出曲柄的运动规律，其他构件的运动也就唯一确定了。

方程（6.8）中的 J_e 是系统对于曲柄的等效转动惯量，M_e 是系统对于曲柄的等效力矩，且

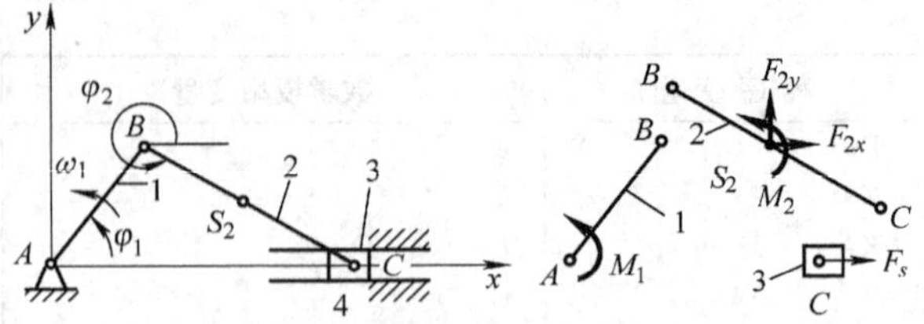

图 6.13　曲柄滑块机构受力图

1—曲柄　2—连杆　3—滑块　4—滑轨

$$M_e=M_1+\frac{Fv_3}{\omega_1} \tag{6.9}$$

$$J_e=\frac{J_1+[m_2(v_{2x}^2+v_{2y}^2)+J_2\omega_2^2+m_3v_3^2]}{\omega_1^2} \tag{6.10}$$

式（6.9）、式（6-10）中，

M_1——曲柄所受的外力矩；

F——滑块所受的外力；

ω_1——曲柄的角速度；

ω_2——连杆的角速度；

v_{2x}，v_{2y}——连杆质心速度的两个分量；

v_3——滑块的速度。

计算这些物理量所涉及的公式有

$$\sin\varphi_2=-\frac{l_1}{k_2}\sin\varphi_1$$

$$\varphi_2=\arctan\left(\sin g\varphi_2/\sqrt{1-\sin^2\varphi_2}\right) \tag{6.11}$$

$$\omega_2=-\frac{l_1\cos\varphi_1}{l_2\cos\varphi_2}\omega_1 \tag{6.12}$$

$$v_3=-\omega_1l_1\sin\varphi_1-\omega_2l_2\sin\varphi_2 \tag{6.13}$$

$$\left.\begin{aligned}v_{2x}&=-\omega_1l_1\sin\varphi_1-\omega_2l_{BS_2}\sin\varphi_2\\v_{2y}&=-\omega_1l_1\cos\varphi_1+\omega_2l_{BS_2}\cos\varphi_2\end{aligned}\right\} \tag{6.14}$$

（2）选择数值积分算法　本例属于平面曲柄滑块机构的运动仿真，包含有较复杂的机构运动分析运算。由于仿真的目的主要是了解机构起动时的一段时间内曲柄转速的增长及变化情况，对于实际的运动精度要求不高，故为了获得较快的运行速度，选用欧拉法作为仿真的数值算法。

因为曲柄的运动微分方程（6.8）可简记为

$$\omega_1=f(\varphi_1,\omega_1)$$

式中，$$f(\varphi_1,\omega_1)=\frac{M_e-\dfrac{\omega_1^2}{2}\dfrac{\mathrm{d}J_e}{\mathrm{d}\varphi_1}}{J_e\omega_1}$$

由欧拉法的迭代公式，可得到适合本例的算式：

$$\omega_1(k+1)=\omega_1(k)+T\frac{M_e(k)-\dfrac{\omega_1^2(k)}{2}\left(\dfrac{\mathrm{d}J_e}{\mathrm{d}\varphi_1}\right)k}{J_e(k)\omega_1(k)} \tag{6.15}$$

若以 k 点的向后差商代替上式中的微商，即令

$$\left(\frac{\mathrm{d}J_e}{\mathrm{d}\varphi_1}\right)_k=\frac{J_e(k)-J_e(k-1)}{\Delta\varphi_1}=\frac{J_e(k)-J_e(k-1)}{T} \tag{6.16}$$

代入式（6.15）得

$$\omega_1(k+1)=\omega_1(k)+T\frac{M_e(k)-\dfrac{\omega_1^2(k)\left[J_e(k)-J_e(k-1)\right]}{2T}}{J_e(k)\omega_1(k)} \tag{6.17}$$

如果继续计算系统的运行时间 t_k 和曲柄的即时角加速度 ε_1，则还需要用到下面两式：

$$t(k+1)=t(k)+\frac{2T}{\omega_1(k)+\omega_1(k+1)} \tag{6.18}$$

$$\varepsilon_1=\frac{\omega_1^2(k+1)-\omega_1^2(k)}{2T} \tag{6.19}$$

当步长 T（即 $\Delta\varphi_1$）取较小值时，应用式（6.17）~式（6.19）计算机构等效构件——曲柄的角速度、角加速度和系统的运行时间，可以得到满意的精确度。

（3）设计系统仿真的逻辑框图。

系统仿真的逻辑框图如图 6.14 所示。

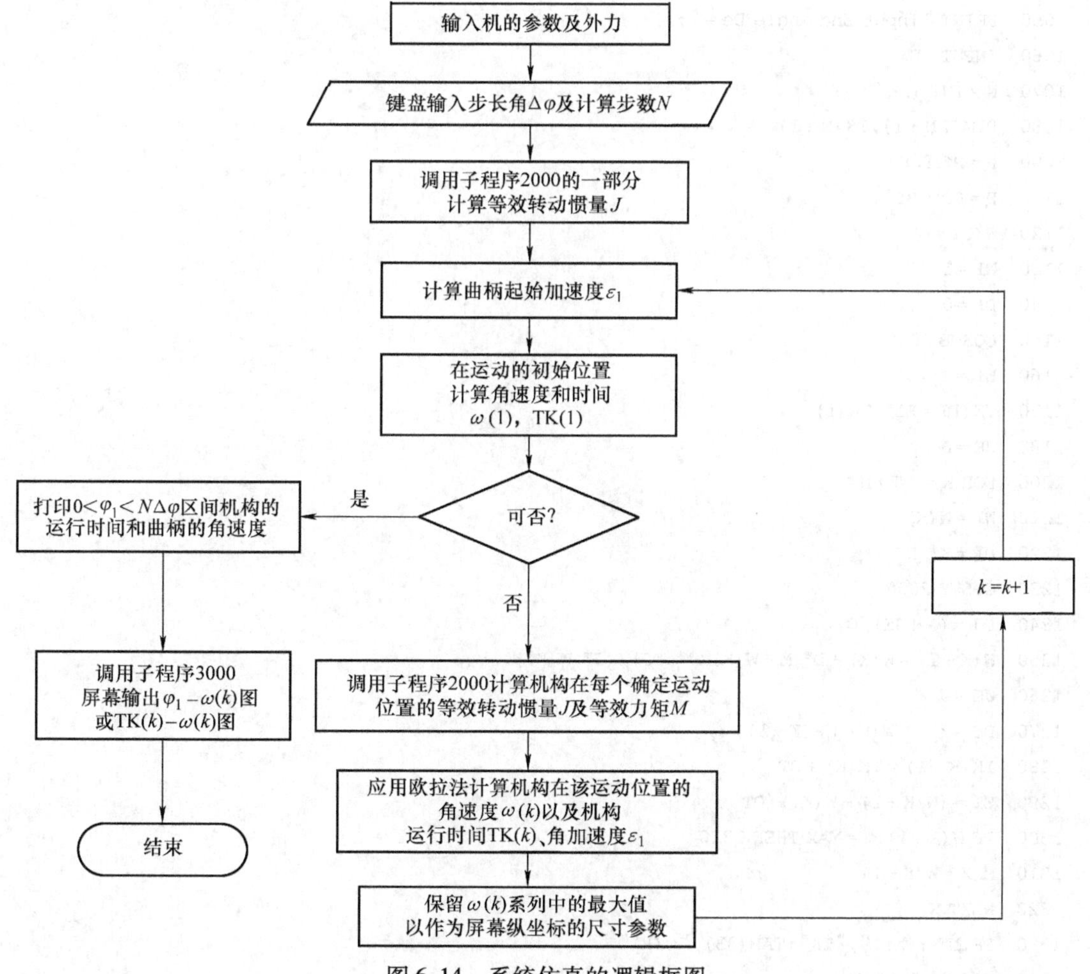

图 6.14 系统仿真的逻辑框图

（4）设计计算机仿真程序　按照图 6.14 所示框图，用 BASIC 语言编写的源程序如下，其中的绘图语句也仅适用于 PC 微型计算机。在下面的程序中：①1010，1020 两条语句是程序输入，读入机构的尺寸、质量、转动惯量和所受的外力；②1030～1080 语句是由键盘步长角、终止角计算求解步数 N，并以 N 值定义有关的数组；③1090 语句是把工作阻力 F 换算成以 N 作单位；④1100～1110 语句则是把步长换算成以 rad 作单位；⑤1120～1320 语句是曲柄滑块机构运动仿真的主程序部分。其中 1120～1190 语句是计算在初始位置时机构的等效转动惯量和曲柄的初始角加速度，其作用是为计算第一步迭代中的向后差商及以后的运动学计算作准备。其中的 1200～1320 语句为应用欧拉法从第 1 步到第 N 步，依次求解计算曲柄的角速度、角加速度和系统运行的时间。本程序虽然计算了曲柄的角加速度值但并未输出，故 1290 号语句与曲柄的角速度仿真无关，放在这里的目的，是为了一旦想对机构进行加速度分析时使用。

```
1000  REM The Simulation of a Sider - crank Mechanism
1010  DATA 1.25, .5, 10, 25, .1, .3, .15, 100, -50
1020  READ J1,J2,M2,M3,L1,L2,A2,T1,P
1030  PRINT input Step angle Do =";
1040  INPUT Do
1050  PRINT "Input End angle De =";
1060  INPUT DE
1070  N = INT (DE/DO)
1080  DIM W N + 1),TK(N + 1)
1090  P = P* 9.8
1110  D = DO* PI
1120  W(O) = 0
1130  W1 = 1
1140  D1 = 0
1150  GOSUB 2000
1160  E1 = T1/J
1170  TK(1) = E1* TK(1)
1190  JE = J
1200  FOR K = 1 TO N
1210  W1 = W(K)
1220  D1 = K* D
1230  GOSUB 2000
1240  DJ = (J - JE)/D
1250  W(K + 1) = W(K) + D* M - W(K)/2* DJ)/(J* W(K))
1260  JE = J
1270  DT = 2* D/W(K) + W(K + 1))
1280  TK(K + 1) = TK(K) + DT
1290  E1 = (W(K + 1) - W(K))/DT
1300  IF W(K + 1) < = MAX THEN 1320
1310  MAX = W(K + 1)
1320  NEXT K
1330  PRINT :Phi1","TK";TAB(33);"w(k)"
1340  FOR K = 0 TO N
```

```
1350  PRINT K* DO;TAB(10);TK(K);TAB(30);W(K)
1360  NEXT K
1370  GOSUB 3000
1380  END
2000  D2 = - L1* SIN(D1)/L2
2010  D2 = ATN(D2/SQR(1 - D2* D2)
2020  W2 = - W1* L1/L2* COS(D1)/COS(D2)
2030  V3 = - L1* W1* SIN(D1) - L2* W2* SIN(D2)
2040  U2 = - L1* W1* SIN(D1) - S2* W2* SIN(D2)
2050  V2 = L1* W1* COS(D1) + S2* W2* COS(D2)
2060  J = J1 + (M2* (U2* U2 + V2* V2) + J2* W2* W2 + M3* V3 + V3)/(W1* W1)
2070  IF SIN(D1) < 0 THEN 2100
2080  F3 = 0
2090  GOTO 2110
2100  P3 = P
2110  M = T1 + P3* V3/W1
2120  RETURN
3000  REM Drawing curve
3010  KEY OFF
3020  C1 = 640/N;C0 = 640/TK(N)
3030  C2 = 160/MAX
3040  SCREEN 2
3050  PSET(1,188)
3060  FOR I = 0 TO N
3070  LINE - (I* C1),188 - W(I)* O2)
3080  NEXT I
3090  LINE (1,0) - (1,199)
3100  LINE (640,188) - (0,188)
3110  FOR I = 0 TO N
3120  LINE - (TK(I)* C0 \188 - W(I)* C2)
3130  NEXT I
3140  LINE (1,0) - (1,199)
3150  LINE (640,188) - (0,188)
3160  RETURN
```

1330～1360 语句是程序计算结果的打印输出部分；1370 号语句是调用 3000 句起始的子程序，输出曲柄运动过程的线图；2000～2120 语句是一个对机构进行速度分析，并计算机构等效转动惯量和等效力矩的子程序；3000～3160 语句是一个在 PC 微机屏幕上同时绘制 ω-φ 和 ω-t 两条曲线的子程序。

程序所用到的变量及符号的意义，在表 6-2 中加以说明，凡作说明的均属中间变量。

表 6-2　程序变量说明表

程 序 变 量	数学模型变量	符号意义说明
L1，L2	l_1，l_2	分别表示曲柄和连杆的长度
S2	l_{Bs_2}	连杆质心 S_2 到铰链 B 中心的距离
M1，M2，M3	m_1，m_2，m_3	分别表示曲柄、连杆、滑块的质量

（续）

程 序 变 量	数学模型变量	符号意义说明
J_1，J_2	J_1，J_2	分别表示曲柄和滑绕各自质心的转动惯量
J	J_e（k）	在计算位置上机构的等效转动惯量
JE	J_e（$k-1$）	为向后插值点上机构的等效转动惯量
DJ	$\frac{dJ_e}{d\varphi_1}$	机械等效转动惯量对 φ_1 的导数值，按向后差商$\frac{\Delta J_e}{\Delta\varphi_1}$计算
D_0，D	$\Delta\varphi$，T	等效构件的角位移增量，即算法中的步长
DE		曲柄运动仿真区间的终止角
D_1，D_2	φ_1，φ_2	分别表示曲柄和连杆的角位移
W_1，W_2	ω_1，ω_2	分别表示曲柄和滑块的角速度
U_2，V_2	v_{2x}，v_{2y}	分别表示连杆质心速度在 x，y 轴上的分量
V_3	v_3	滑块的速度
E_2	ε_1	曲柄的角加速度
T_1	M_1	曲柄上所受的外力矩
P，P_3	F	滑块上所受的外力
MAX	$\max\{\omega_1(k)\}$，$k=0,1,\cdots,N$	在机构的仿真运行区间中，曲柄角速度的最大值
数组：W(N+1)	$\omega_1(k)$，$k=0,1,\cdots,N$	存放曲柄在各离散点上的角速度值
数组：TK(N+1)	$t(k)$，$k=0,1,\cdots,N$	存放机构对各离散点的运行时间

利用上述程序对系统进行仿真，在曲柄由静止到转动两周的区间内，得到的运行结果如下，步长角取 $\Delta\varphi=10°$。

```
RUN
Input Step angle Do = ? 10
Input End angle De = ? 720
Phil          Tk                  w(k)
  0           0                   0
  10          6.815068E-02        5.121972
  20          9.553428E-02        7.625289
  30          .1163327            9.157976
  40          .1342898            10.28095
  50          .1505601            11.17319
  60          .1656555            11.95084
  70          .1798175            12.69715
  80          .1931583            13.46814
  90          .2057313            14.29501
  100         .2175715            15.18647
  110         .2287172            16.132
  120         .2392188            17.10728
  130         .2491386            18.08178
  140         .2585452            19.02656
  150         .267508             19.91987
```

160	.2760911	20.75893
170	.2843516	21.50842
180	.2923383	22.19727
190	.3000931	22.81535
200	.3076579	23.3283
210	.3150749	23.73454
220	.3223829	24.0304
230	.3296184	24.21292
240	.3368161	24.28438
250	.3440071	24.2578
260	.3512163	24.1615
270	.3584581	24.04027
280	.3657315	23.95181
290	.3730172	23.95877
300	.3802777	24.11908
310	.3874608	24.47608
320	.3945091	25.04915
330	.4013706	25.8235
340	.4080114	26.74025
350	.4144242	27.69313
360	.4206312	28.54417
370	.4266798	29.16623
380	.4326352	29.44672
390	.4385645	29.42461
400	.4445171	29.21593
410	.450517	28.96333
420	.4565608	28.79254
430	.4626227	28.79117
440	.4686623	29.00501
450	.4746346	29.44171
460	.4804995	30.07662
470	.4862278	30.86036
480	.4918049	31.72936
490	.4972295	32.61863
500	.502511	33.47366
510	.5076647	34.2573
520	.5127085	34.95033
530	.5176599	35.54686
540	.5225355	36.04796
550	.52735	36.45592
560	.5321182	36.74989
570	.5368561	36.92628
580	.5415793	36.97876
590	.546304	36.90226
600	.5510466	36.69935
610	.5558226	36.38789

```
620            .5606442            36.00708
630            .5655177            35.61857
640            .5704397            35.30082
650            .5753954            35.13749
660            .5803579            35.2034
670            .5852913            35.55074
680            .5901566            36.19587
690            .5949186            37.10634
700            .5995546            38.18747
710            .6040605            39.28145
720            .6084527            40.19225
Ok
```

图 6.15 所示为计算机复制得到的曲线图。其中曲线 1 是 ω-φ 线图，横坐标为 φ；其中曲线 2 是 ω-t 线图，横坐标为 t。

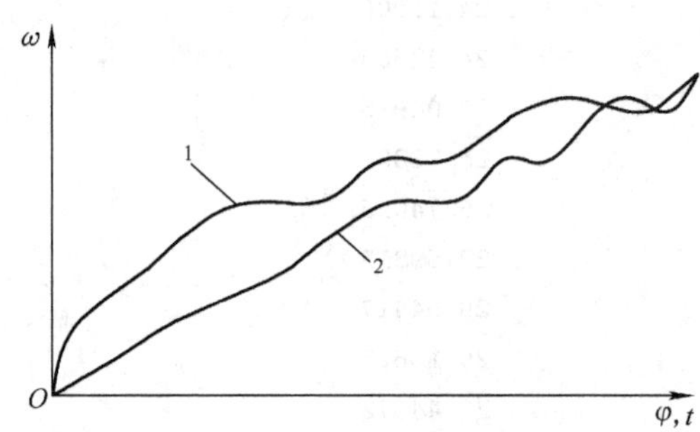

图 6.15 ω-φ 曲线和 ω-t 曲线

【例 6-8】 石油钻井振动筛类型中的双轴惯性振动筛由两旋转偏心质量块产生的惯性力分别为 $F_1=m_1r_1\omega^2$ 和 $F_2=m_2r_2\omega^2$。筛箱和激振器简化为如图 6.16 所示。m_1，m_2 为偏心块的质量，α_1，α_2 分别为 m_1，m_2 的初始相位角，ω 为偏心块 m_1，m_2 的旋转角速度，r_1，r_2 为偏心块 m_1，m_2 的偏心距，$2L$ 为两偏心轴之间的距离。试对双轴惯性振动筛结构参数的分析设计进行探讨。

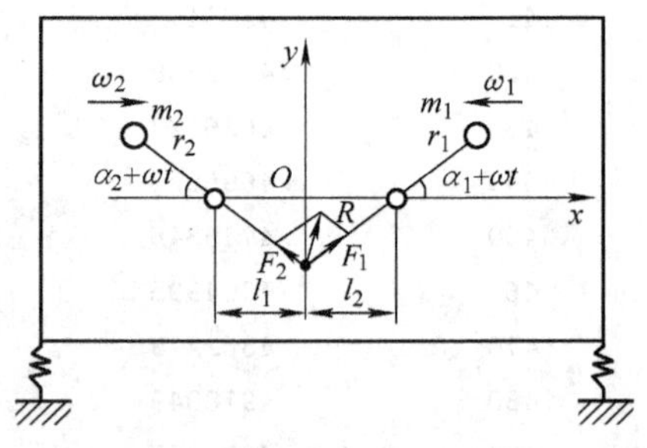

图 6.16

【解】 F_1，F_2 的合力 R 的大小为

$$R=\left[F_1^2+F_2^2-2F_1F_2\cos(\alpha_1+\alpha_2+2\omega t)\right]^{\frac{1}{2}}$$

（1）双轴平动椭圆筛的动力学分析　将 Oxy 坐标系原点置于质心，x 轴与两偏心轴轴心连线平行，则运动微分方程表达式为

$$(M+m_1+m_2)\ddot{x}+C_x\dot{x}+k_yx=m_1r_1\omega^2\cos(\alpha_1+\omega t)-m_2r_2\omega^2\cos(\alpha_2+\omega t)$$

$$(M+m_1+m_2)\ddot{y}+C_x\dot{y}+k_yy=m_1r_1\omega^2\sin(\alpha_1+\omega t)+m_2r_2\omega^2\sin(\alpha_2+\omega t)$$

式中，M 为筛箱质量与钻井液参振质量之和；C_x、C_y 分别为 x 方向和 y 方向的阻尼系数；k_x、k_y 分别为 x 方向和 y 方向的刚性系数；x，$\dot{x}$，$\ddot{x}$，y，$\dot{y}$，$\ddot{y}$ 分别为 x 方向和 y 方向的位移、速度和加速度。

令

$$m_1 r_1 \omega^2 \cos(\alpha_1 + \omega t) - m_2 r_2 \omega^2 \cos(\alpha_2 + \omega t) = A\cos(\omega t + \beta_1)$$

$$m_1 r_1 \omega^2 \sin(\alpha_1 + \omega t) + m_2 r_2 \omega^2 \sin(\alpha_2 + \omega t) = B\sin(\omega t + \beta_2)$$

则有

$$A = \sqrt{(m_1 r_1)^2 + (m_2 r_2)^2 - 2m_1 m_2 r_1 r_2 \cos(\alpha_1 - \alpha_2)\omega^2}$$

$$B = \sqrt{(m_1 r_1)^2 + (m_2 r_2)^2 + 2m_1 m_2 r_1 r_2 \cos(\alpha_1 - \alpha_2)\omega^2}$$

$$\beta_1 = \arctan\frac{m_1 r_1 \sin\alpha_1 - m_2 r_2 \sin\alpha_2}{m_1 r_1 \cos\alpha_1 - m_2 r_2 \cos\alpha_2}$$

$$\beta_2 = \arctan\frac{m_1 r_1 \sin\alpha_1 + m_2 r_2 \sin\alpha_2}{m_1 r_1 \cos\alpha_1 + m_2 r_2 \cos\alpha_2}$$

运动微分方程的稳态解可表示为

$$x = X\cos(\omega t + \beta_1 - \varphi_1)$$

$$y = Y\sin(\omega t + \beta_2 - \varphi_2)$$

可解得

$$X = \frac{A}{k_x}\frac{1}{\sqrt{\left[1 - \left(\frac{\omega}{\omega_{nx}}\right)^2\right]^2 + \left(2\xi_x \frac{\omega}{\omega_{nx}}\right)^2}}$$

$$Y = \frac{B}{k_y}\frac{1}{\sqrt{\left[1 - \left(\frac{\omega}{\omega_{ny}}\right)^2\right]^2 + \left(2\xi_y \frac{\omega}{\omega_{ny}}\right)^2}}$$

$$\phi_1 = \arctan\frac{2\xi_x \frac{\omega}{\omega_{nx}}}{1 - \left(\frac{\omega}{\omega_{nx}}\right)^2}, \qquad \phi_2 = \arctan\frac{2\xi_y \frac{\omega}{\omega_{ny}}}{1 - \left(\frac{\omega}{\omega_{ny}}\right)^2}$$

式中，ω_{nx}为 x 方向的固有频率，其表达式为

$$\omega_{nx}^2 = \frac{k_x}{M + m_1 + m_2};$$

ω_{ny}为 y 方向的固有频率，其表达式为

$$\omega_{ny}^2 = \frac{k_y}{M + m_1 + m_2};$$

ξ_x，ξ_y 分别为 x 方向和 y 方向的黏性阻尼因子，其表达式分别为

$$\xi_x = \frac{1}{2\omega_{nx}(M + m_1 + m_2)},\ \xi_y = \frac{1}{2\omega_{ny}(M + m_1 + m_2)}。$$

（2）双轴惯性振动筛力心与平均质心的计算　力心能否与振动筛运动部分的质心重合是振动筛能否实现平动椭圆轨迹的关键。将振动筛看作由筛箱和两个偏心质量组成的系统。先通过调整 L，$m_1 r_1 \omega^2$，$m_2 r_2 \omega^2$，α_1，α_2 等参数，使力心(X_L，Y_L)与筛箱（设其质量为 M）的质心重合，然后写出振动筛运动部分的整体质心位置表达式：

$$X_C = \frac{MX_L + m_1[L + r_1\cos(\alpha_1 + \omega t)] + m_2[-L - r_2\cos(\alpha_2 + \omega t)]}{M + m_1 + m_2}$$

$$Y_C = \frac{MY_L + m_1 r_1 \sin(\alpha_1 + \omega t) + m_2 r_2 \sin(\alpha_2 + \omega t)}{M + m_1 + m_2}$$

由上式可见，由于旋转偏心质量的影响，质心 $C(X_C, Y_C)$不是固定不变，而是在某一位置附近作周期性变化。这某一位置就是质心在各个时刻瞬时位置的平均值$(\tilde{X}_C, \tilde{Y}_C)$，称其为平均质心。

$$\tilde{X}_C = \frac{MX_L + (m_1 - m_2)L}{M + m_1 + m_2}$$

$$\tilde{Y}_C = \frac{MY_L}{M + m_1 + m_2}$$

各时刻质心与平均质心位置坐标的绝对误差为

$$\Delta X_C = |X_C - \tilde{X}_C| = \frac{|m_1 r_1 \cos(\alpha_1 + \omega t) - m_2 r_2 \cos(\alpha_2 + \omega t)|}{M + m_1 + m_2}$$

$$\Delta Y_C = |Y_C - \tilde{Y}_C| = \frac{|m_1 r_1 \sin(\alpha_1 + \omega t) + m_2 r_2 \sin(\alpha_2 + \omega t)|}{M + m_1 + m_2}$$

力心及力椭圆计算见表6-3。

表 6-3　力心及椭圆计算表

数据算例		1	2	3
赋值	M_1	7	2	7
	M_2	3.5	1	5
	R_1	42	1	5
	R_2	42	1	4
	α_1	2.3562	2.3562	1.0472
	α_2	0.7845	0.7845	0.5236
	M	300	100	300
	L	160	3	20
力心平均值	$\Delta X_L = X_L - (X_i)_L$	$0.026 < \Delta X_L < 0.077$	$6 \times 10^4 < \Delta X_L < 1.5 \times 10^3$	$-9 \times 10^{-3} < \Delta X_L < 4.84 \times 10^{-7}$
	$\Delta Y_L = Y_L - (Y_i)_L$	$-0.086 < \Delta Y_L < -0.033$	$-8.1 \times 10^4 < \Delta Y_L < -1.2 \times 10^3$	$-1 \times 10^{-6} < \Delta Y_L < 8 \times 10^{-7}$
行列式平均值	W	-0.36	-6.9×10^{-3}	4.81×10^{-6}
质心平均值	X_C	259.44	4.88	9.745
	Y_C	-206.11	-3.88	-16.31
质心波动范围	$\Delta X_C = X_C - (X'_i)_C$	$-1.11 < \Delta X_C < 1.01$	$-0.022 < \Delta X_C < 0.020$	$-0.065 < \Delta X_C < 0.065$
	$\Delta Y_C = Y_C - (Y'_i)_C$	$-1.101 < \Delta Y_C < 1.11$	$-0.021 < \Delta Y_C < 0.019$	$-0.164 < \Delta Y_C < 0.176$
力心、质心平均值误差	$\Delta X = \|X_C - X_L\|$	7.26	0.12	0.256
	$\Delta Y = \|Y_C - Y_L\|$	7.26	0.12	0.66
力心、质心平均值相对误差	$\varepsilon_x = \left\|\frac{\Delta X}{X_C}\right\|$	2.8%	2.4%	2.63%
	$\varepsilon_y = \left\|\frac{\Delta Y}{Y_C}\right\|$	3.5%	3.0%	4.04%
力椭圆长半轴		441	3	55
力椭圆短半轴		147	1	15
长半轴与 x 轴夹角		135°	135°	105°

(3) 双轴惯性振动筛设计中心位置的调整　双轴惯性振动筛中，激振力就是由同步、反向旋转的两个偏心质量块所产生的相对惯性力。该两相对惯性力 F_1 与 F_2 的合力 R 的作用线，在其运动过程中总是通过某一固定点 (X_L，Y_L) ——力心。

根据力心与振动筛运动部分质心相对位置的不同，即可实现不同运动轨迹（圆、直线、一般椭圆、变直线、平动椭圆、变椭圆等）的振动筛。

当力心与质心重合时，振动筛筛箱作平动。这时，筛箱上各点都能获得与质心相同的运动轨迹。若再使 $m_1r_1 \neq m_2r_2$，即可实现平动椭圆振动筛（m_1，m_2 为偏心质量；r_1，r_2 为两偏心质量质心至回转轴心的距离）。

由上可见在双轴惯性振动筛设计中，力心位置的调整是至关重要的。

根据力心 $L(x_L，y_L)$ 计算公式：

$$X_L = \frac{C_2 - C_1}{A_1 - A_2} \quad y_L = \frac{C_1A_2 - C_2A_1}{A_2 - A_1}$$

式中，$C = \dfrac{-2\tan(\alpha_1 + \omega t)\tan(\alpha_2 + \omega t)}{\tan(\alpha_1 + \omega t) + \tan(\alpha_2 + \omega t)}L - \tan\psi_t \dfrac{\tan(\alpha_1 + \omega t) - \tan(\alpha_2 + \omega t)}{\tan(\alpha_1 + \omega t) + \tan(\alpha_2 + \omega t)}L$；$A = \tan\psi_t$；$\psi_t = \alpha_1 + \omega t + \arcsin \dfrac{m_2r_2\omega^2\sin(\alpha_1 + \alpha_2 + 2\omega t)}{\sqrt{F_1^2 + F_2^2 - 2F_1F_2\cos(\alpha_1 + \alpha_2 + 2\omega t)}}$。

可采取以下方法对椭圆度、椭圆倾角和力心位置进行调整：

1) 改变力值比，即 F_1 与 F_2 的数值比，就可改变力椭圆的长短轴之比，以实现不同椭圆运动轨迹，如图 6.17 所示。

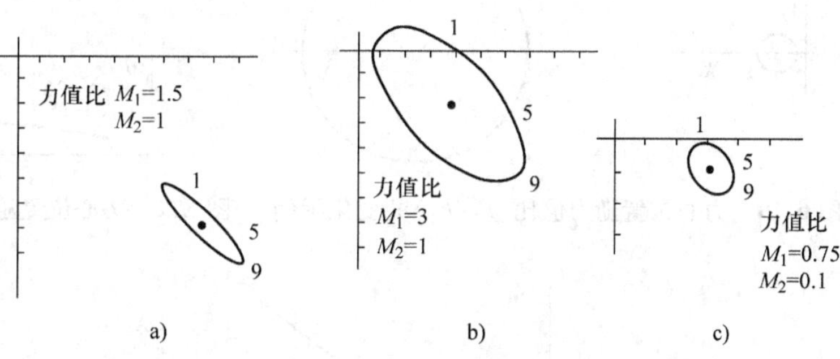

图 6.17　质心运动轨迹的椭圆度随力值比的变化示例

2) 改变 α_1 与 α_2 的大小，即改变两偏心质量块之间的初始夹角，就可改变力椭圆长轴（或短轴）的倾角，以实现对筛面抛掷指数等参数的不同设计要求，如图 6.18 所示。

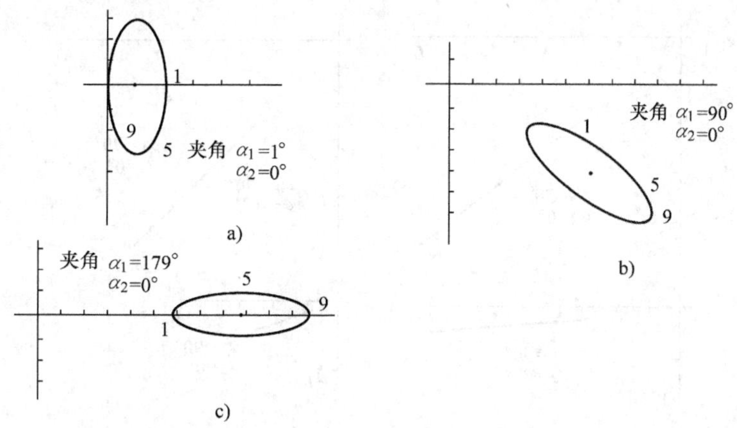

图 6.18　运动轨迹椭圆的倾角随偏心块初始夹角(α_1，α_2)的变化示例

3）力心位置的改变可采用下列方法：①改变力的比值，如图6.19所示；②改变偏心块的初始夹角，如图6.20所示；③改变两偏心块回转轴线之间的距离，如图6.21所示。

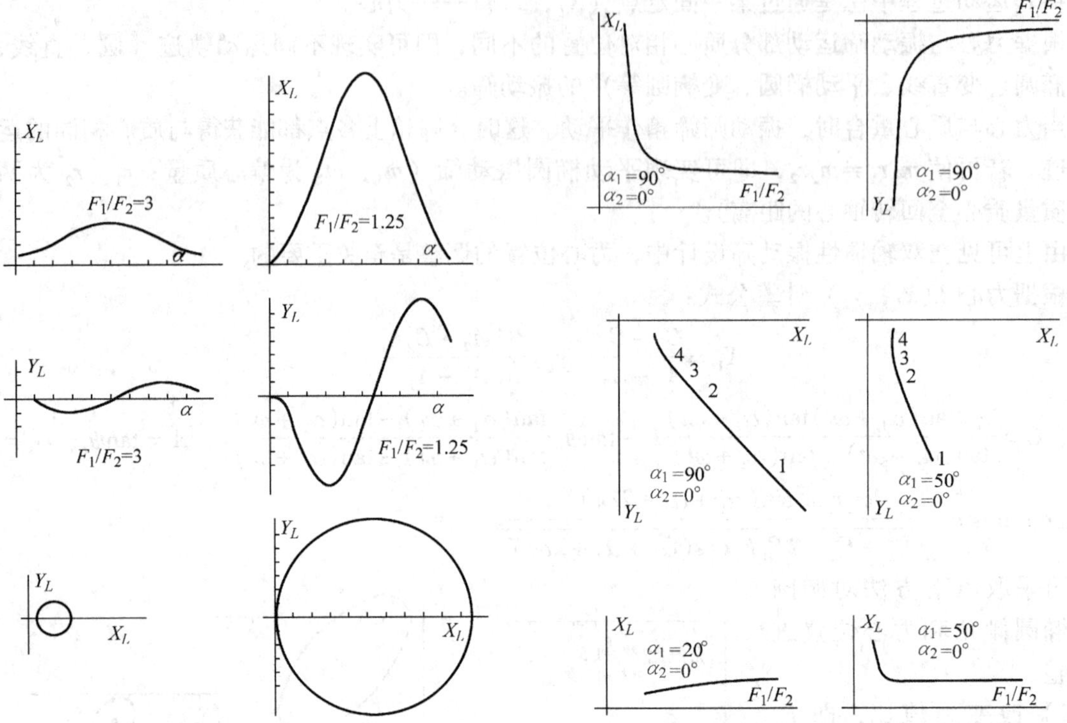

图6.19 力心位置随力值比(F_1/F_2)的变化示例　图6.20 力心位置随偏心块初始夹角(α_1，α_2)的变化示例

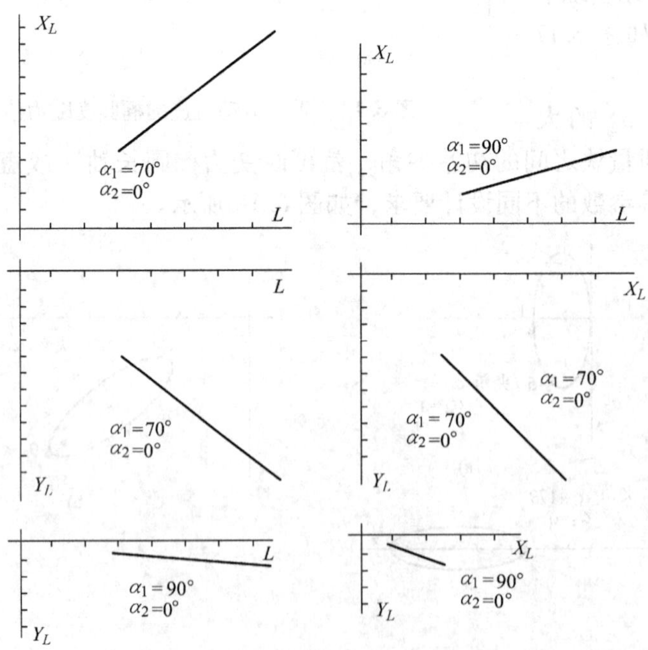

图6.21 力心位置随两偏心块回转轴线间距离 L 的变化示例

4）如果用以上各种方法改变力心位置还不能完全满足要求，则可再辅以调整筛箱质心位置（加减配重）和改变激振器安装倾角等方法来实现力心与质心的重合，最终总能达到令人满意的设计要求。

【例6-9】 凸轮机构弹性构件组成机械振动系统仿真探讨。

在各种石油机械中，特别是各种石油工业自动化机械中，广泛应用着凸轮机构。随着生产率的提高，各种石油工业自动化机械的运转速度日益提高。石油天然气内燃机配气凸轮和石油工业自动化机械中应用很广的分度凸轮是凸轮机构高速化的代表。随着机器速度的提高，凸轮机构在高速下的振动力学问题日益突出。20世纪40年代末期，Hrones和Mitchell分别通过理论分析和实验研究发现，在高速下，等加速等减速规律是一个动力响应很差的运动规律，它使从动件发生剧烈的振动。为了揭开凸轮机构振动力学研究的序幕，把凸轮机构视为一个弹性系统，分析系统的机械振动响应。

本例集中讨论凸轮机构的弹性振动力学问题，包括：①载荷高速凸轮机构常用的从动件运动规律；②载荷凸轮机构的振动力学模型；③凸轮机构的弹性振动力学分析。最终目的是设计凸轮机构。

1. 高速凸轮常用运动规律

（1）两种不同的运动约束

1）极限位置约束。从满足工艺需要来说，不仅要求从动件的两个极限位置被规定，同时要求规定其位移随时间的变化规律。

2）位移约束。从满足工艺需要来说，不仅要求从动件的两个极限位置被规定，同时要求规定其位移随时间的变化规律。

本节中只研究由极限位置约束的从动件运动规律。

（2）运动参数的无量纲化　设计凸轮机构的从动件运动规律，需要规定其位移S、速度v、加速度a和跃度j（加速度对时间的导数）随时间t的变化规律。为了研究其共性，需将运动学参数无量纲化。定义无量纲时间为

$$T = \frac{t}{t_n}$$

式中，t_n为从动件完成升程所用的时间。无量纲位移为

$$S = \frac{s}{h}(0 \leqslant s \leqslant 1)$$

式中，h为升程。无量纲速度为

$$v = \frac{\mathrm{d}S}{\mathrm{d}T} = \frac{\mathrm{d}(s/h)}{\mathrm{d}(t/t_n)} = \frac{v}{h/t_n}$$

无量纲加速度为

$$A = \frac{\mathrm{d}^2 S}{\mathrm{d}T^2} = \frac{a}{h/t_n^2}$$

无量纲跃度为

$$J = \frac{\mathrm{d}^3 S}{\mathrm{d}T^3} = \frac{j}{h/t_n^3}$$

为了表达的一目了然，常把这四个量随时间变化的情况绘在同一张图中，称为运动线图，也称为SVAJ图。

（3）高速凸轮常用运动规律　在Hrones揭示了等加速、等减速规律在高速下是一个动力响应很差的运动规律之后，许多作者对中速、高速下具有良好动态特性的运动规律进行了

研究，简要介绍几种在中、高速凸轮中最常应用的运动规律。

中、高速凸轮主要应用两大类运动规律：简谐梯形组合运动规律和多项式运动规律。

在石油工业自动化机械中应用的凸轮机构，广泛采用加速度由简谐曲线和水平直线组合而成的运动规律。如：①正弦加速度运动规律，其加速度按正弦规律变化。②多项式运动规律

七次多项式：　$S = 35T^4 - 84T^5 + 70T^6 - 20T^7$

2. 凸轮机构的振动力学模型的简化

要进行凸轮的弹性振动力学分析，首先要建立其振动力学模型。在凸轮机构的分析中，一般多采用集中参数模型，将弹性较大的部分用无质量弹簧来模拟，有的杆件本身既有弹性、又有质量，则用等效弹簧替代杆件的弹性，保持替代前后变形能不变；用等效集中质量来替代杆件的质量，保持替代前后的动能不变。下面，以一个内燃机配气凸轮机构（图 6. 22）为例，说明如何建立凸轮机构的振动力学模型。

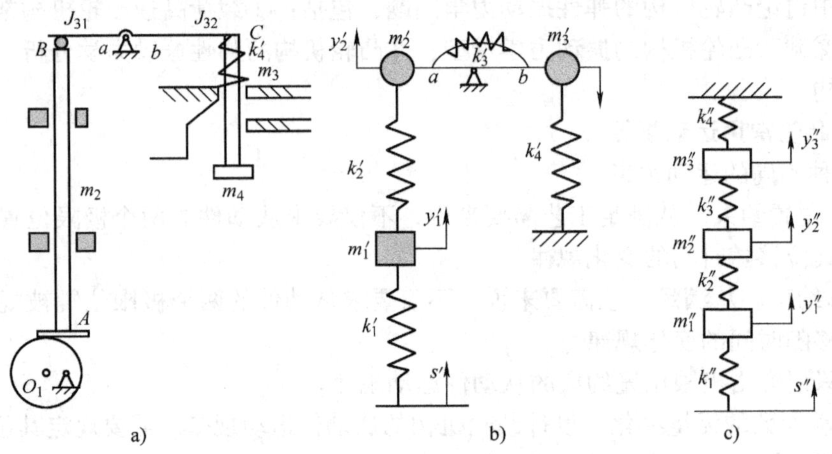

图 6. 22　内燃机气门凸轮机构系统力学模型

（1）包含凸轮轴振动的复杂系统振动力学模型　整个凸轮机构系统可分为两个子系统：凸轮轴—凸轮子系统和凸轮—推杆子系统。

1）凸轮—推杆子系统。将构件的质量作集中化处理：

① 推杆 m_2按质心不变原则集中于 A，B 两端，分别为 m_{A2}和 m_{B2}，且有

$$m_{A2} + m_{B2} = m_2$$

② 由于转臂 BC 的摆角不大，近似认为 B，C 两点作小幅度直线运动。按照转动惯量不变的原则，用集中于 B，C 两点的集中质量代替转臂左右两部分的转动惯量，即

$$\left.\begin{aligned} m_{B3} &= \frac{J_{31}}{a^2} \\ m_{C3} &= \frac{J_{32}}{b^2} \end{aligned}\right\}$$

式中，J_{31}，J_{32}为转臂左右两部对 O_2的转动惯量。

③ 忽略阀的弹性，将其质量集中于 C 点，则有

$$m_{C4} = m_4 + \frac{1}{3}m_s$$

式中，m_4为阀的质量；m_s为弹簧质量。根据振动理论，弹簧质量可取其三分之一集中于其端部。

这样即可得到图示振动力学模型。其中，

$$\left.\begin{aligned} m_1' &= m_{A2} \\ m_2' &= m_{B2} + m_{B3} \\ m_3' &= m_{C3} + m_{C4} \end{aligned}\right\}$$

$$S'' = S', \quad y_1'' = y_1', \quad y_2'' = y_2', \quad y_3'' = \left(\frac{a}{b}\right) y_3'$$

$$k_1'' = k_1', \quad k_2'' = k_2', \quad k_3'' = k_3', \quad k_4'' = \left(\frac{a}{b}\right)^2 k_4'$$

$$m_1'' = m_1', \quad m_2'' = m_2', \quad m_3'' = \left(\frac{a}{b}\right)^2 m_3'$$

k_1'为凸轮与推杆接触表面上的接触刚度；k_2'为推杆 AB 的抗拉刚度；k_3'为转臂 BC 的抗弯刚度；k_4'为弹簧刚度；S'为凸轮作用于从动杆的理论位移。

2）凸轮轴—凸轮子系统。凸轮轴—凸轮子系统的动力模型如图 6.23 所示，其中，

$$\left.\begin{aligned} J_1' &= J_1 + J_{T1} \\ J_2' &= J_2 + J_{T2} \end{aligned}\right\}$$

式中，J_1，J_2 分别为驱动盘和凸轮的转动惯量；$J_{T1} + J_{T2}$为集中到驱动盘和凸轮上的轴自身的转动惯量。

作一次坐标变换，也以推杆为等效构件，将这个子系统的角位移、转动惯量、刚度和外力矩都折算到推杆移动轴线上去。

推杆位移 s 与凸轮转角 θ_2 之间有如下关系：

$$ds = \rho(\theta_2)\,d\theta_2$$

式中，ρ（θ_2）为凸轮转动中心 O 至相对速度瞬心 P 间的距离，它是凸轮转角 θ_2 的函数。

力矩 T 可用一等效力来代替：

$$F_e = \frac{T}{\rho}(\theta_2)$$

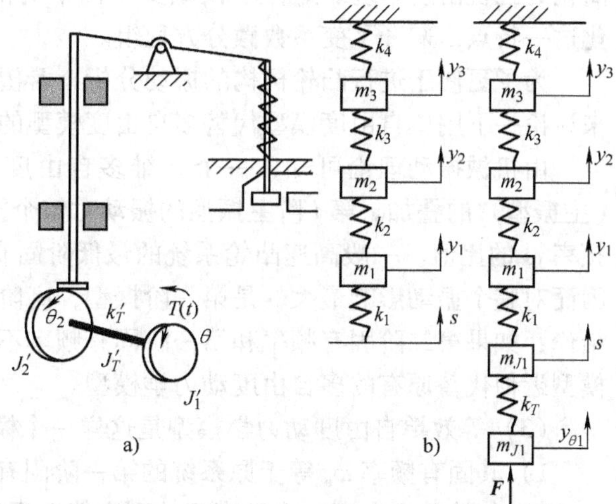

图 6.23 凸轮机构系统力学模型

a）凸轮轴子系统 b）系统的振动力学模型

两转角 θ_1，θ_2 转化到推杆轴线上可以等效线位移代替：

$$\left.\begin{aligned} y_{\theta_1} &= \theta_1\rho(\theta_2) \\ y_{\theta_2} &= \theta_2\rho(\theta_2) = s \end{aligned}\right\}$$

两转动惯量 J_1，J_2 可用两等效质量替代：

$$\left.\begin{aligned} m_{J_1} &= \frac{J_1}{[\rho(\theta_2)]^2} \\ m_{J_2} &= \frac{J_2}{[\rho(\theta_2)]^2} \end{aligned}\right\}$$

等效刚度为 $$k_{T_e}=\frac{k_T}{[\rho(\theta_2)]^2}$$

这样，就得到了如图 6.23 所示的振动力学模型。这是一个有五个自由度的集中质量模型。

3）运动方程。矩阵形式的方程为

$$\boldsymbol{M}\ddot{\boldsymbol{U}}+\boldsymbol{K}\boldsymbol{U}=\boldsymbol{F}$$

式中，$\boldsymbol{U}$ 和 $\boldsymbol{F}$ 分别为系统广义坐标列阵和系统广义力列阵：

$\boldsymbol{U}=(y_{\theta_1},s,y_1,y_2,y_3)^{\mathrm{T}}$

$\boldsymbol{F}=(F_e,0,0,0,0)^{\mathrm{T}}$；$\boldsymbol{M}$，$\boldsymbol{K}$ 为系统的质量矩阵和刚度矩阵。

现在来分析这两个矩阵的构成。它们与各个等效质量和等效刚度有关。而从前面系列等式来看，这两个矩阵的一些元素中包含有 $\rho(\theta_2)$。这是一个随转角位置变化的量，因而，这是一个变系数微分方程组。变系数微分方程组在求解上比常微分方程组要复杂得多。

计入凸轮轴振动的分析难度是较大的，只有理论和经验表明确实有必要时才进行这样复杂的分析。

（2）机械振动力学模型的简化　当凸轮轴具有较大的刚度，其振动可以不考虑时，可简化为三自由度系统。这样不仅减少了两个自由度，而且摆脱了系数矩阵 $\boldsymbol{M}$，$\boldsymbol{K}$ 随位置变化这一特点，避开了变系数微分方程组。

为了更便于进行凸轮机构的振动分析，希望使用一个等效的单自由度模型。这就首先要来讨论一下用单自由度模型代替多自由度模型的可行性。

由机械振动理论可知，一个 n 维多自由度系统的振动可以看成是 n 个单自由度振动（主振型）的叠加。第 i 阶主振型的振动对整个振动的贡献取决于该阶固有频率 ω_i 和激振力频率 ω 的比值。一般高速凸轮系统的最低阶固有频率也要高出凸轮角速度的几倍至十几倍，因而对整个振动影响最大的是第一阶振型，高阶振型的影响一般要小得多。所以，可以得出结论：如果第二阶固有频率和第一阶固有频率不是十分靠近，就可以用等效单自由度动力学模型近似代替原有的多自由度动力学模型。

（3）等效单自由度动力学模型是这样一个模型

1）其固有频率 ω_e 等于原系统的第一阶固有频率——基频 ω_1。

2）等效单自由度动力学模型的刚度等于系统的等效刚度 k_e，对于串联系统而言，等效刚度可用下式计算：

$$\frac{1}{k_e}=\frac{1}{k_1}+\frac{1}{k_2}+\frac{1}{k_3}$$

3）等效单自由度动力学模型的质量可导出如下：

等效单自由度动力学模型的固有频率 ω_e 为

$$\omega_e=\sqrt{\frac{k_e}{m_e}}=\omega_1$$

故等效质量为 $$m_e=\frac{k_e}{\omega_1^2}$$

式中，系统的基频 ω_1 可以由模型相应的运动方程的特征值问题求解得出。

应指出，也可以从实际的物理系统直接建立单自由度动力学模型。

3. 凸轮机构的弹性动力分析

为了把注意力集中在分析方法和讨论参数对机构的影响上，回避多自由度问题而只针对单自由度振动力学模型研究。

凸轮机构的振动主要带来两个问题：①使从动件的实际位移偏离理论位移而产生动态运动误差；②从动件的实际加速度大大高于理论值，加剧构件的磨损和疲劳破坏，并产生噪声。动力分析的目的就是要分析理论运动规律、参数选择对上述两个问题的影响。

（1）运动方程的求解

图6.24所示为凸轮机构的等效单自由度振动力学模型，k，m分别为等效刚度和等效质量。k_s为压紧弹簧的刚度；y为从动件末端质量的位移；s为从动件与凸轮接触点处的位移，也即从动件的理论位移；F_p为弹簧预紧力；G为外载荷。由牛顿第二定律，有

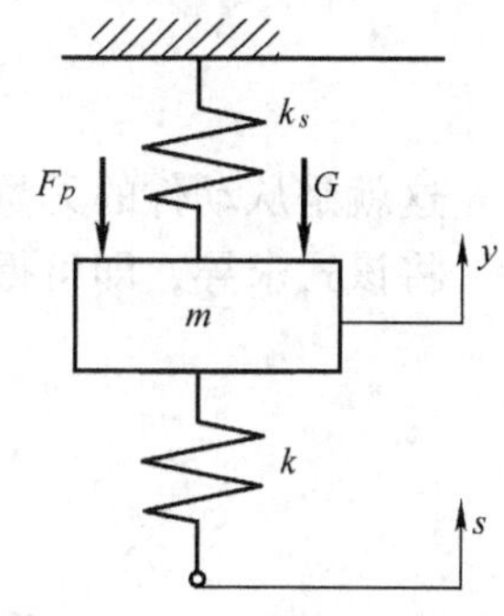

图6.24　凸轮机械的等效单自由度振动力学模型

$$m\ddot{y}=k(s-y)-k_s y-F_p-G$$

式中，$\ddot{y}$为y对时间t的二阶导数。外载荷G和弹簧预紧力F_p只引起静变形，在振动分析时可以不考虑；为了方程的简单化，忽略压紧弹簧的刚度k_s（因$k_s \ll k$）。上式可简化为

$$m\ddot{y}+ky=ks$$

（2）在给定理论运动规律下的振动响应分析　由上式可以看出，给定的运动规律s对这个系统来说是一个位移激励，激起系统的动力响应为y。对弹性系统，动力响应和理论位移段便有了差异。在给定理论运动规律$s=s(\theta)$之后，求解上式，便可得到系统的动力响应。现以摆线运动规律为例来进行分析。

摆线运动规律的位移表达式为

$$S=T-\frac{1}{2\pi}\sin2\pi T$$

式中，S为无量纲位移；T为无量纲时间，由此可知

$$T=\frac{t}{t_n},\qquad S=\frac{s}{h}$$

引入动态响应y的无量纲量

$$Y=\frac{y}{h}$$

有

$$\ddot{y}=\frac{\mathrm{d}^2y}{\mathrm{d}t^2}=\frac{h}{t_h^2}\cdot\frac{\mathrm{d}^2Y}{\mathrm{d}T^2}=\frac{h}{t_h^2}Y''$$

进一步地，有

$$Y''+\omega_h^2t_h^2Y=\omega_h^2t_h^2Y\left(T-\frac{1}{2\pi}\sin2\pi T\right)$$

式中，t_h为升程时间；ω_h为系统的固有频率：

$$\omega_h=\sqrt{\frac{h}{m}}$$

此微分方程的解为

$$Y(T)=C_1\sin 2\pi\lambda T+C_2\cos 2\pi\lambda T+\left(T-\frac{1}{2\pi}\frac{\lambda^2}{\lambda^2-1}\right)$$

式中，$\lambda=\dfrac{t_h}{t_0}$称为周期比，是升程时间 t_h 和自由振动周期 t_0 之比，$t_0=\dfrac{2\pi}{\omega_h}$。后面将会看到，周期比是凸轮振动力学中一个重要参数。

待定系数 C_1，C_2可根据初始条件来确定。假定从动件由静止状态开始运动，取初始条件为：当 $T=0$ 时，$Y=0$，$Y'=0$，可解出

$$Y(T)=T-\frac{1}{2\pi}\frac{1}{\lambda^2-1}\left(\lambda^2\sin 2\pi T-\frac{1}{\lambda}\sin 2\pi\lambda T\right)$$

这就是从动件的无量纲实际位移。

将该式求导，即可得到无量纲实际速度和加速度：

$$Y'(T)=1-\frac{1}{\lambda^2-1}(\lambda^2\cos 2\pi T-\cos 2\pi\lambda T)$$

$$Y''(T)=2\pi\frac{1}{\lambda^2-1}(\lambda\sin 2\pi T-\sin 2\pi\lambda T)$$

在阶段$0\leqslant t\leqslant t_h$，系统在位移激励 $s(\theta)$ 的作用下强迫振动。$Y(T)$，$Y'(T)$，$Y''(T)$ 表达了凸轮从动件末端质量在位移激励 $s(\theta)$ 作用下的动力响应。这个阶段称为主振阶段。

（3）周期比的影响和动态响应谱　算出的位移响应和加速度响应如图 6.25 所示。图中横坐标是无量纲时间 T，$T\leqslant 1$ 表示主振阶段，$T>1$ 表示余振阶段。

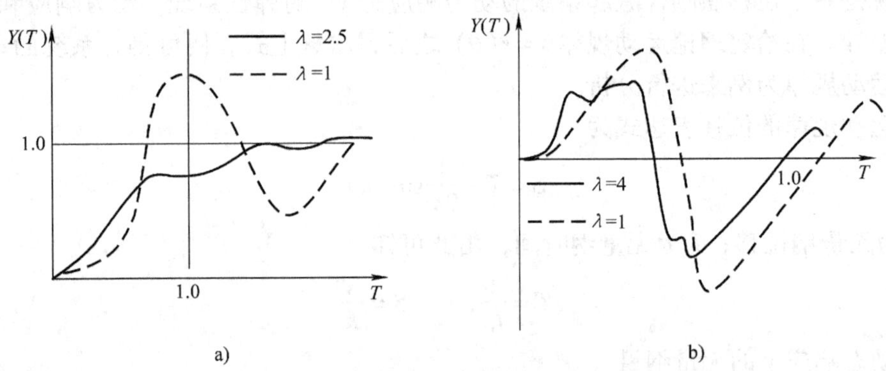

图 6.25 动态响应曲线

a）位移响应曲线　b）加速度响应曲线

对从动件受位移约束的情况，实际位移和理论位移之差即表示动态运动误差：

$$\delta=y-s$$

对石油工业自动化机械中的绝大多数凸轮，其从动件只受极限位置约束而不受位移约束。这种情况下，动态运动误差主要是指从动件停位后的定位精度。残余振动的最大幅值$(y_r)_{\max}$即表征了从动件的定位精度。

实际加速度就反映了凸轮的实际的惯性力，惯性力加大就使磨损、强度和噪声等多方面的指标恶化。

从图 6.25 中可以看出，不管是主振阶段还是余振阶段，其响应均与周期比 λ 有密切关系。周期比 $\lambda=t_h/t_0$。系统的速度越高，时间就越短，λ 就越小；系统的刚度越低、质量越

大，固有频率就越低，自由振动周期就越长，λ 变小时，振动就变得更剧烈。周期比综合地反映了外部激励和系统特性，是从动轮动力响应的主要影响因素。

习　题

6-1　如图6.26所示的差动轮系，是一种典型的两自由度机械振动系统。设作用在中心轮1、4及系杆 H 上的力矩为 M_1，M_4，M_H；轮1，4对其中心的转动惯量为 J_2；系杆对轴 O 的转动惯量为 J'_H。利用第二类拉格朗日方程，即

$$\frac{\mathrm{d}}{\mathrm{d}t}\left(\frac{\partial T}{\partial \dot{q}_1}\right)-\frac{\partial T}{\partial q_1}=F_1$$

$$\frac{\mathrm{d}}{\mathrm{d}t}\left(\frac{\partial T}{\partial \dot{q}_2}\right)-\frac{\partial T}{\partial q_2}=F_2$$

式中，T 为系统的动能；q_1，q_2 为广义坐标；F_1，F_2 为对应的广义力。

试建立差动轮系的振动力学方程；若当已知外力 M_1，M_4，M_H 的变化规律及初始条件，则差动轮系 q_1，q_2 的变化规律。

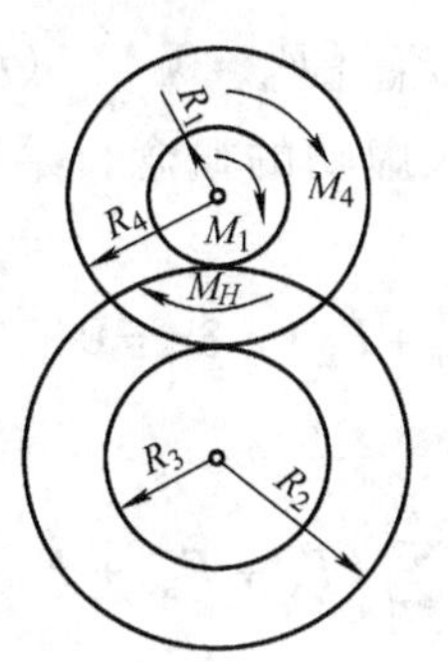

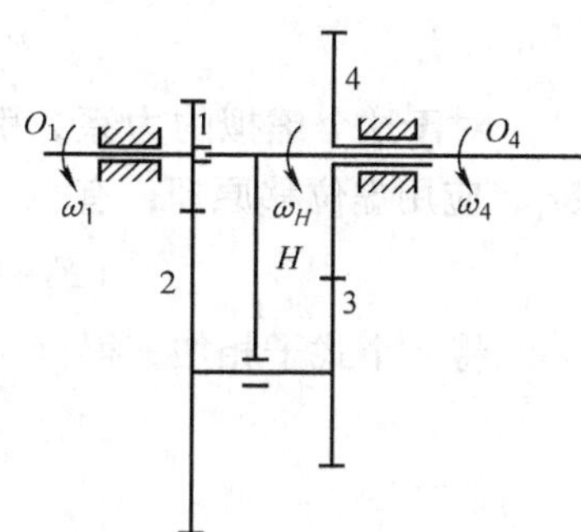

图6.26　题6-1图

6-2　如图6.27所示的凸轮机构模型中，已知从动件升程 $h=22\text{mm}$，凸轮的基圆半径 $R_0=45\text{mm}$，凸轮转速 $n=1000\text{r/min}$，凸轮的推程运动角 $\varphi_1=60^\circ$，远停程角为 $\varphi_2=30^\circ$，推程按正弦加速度规律设计。系统模型的其他参数为 $m=2.5\text{kg}$，$k=50\times10^6\text{N/m}$，$k_t=12\times10^6\text{N}\cdot\text{m/rad}$，$C=1150\text{N}\cdot\text{s/m}$。不计轴的弯曲振动，求从动件工作端的动力响应？

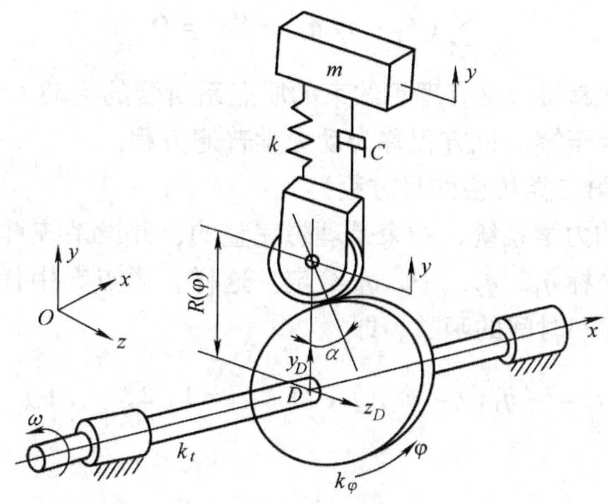

图6.27　题6-2图

6-3　独立完成一篇某个机械振动系统动态响应的仿真研究，分析点评文章，并写出其心得体会。

附　　录

附录 A　预备知识——动力学普遍方程、拉格朗日方程

1. 动力学普遍方程

设具有理想约束的质点系由 n 个质点组成，由达朗贝尔原理知，在每一瞬时，作用在质点系内每个质点 M_i 的主动力 F_i、约束力 F_{Ni} 以及该质点的惯性力 $F_{Ii}(=-m_i a_i)$ 组成一平衡力系，即有

$$F_i + F_{Ni} + F_{Ii} = 0 \qquad (i = 1, 2, \cdots, n)$$

对于这个虚拟的力系，引入虚功的概念，给质点系以虚位移，设质点 M_i 的虚位移为 δr_i，应用虚位移原理，有

$$(F_i + F_{Ni} + F_{Ii}) \cdot \delta r_i = 0 \qquad (i = 1, 2, \cdots, n)$$

将 n 个式子相加，得

$$\sum_{i=1}^{n} (F_i + F_{Ni} + F_{Ii}) \cdot \delta r_i = 0$$

根据理想约束的条件，有 $\sum_{i=1}^{n} F_{Ni} \cdot \delta r_i = 0$，最后得

$$\sum_{i=1}^{n} (F_i - m_i a_i) \cdot \delta r_i = 0 \tag{A.1}$$

式（A.1）表明，在任意瞬间，具有理想约束的质点系所受的主动力和惯性力在任意一组虚位移中所做的虚功之和等于零。该方程称为动力学普遍方程。

2. 拉格朗日方程（第二类拉格朗日方程）

设由 n 个质点组成的力学系统，约束是理想完整的，并设系统具有 k 个自由度，即系统的位移可以用 k 个广义坐标 q_1，q_2，…，q_k 给定。这样，质点系中任一质点 M_i 的位置矢径 r_i 都可以表示为广义坐标和时间的函数，即

$$r_i = r_i(q_1, q_2, \cdots, q_k; t) \quad (i = 1, 2, \cdots, n) \tag{A.2}$$

于是

$$\delta r_i = \sum_{j=1}^{k} \frac{\partial r_i}{\partial q_j} \delta q_j \tag{A.3}$$

由质点系动力学普遍方程（A.1），有

$$\sum_{i=1}^{n} F_i \cdot \delta r_i - \sum_{i=1}^{n} m_i a_i \cdot \delta r_i = 0 \tag{A.4}$$

将式（A.3）代入式（A.4）中第一项，有

$$\sum_{i=1}^{n} F_i \cdot \delta r_i = \sum_{i=1}^{n} F_i \cdot \left(\sum_{j=1}^{k} \frac{\partial r_i}{\partial q_j} \delta q_j \right) = \sum_{j=1}^{k} \left(\sum_{i=1}^{n} F_i \cdot \frac{\partial r_i}{\partial q_j} \right) \delta q_j$$

令

$$Q_j = \sum_{i=1}^{n} F_i \cdot \frac{\partial r_i}{\partial q_j}$$

称为对应于广义坐标 q_j 的广义力。则上式可写成

$$\sum_{i=1}^{n} F_i \cdot \delta r_i = \sum_{j=1}^{k} Q_j \delta q_j \tag{A.5}$$

即式（A.4）中的第一项已经用广义坐标表示。

将式（A.3）代入式（A.4）中的第二项，得

$$\begin{aligned}\sum_{i=1}^{n} m_i a_i \cdot \delta r_i &= \sum_{i=1}^{n} m_i a_i \cdot \sum_{j=1}^{k} \frac{\partial r_i}{\partial q_j} \delta q_j = \sum_{j=1}^{k} \left(\sum_{i=1}^{n} m_i a_i \cdot \frac{\partial r_i}{\partial q_j} \right) \delta q_j \\ &= \sum_{j=1}^{k} \left[\sum_{i=1}^{n} m_i \frac{\mathrm{d}}{\mathrm{d}t} \left(\dot{r}_i \cdot \frac{\partial r_i}{\partial q_j} \right) - \sum_{i=1}^{n} m_i \dot{r}_i \cdot \frac{\mathrm{d}}{\mathrm{d}t} \left(\frac{\partial r_i}{\partial q_j} \right) \right] \delta q_j\end{aligned} \tag{A.6}$$

为进一步简化上式，先对 $\frac{\partial r_i}{\partial q_j}$ 和 $\frac{\mathrm{d}}{\mathrm{d}t}\left(\frac{\partial r_i}{\partial q_j}\right)$ 进一步推导：

1）将式（A.2）对时间求导，得

$$\dot{r}_i = \frac{\partial r_i}{\partial t} + \sum_{j=1}^{k} \frac{\partial r_i}{\partial q_j} \dot{q}_j \tag{A.7}$$

其中 $\dot{q}_j$（$j=1$，2，…，k）称为广义速度。广义速度的物理意义可以是速度、角速度或其他。

因为 r_i 仅仅是广义坐标 q_j 和时间 t 的函数，所以 $\frac{\partial r_i}{\partial t}$ 和 $\frac{\partial r_i}{\partial q_j}$ 也都是广义坐标和时间的函数，与广义速度 $\dot{q}_j$ 无关。将式（A.7）对广义速度 $\dot{q}_j$ 求偏导，得

$$\frac{\partial \dot{r}_i}{\partial \dot{q}_j} = \frac{\partial r_i}{\partial q_j} \tag{A.8}$$

2）将式（A.7）对任一广义坐标 q_a 求偏导，得

$$\frac{\partial \dot{r}_i}{\partial q_a} = \frac{\partial}{\partial q_a}\left(\frac{\partial r_i}{\partial t}\right) + \sum_{j=1}^{k} \frac{\partial^2 r_i}{\partial q_a \partial q_j} \dot{q}_j$$

若将 r_i 对某一广义坐标 q_a 求偏导，再对时间 t 求导，可得

$$\frac{\mathrm{d}}{\mathrm{d}t}\left(\frac{\partial r_i}{\partial q_a}\right) = \sum_{j=1}^{k} \frac{\partial}{\partial q_j}\left(\frac{\partial r_i}{\partial q_a}\right)\dot{q}_j + \frac{\partial}{\partial t}\left(\frac{\partial r_i}{\partial q_a}\right) = \sum_{j=1}^{k} \frac{\partial^2 r_i}{\partial q_j \partial q_a} \dot{q}_j + \frac{\partial^2 r_i}{\partial t \partial q_a}$$

比较以上两式，得

$$\frac{\mathrm{d}}{\mathrm{d}t}\left(\frac{\partial r_i}{\partial q_a}\right) = \frac{\partial \dot{r}_i}{\partial q_a} \tag{A.9}$$

将式（A.8）和式（A.9）代入式（A.6），有

$$
\begin{aligned}
\sum_{i=1}^{n} m_i a_i \cdot \delta r_i &= \sum_{j=1}^{k}\Big[\sum_{i=1}^{n} m_i \frac{\mathrm{d}}{\mathrm{d}t}\Big(\dot{r}_i \cdot \frac{\partial \dot{r}_i}{\partial \dot{q}_j}\Big) - \sum_{i=1}^{n} m_i \dot{r}_i \cdot \frac{\partial \dot{r}_i}{\partial q_j}\Big]\delta q_j \\
&= \sum_{j=1}^{k}\Big[\frac{\mathrm{d}}{\mathrm{d}t}\Big(\sum_{i=1}^{n} m_i \dot{r}_i \cdot \frac{\partial \dot{r}_i}{\partial \dot{q}_j}\Big) - \sum_{i=1}^{n} m_i \dot{r}_i \cdot \frac{\partial \dot{r}_i}{\partial q_j}\Big]\delta q_j \\
&= \sum_{j=1}^{k}\Big[\frac{\mathrm{d}}{\mathrm{d}t}\Big(\frac{\partial}{\partial \dot{q}_j}\sum_{i=1}^{n} \frac{1}{2} m_i \dot{r}_i \cdot \dot{r}_i\Big) - \frac{\partial}{\partial q_j}\sum_{i=1}^{n} \frac{1}{2} m_i \dot{r}_i \cdot \dot{r}_i\Big]\delta q_j \\
&= \sum_{j=1}^{k}\Big[\frac{\mathrm{d}}{\mathrm{d}t}\Big(\frac{\partial T}{\partial \dot{q}_j}\Big) - \frac{\partial T}{\partial q_j}\Big]\delta q_j
\end{aligned}
\tag{A.10}
$$

式中，$T = \sum_{i=1}^{n} \frac{1}{2} m_i \dot{r}_i \cdot \dot{r}_i = \sum_{i=1}^{n} \frac{1}{2} m_i v_i^{\,2}$，为整个质点系的动能。这样，式（A.4）的第二项也已用广义坐标表示。

将式（A.5）和式（A.10）代入式（A.4），可得

$$
\sum_{j=1}^{k}\Big\{Q_j - \Big[\frac{\mathrm{d}}{\mathrm{d}t}\Big(\frac{\partial T}{\partial \dot{q}_j}\Big) - \frac{\partial T}{\partial q_j}\Big]\Big\}\delta q_j = 0 \tag{A.11}
$$

式（A.11）是动力学普遍方程的广义坐标表示形式。对于完整力学系统，虚位移 $\delta q_j(j=1, 2, \cdots, k)$都是相互独立的，因此，由 δq_j 的任意性，要使式（A.11）成立，必须有

$$
\frac{\mathrm{d}}{\mathrm{d}t}\Big(\frac{\partial T}{\partial \dot{q}_j}\Big) - \frac{\partial T}{\partial q_j} = Q_j \qquad (j=1, 2, \cdots, k) \tag{A.12}
$$

式（A.12）称为第二类拉格朗日方程，简称为拉格朗日方程。该方程描述了具有理想完整约束的质点系的动力学规律，它是以 k 个广义坐标 q_j 为变量的二阶常微分方程组，方程的数目等于系统的自由度数，而时间 t 为参变量。

当系统为非保守系统时，设作用在系统上的主动力既包括保守的有势力，由势能函数 $V(q_j, t)$确定；也包括非保守的广义阻尼力和干扰力，其中广义阻尼力由能量散失函数 $D(\dot{q}_j, t)$确定，干扰力用 Q_j'表示。即

$$
Q_j = -\frac{\partial V}{\partial q_j} - \frac{\partial D}{\partial \dot{q}_j} - Q_j' \qquad (j=1, 2, \cdots, k) \tag{A.13}
$$

将式（A.14）代入式（A.12），整理后可得

$$
\frac{\mathrm{d}}{\mathrm{d}t}\Big(\frac{\partial T}{\partial \dot{q}_j}\Big) - \frac{\partial T}{\partial q_j} + \frac{\partial V}{\partial q_j} + \frac{\partial D}{\partial \dot{q}_j} = Q_j' \qquad (j=1, 2, \cdots, k) \tag{A.14}
$$

式（A.14）为非保守系统的拉格朗日方程。一般工程实际问题大多为非保守系统，因此，非保守系统的拉格朗日方程在工程问题分析计算中被广泛应用。

附录 B　拉普拉斯变换表

序　号	象函数 $F(s)$	原函数 $f(t)$
1	1	单位脉冲　$\delta(t)$
2	$\frac{1}{s}$	单位阶跃　$1(t)$

（续）

序　号	象函数 $F(s)$	原函数 $f(t)$
3	$\frac{k}{s}$	k
4	$\frac{1}{s^{r+1}}$	$\frac{1}{r!}t^r$
5	$\frac{1}{s}e^{-as}$	$1(t-a)$（$t-a$ 开始的单位阶跃）
6	$\frac{1}{s-a}$	e^{at}
7	$\frac{1}{s+a}$	e^{-at}
8	$\frac{1}{(s+a)^n}$	$\frac{1}{(n-1)!}t^{n-1}e^{-at}$
9	$\frac{\omega}{s^2+\omega^2}$	$\sin\omega t$
10	$\frac{s}{s^2+\omega^2}$	$\cos\omega t$
11	$\frac{1}{s(s+a)}$	$\frac{1}{a}(1-e^{-at})$
12	$\frac{s+a_0}{s(s+a)}$	$\frac{1}{a}[a_0-(a_0-a)e^{-at}]$
13	$\frac{1}{s^2(s+a)}$	$\frac{1}{a^2}[at-1+e^{-at}]$
14	$\frac{s+a_0}{s^2(s+a)}$	$\frac{a_0 t}{a}+\left(\frac{a_0}{a^2}-t\right)(e^{-at}-1)$
15	$\frac{\omega}{(s+a)^2+\omega^2}$	$e^{-at}\sin\omega t$
16	$\frac{s+a}{(s+a)^2+\omega^2}$	$e^{-at}\cos\omega t$
17	$\frac{1}{(s+a)^2+\omega^2}$	$\frac{1}{\omega}e^{-at}\sin\omega t$
18	$\frac{s+b}{(s+a)^2+\omega^2}$	$\frac{\sqrt{(b-a)^2+\omega^2}}{\omega}e^{-at}\sin(\omega t+\phi)$，$\phi=\arctan\frac{\omega}{b-a}$
19	$\frac{1}{s(s^2+\omega^2)}$	$\frac{1}{\omega^2}(1-\cos\omega t)$
20	$\frac{s+a}{s(s^2+\omega^2)}$	$\frac{a}{\omega^2}-\frac{\sqrt{a^2+\omega^2}}{\omega^2}\cos(\omega t+\phi)$，$\phi=\arctan\frac{\omega}{a}$
21	$\frac{1}{(s+a)(s+b)}$	$\frac{1}{b-a}(e^{-at}-e^{-bt})$
22	$\frac{s}{(s+a)(s+b)}$	$\frac{1}{b-a}(be^{-bt}-ae^{-at})$
23	$\frac{1}{s(s+a)(s+b)}$	$\frac{1}{ab}\left[1+\frac{1}{a-b}(be^{-at}-ae^{-bt})\right]$
24	$\frac{s+a_0}{s(s+a)(s+b)}$	$\frac{1}{ab}\left[a_0-\frac{b(a_0-a)}{b-a}e^{-at}+\frac{a(a_0-b)}{b-a}ae^{-bt}\right]$

（续）

序　号	象函数 $F(s)$	原函数 $f(t)$
25	$\frac{s+a_0}{(s+a)(s+b)}$	$\frac{1}{b-a}[(a_0-a)e^{-at}-(a_0-b)e^{-bt}]$
26	$\frac{s^2+a_1s+a_0}{s(s+a)(s+b)}$	$\frac{a_0}{ab}+\frac{a^2-aa_1+a_0}{a(a-b)}e^{-at}-\frac{b^2-a_1b+a_0}{b(a-b)}e^{-bt}$
27	$\frac{s^2+a_1s+a_0}{s^2(s+a)(s+b)}$	$\frac{1}{a^2b^2}(a_1+a_0t)-\frac{a_0(a+b)}{a^2b^2}-\frac{1}{a-b}\left[\left(1-\frac{a_1}{a}+\frac{a_0}{a^2}\right)e^{-at}-\left(1-\frac{a_1}{b}+\frac{a_0}{b^2}\right)e^{-bt}\right]$
28	$\frac{1}{(s+a)(s+b)(s+c)}$	$\frac{e^{-at}}{(b-a)(c-a)}+\frac{e^{-bt}}{(a-b)(c-b)}+\frac{e^{-ct}}{(a-c)(b-c)}$
29	$\frac{s+a_0}{(s+a)(s+b)(s+c)}$	$\frac{(a_0-a)e^{-at}}{(b-a)(c-a)}+\frac{(a_0-b)e^{-bt}}{(a-b)(c-b)}+\frac{(a_0-c)e^{-ct}}{(a-c)(b-c)}$
30	$\frac{1}{s(s+a)(s+b)(s+c)}$	$\frac{1}{abc}-\frac{e^{-at}}{a(b-a)(c-a)}-\frac{e^{-bt}}{b(a-b)(c-b)}$ $-\frac{e^{-ct}}{c(a-c)(b-c)}$
31	$\frac{s+a_0}{s(s+a)(s+b)(s+c)}$	$\frac{a_0}{abc}-\frac{(a_0-a)e^{-at}}{a(b-a)(c-a)}-\frac{(a_0-b)e^{-bt}}{b(a-b)(c-b)}$ $-\frac{(a_0-c)e^{-ct}}{c(a-c)(b-c)}$
32	$\frac{1}{(s+a)(s^2+\omega^2)}$	$\frac{e^{-at}}{a^2+\omega^2}+\frac{1}{\omega\sqrt{a^2+\omega^2}}\sin(\omega t-\phi)$，$\phi=\arctan\frac{\omega}{a}$
33	$\frac{1}{s[(s+a)^2+b^2)]}$	$\frac{1}{a^2+b^2}+\frac{1}{b\sqrt{a^2+b^2}}e^{-at}\sin(bt-\phi)$，$\phi=\arctan\frac{b}{-a}$
34	$\frac{s+a_0}{s[(s+a)^2+b^2)]}$	$\frac{a_0}{a^2+b^2}+\frac{1}{b}\sqrt{\frac{(a_0-a)^2+b^2}{a^2+b^2}}e^{-at}\sin(bt+\phi)$，$\phi=\arctan\frac{b}{a_0-a}-\arctan\frac{b}{-a}$
35	$\frac{1}{s^2+2\zeta\omega_n s+\omega_n^2}$	$\frac{1}{\omega_n\sqrt{1-\zeta^2}}e^{-\zeta\omega_n t}\sin\omega_n\sqrt{1-\zeta^2}t$
36	$\frac{s}{s^2+2\zeta\omega_n s+\omega_n^2}$	$\frac{-1}{\sqrt{1-\zeta^2}}e^{-\zeta\omega_n t}\sin(\omega_n\sqrt{1-\zeta^2}t-\phi)$，$\phi=\arctan\frac{\sqrt{1-\zeta^2}}{\zeta}$
37	$\frac{\omega_n^2}{s(s^2+2\zeta\omega_n s+\omega_n^2)}$	$1-\frac{1}{\sqrt{1-\zeta^2}}e^{-\zeta\omega_n t}\sin(\sqrt{1-\zeta^2}+\phi)$，$\phi=\arctan\frac{\sqrt{1-\zeta^2}}{\zeta}$
38	$\frac{1}{s(s+c)[(s+a)^2+b^2]}$	$\frac{1}{c(a^2+b^2)}-\frac{e^{-ct}}{c[(c-a)^2+b^2]}$ $+\frac{e^{-at}\sin(bt-\phi)}{b\sqrt{a^2+b^2}\sqrt{(c-a)^2+b^2}}$，$\phi=\arctan\frac{b}{-a}+\arctan\frac{b}{c-a}$

（续）

序　号	象函数 $F(s)$	原函数 $f(t)$
39	$\frac{\omega_n^2}{(1+Ts)(s^2+\omega_n^2)}$	$\frac{T\omega_n}{1+T^2\omega_n^2}e^{-\frac{t}{T}}+\frac{1}{\sqrt{1+T^2\omega_n^2}}\sin(\omega_n t-\phi)$， $\phi=\arctan\omega_n T$
40	$\frac{1}{s^2\left[(s+a)^2+\omega^2\right]}$	$\left[t-\frac{2a}{a^2+\omega^2}+\frac{1}{\omega}e^{-at}\sin(\omega t+\theta)\right]\frac{1}{a^2+\omega^2}$， $\theta=2\arctan\left(\frac{\omega}{a}\right)$

附录C　数值积分

设函数 $y=f(x)$ 在节点 $a=x_0<x_1<\cdots<x_n=b$（常取 $x_k=x_0+kh$）处取值 y_0，y_1，…，y_3 即 $f(x_k)=y_k(k=0,1,2,\cdots,n)$，$M_j$ 表示 $f^{(i)}(x)$ 在［a，b］上的最大值。

1. 矩形公式

$$\int_a^b f(x)\,\mathrm{d}x\approx h(y_0+y_1+\cdots+y_{n-1})$$

或

$$\int_a^b f(x)\,\mathrm{d}x\approx h(y_1+y_2+\cdots+y_n)$$

误差为

$$\frac{(b-a)^2}{2n}M_1$$

2. 梯形公式

$$\int_a^b f(x)\,\mathrm{d}x\approx h\left(\frac{y_0+y_n}{2}+y_1+y_2+\cdots+y_{n-1}\right)$$

误差为

$$\frac{(b-a)^3}{12n^2}M_2$$

3. 辛普生公式

$$\int_a^b f(x)\,\mathrm{d}x\approx\frac{h}{3}\left[y_0+y_n+2(y_2+y_4+\cdots+y_{n-2})+4(y_1+y_3+\cdots+y_{n-1})\right]$$

误差为

$$\frac{(b-a)^5}{180n^4}M_4$$

4. 龙格-库塔法

$$y_{n+1}=y_n+\frac{1}{6}[k_1+2(k_2+k_3)+k_4]$$

式中，

$$k_1=hf(x_n,\ y_n)$$

$$k_2=hf\left(x_n+\frac{h}{2},\ y_n+\frac{k_1}{2}\right)$$

$$k_3=hf\left(x_n+\frac{h}{2},\ y_n+\frac{k_2}{2}\right)$$

$$k_4=hf(x_n+h,y_n+k_3)$$

$$y(x_n+1)\approx y_{n+1}(n=0,1,2,\cdots)$$

截断误差为 o（h^5）

参 考 文 献

[1] WILLIAMT, THOMSON. Theory Of Vibration With Applications [M]. 2thed. New Jersey: Prentice-Hall, Inc. 1981.

[2] 仇伟德. 机械振动 [M]. 东营：石油大学出版社，2001.

[3] 张义民. 机械振动 [M]. 北京：清华大学出版社，2007.

[4] 贺兴书. 机械振动学 [M]. 上海：上海交通大学出版社，1985.

[5] 胡时岳，朱继梅. 机械振动与冲击测试技术 [M]. 北京：科学出版社，1985.

[6] 蒋伟. 机械动力学分析 [M]. 北京：中国传媒大学出版社，2005.

[7] 黄镇东，何大为. 机械动力学 [M]. 西安：西北工业大学出版社，1989.